U0163281

国家科学技术学术著作出版基金资助出版

可视媒体大数据的
智能处理技术与系统

马利庄　陈玉珑　李启明　谢志峰　著

上海交通大学出版社
SHANGHAI JIAO TONG UNIVERSITY PRESS

内容提要

信息与网络用户爆炸式增长,促进了可视媒体大数据相关技术的高速发展。可视媒体的应用得到了广泛拓展,成为人类信息存储、承载、展现的重要方式。然而,存储空间、硬件设备、计算资源等不足,使得可视媒体大数据的发展亟需新技术支撑。本书面向可视媒体大数据的智能处理技术与系统,围绕智能压缩技术、画质增强技术、编辑与处理技术、质量评价、结构分析技术、人脸大数据分析与处理技术、智能服务技术以及人脸大数据智能处理等核心问题展开深入研究,重点介绍了可视媒体大数据应用的产学研重大创新与应用成果。本书的研究内容符合人们对网络可视媒体大数据深度开发的迫切需要和国家重大发展战略,对推动我国多媒体与影视文化内容产业的发展具有重大理论研究与应用意义。本书适合可视媒体领域的学者和技术人员参考,也可作为相关研究方向的研究生教材。

图书在版编目(CIP)数据

可视媒体大数据的智能处理技术与系统/ 马利庄等
著. 一上海:上海交通大学出版社,2023.9
ISBN 978－7－313－25899－1

Ⅰ.①可… Ⅱ.①马… Ⅲ.①可视化软件－数据处理
Ⅳ.①TP317.3

中国国家版本馆 CIP 数据核字(2023)第 168700 号

可视媒体大数据的智能处理技术与系统
KESHI MEITI DASHUJU DE ZHINENG CHULI JISHU YU XITONG

著　　者:马利庄　陈玉珑　李启明　谢志峰
出版发行:上海交通大学出版社　　　　　　地　　址:上海市番禺路 951 号
邮政编码:200030　　　　　　　　　　　　电　　话:021－64071208
印　　制:上海颛辉印刷厂有限公司　　　　　经　　销:全国新华书店
开　　本:710 mm×1000 mm　 1/16　　　　印　　张:30
字　　数:534 千字
版　　次:2023 年 9 月第 1 版　　　　　　　印　　次:2023 年 9 月第 1 次印刷
书　　号:ISBN 978－7－313－25899－1
定　　价:398.00 元

前　　言

随着移动互联网、云计算和社交网络等信息技术及其应用的飞速发展,以图像、视频、三维运动与图形数据为主体的可视媒体规模迅猛增长,腾讯、谷歌等互联网企业"疯狂积累"可视媒体数据,其存储规模远超 PB 级,庞大而复杂的数据对现有的多媒体分析与处理技术提出了巨大挑战。目前,可视媒体大数据的智能生成、深度处理、传播共享和高效利用,已经成为多媒体领域的研究热点,其研究对推动国家信息化建设和文化传媒产业的发展具有重大意义。

上海交通大学联合腾讯、华为等知名企业实现产学研协同创新,不断推动可视媒体智能处理技术在 QQ、微信等互联网业务中的应用,不仅因此获得腾讯重大技术突破奖,也取得了巨大的经济和社会效益。

上海交通大学数字媒体与计算机视觉实验室的马利庄团队在多项国家级、省部级课题研究过程中积累了一系列创新性研究成果,本书就是在此基础上进行扩展、补充和修订,最终编写而成。课题组历经十年系统研究,将复杂数据智能重建、动画智能生成、图像和视频智能编辑与处理等关键技术的研发成果,汇聚到可视媒体大数据的智能服务与应用领域,取得了一系列创新技术的重大突破。

本书参考了许多相关领域的书籍和国内外的学术文献,并从互联网上参考了一些有价值的材料,在此向有关作者、编者、译者表示衷心的感谢。

本书由马利庄教授、陈玉珑博士、李启明博士、谢志峰博士著,此外,参与写作材料整理的还有丁守鸿博士、林晓博士、侯晓楠博士、朱恒亮博士、邵志文博士、郝阳阳博士、谭鑫博士、甘振业、伍凯等,全书由马利庄教授审定。本书在写作过程中得到了腾讯等合作单位的大力支持和帮助,在此表示衷心的感谢。还要特别感谢上海交通大学数字媒体与数据重建实验室的老师和学生们,他们的支持和帮助也是本书能够完成的一个重要保障。

由于作者水平和能力有限,书中可能存在差错或不足之处,欢迎同行专家和广大读者批评、指正。对本书有任何意见和建议,请联系 Lzma@sjtu.edu.cn。

目　　录

绪　论

1.1　引言

随着信息技术的飞速发展,互联网已经渗透到社会的各个角落,日益深入地融入人们的生活、社交与工作。互联网的深度发展使数字化的信息流通方式迅速进入人类社会生活的各个方面,开辟了人们基于网络的"第二生活"。据统计,从 2000 年到 2021 年的 21 年时间内,全世界的互联网用户从 3.6 亿人迅猛增加到 49.5 亿人,其中中国的互联网用户已经突破 10.51 亿人,位居全球第一。与此对应,网络上的信息量呈现爆炸式增长趋势,2021 年全球大数据存储量达到 53.7 ZB。因此,对数据进行存储、计算、传输、管理等操作将越来越复杂与难以控制。在互联网中,在一定时间内无法用常规方法对其内容进行抓取、管理和处理的数据集合统称为互联网大数据。通常,互联网大数据可以分成三种类型:一是结构化数据,即行数据,存储在数据集里,可以用二维表结构来实现的数据;二是半结构化数据,这种数据包括电子邮件、办公处理文档,以及许多存储在 Web 上的信息;三是非结构化数据,包括图像、视频和音频等可以被感知的信息。据统计,企业中 20% 的数据是结构化的,80% 是非结构化或半结构化的。当今世界结构化数据的增长率大概是 32%,而非结构化数据的增长率为 63%,截至 2021 年,非结构化数据所占比例达到互联网所有数据量的 80% 以上。这些非结构化数据的产生往往伴随着社交网络、移动计算和传感器等新的渠道和技术的不断涌现和应用。

本书正是瞄准于互联网上近年来增长迅猛的非结构化数据,其中重点关注以图像和视频为主要内容的网络可视媒体大数据。互联网作为一个海量的信息资源库,包含大量的可视媒体信息,作为互联网中信息获取、处理和传播的最主要的载体之一,其数据量每天都在发生自生性爆炸式增长。目前,在大型互联网公司中,以网络可视媒体大数据为主体的业务模式也越来越多,比如近年国外异常火爆的 Facebook、Youtube、Twitter、Instagram、Pinterest 均以可视媒体作为主要载体,有力推动了社交网络、电子商务等互联网业务的繁荣发展。国内几大互联网公司,如腾讯、百度、阿里巴巴和网易,网络可视媒体大数据在其业务体系中也是至关重要的一环。

这里以国内最大的互联网企业腾讯公司为例,在其庞大的业务体系中,QQ空间、微博、腾讯网、搜搜、电商、互动娱乐等诸多产品都涉及网络可视媒体大数据内容。QQ 空间是中国最大的网络社区,其中可视媒体大数据在业务内容方面占据了 60％,用户 75％的访问行为是基于可视媒体的,其业务带宽总量达到 120 GB,其中 100 GB 是可视媒体占用的。微博业务中,可视媒体大数据存储量达到 580 TB,大数据的流量峰值达到 6.5 Gbps。腾讯网是中国流量第一的门户网站,带宽均值为 50 GB,其中可视媒体大数据占据 33 GB,占比达到 66％。互动娱乐部门的盈利占腾讯公司总盈利的 50％以上,部门总带宽为 15 GB,其中可视媒体大数据内容占带宽 12 GB,其中网页游戏 40％以上为可视媒体内容。其他业务如搜搜、电商、无线等也都包含网络可视媒体大数据内容。可见,网络可视媒体大数据内容已成为互联网内容迅猛增长的重中之重!

随着互联网上可视媒体大数据业务的迅猛发展,针对网络可视媒体大数据的智能处理技术已经成为信息技术创新的重要方向,其理论和技术的突破将对网络信息资源的高效处理与有效利用产生深远影响,有望为相关企业的互联网大数据业务形成切实的商业价值和广泛的应用前景。

因此,本书聚焦于多媒体大数据的压缩、增强、识别与检索等智能处理技术,主要研究网络可视媒体大数据的智能处理技术与系统,通过对网络可视媒体大数据的质量评价、降质过程、视觉特征、语义特征等方面的分析,研究压缩、增强、识别、检索等智能处理关键技术;在智能分析的基础上,借助云存储、云计算、云管理等技术手段,为互联网企业的门户、社交、电商、搜索、游戏等互联网大数据业务提供智能化服务,进一步节省企业运营的存储和带宽成本,提升互联网用户的体验满意度与访问黏性。本书的研究内容符合人们对网络可视媒体大数据深度开发的迫切需要和国家重大发展战略,对推动我国多媒体与影视文化内容产业的发展,具有重大理论研究与应用意义。

1.2　研究现状

在互联网大数据业务异军突起的时代背景下,针对网络可视媒体大数据进行智能分析与处理的相关技术,受到越来越多人的关注。但总体而言,这方面的研究还处于起步阶段,尚未形成国际标准和系统理论,鲜有突破性的研究成果或成型的技术平台可供参考。本节介绍目前国内外在网络可视媒体大数据的智能处理领域内的研究现状与趋势。

1.2.1　智能压缩技术

网络可视媒体大数据智能压缩处理的目标是针对互联网应用的特点,按照一定的算法对可视媒体大数据进行重新组织和挖掘,减少大数据的冗余和存储空间,提高网络可视媒体大数据的传输、存储和处理效率。通常,根据数据重构后与原数据的差异,压缩方法主要分为两种类型:有损压缩和无损压缩。有损压缩是指对压缩后的数据进行重构,重构后的数据与原来的数据有所不同,但不影响人们对原始信息的理解,适用于重构信号不一定非要与原始信号完全相同的场合。无损压缩是指对使用压缩后的数据进行重构,重构后的数据与原来的数据完全相同,一般用于要求重构的信号与原始信号完全一致的场合。总体而言,网络可视媒体大数据更适合使用有损压缩进行处理。一方面是因为无损压缩的压缩率低,不适合互联网大数据的压缩处理;另一方面是因为可视媒体压缩可以允许一定程度的非一致性,选择性保留用户关注点,并且进行智能分析处理后不会对内容理解产生影响。

有损压缩又称为破坏性压缩,是将次要的信息数据压缩掉,通过牺牲质量来减少数据量,使压缩比提高。这种方法经常用于互联网应用,尤其针对以图像和视频为主体的可视媒体数据,典型的有损压缩格式包括 JPEG、JPEG2000、MPEG、RM、RMVB 等。总体而言,这些针对可视媒体数据的有损压缩方法在保证场景特征不变的情形下,通过适当弱化一些非关键信息,实现对可视媒体数据的有效压缩,同时提升互联网上可视媒体数据的传输速度。但在互联网大数据应用中,直接使用以上有损压缩方法根本无法解决大数据压缩时的效率问题,更无法针对不同业务的压缩需求进行定制式服务。因此,网络可视媒体大数据压缩还需要考虑处理效率和业务需求这两个关键问题,特别是对于诸如腾讯公司这样拥有 10 亿位用户,用户每天上传超过 10 亿 GB 可视媒体素材的企业而言,亟须利用云技术在互联网大数据应用中构建统一高效的数据压缩处理平台。在对网络可视媒体大数据进行并行压缩的同时,面向企业各种业务的不同压缩需求展开定制服务,进一步为企业运营节省存储与带宽成本。

1.2.2　画质增强技术

在互联网大数据应用环境下,我们特别强调对低画质的网络可视媒体资源进行增强处理,不同于传统意义上的数据清洗,这里不仅关注于找出"脏"数据,更关注于如何提升画质,解决噪声、模糊等影响视觉感受的问题。显然,利用前述的大数据质量评价可以帮助寻找"脏"数据,而画质提升则需要借助可视媒体锐度增强、去模糊等关键技术。

锐度增强技术的目标是通过调整可视媒体的锐度特性,有效生成边缘,增强细节锐化效果,从而进一步提升可视媒体画质。几十年来,国内外研究人员经过不懈努力,提出了许多针对锐度增强应用的滤波器。这些滤波器通常采用的方式是直接在空间域里操作像素值或者在频率域里调制频率,主要包括 Laplacian 滤波器、Sobel 滤波器、Ideal 滤波器、Butterworth 滤波器、Gaussian 滤波器等[1]。但是,在锐度增强过程中,由于要求在所有像素上做同步增强,大部分滤波器无法抑制可视化噪声的出现,这导致锐化效果大幅度降低。

可视媒体去模糊技术的研究主要是针对拍摄设备抖动或拍摄对象快速运动所造成的模糊现象。在可视媒体增强处理中,去运动模糊的目标是在高效的模糊核估计基础上,利用反卷积技术求解得到清晰的可视媒体,解决运动模糊引起的可视媒体画质损失问题。通常,整个运动模糊过程能被定义为一个清晰的可视媒体与点扩散函数(point spread function,PSF)的卷积,PSF 也称为卷积核或模糊核,而去运动模糊正是运动模糊过程的逆过程。就其本质来说,去运动模糊可以分为两类:一类是卷积核不变的去运动模糊;另一类是卷积核变化的去运动模糊。前者的核是固定的,即对于可视媒体上所有的像素点,核都是一样的;后者表示可视媒体上的每个像素点,核是变化的,这将使去模糊更加困难。固定核去运动模糊关键在于利用先验知识估计出模糊核,并借助快速反卷积运算求解清晰结果,典型的方法包括维纳滤波器、Lucy-Richardson 算法、基于零梯度高斯分布的方法、基于双相机系统的方法、基于局部平滑先验的方法、基于渐进式反卷积的方法、基于降维优化的方法、基于两阶段优化的方法、基于稀疏表达的方法、基于全色传感的方法。总体上看,固定核下的去运动模糊,在非盲卷的情况下,去模糊效果较好;在盲卷情况下,求解效果不太稳定,算法精度主要取决于核估计的稳定性和准确性。国内外相关研究的重点集中在去运动模糊过程中如何准确地进行模糊核估计、如何在反卷积时有效抑制水纹效应以及如何提升现有方法的去模糊效率等问题上。在互联网大数据应用中,目前去模糊技术亟待在核估计、反卷积等关键环节上进行高效优化,进而提升网络可视媒体大数据清洗的质量与效率,实现符合人类视觉感受的画质增强处理。本书关于网络可视媒体大数据画质增强的研究,重点关注锐度增强和去模糊两个方面,借助云平台对低画质可视媒体进行大数据与大样本的针对性高效处理,从而提高互联网用户的满意度,增进用户的访问意愿,为互联网上各种大数据业务提供更加广阔的应用前景。

1.2.3 编辑与处理技术

关于可视媒体的编辑与处理技术,主要包含缩放技术、抠图技术与融合技术等。

在不同分辨率的显示设备上显示相同的图像或视频时需要对图像视频按显示设备的大小来进行调整,可视媒体的缩放技术就是这样一种技术。调整图像视频到不同大小的显示设备上经常会使图像视频中的主要内容和形状变形、失真等。如图1-1所示,可以明显地看到图像中的小孩经过缩放后发生了变形。如何既保持图像视频的内容形状不产生变形失真,又能很好地进行高效缩放,是对目前可视媒体缩放技术的一大挑战。本书在详细调研了目前的缩放技术的前提下,对图像和视频进行了研究,提出了一些新的改进方法,能够较好地解决缩放过程中的某些变形失真现象,为进一步研究可视媒体的缩放技术进行启发。

(a)　　　　　　　　　　　　　　　　　(b)

图 1-1　可视媒体缩放技术示例[2]

(a) 原图;(b) 缩放后效果图

可视媒体的抠图技术主要是针对含有毛发、透明度较高等提取难度较大的物体的一种改良方法。相对于传统的分割技术而言,它对于毛发等细小的边缘能够处理得更精细。抠图技术中常用的是基于用户指定的三分图来计算三分图中的未知区域而进行的透明度抠图技术,如图1-2所示。基于三分图的软抠图技术往往需要较多的用户交互,现在也有研究者研究了一些自动抠图技术,不需要用户干涉或者只需要极少的用户交互,但是总体上来说,目前对于精细的边缘抠图还有极大的改进空间。我们在已有抠图技术的基础上研究了基于透明度抠图的统一框架,并将其应用到视频抠图中,得到了时空一致性的抠图效果。

可视媒体的融合技术是指将原始媒体上的物体或区域粘贴到目标媒体上,如图1-3所示。在这个过程中,要求原物体或区域的颜色尽量与目标背景的颜色达到融合,也就是要求颜色协调,进而使亮度、风格等基本特性能够达到协调

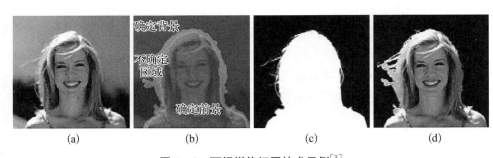

（a）　　　　　　　（b）　　　　　　　（c）　　　　　　　（d）

图 1 - 2　可视媒体抠图技术示例[3]

（a）原图；（b）三分图；（c）透明度图；（d）抠图后效果图

（a）　　　　　　　（b）　　　　　　　（c）　　　　　　　（d）

图 1 - 3　可视媒体融合技术示例[4]

（a）原图；（b）目标图；（c）原图上的区域覆盖在目标图上；（d）融合后效果图

一致，实现无缝融合，同时在融合过程中要避免边界模糊和原始边界的失色等问题。我们在图像融合的基础上研究了基于 3D 均值坐标的高效视频融合方法，有效地避免视频融合的抖动等现象，达到无缝融合的效果。

在可视媒体分析和编辑处理过程中，缩放处理不能很好地保持显著性内容形状，并且还存在抠图效果不精确和融合效果不协调等问题，有待进一步的改善提高。本书主要针对缩放、抠图和融合等实际问题展开深入研究，改善现有算法或提出我们的见解，以期推动以可视媒体为主要素材的影视动画、后期制作等数字文化传媒产业的发展。

1.2.4　质量评价

网络可视媒体大数据质量评价的目标是针对压缩、增强、恢复等网络可视媒体智能处理应用，通过主观或者客观的方法，并借助效率优化技术，对网络可视媒体大数据的质量进行高效的量化评测。通常，理想的网络可视媒体大数据质量评价方法应该满足四个方面：① 符合人类视觉感受；② 具有通用性，即针对不同可视媒体、不同环境，保持评测的稳定性；③ 结果具有单调性、准确性和一致性；④ 适应互联网大数据应用的效率要求。

目前,现有的可视媒体质量评价方法可以分为两大类:主观评价方法和客观评价方法。其中,主观评价方法凭借实验人员的主观感知来评价对象的质量;而客观评价方法依据模型给出的量化指标,模拟人类视觉系统感知机制,衡量可视媒体质量。

主观质量评价根据对感知者主观刺激的不同,主要分为双刺激损伤分级法、双刺激连续质量分级法和单刺激连续质量分级法等。可视媒体质量的主观评价方法的优点是能够真实地反映可视媒体的直观质量,评价结果可靠,无技术障碍。但是主观评价方法需要对可视媒体进行多次重复实验,无法应用数学模型对其进行描述,耗时多、费用高,难以实现实时的质量评价。另外,主观评价结果还会受观察者的知识背景、观测动机和观测环境等因素的影响,没有统一的标准规范。

根据对原始可视媒体信息的依赖程度,客观质量评价主要分为全参考型方法、部分参考型方法和无参考型方法。可视媒体质量的客观评价方法借助数学模型进行量化评测,能够有效避免主观评价方法的诸多弊端,进而形成符合人类视觉感受的评价体系。但是,针对互联网大数据应用,现有的主观和客观评价方法均不能有效解决,特别是缺少一个符合人类视觉感知特征的客观评价模型以及一个规范、统一的可视媒体质量主观评价流程,造成很多基于可视媒体大数据的互联网业务质量和效率不高。因此,关于网络可视媒体大数据质量评价的研究,重点应在于互联网大数据应用下的客观评价模型和主观评价流程,研究视觉无损条件下网络可视媒体大数据的重压缩方法,并结合云平台解决网络可视媒体大数据质量评价中的准确性和高效性问题,为互联网企业节省更多的存储和网络成本。

1.2.5　结构分析技术

结构分析技术是可视媒体高效表达、智能处理和高效利用的基础,主要包含显著度提取和本征分解两个方面。在人类视觉系统的基础上,通过对可视媒体的颜色、方向、强度等信息特征进行分析,计算出最吸引人注意的区域,从而找到人们最关注的物体对象。如图 1-4 所示,显著性检测突出人们最关注的区域,目前通常的显著性检测方法与人工标注的真实值(ground truth)还有一定的差距,这也是我们需要对显著性分析进一步深入研究的原因。目前,虽然也有学者已经关注到高层次语义信息的研究,但是与人们的自动关注还有一些差距,特别是对于一些背景复杂、关注物体与背景差异性很小的情况,现有的显著性检测算法通常都不能得到很好的效果。对于显著性的深入研究也可以为后续的可视媒

(a)　　　　　　　　　　　(b)　　　　　　　　　　　(c)

图 1‑4　可视媒体显著性示例[5]
(a) 原图;(b) 显著度图;(c) 真实值

体的编辑工作起到较好的预处理作用。

本征图像分解是指将一幅图像分解成两个部分——反射图和照射图,这两幅分解得到的图像就是原始图像的本征图像[6]。照射图(shading image),或称高光图,是反映原始图像光照情况的图像。反射图(reflectance image),或称本色图,是指在变化的光照条件下能够维持不变的图像部分。反射图是原始图像去掉高光后的图像。获取原始图像的本征图像的方法有很多,对不同的图像形式——单张图像和图像序列,提取方法是不同的。以下是几种代表性方法:① Retinex 理论,该理论假设图像满足局部一致性,理论的核心假设是一个大的导数很可能意味着图像块边界处的反照率;此外,图像上较小的导数很可能是由亮度变化引起的。其中,图像块是由反照率相同或相近的图像区域组成的。② 图像序列法,Weiss[7] 研究了本征图分解问题的一个简化方面,如果已有同一场景在不同光照下的一个图像序列,那么可以在获得这一序列图像的基础上求解亮度本征图和反照率本征图。该方法的原理是在普遍自然图像中,梯度滤波的结果是稀疏的。在此基础上,假设梯度滤波的先验分布是拉普拉斯分布,那么使用极大似然估计可以完成本征图像分解。此外,还有其他的分解方法,如基于纹理、基于深度信息、基于机器学习等。

本书主要从显著度提取和本征分解两个方面开展深入研究,希望通过理论和技术创新,突破现有技术的瓶颈,提升可视媒体智能分析与处理的效率,并将其应用于电子商务、社交网络、影视动画、互动娱乐等领域,对网络可视媒体大数据信息资源的高效利用产生深远影响。

1.2.6　人脸大数据分析与处理技术

人脸大数据分析与处理技术的流程包括人脸预处理、检测与配准、人脸验证、活体检测等环环相扣的处理步骤。本书主要针对检测与配准、验证与识别两个核心问题进行深入研究，汇聚到人脸大数据在互联网可视媒体大数据的智能服务与应用中，期望取得一系列的技术创新及重大应用成果。

1. 人脸检测

人脸检测是人脸识别系统的重要步骤。传统的人脸检测方法主要基于人工设计的特征。自从具有开创意义的 Viola-Jones 人脸检测子[8]被提出，便出现了许多用于实时人脸检测的方法[9-11]。基于简单特征的增强级联框架，Chen 等[12]提出采用形状索引的特征来联合地进行人脸检测和配准。Zhang 等[13]在一般的物体检测中采用多分辨率技术的思想。而且，基于部件(part-based)的模型已经衍生出大量人脸检测方法。Zhu 等[14]提出树结构模型来进行人脸检测，可以同时实现姿态估计和人脸特征点定位。Mathias 等[15]证明一个精心训练的基于部件的可变形模型(deformable part-based model)[16]可以实现较高的人脸检测准确率。与这些基于模型的方法不同，Shen 等[17]提出通过图像检索来检测人脸。Li 等[18]将其进一步改良为一个增强的基于范例的人脸检测子，并取得了很好的结果。但这些方法或者为浅层模型，或者是基于人工设计的特征，对调参过程要求很高，而且泛化能力较弱。

深度卷积神经网络具有强大的特征提取能力，可以获取体现人脸本质的特征。最近基于 CNN 的检测方法之一是 R-CNN[19]，其在 VOC 2012 数据集上取得了最好的结果。R-CNN 主要采用基于区域的识别模式，首先生成独立于类别的区域；其次，对区域用 CNN 提取特征；最后采用特定的分类器对区域进行分类。与一般的物体检测任务相比，非受控条件下的人脸检测面临不同的挑战，因此不能将 R-CNN 直接应用于人脸检测。例如，一般的针对物体的区域生成方法对于小的人脸和复杂的人脸变化并不是很有效。2015 年，Farfade 等[20]提出基于单个深度卷积神经网络检测所有可能方向的人脸，即多视角人脸检测。Li 等[21]利用级联深度卷积神经网络，分别对多种分辨率的输入图像进行处理，在低分辨率阶段快速地拒绝多数非人脸图像块，最终在高分辨率阶段准确地判断是否为人脸。Yang 等[22]根据人脸空间结构获取人脸各子块的响应分数，从而进行人脸检测。Ranjan 等[23]利用基于部件的可变形模型和深度金字塔提取有效的人脸特征，很好地检测出非受控条件下各种大小和姿态的人脸。

由本书作者带领的课题组前期也进行了人脸检测研究，2014 年 11 月，课题组的人脸检测技术在 FDDB[24] 评测数据集上达到世界领先水平,其研究成果也会在本书中体现。

2. 人脸配准

人脸配准是计算机视觉领域中的一个研究分支,是互联网核身过程的关键技术之一。人脸配准主要完成人面部特征点的定位,包括面部整体轮廓关键点以及面部五官轮廓的定位,如眼角、嘴角、瞳孔、鼻尖等关键点。

传统人脸配准代表性的方法是 1995 年 Cootes 等[25] 提出的主动形状模型(active shape model,ASM)。ASM 的形状建模的训练阶段主要分为三步:第一步,由于不同照片中人脸的尺度和姿态等各不相同,为此需要对人脸形状进行归一化处理,先计算训练集中的人脸平均形状,然后将训练集中的所有人脸形状进行旋转、平移和缩放操作,对齐到平均形状上;第二步,对归一化后的训练集中的人脸形状向量进行主成分分析(principal component analysis,PCA),得到人脸形状的基底向量;第三步,计算人脸特征点的局部灰度模型,用于后续测试阶段对特征点进行调整。ASM 的测试过程也分为三步:首先,建立初始模型;其次,根据特征点的局部灰度模型查找特征点的新坐标;最后,根据调整后的坐标更改模型参数,重复第二、三步直至收敛。ASM 模型只是单纯利用了人脸的形状,因此准确率不高,易受到光照和表情等变化的影响;在其优化的过程中也可能陷入局部极小值而找不到全局最优解。在 ASM 算法提出后,很多研究人员也对该模型进行了改进,提出了许多改进方法。如 Cootes 等[26] 利用混合高斯模型来对变形参数进行建模,以处理非线性的形状变化。Romdhani[27] 利用核主成分分析(kernel PCA)和支持向量机(support vector machine,SVM)来处理非线性的模型变化。1998 年,Cootes 等[28] 在 ASM 算法的基础上首次提出了主动表观模型(active appearance model,AAM)。与 ASM 类似,AAM 也是先对训练数据进行统计分析,建立人脸先验模型,然后利用该先验模型对图像中的人脸进行匹配操作。与 ASM 不同的是,AAM 不仅考虑了人脸的形状信息,同时也利用了人脸的纹理信息。它将形状特征与脸部整体外观相结合,不断地在训练样本空间上对人脸区域进行重建,通过最小化脸部差异进行模型参数调整。AAM 算法最初只是利用梯度下降对模型参数进行优化,后来有研究者提出了基于线性关系假设进行匹配计算的算法[29] 和基于 Lucas-Kanade 算法的反向组合 AAM 算法[30],算法的精度和效率因此得到显著提升。2012 年,Cao 等[31] 提出了一种基于回归的配准算法。该算法不使用任何的参数化形状模型,而是显式地通过最小化预测脸形与真实脸形间的形状差来对回归器进行训练,因此可将人脸固有的形状约束自然地内嵌到级联学习框架的回归量中。同时,方法配准精度高、运行速度快。2013 年提出的 SDM 算法[32]将人脸配准视为非线性最小二乘法的优化问题,基于尺度不变特征变换(scale invariant feature transform, SIFT)算法,采用线性回归来预测形状增量。传统方法性能的好坏很大程度上取决于初始形状或参数的选取,对未见样例的泛化能力较弱。

深度学习是近 10 年来人工智能领域取得的最重要的突破之一。由于在特征学习、深度结构、提取全局特征和上下文信息的强大学习能力,深度学习在语音识别、计算机视觉、图像与视频分析等诸多领域都取得了巨大成功。最近出现了基于深度学习的人脸配准方法,在人脸特征点定位的准确性上比传统方法大大提升。香港中文大学 Sun 等[33]首先采用级联的多个卷积网络来估计 5 个人脸关键点的位置,在每一层采用平均的估计结果,并且逐层改进特征点的位置估计。Zhang 等[34]通过使用级联自编码网络提升判别能力来进行人脸配准。这些方法都使用了多层深度网络来估计人脸特征点的位置。综上所述,人脸配准在计算机视觉技术中有广泛的应用价值。然而,目前在视频方面的人脸配准研究仍较少,视频前后帧中人脸特征点定位的抖动现象较严重。虽然人脸图像配准算法取得了很大的进步,但是在实际应用场景中仍存在很多挑战,如人脸姿态的多样性、表情变化将引起人脸特征点的变化、光照的变化以及人脸遮挡问题,这些都增加了人脸特征点定位的难度,降低了人脸三维重建的精度,影响了人脸识别的准确率。因此,为解决不同人脸姿态、光照变化、人脸遮挡等问题,建立准确性更高、更鲁棒的人脸配准算法具有重要的意义。

3. 人脸验证与识别

近年来,由于广泛的社会实际需求和 LFW(labeled faces in the wild)数据集的发布,非受控条件下的人脸验证技术受到大量的研究,并取得了可喜的成就。仅在过去的一两年中,人脸验证的准确率就获得大幅度提高,在 LFW 上测试的准确率从 95％左右提高到 99％左右[35],达到乃至超过了人类自身的表现(97.53％)。目前,人脸验证最优的算法分为两类:广度模型(wide model)和深度模型(deep model)。好的模型必须有足够的容量来表现人脸复杂的变化模式。高维 LBP[36]是一个典型的广度模型,其通过将人脸变换到非常高维的空间,使复杂的人脸流形变平。CNN 则是目前最先进的深度模型,广泛应用于人脸识别和图像分析。尽管可以从广度和深度两个方向增加模型的复杂度,但是在同样数目参数的情况下,深度模型比广度模型更有效。普通电脑对广度模型提取的高维特征处理起来较困难,而深度模型每一层的特征维数相对而言小得多,使得其内存消耗是可以接受的。而且,广度模型使用人工设计的特征,是非常费力、启发式的，依赖经验和运气，且调节需要花费大量的时间。与之相比，深度模型为无监督特征学习（unsupervised feature learning），自动提取特征，不需要人参与，极大地简化了模型的训练过程。

下面介绍 2 个模型的研究现状。

1）广度模型

许多人脸验证方法用高维的、超完备的人脸描述子表示人脸。Cao 等[37] 将每张人脸图像编码为 26 KB 的基于学习（learning-based，LE）的描述子，然后对 LE 描述子用 PCA 降维，再计算 LE 描述子之间的 L_2 范数距离。Chen 等[36] 在多尺度下对密集的人脸关键特征点（landmark）提取了 100 KB 的局部二值模式（local binary pattern，LBP）描述子，然后再用 PCA 降维后采用联合贝叶斯（joint Bayesian）[38] 进行人脸验证。Simonyan 等[39] 在尺度和空间上计算 1.7 MB 的密集的 SIFT 描述子，将密集的 SIFT 特征编码为 Fisher 向量，并学习以区分性的降维为目的的线性映射。Huang 等[40] 用 1.2 MB 的协方差矩阵对象描述子（covariance matrices as object descriptors，CMD）[41] 与软直方图局部二值模式（soft histograms for local binary pattern，SLBP）[42] 描述子组合，并学习稀疏的马氏距离。一些研究人员还针对身份关联的低层次特征进行了深入研究。Kumar 等[43] 训练属性分类器（attribute classifiers）和微笑分类器（smile classifiers）来检测人脸属性，并度量与参照人脸的相似度。Berg 和 Belhumeur[44-45] 训练 SVM 分类器对来自两个人的多张人脸图像进行分类，以学习效果好的分类器的输出为特征。SVM 为浅层结构，且提取的特征是低层次的。

2）深度模型

一些深度模型已被研究者用来进行人脸验证或人脸辨认。Chopra 等[46] 采用暹罗网络（Siamese network）进行深度度量学习。暹罗网络采用两个完全相同的子网络，分别提取两个输入图像的特征，并计算两个子网络输出结果的距离作为差异度卷积神经网络。Huang 等[47] 采用卷积深度信念网络[48] 学习特征，然后使用信息论度量学习（information theoretic metric learning，ITML）[49] 和线性 SVM 进行人脸验证。Sun 等[50] 采用多个深度卷积神经网络来学习高层次的人脸相似特征，并训练受限玻尔兹曼机（restricted Boltzmann machine，RBM）[51] 分类器进行人脸验证，与其他方法不同，其深度卷积神经网络使用一对人脸而不是单个人脸作为输入，并以此提取联合特征。在过去的一两年中，基于深度学习的人脸验证技术突飞猛进。Facebook 的 Taigman 等[52] 提出了"DeepFace"的概念，将 3D 模型和姿势变换用于预处理，采用包括 4 030 个不同的人共 440 万张人脸图片的 SFC（social face classification）数据库，训练深度卷积神经网络。在 LFW 上测试,对于单个网络,准确率达到 97.00%;采用多尺度网络的方式,训练 7 个神经网络,准确率达到 97.35%,已经与人类自身的表现 97.53%非常接近。Sun 等先后提出了具有里程碑意义的"DeepID"[53] 和"DeepID2"[35] 方法。DeepID 通过选取一张人脸上不同尺度与位置的小块(patch),并对每一小块进行水平翻转以增大训练数据量。该算法分别训练 60 个深度卷积神经网络,每个神经网络提取的特征为 160 维。将这些特征连接起来,得到了超完备的特征 DeepID,总维数为 19 200(160×2×60),再用 PCA 降维到 150,随后训练联合贝叶斯模型,以联合贝叶斯似然比作为阈值,对人脸对进行分类,准确率为 97.45%。DeepID2 首先改进了训练方法,不仅是辨认信号,还加了验证信号,两者共同对神经网络参数进行更新。而且,将人脸的不同小块分成 7 个集合,每个集合为 25 个网络,分别训练联合贝叶斯模型,最后用 SVM 将 7 个联合贝叶斯似然比融合进行分类,准确率达到 99.15%,使人脸验证技术上了一个新的台阶。

在 2015 年 6 月,由马利庄率领的课题组研发的人脸验证技术 Tencent-BestImage 在 LFW 上取得了 99.65%的识别率,刷新了世界纪录。目前,百度、Google 等公司更是将识别准确率提升到 99.7%以上的新高度。

3) 无关年龄的人脸验证

由于年龄演化会导致面部特征发生变化,一些学者开始研究无关年龄的人脸验证。Chen 等[54] 构建了跨年龄参考编码(cross-age reference coding,CARC)结构,基于多个参考脸的年龄变化趋势,将高维 LBP 特征通过这些参考脸构建的转换矩阵变换到一个与年龄无关的特征空间中,并以此进行跨年龄的人脸验证。2016 年,Wen 等[55] 构建了 LF-CNN 网络,使用深度 CNN 提取低层次特征,然后用潜在因素分析(EM 算法)的方法剔除年龄变化,该方法在多个人脸老化数据集中取得了目前最优的结果。然而这些方法在未特别涉及年龄因素的通用人脸数据集(如 LFW)上效果并不理想,其人脸验证准确率低于深度嵌入(deep embedding)[56] 等方法。目前此类方法由于加入年龄差异而降低了泛化能力,需要进一步研究更鲁棒、更具泛化能力的无关年龄的人脸验证方法。

虽然人脸验证技术在标准数据集 LFW 上的准确率已经接近 100%,为非受控场景下的实际应用奠定坚实的基础。然而,当人脸测试数据集达到几万乃至几十万的量级时,可能包含许多质量较差的人脸图片,可能存在光照、表情、姿态,尤其是遮挡、年龄等复杂的类内变化,准确率会明显降低。所以需要基于深度卷积神经网络解决非受控条件下大规模数据集的人脸验证问题。

1.2.7 智能服务技术

1. 门户服务

门户网站是指通向某类综合性互联网信息资源并提供有关信息服务的应用系统。门户网站最初只提供搜索引擎和网络接入服务,后来由于市场竞争日益激烈,门户网站不得不快速地拓展各种新的业务类型,希望通过门类众多的业务来吸引和留住互联网用户,以至于目前门户网站的业务包罗万象,成为网络世界的"百货商场"。从现在的情况来看,门户网站主要提供新闻、搜索引擎、网络接入、聊天室、电子公告牌(BBS)、免费邮箱、影音资讯、电子商务、网络社区、网络游戏、免费网页空间等,国内典型的门户网站有腾讯网、新浪网、网易和搜狐网等。

其中,腾讯网是中国浏览量最大的中文门户网站,是腾讯公司推出的集新闻信息、互动社区、娱乐产品和基础服务为一体的大型综合门户网站。腾讯网服务于全球华人用户,致力于成为最具传播力和互动性且权威、主流、时尚的互联网媒体平台。通过强大的实时新闻和全面深入的信息资讯服务,腾讯网为中国数以亿计的互联网用户提供富有创意的网上虚拟生活。随着腾讯网门户业务的不断拓展,其拥有的互联网大数据呈爆发式增长趋势,而可视媒体信息又占据其中的关键部分,是未来业务增长的重点领域。目前,腾讯网门户服务中的网络可视媒体大数据依然缺乏高效的智能处理技术的支撑,特别是大数据的压缩处理和质量评价体系。互联网大数据应用环境中门户服务的响应时间是用户最关心的,而腾讯网门户服务反应慢的根本因素就是网络可视媒体大数据占据着巨大的网络带宽和海量的存储空间,所以亟待通过压缩处理技术对其进行高效的大数据压缩,并通过质量评价体系寻求大数据视觉无损的重压缩,在进一步压缩的同时,不降低用户的视觉感受。另外,对网络可视媒体大数据的有效管理也是门户服务需要解决的问题,亟须针对大数据处理的成熟的解决方案,而目前流行的云计算平台是其发展方向。总之,本书期望通过大数据智能分析中的压缩处理与质量评价方法,对腾讯网门户服务中生成的网络可视媒体大数据进行智能化高效压缩,同时利用云平台技术对相关大数据进行有效的管理,最终为腾讯网用户实现更满意、更智能、更高效的门户服务。

2. 社交服务

社交网络(social networking)是指个人之间的关系网络,这种基于社会网络关系系统思想的网站就是社交网络网站(SNS 网站)。SNS 的全称是 social networking services,即社交网络服务,专指帮助人们建立社交网络的互联网应用服务,也指现有已普及的社交信息载体,如短信 SMS 服务。严格来讲,国内 SNS 并非社交网络服务,而是 social network sites(即社交网站),以 QQ 空间、朋友网、人人网、开心网、百度贴吧等为代表。近年来,在社交服务方面,微博逐渐成为一个基于用户关系信息分享、传播以及获取的新平台,用户可以通过 WEB、WAP 等各种客户端组建个人社区,以 140 字左右的文字更新信息,并实现即时分享。目前,中国微博用户总数超过 3 亿人,网民数量居世界第一,国内典型的微博服务包括腾讯微博、新浪微博、搜狐微博等。在腾讯公司的社交服务中,QQ 空间、腾讯微博和朋友网是国内拥有用户最多、数据量最大、功能最全的社交平台,问世以来受到众多互联网用户的喜爱,用户可以通过社交服务书写日记、上传图片和视频、听音乐、交朋友、发观点等。

　　在腾讯 QQ 空间、腾讯微博和朋友网等社交服务中,可视媒体大数据具有举足轻重的地位。在用户的社交行为中,以图像和视频为主体的可视媒体是传播与分享的最主要载体。现有的腾讯社交服务中,用户最重视的是自己的社交意愿是否能够完美地实现,是否正是自己所想得到的服务。因此,亟须网络可视媒体大数据智能处理技术的支持,尤其是社交平台上对可视媒体画质的高要求以及基于人脸识别的相册智能管理。对于用户的高画质需求,网络可视媒体大数据的上采样及清洗技术将有助于对用户社交行为中的可视媒体资源进行增强处理;对于相册智能管理,则需要网络可视媒体大数据的特征提取和人脸标注技术的帮助。另外,腾讯社交服务门类众多,各自的表现形式有相似性,也有独特性,如何对其各种大数据应用进行有效整合也是社交服务考虑的重点,在发挥各自特点的同时也能对其中的可视媒体大数据进行高效共享。总之,本书希望利用大数据智能分析中的上采样和清洗技术,在云平台的统一管理下,对腾讯社交服务中的可视媒体进行画质增强,同时借助人脸特征提取、标注与识别,对用户社交行为中的相册实行智能管理,最终提供给腾讯用户更舒适、智能的社交服务,其关键技术和应用也可以很快推广到其他门户网站。

　　3. 电商服务

　　电子商务是指在全球各地广泛的商业贸易活动中,在因特网开放的网络环境下,基于浏览器/服务器应用方式,买卖双方通过线上交流来进行各种商贸活动,实现消费者的网上购物、商户之间的网上交易和在线电子支付以及各种商务活动、交易活动、金融活动和相关的综合服务活动的一种新型的商业运营模式。国内著名的电子商务平台有淘宝、拍拍、京东、易讯、QQ 商城等。在信息技术的发展和商业环境的变化等多重因素驱动下,电子商务取得了巨大的发展,并在我们的日常生活中占据越来越重要的位置。用户量和商品数量的爆炸式增长,给电子商务活动带来了巨大的活力与动力,同时也给电子商务平台带来了沉重的负担。其中,易讯、拍拍、QQ 商城等业务组成了本书合作对象腾讯的电商服务。

首先,电子商务平台上商品数量急剧增加,带来了电商平台图片数量的爆炸式增长,这给电商平台的存储和网络带宽带来了巨大负担,也增加了用户访问网页的加载时间,极大地影响用户的购物体验。因此,亟须通过智能压缩处理技术对其进行高效的大数据压缩,在降低存储和带宽成本的同时提高用户访问速度,改善用户体验。其次,用户体验是一个电子商务平台成功的关键因素之一,一个成功的电子商务机构必须给顾客提供丰富有效的信息。例如,淘宝提供了"以图搜图"工具,可以快速帮用户找到相似宝贝,使得购物更加轻松;淘宝数据魔方基于淘宝所掌握的大量消费数据,提供各种各样的分析服务,例如展示消费者的购物习惯、地域分布、年龄分布、热销排名等,为淘宝卖家提供非常有价值的分析数据。因此,如何为用户提供快速、高效的检索服务也是重要的研究目标。总之,关于网络可视媒体大数据的电商服务,本书寄期望于在云平台的统一管理架构下,通过大数据智能分析中的智能压缩处理方法与检索技术,对电商可视媒体大数据进行高效压缩,并为用户提供智能化的推荐服务,有效降低电商运营成本,提升用户体验。

4. 搜索服务

搜索引擎是对互联网上的信息资源进行搜集整理,然后供用户查询的系统,它包括信息搜集、信息整理和用户查询三部分。目前常用的网络搜索引擎有谷歌、百度、搜狐、雅虎、必应、搜搜等。雅虎的出现将搜索引擎的发展带入了黄金时代,相比于以前,其性能更加优越。现在的搜索引擎(如百度、谷歌等)已经不只是单纯地搜索网页的信息,它们已经变得更加综合化、完美化了,成为互联网上最重要的信息资源获取渠道。以图像为代表的网络可视媒体大数据是互联网上最重要的资源媒介,目前几乎所有的主流互联网搜索引擎都提供搜索图像的功能,最常用的形式是用户通过输入关键字来检索相关图像。其中,腾讯公司的搜索业务主要体现在搜搜应用上。

随着互联网技术和大数据检索技术的发展,越来越多的搜索引擎提供另一种形式的搜索——以图搜索。例如,谷歌搜索引擎允许用户上传一幅图像或引用图像链接,搜索引擎将根据图像内容进行搜索;2008 年出现的 TinEye 要比谷歌的算法更加精确,它可以非常精确、快速地在整个互联网上匹配到目标图像。这种基于内容的图像搜索有很多好处,比如当用户不知道搜索对象的名称时,基于文本进行的搜索就无法发挥作用,此时以图搜索就将发挥作用。这种基于内容的图像检索一般分为三步:目标图片的特征提取、图像编码和相似度匹配计算。近年来,触摸屏设备(智能手机、平板电脑)逐渐普及,使草图搜索技术越来越受到人们的关注。大数据时代下的草图搜索就是通向"所画即所得"的一个尝试:通过手绘的线条图在海量图片中找到与之形状相似的图像。它可以帮助儿童认识世界,可以帮助网购者方便地找到带有特定纹饰的 T 恤衫和花裙子,可以帮助设计师找到理想的图像素材。由于使用充满不确定性和创造力的线条作为检索入口,草图搜索技术仍然处于初步的研究阶段。搜索平台除了为用户搜集网络上的信息外,还需要存储大量的信息,而这其中可视媒体数据占据主要部分。以搜搜平台为例,搜搜街景地图提供地图浏览、地址查询、兴趣点搜索、公交换乘、驾车导航、公交线路及站点查询等多项服务,为了让用户在搜索城市场景时有一种不出门就身临其境的感觉,搜搜街景地图存储了海量的城市图片,但这给搜索平台的存储和带宽带来了巨大的负担。总之,关于网络可视媒体的搜索服务,本书希望通过大数据智能分析中质量评价和智能压缩技术,有效降低搜索平台的存储和带宽成本,通过大数据智能分析中特征提取、标注与检索技术,并利用云的高效计算能力,改进搜索引擎中以图搜索和草图搜索的准确率与效率,提升搜索引擎的使用体验。

5. 娱乐服务

包括影视动漫、网络游戏在内的娱乐服务是互联网业务中的一个重要部分。本书中相关可视媒体大数据娱乐服务部分重点关注其中的娱乐服务部分。网络游戏,又称"在线游戏",是指以互联网为传输媒介,以游戏运营商服务器和用户计算机为处理终端,以游戏客户端软件为信息交互窗口,旨在实现娱乐、休闲、交流和取得虚拟成就并具有可持续性的个体性多人在线游戏。网络游戏产业是一个新兴的朝阳产业,现在中国的网络游戏产业处在成长期,并在快速走向成熟期。网络游戏产业在中国整个网络经济的发展过程中从无到有,发展到目前,已成为中国网络经济的重要组成部分。中国网络游戏经过十几年的发展,无论在产品数量以及用户规模方面,都有了很大提升,著名的游戏服务企业包括腾讯游戏、网易游戏、巨人网络、盛大网络等。其中,腾讯游戏是腾讯四大网络平台之一,是全球领先的游戏开发和运营机构,也是国内最大的网络游戏社区。无论是腾讯公司整体的在线生活模式布局,还是腾讯游戏的产品布局,都是从用户的最基本需求、最简单应用入手,注重产品的可持续发展和长久生命力,打造绿色健康的精品游戏。在开放性的发展模式下,腾讯游戏采取内部自主研发与多元化的外部合作两者结合的方式,已经在网络游戏的多个细分市场领域形成专业化布局并取得良好的市场业绩。

腾讯娱乐与游戏服务历来是腾讯公司的主要业务,随之而来的是可视媒体大数据的快速增长,大数据的处理是体现游戏服务质量的关键因素,调查表明,对可视媒体大数据智能化处理程度越高,其相应的服务质量就越出色。目前,腾讯游戏服务中产品众多,质量千差万别,用户群也各有不同,但对可视媒体大数据智能处理的需求却非常类似,要求互联网上可视媒体大数据尽量少,以满足网络快速传输的需求,要求可视媒体大数据的搜索尽可能地方便快捷,满足游戏服务中语义快速关联的需求。因此,游戏服务中亟待网络可视媒体大数据的智能处理技术作为关键支撑,特别是大数据智能分析中的压缩处理、质量评价、特征提取与语义映射等方法,利用大数据的智能压缩技术进行高效的可视媒体压缩处理,在保证视觉感受的前提下减少数据量,以利于游戏服务中数据的传输,尤其是对于实时要求很高的在线游戏。同时,利用大数据的检索技术进行可视媒体信息的语义关联,可以在游戏服务中进一步地增强与游戏用户的感知交流,提升用户的访问黏性。总之,关注于网络可视媒体大数据的游戏服务,本书期望在云平台的统一管理下,通过大数据智能分析中的智能化压缩与检索技术对腾讯游戏服务中的可视媒体大数据进行压缩处理,并且优化游戏用户的体验和感受,最终让腾讯游戏用户的满意度得到大幅度提升。

1.3   本书的主要贡献和成果

本书面向可视媒体大数据的智能处理技术与系统,对可视媒体大数据的智能压缩、画质增强、编辑处理、结构分析、智能系统以及人脸大数据智能处理等核心问题展开深入研究,主要成果如下。

(1)本书提出了针对网络海量图片的定制化重压缩框架。网络图片数量的爆炸式增长和图像分辨率不断增加,占据了巨大的网络带宽资源及海量的媒体信息存储空间。本书利用基于边界连续、纹理等的图像结构分析方法,实现对图像质量的客观评价,并将图像的主观评价与客观评价统一到一个框架中。该框架包括初始化、图像重编码、客观质量评估、流程控制、主观评价、定制服务六个模块,能够根据不同的应用需求对网络海量图片进行定制化的高效重压缩,大幅减少网络海量图片运营所需的带宽及存储成本,并提高用户体验。本方法已经在门户网站、电子商务和在线游戏等相关互联网图片业务(如易讯网、腾讯网、腾讯微博、腾讯地图、互动娱乐等)中广泛应用,处理图片总数突破 1 200 亿张,可节省大量的带宽和运营成本,提高用户访问速度。

(2)本书首先提出了梯度域内边界保持的图像锐度增强方法,该方法通过锐度特征表示、基于相似度计算的梯度变换以及梯度域图像重建等关键步骤,有效解决传统方法中存在的噪声、非真实细节、不连贯增强等问题。其次,本书提出了面向高质量图像合成的锐度转移方法,该方法通过锐度估计、梯度变换、图像重建、无缝合成等重要阶段,实现原始图像和目标图像间高效的锐度特性转移。最后,本书阐述了基于锐度增强的图像去运动模糊方法,该方法通过锐度增强、特征边选择、模糊核估计、快速非盲反卷积等处理步骤,更加准确地估计模糊核并求解清晰图像。

(3) 在图像缩放方面,本书首先提出一种基于形状感知的小缝裁剪(seamlet carving)图像缩放方法。当前的缝裁剪(seam carving)缩放算法对于图像的内容形状会产生破坏,故本书采用 Gabor 滤波器结合已有的显著性算法来得到优化的显著性图,在显著性图的基础上提出小缝裁剪算法,该方法打破了原有的缝裁剪算法八连通性限制,能够更好地保持图像的内容和形状,同时提出反错切能量函数,可以很好地避免错切现象的产生。通过对比实验得出,本书的算法能产生更好的保持图像内容和形状的缩放效果。其次,本书提出一种结合缝裁剪和变形算法的图像缩放方法。由于单一的缝裁剪算法和变形算法有各自的优点和缺点,通过简单的比较,对于不同的图像区域采用不同的缩放算法,可以避免缝裁剪和变形算法的缺点,充分利用它们各自的优势对图像进行缩放,实验结果显示,该方法能够在保持显著物体形状和内容的同时成功地保持结构比例关系。最后,本书提出一种基于缝裁剪的逐帧优化视频缩放方法。针对视频缩放时容易出现时空不一致等问题,本书采用高速缓存的置换思想对能量进行优化,利用调整后的能量来寻找最优的缝,并根据线性插值理论进行缝裁剪缩放,既可保持每帧图像内容,又可以得到时空一致的视频缩放效果。

(4) 本书提出基于透明度抠图的统一框架,利用光学原理对图像的半透明度效果进行分析,将透明度抠图算法总结为不同的采样函数和抠图矩阵的统一框架。在此框架的基础上对视频抠图进行研究,利用视频的帧间关联性对遮挡问题进行处理,得到增强的视频抠图算法,从而更好地保持视频抠图的时空一致性效果。

(5) 本书提出一种基于优化 3D 均值坐标的视频融合算法,利用均值坐标理论,通过增加上下两个辅助顶点来构建封闭的视频 3D 网格,采用 3D 均值坐标方法得到时空一致性的视频融合效果。该方法能够避免颜色不协调的现象,得到颜色协调一致的融合效果,且计算简单,占用内存少,具有很高的并行性。

(6) 本书提出一种基于粗粒度的贝叶斯模型的显著性检测算法。显著性检测精度一直是当前重点研究的问题,本书利用压缩原理先对图像进行处理,减少图像中的信息量,可以突出图像中的重要区域;然后利用频域分析对图像进行优化,得出更接近于真实关注区域的闭合凸包;最后,利用贝叶斯模型进行显著性检测。在现有的公开测试集上进行验证,结果表明,该方法具有更好的检测准确性,同时,正确率和召回率对比曲线也显示了新方法相对于其他算法有很大的改进和提高。

(7) 在本征分解方面,本书首先提出基于稀疏优化 L_0 范数的本征图像分解方法。从单张图像提取其对应的反射率、光照等本征结构是一个不适定的问题,所以本书针对图像反射率的稀疏特性,利用 L_0 范数来约束反射率梯度,保证梯度是高频和稀疏的,以此提取反射率的主要结构。基于该反射率稀疏先验,本书利用贝叶斯理论对本征图像分解进行概率建模,将本征图像分解问题转换成极大化后验概率问题,同时提出一个优化方法对从后验概率转换得到的能量进行最优化求解。由于 L_0 范数的不可微性,优化方法通过引入辅助变量,以交替迭代的方式不断地逼近最优解。在 MIT 标准评测集、合成数据集和大量现实图像上的实验结果显示,新方法可显著提升经典 Retinex 方法的结果,达到国际先进水平。其次,本书提出基于多尺度度量和稀疏性的本征图像分解方法。针对现实场景图片的复杂特性,在图像反射率稀疏性先验的基础上,本书利用多尺度度量构建图像反射率内部间的相互关系,对模型进行约束,实现稳定的求解。方法基于图像内容,以由下向上的方式构建图像的不规则金字塔结构,将小尺度上具有相似色度特性的相邻像素相连;同时,构建大尺度上具有相似区域特性的远距离节点之间的相似度,以由上向下的方式将高层的信息引入模型。最后,本书进一步提出了模型的高效求解算法,算法一般在几次迭代后就收敛。在一些标准评测数据集和各种自然场景图像上的实验结果显示,该方法计算效率高,且在分解准确度上超过了当前的一些先进算法,达到了先进的水平。该方法还将本征图像分解的结果应用于材质编辑和颜色转移等应用中,取得了很好的效果。

(8) 在人脸配准方面,本书首先提出了一种改进的多姿态级联回归算法,先使用随机回归森林预测人脸特征点的初始位置,并在判断人脸姿态后使用与特定的姿态相关的级联回归器进行迭代更新。多个数据集上的实验表明,新算法在精度上取得了较明显的提升。其次,本书提出了一种由显著点引导的人脸配准方法,使用显著点信息来指导所有点对齐。实验结果表明,显著点定位可以有效地应对具有大遮挡的条件,它在不同的姿势、表情和照明中也很稳健。再次,本书提出了利用端对端卷积神经网络直接回归人脸特征点坐标的方法,算法分别针对 X86 架构的服务器、桌面计算机以及主要为 ARM 架构的移动嵌入式设备配备了两种卷积神经网络结构,它们在模型规模上均明显小于现存的人脸配准算法,在输入的全局图像分辨率上也是主要的基于卷积神经网络人脸配准算法中最高的。本书还针对视频中的人脸特征点跟踪结果欠缺连续性的问题,提出了一个基于岭回归的配准结果后处理算法,在维持人脸特征点跟踪精度基本不变的情况下,以最低的计算代价极大地提升了人脸配准结果的连续性。最后,本书提出基于深度学习的联合人脸动作单元检测和人脸配准框架,通过充分利用两个任务的关联性,实现高精度的人脸动作单元检测和人脸配准。

(9) 在人脸验证与识别方面,首先,本书提出了一个基于 S 型函数(sigmoid function)的非线性人脸验证模型,该模型的优化函数是凸的,这就保证了其有全局最优解;同时,度量的非线性使其在处理异构数据时比线性度量更加鲁棒。该模型在 LFW 数据集上获得的人脸验证准确率优于代表性的人脸验证算法。其次,本书提出了一个受特征脸启发的年龄无关人脸识别模型(eigen-aging reference coding,EARC),建立了新的本征年龄参考集编码方法,受特征脸(eigenface)的启发,利用 PCA 来减少参考集中特征的个数,选出更具代表性的若干个特征用作参考集,从而降低编码特征的维度,在提升算法准确率的同时大大地降低了整个编码过程的计算量,从而大幅提升了算法的计算速度。最后,本书提出了一个基于鲁棒特征投影的年龄无关人脸识别模型(feature mapping and encoding method,FMEM),通过学习特征映射,将原人脸特征映射到一个对噪声和由年龄引起的类内变化较为鲁棒的特征空间,将新特征进一步编码,得到最终的年龄无关人脸表示。在数据集 CACD 和 MORPH 上的识别结果表明了所提算法的有效性。为了检验方法的通用性,本书还将方法应用到深度特征上,实验结果在浅层特征基础上得到了很大的提升。同时,与 CARC 导致深度特征识别准确率下降不同,该方法将深度特征的准确率又提升了若干个百分点。此外,在 CACD - VS 数据集上,该方法结合深度特征的准确率超过了人工结合投票的准确率。

参考文献

[1]　Gonzalez R C, Woods R E. Digital image processing[M]. Boston:Addison-Wesley Longman Publishing Company,2001.

[2]　Rubinstein M, Shamir A, Avidan S. Improved seam carving for video retargeting[J]. ACM Transactions on Graphics, 2008,27(3):16.

[3]　Wang J, Cohen M F. Image and video matting:a survey[J]. Foundations and Trends,2007,2(3):77 - 175.

[4]　Jia J, Sun J, Tang C K, et al. Drag-and-drop pasting[J]. ACM Transactions on

Graphics (TOG)，2006，25：631－637.

[5] Yan Q，Xu L，Shi J，et al. Hierarchical saliency detection[C]//IEEE Conference on Computer Vision and Pattern Recognition (CVPR)，Portland，2013.

[6] Barrow H G，Tenenbaum J M. Recovering intrinsic scene characteristics from images [J]. Computer Vision Systems，1978，2：3－26.

[7] Weiss Y. Deriving intrinsic images from image sequences[C]//IEEE International Conference on Computer Vision，Vancouver，2001.

[8] Viola P，Jones M. Rapid object detection using a boosted cascade of simple features [C]//Proceedings of the 2001 IEEE Computer Society Conference on Computer Vision and Pattern Recognition，Kauai，2001.

[9] Jones M J，Viola P. Fast multi-view face detection[J]. Mitsubishi Electric Research Lab TR－20003－96，2003，3：14.

[10] Lienhart R，Maydt J. An extended set of haar-like features for rapid object detection [C]//2002 International Conference on Image Processing，Rochester，2002.

[11] Yang B，Yan J，Lei Z，et al. Aggregate channel features for multi-view face detection [C]//2014 IEEE International Joint Conference on Biometrics (IJCB)，Clearwater，2014.

[12] Chen D，Ren S，Wei Y，et al. Joint cascade face detection and alignment[C]//13th European Conference on Computer Vision，Zurich，2014.

[13] Zhang W，Zelinsky G，Samara D. Real-time accurate object detection using multiple resolutions [C]//IEEE International Conference on Computer Vision，Rio de Janeiro，2007.

[14] Zhu X，Ramanan D. Face detection，pose estimation，and landmark localization in the wild[C]//IEEE International Conference on Computer Vision and Pattern Recognition (CVPR)，Providence，2012.

[15] Mathias M，Benenson R，Pedersoli M，et al. Face detection without bells and whistles [C]//European Conference on Computer Vision，Zurich，2014.

[16] Felzenszwalb P F，Girshick R B，McAllester D，et al. Object detection with discriminatively trained part-based models [J]. Pattern Analysis and Machine Intelligence，2010，32(9)：1627－1645.

[17] Shen X，Lin Z，Brandt J，et al. Detecting and aligning faces by image retrieval[C]// IEEE International Conference on Computer Vision and Pattern Recognition (CVPR)，Portland，2013.

[18] Li H，Lin Z，Brandt J，et al. Efficient boosted exemplar-based face detection[C]// IEEE Conference on Computer Vision and Pattern Recognition (CVPR)，Columbus，2014.

[19]　Girshick R, Donahue J, Darrell T, et al. Rich feature hierarchies for accurate object detection and semantic segmentation[C]//IEEE Conference on Computer Vision and Pattern Recognition (CVPR), Columbus, 2014.

[20]　Farfade S S, Saberian M J, Li L J. Multi-view face detection using deep convolutional neural networks[C]//Proceedings of the 5th ACM on International Conference on Multimedia Retrieval, Shanghai, 2015.

[21]　Li H, Lin Z, Shen X, et al. A convolutional neural network cascade for face detection [C]//Proceedings of the IEEE Conference on Computer Vision and Pattern Recognition, Boston, 2015.

[22]　Yang S, Luo P, Loy C C, et al. From facial parts responses to face detection: a deep learning approach[C]//Proceedings of the IEEE International Conference on Computer Vision, Boston, 2015.

[23]　Ranjan R, Patel V M, Chellappa R. A deep pyramid deformable part model for face detection [C]//2015 IEEE 7th International Conference on Biometrics Theory, Applications and Systems (BTAS), Arlington, 2015.

[24]　Jain V, Learned-Miller E G. Fddb: a benchmark for face detection in unconstrained settings[R]. Amherst: UMass Amherst, 2010.

[25]　Cootes T F, Taylor C J, Cooper D H, et al. Active shape models-their training and application[J]. Computer Vision & Image Understanding, 1995, 61(1): 38 – 59.

[26]　Cootes T F, Taylor C J. A mixture model for representing shape variation[J]. Image and Vision Computing, 1999, 17(8): 567 – 573.

[27]　Romdhani S. A multi-view nonlinear active shape model using kernel PCA[C]//British Machine Vision Conference, Nottingham, 1999.

[28]　Cootes T F, Edwards G J, Taylor C J. Active appearance models[C]//European Conference on Computer Vision, Berlin, 1998.

[29]　Cootes, T F, Edwards, G J, Taylor, C J. Active appearance models[J]. IEEE Transactions on Pattern Analysis & Machine Intelligence, 2001(6): 681 – 685.

[30]　Matthews I, Baker S. Active appearance models revisited[J]. International Journal of Computer Vision, 2004, 60(2): 135 – 164.

[31]　Cao X, Wei Y, Wen F, et al. Face alignment by explicit shape regression[C]//IEEE Conference on Computer Vision and Pattern Recognition (CVPR), Providence, 2012.

[32]　Xiong X, Torre F. Supervised descent method and its applications to face alignment [C]//Proceedings of the IEEE Conference on Computer Vision and Pattern Recognition, Portland, 2013.

[33]　Sun Y, Wang X, Tang X. Deep convolutional network cascade for facial point detection [C]//IEEE Conference on Computer Vision and Pattern Recognition

(CVPR)，Portland，2013.

[34] Zhang J，Shan S，Kan M，et al. Coarse-to-fine auto-encoder networks（CFAN）for real-time face alignment[C]//European Conference on Computer Vision，Zurich，2014.

[35] Sun Y，Chen Y，Wang X，et al. Deep learning face representation by joint identification-verification[C]//Advances in Neural Information Processing Systems，Montreal，2014.

[36] Chen D，Cao X，Wen F，et al. Blessing of dimensionality：high-dimensional feature and its efficient compression for face verification[C]//IEEE Conference on Computer Vision and Pattern Recognition（CVPR），Portland，2013.

[37] Cao Z，Yin Q，Tang X，et al. Face recognition with learning-based descriptor[C]//IEEE Conference on Computer Vision and Pattern Recognition（CVPR），San Francisco，2010.

[38] Chen D，Cao X，Wang L，et al. Bayesian face revisited：a joint formulation[C]//European Conference on Computer Vision，Florence，2012.

[39] Simonyan K，Parkhi O，Vedaldi A，et al. Fisher Vector Faces in the Wild[C]//British Machine Vision Conference，Bristol，2013.

[40] Huang C，Zhu S，Yu K. Large scale strongly supervised ensemble metric learning，with applications to face verification and retrieval[J]. Computer Science，2012，3(4)：212 – 223.

[41] Tuzel O，Porikli F，Meer P. Pedestrian detection via classification on riemannian manifolds[J]. IEEE Transactions on Pattern Analysis and Machine Intelligence，2008，30：1713 – 1727.

[42] Ahonen T，Pietikäinen M. Soft histograms for local binary patterns[J]. Finnish Signal Processing Symposium，2007：257 – 261.

[43] Kumar N，Berg A C，Belhumeur P N，et al. Attribute and simile classifiers for face verification[C]//IEEE International Conference on Computer Vision，Kyoto，2009.

[44] Berg T，Belhumeur P N. Tom-vs-Pete classifiers and identity-preserving alignment for face verification[C]//British Machine Vision Conference，Survey，2012.

[45] Berg T，Belhumeur P. POOF：part-based one-vs-one features for fine-grained categorization，face verification，and attribute estimation[C]//IEEE International Conference on Computer Vision，Sydney，2013.

[46] Chopra S，Hadsell R，Lecun Y. Learning a similarity metric discriminatively，with application to face verification[C]//IEEE Conference on Computer Vision and Pattern Recognition，San Diego，2005.

[47] Huang G B，Lee H，Learned-Miller E. Learning hierarchical representations for face

verification with convolutional deep belief networks[C]//IEEE International Conference on Computer Vision, Providence, 2012.

[48] Lee H, Grosse R, Ranganath R, et al. Convolutional deep belief networks for scalable unsupervised learning of hierarchical representations[C]//International Conference on Machine Learning, Montreal, 2009.

[49] Davis J V, Kulis B, Jain P, et al. Information-theoretic metric learning[C]//NIPS 2006 Workshop on Learning to Compare Examples, Canada, 2007.

[50] Sun Y, Wang X, Tang X. Hybrid deep learning for face verification[C]//IEEE International Conference on Computer Vision, Sydney, 2013.

[51] Larochelle H, Sherbrooke U D, Mandel M, et al. Learning algorithms for the classification restricted Boltzmann machine[J]. Journal of Machine Learning Research, 2012, 13(1): 643 – 669.

[52] Taigman Y, Yang M, Ranzato M, et al. DeepFace: closing the gap to human-level performance in face verification[C]//IEEE Conference on Computer Vision and Pattern Recognition (CVPR), Columbus, 2014.

[53] Sun Y, Wang X, Tang X. Deep learning face representation from predicting 10000 classes[C]//2014 IEEE Conference on Computer Vision and Pattern Recognition (CVPR), Columbus, 2014.

[54] Chen B C, Chen C S, Hsu W H. Cross-age reference coding for age-invariant face recognition and retrieval[C]//European Conference on Computer Vision, Zurich, 2014.

[55] Wen Y, Li Z, Qiao Y. Latent factor guided convolutional neural networks for age-invariant face recognition[C]//Proceedings of the IEEE Conference on Computer Vision and Pattern Recognition, Boston, 2016.

[56] Liu J, Deng Y, Bai T, et al. Targeting ultimate accuracy: face recognition via deep embedding[R]. Ithaca: Cornell University, 2015.

2

可视媒体大数据的智能压缩技术

2.1 引言

随着网络技术和多媒体技术的发展,越来越多的互联网信息以图片的形式进行展示和传输。基于互联网上的图像数据,很多技术得到了发展[1-5]。然而,网络图片数量的快速增长和图像分辨率的不断提高给传输图片的互联网应用带来了巨大的带宽和存储负担。大部分基于图片的互联网应用,希望对图片进行压缩,以提升用户访问速度,节省网络带宽,提高用户体验。但要了解对图片进行何种程度的压缩,使图片的文件大小和感观质量能满足不同应用定制化的需求,是十分困难的。因此,在充分减小图片文件尺寸的同时高效完成对不同应用的定制化压缩是十分重要的。

多年来,研究者提出了很多图像压缩算法。很多图像压缩算法都可以在不严重影响图片质量的情况下,有效减小图像文件大小,如 JPEG(Joint Photographic Experts Group)标准[6]、JPEG2000 标准[7]和一些其他的技术[8-12]。这些技术通过研究不同的图像编码器,试图用尽可能少的存储空间来表示图像信息。在图像压缩领域,由于 JPEG 压缩算法具有很高的压缩比和压缩效率,JPEG 基准算法广泛应用于数字成像设备中,大量网络图片也都以 JPEG 的格式进行存储。为了保证结果图片可以在任意的设备上显示,本章算法主要关注如何对 JPEG 图像进行高效重压缩以有效减小图片的文件大小,同时保证图片的质量。算法以 JPEG 图片为输入,压缩后输出 JPEG 图片。目前,为了节省带宽和存储,大部分的网络应用都利用固定的量化因子对 JPEG 图片进行压缩。由于图像内容具有差异性,这种做法必然会产生压缩不充分或者过分压缩的情况。

此外,图像压缩算法可以利用图像质量评价方法(image quality assessment, IQA)评估压缩后图像的质量,以此来控制压缩系统输出图片的质量。近年来,研究者提出大量的图像质量评价方法。这些方法大致可以分成两类——客观评价和主观评价。图像质量客观评价方法[13-16]通过构建模型,实现与人类视觉感知一致的图像质量自动量化评估。图像质量主观评价方法[17-22]通过设定标准评价流程,让观察者直接对图片质量进行评估。由于图像最终会呈现给人类观察,因此图像质量主观评价方法的结果相对更加可信,而客观评价方法有待完善。本章的算法采用图像质量的客观评价方法自动、高效地评估重压缩结果的质量,并通过组织图像质量主观评价对结果进行确认和重压缩设置的调整。

基于图像压缩和质量评价方法,本章提出一个新的压缩框架,可在保证用户视觉感受不变的前提下大幅减少网络海量图片运营所需的带宽及存储成本,同时也可根据不同的应用需求定制化地提供重压缩服务,大幅减少网络海量图片运营所需的带宽及存储成本。该框架利用两种部署策略将压缩算法应用于商业系统中,如门户网站、电子商务、在线游戏和地图等。例如,易迅电子商务平台的一次视觉无损压缩业务数据显示,系统对 305 988 张图片进行压缩,压缩比达到 47.067%,且不改变图片的视觉质量。压缩后网络带宽和页面加载时间分别下降 25%和 20%。

2.2 图像压缩

虽然处理器速度、大容量存储和数字通信系统方面的技术近年来取得了快速的进展,但这些技术的发展并不足以满足网络图片爆炸式增长引发的对网络带宽和存储的需求,对网络海量图片进行压缩是解决此问题的有效手段。

通常,根据重构后的数据与原数据的差异,压缩方法主要分为两种类型:有损压缩和无损压缩。有损压缩是指使用压缩后的数据进行重构,重构后的数据与原来的数据有所不同,但不影响人对原始信息的理解,适用于重构信号不一定非要与原始信号完全相同的场合。无损压缩是指使用压缩后的数据进行重构,重构后的数据与原来的数据完全相同,一般用于要求重构的信号与原始信号完全一致的场合。其中,有损压缩方法经常用于互联网应用,尤其针对以图像和视频为主体的可视媒体数据。这种情况一方面是因为无损压缩的压缩率低,不适合互联网大数据的压缩处理;另一方面是因为可视媒体压缩可以允许一定程度的非一致性,选择性保留用户关注点及智能分析处理后不会对内容理解产生影响。

2.2.1 图像压缩算法

图像压缩算法在数字图像处理领域具有十分重要的作用。因为非压缩的图像会占据大量的存储空间和网络带宽。对于静态图片,国际标准化组织和国际电工委员会已经建立了 JPEG 标准[6]。JPEG 标准建立以来,JPEG 基准算法已经广泛应用于数字成像设备中,是目前一直在使用的、应用最广的图像压缩标准。这主要是由于独立 JPEG 小组(Independent JPEG Group, IJG)提供了免费且高效的压缩代码[7,23]。1997 年 3 月,一个征求计划书启动发展新的静态图片压缩标准,称为 JPEG2000 标准。JPEG2000 标准采用小波分解方法作为核心技术,并按六个部分进行发布。

近年来,很多新技术被引入图像压缩领域。2003 年,Bauschke 等[23]提出了一个启发式的 JPEG 图像重量化方法。经该方法重量化后的 JPEG 图通常在文件尺寸上比原图更小,而图像的感观质量却比原图更高。重量化过程并不考虑量化矩阵的性质,可以看作"盲"重量化。很多研究[24-26]已表明,二维离散余弦变换后,其 63 个交流频率的每个固定频率直方图都服从拉普拉斯分布。将经离散余弦变换的交流分量的拉普拉斯分布引入重量化误差分析中后,方法可适用于任何基于离散余弦变换和量化的图像压缩方法。该方法避免了重量化引起的"颗粒"效应,而是以"平滑"效应来取代它。假设新的量化步长接近原始量化步长的整数倍,当该整数为一个奇数时,则二次量化对结果图像影响不明显;而当该整数为一个偶数时,则重量化的结果关于原始量化步长就非常敏感。基于该原则,研究者设计了启发式的图像重量化方法。

其他技术如分形编码[27-30]虽然具有很多优点,如压缩比高、解码快速和解码过程与图像分辨率无关等,但是其编码过程计算方法复杂,这种固有的冗长编码时间极大限制了分形编码的应用。为了推动分形编码的实用化,必须首先提高分形编码的效率。为了提高分形编码的速率,算法通常通过改进编码的迭代方式或通过选择初始迭代图来提高编码效率。文献[31]提出了混合小波分形的编码方法,其主要思想是先对图像做离散小波变换,然后将分形方法应用于小波域。小波能量主要集中在左上角的低通滤波器的值,这使得近似子带十分适合应用分形技术。但将分形图像压缩技术应用于小波变换图像会产生编码保真度问题,细节子图可能没有包含足够的信息来应用分形技术。为了提高分形编码效率,又不损失图像的视觉质量,2006 年,Iano 等[32]提出一种快速、高效的分形-小波混合图像编码方法。该方法应用小波变换的速率来提升分形压缩的速度,基于费希尔分类的快速分形编码只应用于图像小波变换后的低通子带,其他的小波系数则利用修改后的多级树集合分裂(set partitioning in hierarchical trees,SPIHT)方法进行编码。算法维持了图像的细节和小波的渐进传输特性,也可避免引入分形编码的块状效应,同时也解决了分形-小波混合编码方法中经常会出现的编码保真度问题。与普通的纯加速分形编码算法相比,该方法平均可减少 94% 的编解码时间;在高、中、低比特率条件下,与单纯的 SPIHT 小波编码相比,该方法在图像的主观质量方面都有明显的提升。

2007 年,Liu 等[33]提出一个基于图像修补技术的图像压缩框架,该方法追求压缩图片视觉上的质量而不是每个像素值的保真度。算法的"图像分析"模块首先在编码端分析原始图像,自动地保留图像的部分区域作为样例,并将这些样例发送给"样例编码器",利用传统图像压缩方法进行压缩。同时,它提取图像舍弃区域的指定信息作为辅助信息,并传输至"辅助信息编码器"模块。然后,将编码后的样例和编码后的辅助信息捆绑到一起,形成最后的图像压缩数据。对应地,在解码端,样例信息和辅助信息先被解码和重建。然后,利用样例信息和辅助信息,通过图像修补技术,恢复在编码端被舍弃的图像区域。恢复的图像区域与解码后的样例区域一起完成了对原始图像的重建。在该算法中,从被舍弃图像区域中提取的辅助信息起着至关重要的作用,因为在解码端,该辅助信息可对图像修补工作进行引导,准确恢复被舍弃的图像区域。为了充分利用该辅助信息进行图像复原,研究者进一步提出了压缩导向的、基于边的图像修补算法,集成了基于像素的结构传播和基于块的纹理合成。该研究者同时构建了一个实用系统来验证算法的有效性。在相同的视觉质量条件下,与基准JPEG 压缩和标准 MPEG‑4 AVC/H.264 图片编码相比,算法压缩比分别提升 44% 和 33%。

另外,还有些方法利用机器学习技术对图像进行有损压缩[8,34]。这些方法从一些代表性的像素点学习图像模型,并通过该模型预测剩余像素点的颜色值。2007 年,Cheng 等[34]提出一个基于学习的彩色图像与视频压缩方法。与传统的基于频率域内的方法不同,该方法先存储彩色图像对应的灰度图和一些代表性像素的彩色值,并据此利用拉普拉斯正则化的最小二乘算法[35]学习得到一个模型,以此预测剩余像素点的彩色值。对于视频数据的处理方法是类似的,只需存储某个帧的代表性像素点的颜色信息,然后利用相同的模型来预测相近的相关帧的颜色。现有的灰度图像彩色化算法很繁重,且需要密集的用户交互,该研究者利用基于图模型的诱导半监督学习方法来进行灰度图片或视频的彩色化,并且利用一个简单的主动学习策略来选择代表性的像素点。

2009 年,He 等[8]进一步提出了一个新的主动学习方法,称为图正则化的实验性设计(graph regularized experimental design,GRED)。该主动学习方法可用于选择最有代表性的像素点,并与用于彩色化的半监督学习方法原理相同,因此该方法可将主动学习与半监督学习统一到同一个框架下。编码端(主动学习)与解码端(半监督学习)的目标函数相同,有利于得到更好的压缩比。与 Cheng 等[34]的方法相比,该方法并没有利用归一化割[36]将图像分割成小的区域,然后在这些小区域上进行模型学习,而是直接对像素进行学习,避免了对图像分割算法的使用,有效地减少了压缩时间,并且在减少压缩时间的同时,获得了很高的压缩比并保持较高的图像质量。

总体而言,这些针对可视媒体数据的有损压缩方法在保证场景特征不变的情形下,通过适当弱化一些非关键信息,实现对可视媒体数据的有效压缩,同时提升互联网上可视媒体数据的传输速度。与标准的 JPEG 压缩算法相比,以上方法在压缩率和图片质量上可能都更好。但从市场的角度出发,需要提供非标准解码器的压缩算法是很难成功的。如前所述,JPEG 基准算法已经广泛应用于数字图像,同时 JPEG 解码器也已内嵌到很多的成像设备中,如 DVD 播放器、电视、手机和个人电脑等。因此,为了保证压缩结果可在任意的设备上显示,对任何图像压缩算法而言,在减小图像文件的同时,生成一个与 JPEG 基准算法[6]相兼容的文件是十分重要的。

2.2.2 JPEG 图像压缩算法

由于本章提出的图像重压缩算法主要针对互联网上大量存在的 JPEG 图像,这里简要介绍 JPEG 图像压缩算法。JPEG 图像编码过程主要分为以下五步:

（1）图像被分成独立的 3 个彩色通道;

（2）每个彩色通道被分成不重叠的 8×8 的块;

（3）利用二维离散余弦变换对每个块进行变换;

（4）利用 8×8 的量化矩阵对二维离散余弦变换后的图像块进行量化,每个通道的量化矩阵可以不同;

（5）对量化后的数据进行霍夫曼编码。

对应的 JPEG 图像解码过程如下:

（1）解码数据;

（2）反量化;

（3）离散余弦逆变换;

（4）将 8×8 的块合成单个图像通道;

（5）组合不同通道的数据,进行必要的色彩空间转换,完成对原图的重建。

2.3 质量评价

数字图像在获取、处理、压缩、存储、传输和复制过程中都有可能产生视觉质量的降低。为了保证压缩后的图片质量,需要对图片进行质量评价。图像质量评价(IQA)方法在图像压缩、增强和复原等图像成像或处理系统的设计和评估中起到基础性的作用。例如,在图像重压缩系统中,可以利用图像质量评价方法系统地评估和监控重压缩图片的质量,在保持图片质量的情况下实现对原图最大可能的压缩。现有的图像质量评价方法可以分为两大类：主观评价方法和客观评价方法。

2.3.1 图像质量主观评价方法

由于图像质量最终由人评价，因此主观评价方法被认为是最可靠的图片质量评价方法。主观评价是通过人的主观打分来确定图像质量的技术，在主观图像质量评价领域，研究人员已经付出了巨大的努力，提出了很多图片质量主观评价方法[17-18]。关于图像质量的主观评价存在一定的标准[19-21]，其一般流程如下：① 给观察者看一个随机图片序列；② 要观察者对图片质量给出主观评分；③ 处理数据。

1974年，国际电信同盟（International Telecommunications Union，ITU）发布了电视图像质量主观评价方法的建议书 ITU - R BT.500 - 11[19]，该建议书详细规定了主观评价中的环境设置（包括实验室环境设置、家庭环境设置、屏幕分辨率和对比度）、原始信号、测试材料选取、观测者人数、挑选规则、评价过程和数据的后处理等。主观质量评价根据对感知者主观刺激的不同，主要分为双刺激损伤标度法（double stimulus impairment scale method，DSIS）、双刺激连续质量评分法（double stimulus continuous quality-scale，DSCQS）、单刺激法（single stimulus，SS）、强迫选择双刺激法（forced-choice double-stimulus，FCDS）等。这里简要介绍这几种主观评价方法：① 双刺激损伤标度法让原图与有损图成对出现，观察者给出5个等级的离散分值来评价质量。在实验中，观察者不能控制图片的显示次数，原图没有指示出来，同时其与有损图的顺序是随机的。② 双刺激连续质量评分法也让原图与有损图成对出现，原图没有指示出来，其与有损图的顺序也是随机的。与双刺激损伤标度法不同的是，在这种主观评价中分值是连续的，观察者在一个连续的刻度上打分，同时也可以自行在原图与有损图中切换。③ 在单刺激法中没有原图的对比，观察者看完一张图后打分，观察者打分的过程是连续的，而分值为离散分值，分为5等。④ 强迫选择双刺激法让原图与有损图成对出现，观察者可以自行在原图和有损图中切换，选择出他认为的质量较高的一张，原图与有损图的顺序是随机的。这些主观评价方法有各自不同的特点，可以根据不同的应用场景进行试验设计，实现对图片质量的主观评价。

1997年，ITU - T 和 ITU - R 的主观和客观视频质量评价专家成立了视频质量专家组（Video Quality Experts Group，VQEG），视频质量专家组的主要目标是通过研究新型和先进的主观评价方法和客观质量度量来促进视频质量评价技术的发展[37]。成立后，视频质量专家组发起并完成了多个评价算法性能验证项目,包括 VQEG 全参考电视视频质量评价(第一阶段)[38]、VQEG 全参考电视视频质量评价(第二阶段)[39]、半参考和无参考标清电视质量评价(reduced-reference and no-reference television,RRNR‐TV)[40]、多媒体质量评价[41]等。

多年来,研究人员引入了各种各样的方法来研究图像的质量评价,并且在他们各自的领域都取得了很大程度的发展,将这些算法表现进行公平地比较并分析不同算法的优缺点,对图像质量评价的研究具有重要的推动作用。2006 年,Sheikh 等[22]做了一个大型的主观质量评价研究,依照 ITU 和 VQEG 相关建议标准评估了多种先进的全参考客观图像质量评价方法的表现。他们利用 5 种不同的失真类型对 29 张原图进行降质处理,得到 779 张失真图像,并组织 20 多个人对这些失真图像进行打分,总共得到 25 000 个主观评价分数,然后依照这些主观评价的分数对几种先进的全参考图像质量评价方法进行评估。Sheikh 等[42]还同时公布了相关研究的数据集 LIVE,使得其他研究者可以在该数据集上与其他算法进行公平的比较。其他一些公开的专用图像主观评价数据集还包括 CSIQ[43]、IVC[44]、MICT[45]、A57[13]和 TID2008[46-47]等。

2.3.2 图像质量客观评价方法

图像质量客观评价在过去的 10 年间受到了越来越多研究者的关注,得到了快速的发展。研究者将很多方法引入图像质量评价的模型构建中,提出了大量的图像质量客观评价算法[13-14,48-51]。图像质量客观评价的目标是通过构建数学模型,按与人类视觉一致的方式,自动、量化地预测图像或视频的质量。根据对原始可视媒体信息的依赖程度,可将客观图像质量评价方法分成三类:全参考图像质量客观评价方法、半参考图像质量客观评价方法和无参考图像质量客观评价方法[52-54]。全参考图像质量客观评价方法假设完整的参考图是已知的,同时认为参考图的质量是"完美"的,方法通常按与人类视觉一致的方式来计算失真图与参考图的"距离",给出失真图的质量。在半参考图像质量客观评价方法中,参考图仅部分可用(如仅知道参考图的某些特征),该方法利用这种部分可用的信息来帮助评估失真图像的质量。无参考图像质量客观评价方法中没有参考图像的任何信息,方法需要对图像进行"盲"质量评价。本章主要关注其中的全参考客观图像质量评价方法。

本节先从简单且应用广泛的均方误差谈起。参考图像与失真图像之间的均方误差(mean squared error,MSE)和峰值信噪比(peak signal to noise ratio,PSNR)可能是最早的客观图像质量评价方法。虽然这些方法有明显的缺点,但由于简单且直观,它们依然广泛应用于图像的质量评价。在过去的超过 50 年的时间里,均方误差在信号处理领域的量化度量上一直占据主导地位[55]。这得益于均方误差本身的一些重要优点。2009 年,Wang 等[55]分析了均方误差的优势与不足之处,并且讨论了可能出现的图像质量评价替代方法。第一,它简单、无参数且计算快速,由于不同样本和维度之间可独立计算,计算均方误差所需的内存很少;第二,它的平方根与欧氏空间的普通距离(L_2 范数)成正比;第三,它有明显的物理意义,对正交变换(如傅里叶变换)保持不变,是定义信号误差能量的最自然方式;第四,在最优化中,均方误差是性质非常好的目标函数,它是凸的、对称的并且可微的,最小化均方误差的优化问题通常有闭式解,即使没有闭式解,在每次的迭代中,它的梯度和黑塞矩阵(Hessian matrix)都是容易计算的;第五,在统计学中它也是一个理想的度量,它对于独立的不同失真源是可加的,即一个信号经过多次独立且均值为 0 的失真,则最终信号与原始信号的均方误差等于每次独立失真的均方误差之和,因此在这种情况下可以对每次失真类型进行独立的分析;第六,历史上,均方误差已经广泛应用于各种信号处理系统,如滤波器设计、信号压缩、信号复原、去噪、重建与分类等,使用这种简单的度量方式其实是人们的一种习惯。均方误差在具有上述优点的同时,却也带有很强的隐性假设和严重的局限性,特别是在度量需要与人类感知相一致的信号保真度方面,其缺点明显[56-61]。这些隐性假设包括以下方面:① 图像质量与图像像素的空间关系无关,即只要原始图像与失真图像按相同的方式进行重排序,则原始图像与失真图像均方误差的值不会改变;② 图像质量不依赖原始图像信号与误差信号之间的任何关系,即只要误差信号一样,不管原始图像是什么,度量的结果不会改变;③ 图像质量只由误差信号的幅度值决定,而与正负号无关;④ 对于均方误差来说,所有像素具有同等的重要性。

以上假设都是很强的假设,它们在计算图像视觉感知上的保真度时却无一成立,极大地限定了均方误差的应用。针对 MSE(或 PSNR)度量与人类主观判断不一致的问题,研究者考虑将人类视觉系统(human visual system,HVS)的感知特性引入客观评价模型的设计中。人眼是视觉信息的终极接收端,因此在设计客观的失真感知度量时将其引入是很自然的。事实上,很多的全参考图像质量评价算法已经将人类视觉系统的重要特性引入其算法的设计中。但由于人们对人类视觉系统的理解停留在一个很有限的水平,图像质量评价(即使是全参考图像质量评价)成为一个非常热门且具有挑战性的任务。很多图像质量评价方法会显式地对人类视觉系统进行建模,包括 Daly[62]的 VDP(visual difference predictor)模型、Teo 等[57]的视觉皮层归一化模型和 Winkler[63]的关于视频刺激的视觉系统模型。这些方法都是利用某种 L_p 范数和误差组合来实现质量的度量,而这些度量在测量图片或视频的感观质量上总是比均方误差好。

2002 年,Wang 等[61,64] 提出了通用图像质量指标(universal image quality index,UQI)。与先前基于 HVS 方法的思想不同,该方法不再对 HVS 进行显式的建模,最后的误差也不通过 L_p 范数进行度量。UQI 通过度量参考图与失真图在亮度、对比度和相关性这三个局部图像特征上的失真来估计失真图的质量。UQI 与主观评价平均意见值(mean opinion score,MOS)的相关性显著地大于 MSE 与 MOS 的相关性。

2004 年,Wang 等[14] 对 UQI 进行改进,提出结构相似指标(structural similarity index,SSIM)图像保真度度量方法。他们假设人类的视觉感知非常适应从场景中提取结构信息,并利用交替互补的框架来进行基于结构信息退化的质量评价。该方法不仅可以度量图片的失真度,还可以度量其他信号的失真度。自然图像本身具有很强的结构性,这意味着自然图像信号的采样具有很强的邻域相关性,并且这些相关性包含视觉场景中重要的物体结构信息。SSIM 比较光强和对比度归一化后的像素灰度的局部模式,从亮度、对比度、结构相似度等方面比较图像的失真,综合组成最后的图像质量分数。SSIM 具有一些良好的性质:① 它是对称的,即参考图和失真图的输入顺序不影响输出的质量分数;② 它是有界的,它小于等于 1;③ 它有唯一最大值,当且仅当两张图像相同时,其输出为 1。在实际应用中,通常首先按相同的方式对参考图和失真图像分块,然后计算每个块的参考图与失真图的 SSIM 分数,最后对所有块的 SSIM 分数取平均值,得到最终的 SSIM 分数。

结构相似性度量方法提出后,受到了研究者的广泛关注,并产生了很多变种形式,有基于多尺度的方法[65],有基于小波变换的方法[48,50],还有利用局部信息内容进行组合的方法[49]。2009 年,Sampat 等[48] 提出复小波域内的图像质量评价方法,称为复小波结构相似性(complex wavelet structural similarity index,CW - SSIM)。与原始的 SSIM 相比,CW - SSIM 对图像光强的改变、对比度变化和空间平移、旋转与缩放等变化不敏感,且计算快速。因为这些图像的失真变化总是一致地引起局部小波系数的幅值或相位的变化。2011 年,Wang 等[49] 提出了图像信息量加权的结构相似指标(information content weighted SSIM,IW - SSIM)。图像质量客观评价方法通常可分成两步:一是局部质量或失真度量;二是度量结果组合。关于图像局部质量或失真度量的研究已经取得了巨大的进展,而度量结果通常以专门的方式进行组合,缺少理论依据和可依赖的计算模型。他们假设当观测自然图像时,最佳的感知权重应当与局部的信息量成比例,并在六个公开的主观评价图像集合上对他们的假设进行了验证。实验结果显示：① 基于信息量的加权方式可有效提升图像质量评价方法的表现；② 基于信息量对传统的 PSNR 进行加权组合可达到与先进的图像质量算法类似的结果；③ 最好的图像质量评价方法是信息量加权与多尺度 SSIM 的组合。

2009 年，Moorthy 等[66] 提出了基于视觉重要度对局部图像质量分数进行加权组合的图像质量评价方法。他们提出，两个因素可能会影响人类感知图像的质量：第一个是视觉注意力和凝视方向，即人类关注图像的哪一块内容；第二个是相比于图像中质量高的区域，人类更趋向关注图像中质量差的区域。Moorthy 等[66] 提出了两种组合策略——基于视觉注视的加权组合和基于质量分数的加权组合。第一种加权组合方式利用 GAFFE 来寻找视觉上可能重要的点集，根据这些点来决定组合的权重[67]；第二种组合方式通过对质量分数低的图像施加更大的权重，以提升低质量区域的重要度。这两种组合方式可显著提升客观质量分数与主观判断的相关性。在 LIVE 数据集[42] 上的数据结果显示，这种加权组合结果对单尺度和多尺度的 SSIM 都有提升效果。

2005 年，Sheikh 等[68] 基于自然场景的统计信息提出了一种关于信息保真度度量的图像质量评价方法。图像质量评价方法通常将图像质量解释成图像与参考图像在感知空间中的保真度或相似度。这些图像质量评价方法或通过对人类视觉系统中生理上和心理上的重要特征进行建模，或根据任意的信号保真度准则，实现与人类主观一致的质量预测。研究者将图像质量评价问题看作信息保真度问题，即对失真过程的图像信息损失进行量化并探索图像信息与视觉质量的关系。自然场景形成的子空间只是所有可能的信号形成的空间中的一个很小的子空间，大部分失真过程都会破坏这种自然的统计特性，使失真结果显得不自然。因此，他们利用自然场景模型与失真模型协同地量化测试图片与参考图片间共享的统计信息（交互信息量），并假设这个共享的信息是与视觉质量关系密切的保真度内容。2006 年，Sheikh 等[22] 拓展了该方法，进一步量化了参考图中的信息，同时度量从失真图中可以提取多少参考图的信息。结合这两种量化度量，提出了视觉信息保真度度量的图像质量评价方法，也就是在小波变换的各个子带内计算参考图与失真图的交互信息量，而参考图的信息量化则通过高斯混合模型来完成。

2006 年，Shnayderman 等[15] 提出了一种基于奇异值分解（singular value decomposition，SVD）的灰度图像质量度量方法，以图形化或标量度量的形式来预测很多失真类型引起的图像失真。该方法首先均匀地将图像分解成很多小块，典型的图像块大小为 8×8；其次，分别对小块的参考图和失真图进行奇异值分解，并计算这两个奇异值向量的欧氏距离，得到小块间的失真分数；最后通过组合整张图像上不同块的失真分数，得到整张图像的失真分数。这种基于奇异值分解的方法,不仅能可靠地度量特定失真类型中的不同失真水平,也可度量不同失真类型的不同失真水平。本书作者对 5 张经典图像(飞机、船、金山、蕾娜和甜椒)进行 6 种失真处理(JPEG、JPEG 2000、高斯模糊、高斯噪声、锐化和 DC 平移),每种失真类型有 5 个失真水平,并在该集合上将提出的方法与 PSNR 和 SSIM 等进行比较,得到了较好的结果。

2007 年,Chandler 等[13] 提出了一种称为视觉峰值信噪比(visual signal-to-noise ratio,VSNR)的图像质量评价方法,这种方法计算高效并且消耗内存少。方法分为两步:第一步,通过基于小波的视觉掩膜和累加效应模型计算失真图像的可检测阈值。第二步,将测试图像的失真程度与这个阈值进行比较,如果其小于这个阈值,则认为图像保真,无须进行下一步的处理;否则,计算感知对比度的低阶视觉特性和全局中阶视觉特性,并对这两个特性进行线性组合,得到测试图像的质量评价分数。在该算法中,感知对比度的低阶视觉特性和全局中阶视觉特性是通过多尺度小波分解的失真对比空间中的欧氏距离进行建模的。为了适应不同的观测条件,算法在物理亮度和视觉角度上进行操作,而不是在像素值和基于像素的维度上进行操作。

2011 年,Zhang 等[69] 提出了一种称为特征相似性指标(feature similarity index,FSIM)的全参考图像质量评价方法。人类视觉系统(HVS)主要根据图像的低层特征对图像进行理解,基于这个观察,Zhang 等[69] 利用相位一致性(phase congruency,PC)作为 FSIM 中的主要特征。相位一致性可度量局部结构的重要度,在对比度不变的前提下,因为对比度信息会影响人类视觉系统感知图像质量,所以 Zhang 等[69] 引入梯度幅值作为 FSIM 的第二个特征。相位一致性特征与梯度幅值特征相互补充,共同描述图像的局部质量。在获取图像质量局部分数后,该方法再利用相位一致性作为加权函数对局部分数进行组合,得到最后的图像质量分数。

2011 年,为了将图像更好地在不同的分辨率设备上进行显示,Liu 等[51] 提出了一种评价不同图像缩放(image retargeting)算法的图像质量客观评价方法(或称为图像适配显示技术)。基于内容的图像缩放方法在适应不同显示分辨率的同时也保持了图像的显著度区域。为了比较不同图像缩放方法的结果,理想的方法是组织观察者对结果图片进行主观评价,但主观评价指标,如观察者的平均意见值,是十分耗时且昂贵的。因此,需要开发相应的客观评价方法来引导和评价图像缩放方法。图像缩放前后,分辨率通常会改变,传统的全参考或半参考图像质量客观评价方法无法直接适用于这种情况。而如果只用无参考图像质量评价方法,则无法充分利用原图的信息。与传统客观评价方法采用的自底向上的建模方式不同,Liu 等[51]以从全局到局部的观点组织图像特征,通过这种自顶向下的方式模仿人类视觉系统,提出了一个针对图像缩放质量的客观评价方法。他们设计了尺度空间匹配方法来提取缩放图像的全局几何结构,通过大尺度空间与小尺度空间的关系,建立小尺度空间中局部像素的对应关系。然后,基于全局的几何结构与局部像素的对应关系,在 CIE Lab 空间中计算原图与缩放图之间的质量分数。

2011 年,Wang[70]总结了图像质量客观评价方法的研究现状,并列举了图像质量客观评价的一些应用场景。首先,图像质量客观评价方法可以作为很多图像处理方法与系统的评价标准。例如,它可用来挑选多种图像去噪和复原结果中视觉质量最优的复原结果,或者可用来引导某些图像处理算法的最佳参数选择,在网络视觉通信中它也可以进行服务质量监控。其次,图像质量客观评价不仅可以用于质量评估和算法比较,依照该评价标准,还可以设计不同的科学应用。例如,在基于图像质量评价的图像编码系统中,质量评价可度量编码前后图像不同区域的距离,根据图像不同位置的质量,引导新的比特分配,实现最优编码;在图像重建任务中,可根据图像质量评价设计目标函数,进行模型优化。最后,图像质量评价还可应用于识别系统。在很多识别系统中,图像的质量与识别系统的准确率直接相关,因此可以首先利用质量评价方法估计待识别图像的质量,然后利用一些预处理方法对图像质量进行增强,最后将增强处理过的图像输入识别系统中。

基于 JPEG 压缩可能产生的图片失真类型,Shoham 等[16]提出了一种感官一致的图像质量评价方法,称为基于块的编码评估方法(block-based coding quality method,BBCQ)。该方法由三个成分组成:基于像素误差的 PSNR、边缘失真和纹理失真。可视媒体质量的客观评价方法借助数学模型进行量化评测,能够有效避免主观评价方法的诸多弊端,进而形成符合人类视觉感受的评价体系。但根据可视媒体结构信息,建立一个符合人类视觉感知特征的客观评价模型还是一个尚未解决的问题。

2.4   定制化重压缩

2.4.1   算法框架

本节根据不同的应用需求,提出了高效定制化图像重压缩框架。如图 2 - 1

所示,该框架主要包括初始化、图像重编码、客观质量评估、流程控制、主观评价、定制服务六个模块。对于不同的基于海量图片的互联网应用,关键是在保证图片视觉无损的情况下,尽可能地压缩图片,以节省互联网应用所需的带宽和存储。图像重压缩的步骤如下:① 给定一张输入 JPEG 图片后,系统会估计此 JPEG 图片的压缩级别,并对输入图片的目标压缩级别进行先验估计;② 根据估计的输入图片压缩级别和预计的目标压缩级别,系统生成一个新的编码矩阵,并根据这个编码矩阵对输入图片进行重新压缩,得到候选输出图片;③ 利用基于块编码的质量评价方法计算候选输出图片与输入图片的感观相似度;④ 流程控制中心根据感观相似度的评价结果,更新目标压缩级别,或返回最终的结果,或转入主观评价;⑤ 系统根据不同的应用组织相应的主观评价并返回评价报告;⑥ 根据主观评价报告,系统通过设定一系列相应的参数实现对不同应用的定制化压缩。

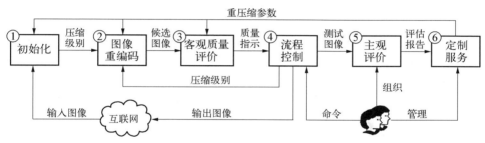

图 2 - 1 定制化图像重压缩框架

本节提出的压缩框架在对图片进行重新压缩的同时还保证了压缩结果的感观一致性。因此,它可以为很多依托海量图片的互联网应用提供服务,优化这些应用的带宽和存储需求。本节将给出定制化重压缩算法的两种部署方式,并介绍其在一些典型互联网的应用,如在门户网站、电子商务和在线游戏等中的应用。

2.4.2 初始化

一般而言,可以通过连续的迭代来计算最优的压缩级别,以实现满意的压缩结果。但是,这种无节制的迭代会严重影响压缩算法的效率。为了减少迭代次数,提高重压缩算法效率,系统将根据不同的应用需求初始化一个合适的压缩级别。

基于 BBCQ[16] 图像客观质量评价方法,在给定一系列的默认参数后,本节首先分析压缩级别与 BBCQ 图像质量分数之间的关系。通过分析 5 000 多张网络图片的 JPEG 压缩量化因子与 BBCQ 图片质量评价分数之间的关系后,发现 JPEG 图片压缩量化因子与 BBCQ 分数之间的关系可以通过高斯函数来拟合,即

$$Q(s) = \frac{k}{\sqrt{2\pi}\sigma} \exp\left[-\frac{(s-\mu)^2}{2\sigma^2}\right] \tag{2-1}$$

式中,s 是 BBCQ 图像质量分数;$Q(s)$ 为压缩量化因子(在 Independent JPEG Group 上也称为 Q factor);μ 和 σ 是高斯分布的均值与标准差,μ 固定为 1.0;k 是缩放因子。当给定两对分数与量化因子后,就可以估计出式(2-1)中的两个未知量 σ 和 k。给定(s_1, $Q(s_1)$)和(s_2, $Q(s_2)$),$Q(s_1)$ 与 $Q(s_2)$ 相除则会消去 k,求得 σ,即

$$\ln\frac{Q(s_1)}{Q(s_2)} = \frac{(s_2-s_1)(s_2+s_1-2)}{2\sigma^2} \tag{2-2}$$

通过式(2-2)计算出 σ 后,可以进一步计算得到 k 并确定量化因子-分数分布曲线。如图 2-2 所示,单张图片的量化因子-分数分布曲线可由部分高斯分布函数拟合。

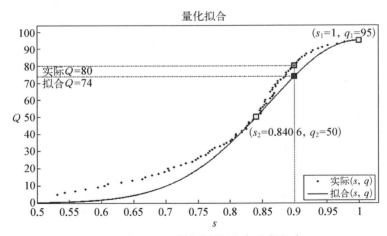

图 2-2　JPEG 压缩量化因子与分数拟合

显然,为了计算上述量化因子-分数分布曲线,至少需要事先计算两对量化因子-分数对。可以观察到,当 $s=1$ 时,$Q(s)$ 接近原始输入图片的压缩级别。基于此观察,系统通过估计输入图片的压缩级别来避免其中一对量化因子-分数

的计算。给定输入图片的压缩量化矩阵 $\boldsymbol{M}_s$ 和基础量化矩阵 $\boldsymbol{M}_b$，输入图片的压缩量化因子可由以下计算式估计得到：

$$Q(1) \approx \min_q \sum \frac{|M_q(i) - M_s(i)|}{M_b(i)} \qquad (2-3)$$

式中，q 为压缩量化因子；$\boldsymbol{M}_q$ 是基于 $\boldsymbol{M}_b$ 计算得到的量化矩阵。根据式(2-3)，系统初始化的一个量化因子-分数对为 $[s_1=1, Q(s_1)]$。同时，给定 $Q=50$，可用通过 BBCQ 计算得到另一个量化因子-分数对 $[s_2, Q(s_2)=50]$。

在获得两个量化因子-分数对后，系统可以拟合量化因子-分数分布的曲线，同时根据不同的应用需求初始化压缩级别。给定某个应用的阈值分数 s_t，初始目标压缩级别可通过下式计算得出：

$$\frac{Q(s_t)}{Q(s_1)} = \exp\left[\frac{\ln\frac{Q(s_1)}{Q(s_2)}(s_1-s_2)(s_1+s_t-2)}{(s_2-s_1)(s_2+s_1-2)}\right] \qquad (2-4)$$

式中，$Q(s_t)$ 为对应于阈值分数 s_t 的初始目标压缩因子。如图 2-2 所示，当获取两对量化因子-分数对($s_1=1$, $q_1=95$)和($s_2=0.8406$, $q_2=50$)后，可以用式(2-4)预测目标压缩级别 $q=Q(0.9)=74$。基于阈值分数 $s_t=0.9$ 和初始压缩级别 $q=74$，系统将连续地更新压缩级别直到最优的量化级别 $q^*=80$。对于大多数图片，系统预测的目标压缩级别与最优的目标压缩级别之间的差小于 8。这意味着，如果将搜索步长设定为 3，算法将在 3 次迭代后停止。而如果直接进行二分查找，则大约需要 7 次迭代。因此，这种初始化的策略对于提高重压缩系统的效率十分重要。基于预测的压缩级别，系统将优化此压缩级别对应的量化矩阵，并对输入图像进行重编码。这将在下一节中介绍。

2.4.3　图像重编码

给定一个压缩量化因子 q，系统可根据 Independent JPEG Group(IJG)[11] 标准计算出对应的量化矩阵 $\boldsymbol{M}$，并利用这个量化矩阵对输入图像进行重压缩。用 8×8 的量化矩阵 $\boldsymbol{M}$ 定义量化步长。通常情况下，q 越小，量化矩阵 $\boldsymbol{M}$ 中的量化步长就越大，输出的压缩图片的质量就越低；q 越大，量化矩阵 $\boldsymbol{M}$ 中的量化步长就越小，输出的压缩图片的质量就越高。但是，大量的研究表明，IJG 量化因子与人眼的感观并不成单调关系[23]。如图 2-3 所示，其中，图 2-3(a)为量化因子为 75 的 JPEG 图片，假设其为系统的输入，系统对其进行重压缩，量化因子为 50,得到图 2-3(b)。图 2-3(b)的文件大小比图 2-3(a)小 19%,但在视觉上有很明显的颗粒效应。但是,如果系统对量化因子为 75 的图片进行重压缩,量化因子为 48,视觉上的颗粒效应将降低,并且得到比输入图小 36%的图片[见图 2-3(c)]。与 $q=50$ 的图像相比,$q=48$ 的图像在视觉上更接近 $q=75$ 的图像。这种 IJG 量化因子与视觉质量的不单调性将给系统带来不利的影响,因为本节压缩框架的一些模块(如初始化和流程控制等)都要求压缩因子与感观质量具有单调关系。

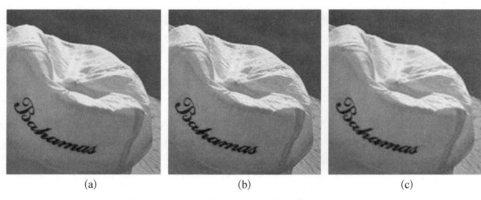

(a)　　　　　　　　(b)　　　　　　　　(c)

图 2-3　IJG 量化因子与视觉质量的不单调性

(a) $q=75$;(b) $q=50$;(c) $q=48$

Bauschke 等[23]通过将离散余弦变化(DCT)系数的交流(AC)分量的拉普拉斯分布引入重量化引起的误差分析中,提出一个新颖的启发式 JPEG 图像重量化方法。这种方法的重量化后的图像通常比"盲"重量化后的图像更小,视觉质量更高。Ng 等[71]提出了一种方法,减小由对静态图像进行多次 JPEG 重量化而引起的误差。

本节利用文献[23]提出的启发式方法对量化矩阵 M 进行调整。记 M_o 和 M_t 分别为输入图像的量化矩阵和目标量化矩阵。系统用 M_o 调整量化矩阵 M_t 获得新的量化矩阵 M_n,并用这个与 M_t 十分接近的新量化矩阵 M_n 对输入图像进行量化。记量化矩阵 M_o、M_t 和 M_n 的元素分别为 o_{ij}、t_{ij} 和 n_{ij},其中 i、j 分别为量化矩阵的行标和列标。新的 n_{ij} 可根据下面的方法计算得到:求 $k=t_{ij}/o_{ij}$,然后定义

$$n_{ij} = \begin{cases} o_{ij}, & k=0 \\ ko_{ij}, & k>0 \end{cases} \tag{2-5}$$

利用式(2-5),可计算得到新的量化矩阵 M_n,然后利用该量化矩阵对输入图像进行压缩。

2.4.4 客观质量评估

对于重压缩图像,系统将利用 BBCQ[16] 度量其视觉质量。BBCQ 是一种图像质量客观评价方法,它以原始输入图像为参考,度量重压缩后图像的质量。该方法根据 JPEG 压缩可能产生的信息损失,从像素差(pixel wise difference, PWD)、边界扭曲(added artifactual edges,AAE)、纹理失真(texture distortion, TD)三个方面进行有参考的图片质量评价。其中,像素差计算重压缩图像与原图在每个像素上的误差;边界扭曲计算独立编码块之间的连续性;纹理失真计算对高频信息过大量化导致的纹理细节丢失或过平滑。基于对像素差、边界扭曲和纹理失真的度量,可以量化重压缩图与输入图的视觉相似度。

为了得到单一的图片质量评价分数,我们将上述三部分进行加权几何平均,具体定义为

$$S_{\text{BBCQ}} = (S_{\text{PWD}})^{\alpha}(S_{\text{AAE}})^{\beta}(S_{\text{TD}})^{\gamma} \qquad (2-6)$$

式中,S_{BBCQ} 是 BBCQ 质量评价分数;S_{PWD}、S_{AAE}、S_{TD} 分别是 BBCQ 的三个组成部分,为了使这三个组成部分同等重要,α、β 和 γ 分别固定为 0.3、0.35 和 0.35。为了进一步提高 BBCQ 质量评价计算的鲁棒性,图像首先被分成很多大块,然后计算每块的 BBCQ 分数,接着对所有块的 BBCQ 分数进行排序,并以第 n 个分数作为整张图像的 BBCQ 分数。这种方法可以有效地提高不同大小和内容的图像分数计算的鲁棒性。如图 2-4 所示,利用量化因子 80、55 和 15,把输入图 2-4(a)压缩到不同的压缩级别,得到图 2-4(b)(c)(d),它们对应的 BBCQ

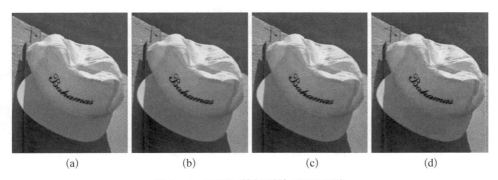

(a)　　　　　(b)　　　　　(c)　　　　　(d)

图 2-4　不同压缩级别的 JPEG 图像

(a) 原始图像;(b) $q=80$;(c) $q=55$;(d) $q=15$

分数分别为 0.898 6、0.847 9 和 0.667 7。显然,当利用更低的压缩量化因子对原图进行重压缩时,得到的重压缩图像将在视觉上呈现更大的颗粒效应,同时由独立编码产生的块与块之间的不连续性也更加明显。

2.4.5 流程控制

在获取重压缩的待输出图像和它对应的质量分数后,系统控制器根据不同的应用需求进行图像重压缩的流水线控制。系统控制器有三个输出结果。

1. 调整压缩级别

对于一个给定的质量分数阈值 s_t,系统的初始化模块将根据式(2-4)给输入图像初始化一个目标压缩级别 $Q(s_t)$。然后,系统的重压缩模块以量化因子 $q=Q(s_t)$ 对输入图像进行重新压缩,得到待输出图,并计算此待输出图的 BBCQ 质量分数 $S(q)$。设 w 为步长,比较 $S(q)$ 与质量分数阈值 s_t 的关系。如果 $S(q)>s_t$,更新目标压缩级别为 $q=q-w$,重复此步骤直到 $S(q)<s_t$;如果 $S(q)<s_t$,更新目标压缩级别为 $q=q+w$,重复此步骤直到 $S(q)>s_t$。在实际应用中,步长设定为 3,因为这种步长设定可以使系统快速达到最优压缩级别,同时又能保证最终量化因子与最优量化因子的误差小于等于 1。最后,系统基于局部线性关系假设,估计出最终的量化因子 q^*。如图 2-2 所示,基于质量分数阈值 $s_t=0.9$ 和初始压缩级别 $q=74$,系统可连续地更新目标压缩级别直至最优压缩级别 $q^*=80$。

2. 返回最终结果

利用最优的压缩级别对输入图像进行压缩,并返回结果。例如,假设将图 2-4(a)当成系统输入图像,并设定质量分数阈值 $s_t=0.9$,系统的输出为图 2-4(b),其对应的量化因子 $q^*=80$。这两张图在视觉上是一致的。

3. 转入主观评价

系统收集重压缩结果并对这些结果进行主观评价,以便对不用的应用制订一系列相应的重压缩参数,保证系统在输出质量满足应用需求的同时也达到带宽和存储的最优化。下一节将详细介绍主观评价的细节内容。

2.4.6 主观评价

为了评价压缩系统输出图片的质量和引导不同的应用达到各自的压缩级别,系统基于文献[19-21]进行标准的主观图像质量的评价。由于对图像质量的评价最终取决于观察者的感觉,因此最可靠的评判就来源于人的评价。图像质量主观评价就是通过人的主观评价来确定图片质量的技术。主观评价的一般流程为先给观察者看一个随机图片序列,然后要观察者对图片质量给出主观的判断,最后进行数据处理。主要的图像质量主观评价方法有双刺激损伤标度法[19]、双刺激连续质量评分法、单刺激法和强迫选择双刺激法[21]。不同的主观评价方法有不同的特点。针对不同的应用需求,需要运用不同的主观评价方法。在视觉无损的压缩应用中,需要判断图片可视性视觉差的阈值。强迫选择双刺激法主观评价方法主要用于确定可视性的阈值,可适合此种应用的要求。此外,双刺激损伤标度法可以通过计算测试者的平均主观评价分数来评估图片的感观质量。在一些高压缩应用中,可以利用此主观评价方法来评估系统输出图片的感观质量。

　　根据不同的应用需求,可以将主观评价分成两大类。第一类主观评价应用于视觉无损的重压缩任务。视觉无损压缩满足很多的应用需求,是系统的典型压缩类型,也是系统的最低压缩级别。此类主观评价主要依照强迫选择双刺激法进行。例如,本书作者曾组织过一次对门户网站视觉无损压缩应用的主观质量评价。一共有 20 位测试者参加这次的主观评价测试,其中 8 位为女性,12 位为男性,测试者的平均年龄为 25 岁。测试在同一台安装微软 Windows 操作系统的工作站上进行。原始图像、灰色图像和压缩后的图像这三张图片组成一组图,原始图像和压缩后的图像以随机的顺序出现,而灰色图像总是在这两张图像的中间出现以消除测试者的视觉残留。在每个测试部分,测试者看到一系列这样的组图。所有的图像都以 1∶1 的比例在工作站的屏幕上显示。如果图像的分辨率超过工作站屏幕的分辨率,那么图像将被剪裁成多个小图,以便以全分辨率在屏幕上显示。测试者可以在一组图中来回切换多次,直到他们可以判断哪张图是被压缩过的图片。如图 2-5 所示,图片在一个基于 Web 的界面上进行显示和比较,左边的控制按钮可用来选择哪张图像是被压缩过的图像,右边的控制按钮用来切换图片。图 2-5(a)(b)(c)分别对应原图、灰色图像和压缩后的图。测试环境与文献[22]相同,为正常光照条件下的室内办公环境。其他的测试流程,如挑选测试者和引导测试者等,都依照文献[21]中的准则进行。每个测试者观测 50 组从测试图片集合中随机选出的图像,则在此次主观评测中总共有1 000 对图像接受测试者的评测,其中测试者对 52.9% 的测试图片做出了正确的判断,即正确地选择了压缩图像。如果原图和压缩过的图在视觉上是一致的,则压缩图被正确挑选出的图像对所占比例的期望为 50%,1 000 对图像置信度为 95% 的置信区间为[46.9%, 53.1%]。系统的结果位于 95% 的置信区间内,即从统计意义上来讲,人无法区分原图与压缩图的区别。图 2-6 和

图 2-7 所示为视觉无损压缩前后的图像对比。图 2-6(a)的大小为 2 612 250 B, 而视觉无损压缩后得到的图 2-6(b)的大小为 696 827 B;图 2-7(a)的大小为 2 546 834 B,而视觉无损压缩后得到的图 2-7(b)的大小为 622 830 B。

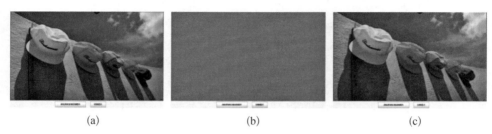

(a) (b) (c)

图 2-5 主观评价组图

(a) 原图;(b) 灰色图像;(c) 压缩后的图像

(a) (b)

图 2-6 视觉无损压缩前后对比

(a) 原图;(b) 压缩后的图像

(a) (b)

图 2-7 视觉无损压缩前后对比

(a) 原图;(b) 压缩后的图像

第二类主观评价应用于更高压缩级别的压缩任务。此类主观评价主要依照双刺激损伤标度法进行。系统关于此类主观评价的设置与应用于视觉无损压缩的主观评价设置相类似，不同的是，在此配置中，测试者会被事先告知原始图像总是先出现，接着会出现灰度图片，压缩图第三个出现。同时，测试者也不必决定哪张图的质量更差。相反地，测试者被要求对压缩图像的质量做出 5 个损伤程度上的判断：5 表示感知不到损坏；4 表示可以感知到，但不厌烦；3 表示轻微厌烦；2 表示厌烦；1 表示非常厌烦。

2.4.7　定制服务

系统可以基于主观评价为不同的应用提供定制化的压缩服务。首先，对于一个新的应用需求，系统从数据集中寻找与新的应用需求相近的应用。其次，提取此应用需求对应的一系列参数作为新应用的初始重压缩参数。再次，利用此参数进行测试图片的压缩，并对压缩后的图片进行主观评价，以检验参数的有效性。此后，基于评测报告，迭代地进行参数调整（典型的参数如质量分数阈值 s_t），直到满足应用需求。最后，完成新应用的定制化压缩服务，并把相应的信息写入数据集。

例如，团购作为新的电子商务模式，其需求与传统的 B2C（business to customer）应用需求相似。因此，我们可以利用传统 B2C 应用的信息初始化团购应用的压缩参数。首先，对测试图品进行压缩，收集压缩结果，开展主观评测。其次，分析主观评测结果，并且考虑团购应用特定的质量、带宽和存储需求，通过迭代来更新参数。最后，完成对团购应用的定制化压缩配置，并将信息写入数据集。

2.5　本章小结

本章介绍了一个定制化的海量图片压缩框架，利用可视媒体大数据学习得到的图片质量因子和质量评分的先验分布关系，系统可为迭代算法预测一个精确的初始压缩级别。这保证了压缩系统的高效性，使互联网海量图片的重压缩成为可能。结合主观评价与客观评价，寻找不同应用需求关于图像质量与压缩级别之间的平衡点，系统定制化地为各种不同的应用提供合适的压缩结果。

本书作者利用 1 300 台服务器集群资源，并基于在线和离线服务模式，研发完成图片大数据智能压缩技术服务平台，该服务以 API 形式提供给腾讯公司 40

多项业务,包括互动娱乐、地图街景、电商全业务、腾讯网等,减少业务带宽需求,降低存储成本,获得更快的页面加载速度和更好的用户体验,成为公司级平台 TFS 的基础组件。监控数据和主观评价结果表明,系统的视觉无损压缩可实现50%左右的压缩,同时保持图像的感观质量不变。系统的具体指标如下:① 压缩率。不同应用 JPEG 格式图像的压缩率在 20%～80%范围内。② 处理性能。API 经过极致工程优化,利用 SSE 加速,1 MB 的 JPEG 文件的压缩时间为0.1 s。③ 稳定性。以分布式形式部署到公司后台集群服务器中,API 自发布以来,持续稳定运行,压缩成功率为 99.99%,日处理图片量可达 2 亿张,累计处理图片总数突破 1 200 亿张。系统可每年为公司节省带宽流量 50 GB 以上,大幅降低相关业务的运营成本。

参考文献

[1] Chen T, Cheng M M, Tan P, et al. Sketch2Photo: internet image montage[J]. ACM Transactions on Graphics, 2009, 28(5): 1 - 124.

[2] Huang H, Zhang L, Zhang H C. Arcimboldo-like collage using Internet images[J]. ACM Transactions on Graphics, 2011, 30(6): 1 - 155.

[3] Zhuang Y, Han Y, Wu F, et al. Stable multi-label boosting for image annotation with structural feature selection[J]. Science China-Information Sciences, 2011, 54: 2508 - 2521.

[4] Yang F, Li B. Unsupervised learning of spatial structures shared among images[J]. The Visual Computer, 2012, 28: 175 - 180.

[5] Xie Z F, Lau R, Gui Y, et al. A gradient-domain-based edge-preserving sharpen filter [J]. The Visual Computer, 2012, 28: 1195 - 1207.

[6] Pennebaker W B, Mitchell J L. JPEG-still image data compression standards[M]. New York: Van Nostrand Reinhold, 1993.

[7] Rabbani M, Joshi R. An overview of the JPEG 2000 still image compression standard [J]. Signal Processing: Image Communication, 2002, 17(1): 3 - 48.

[8] He X, Ji M, Bao H. A unified active and semi-supervised learning framework for image compression [C]//IEEE Conference on Computer Vision and Pattern Recognition, Miami, 2009.

[9] Taubman D. High performance scalable image compression with EBCOT[J]. IEEE Transactions on Image Processing, 2000, 9(7): 1158 - 1170.

[10] Do M, Vetterli M. The contourlet transform: an efficient directional multiresolution image representation[J]. IEEE Transactions on Image Processing, 2005, 14(12): 2091 - 2106.

[11] Ierodiaconou S, Byrne J, Bull D, et al. Unsupervised image compression using graphcut texture synthesis[C]//16th IEEE International Conference on Image Processing, Cairo, 2009.

[12] Byrne J, Ierodiaconou S, Bull D, et al. Unsupervised image compression-by-synthesis within a JPEG framework[C]//15th IEEE International Conference on Image Processing, San Diego, 2008.

[13] Chandler D, Hemami S. VSNR: a wavelet-based visual signal-to-noise ratio for natural images[J]. IEEE Transactions on Image Processing, 2007, 16 (9): 2284 – 2298.

[14] Wang Z, Bovik A, Sheikh H, et al. Image quality assessment: from error visibility to structural similarity[J]. IEEE Transactions on Image Processing, 2004, 13 (4): 600 – 612.

[15] Shnayderman A, Gusev A, Eskicioglu A. An SVD-based grayscale image quality measure for local and global assessment[J]. IEEE Transactions on Image Processing, 2006, 15(2): 422 – 429.

[16] Shoham T, Gill D, Carmel S. A novel perceptual image quality measure for block based image compression[C]//Society of Photo-Optical Instrumentation Engineers (SPIE) Conference Series, San Francisco, 2011.

[17] Hamberg R, Ridder H D. Continuous assessment of time-varying image quality[C]// Rogowitz B E, Pappas T N. Society of Photo-Optical Instrumentation Engineers (SPIE) Conference Series, San Jose, 1997.

[18] Ridder H D. Psychophysical evaluation of image quality: from judgment to impression [C]//Society of Photo-Optical Instrumentation Engineers (SPIE) Conference Series, San Jose, 1998.

[19] International Telecommunication Union. Methodology for the subjective assessment of the quality of television pictures[M]. Geneva: International Telecommunication Union, 2012.

[20] International Telecommunication Union. Subjective assessment methods for image quality in high-definition television[M]. Geneva: International Telecommunication Union, 2012.

[21] International Telecommunication Union. Studies towards the unification of picture assessment methodologies[R]. Geneva: International Telecommunication Union, 1990.

[22] Sheikh H, Sabir M, Bovik A. A statistical evaluation of recent full reference image quality assessment algorithms[J]. IEEE Transactions on Image Processing, 2006, 15 (11): 3440 – 3451.

[23] Bauschke H, Hamilton C, Macklem M, et al. Recompression of JPEG images by

requantization[J]. IEEE Transactions on Image Processing, 2003, 12(7): 843 - 849.

[24] Reininger R, Gibson J D. Distributions of the two-dimensional DCT coefficients for images[J]. IEEE Transactions on Communications, 1983, 31(6): 835 - 839.

[25] Lam E Y, Goodman J W. A mathematical analysis of the DCT coefficient distributions for images[J]. IEEE Transactions on Image Processing, 2000, 9(10): 1661 - 1666.

[26] Smoot S R, Rowe L A, Roberts E. Laplacian model for AC DCT terms in image and video coding[C]//Ninth Image and Multidimensional Signal Processing Workshop, Belize, 1996.

[27] Yuval F. Fractal image compression-theory and application[M]. New York: Springer, 1994.

[28] Barnsley M F. Fractals everywhere[M]. Pittsburgh: Academic Press, 2014.

[29] Jacquin A E. A fractal theory of iterated Markov operators with applications to digital image coding[D]. Atlanta: Georgia Institute of Technology, 1989.

[30] Lu N. Fractal imaging[M]. San Francisco: Morgan Kaufmann Publishers, 1997.

[31] Welstead S T. Fractal and wavelet image compression techniques[M]. Bellingham: SPIE Optical Engineering Press, 1999.

[32] Iano Y, Da Silva F S, Cruz A L M. A fast and efficient hybrid fractal-wavelet image coder[J]. IEEE Transactions on Image Processing, 2006, 15(1): 98 - 105.

[33] Liu D, Sun X, Wu F, et al. Image compression with edge-based inpainting[J]. IEEE Transactions on Circuits and Systems for Video Technology, 2007, 17 (10): 1273 - 1287.

[34] Cheng L, Vishwanathan S V N. Learning to compress images and videos[C]// International Conference on Machine Learning, San Diego, 2007.

[35] Belkin M, Niyogi P, Sindhwani V. Manifold regularization: a geometric framework for learning from labeled and unlabeled examples[J]. The Journal of Machine Learning Research, 2006, 7: 2399 - 2434.

[36] Shi J, Malik J. Normalized cuts and image segmentation[J]. IEEE Transactions on Pattern Analysis and Machine Intelligence, 2000, 22(8): 888 - 905.

[37] Brunnström K, Hands D, Speranza F, et al. VQEG validation and ITU standardization of objective perceptual video quality metrics[J]. Signal Processing Magazine, IEEE, 2009, 26(3): 96 - 101.

[38] Video Quality Experts Group(VQEG). Final report from the Video Quality Experts Group on the validation of objective models of video quality assessment, Phase I[R]. Ottawa: VQEG, 2000.

[39] Video Quality Experts Group(VQEG). Final report from the Video Quality Experts Group on the validation of objective models of video quality assessment, Phase II (FR_

TV2)[R]. Hillsboro: VQEG, 2003.

[40] Video Quality Experts Group (VQEG). Final report from the Video Quality Experts Group on the validation of reduced-reference and no reference objective models for standard definition television, Phase I[R]. Hillsboro: VQEG, 2009.

[41] Video Quality Experts Group (VQEG). Final report from the Video Quality Experts Group on the validation of objective models of multimedia quality assessment[R]. Hillsboro: VQEG, 2008.

[42] Sheikh H, Wang Z, Cormack L, et al. LIVE image quality assessment database, release 2 2005[EB/OL]. http://live.ece.utexas.edu/research/quality.

[43] Larson E C, Chandler D M. Most apparent distortion: full-reference image quality assessment and the role of strategy[J]. Journal of Electronic Imaging, 2010, 19(1): 1-21.

[44] Callet P L, Autrusseau F. Subjective quality assessment-IVC database[EB/OL]. (2015-02-04). http://www.irccyn.ec-nantes.fr/ivcdb.

[45] Horita Y, Shibata K, Kawayoke Y, et al. Image quality evaluation database[EB/OL]. (2009-05-16). ftp://guest@mict.eng.u-toyama.ac.jp/.

[46] Ponomarenko N, Battisti F, Egiazarian K, et al. Metrics performance comparison for color image database[C]//Fourth International Workshop on Video Processing and Quality Metrics for Consumer Electronics, 2009.

[47] Ponomarenko N, Lukin V, Zelensky A, et al. TID2008-a database for evaluation of full-reference visual quality assessment metrics[J]. Advances of Modem Radioelectronics, 2009, 10(4): 30-45.

[48] Sampat M, Wang Z, Gupta S, et al. Complex wavelet structural similarity: a new image similarity index[J]. IEEE Transactions on Image Processing, 2009, 18(11): 2385-2401.

[49] Wang Z, Li Q. Information content weighting for perceptual image quality assessment [J]. IEEE Transactions on Image Processing, 2011, 20(5): 1185-1198.

[50] Wang Z, Simoncelli E. Translation insensitive image similarity in complex wavelet domain[C]//Proceedings of the IEEE International Conference on Acoustics, Speech, and Signal Processing, Philadelphia, 2005.

[51] Liu Y J, Luo X, Xuan Y M, et al. Image retargeting quality assessment[J]. Computer Graphics Forum, 2011, 30(2): 583-592.

[52] Wang Z, Sheikh H R, Bovik A C. No-reference perceptual quality assessment of JPEG compressed images[C]//Proceedings of the 2002 International Conference on Image Processing, New York, 2002.

[53] Moorthy A K, Bovik A C. A two-step frame work for constructing blind image quality

indices[J]. IEEE Signal Processing Letters, 2010, 17(5): 513 - 516.

[54] Moorthy A K, Bovik A C. Blind image quality assessment: from natural scene statistics to perceptual quality[J]. IEEE Transactions on Image Processing, 2011, 20 (12): 3350 - 3364.

[55] Wang Z, Bovik A. Mean squared error: love it or leave it? A new look at Signal Fidelity Measures[J]. IEEE Signal Processing Magazine, 2009, 26(1): 98 - 117.

[56] Girod B. What's wrong with mean-squared error?[J]. Digital Images and Human Vision, 1993, 29: 207 - 220.

[57] Teo P C, Heeger D J. Perceptual image distortion[C]//Proceedings of 1st International Conference on Image Processing, Anstin, 1994.

[58] Eskicioglu A M, Fisher P S. Image quality measures and their performance[J]. IEEE Transactions on Communications, 1995, 43(12): 2959 - 2965.

[59] Eckert M P, Bradley A P. Perceptual quality metrics applied to still image compression [J]. Signal Processing, 1998, 70(3): 177 - 200.

[60] Wang Z, Bovik A C, Lu L. Why is image quality assessment so difficult?[C]//2002 IEEE International Conference on Acoustics, Speech, and Signal Processing, Orlando, 2002.

[61] Wang Z, Bovik A C. A universal image quality index[J]. IEEE Signal Processing Letters, 2002, 9(3): 81 - 84.

[62] Daly S J. Visible differences predictor: an algorithm for the assessment of image fidelity [C]//Symposium on Electronic Imaging: Science and Technology, San Jose, 1992.

[63] Winkler S. Perceptual distortion metric for digital color video[C]//Human Vision and Electronic Imaging Conference, San Jose, 1999.

[64] Wang Z. Rate scalable foveated image and video communications[D]. Austin: The University of Texas, 2001.

[65] Wang Z, Simoncelli E P, Bovik A C. Multiscale structural similarity for image quality assessment[C]//The Thirty-Seventh Asilomar Conference on Signals, Systems and Computers, Pacific Grove, 2003.

[66] Moorthy A K, Bovik A C. Visual importance pooling for image quality assessment [J]. IEEE Journal of Selected Topics in Signal Processing, 2009, 3(2): 193 - 201.

[67] Rajashekar U, Van Der Linde I, Bovik A C, et al. GAFFE: a gaze-attentive fixation finding engine[J]. IEEE Transactions on Image Processing, 2008, 17(4): 564 - 573.

[68] Sheikh H R, Bovik A C, De Veciana G. An information fidelity criterion for image quality assessment using natural scene statistics[J]. IEEE Transactions on Image Processing, 2005, 14(12): 2117 - 2128.

[69] Zhang L，Zhang L，Mou X，et al. FSIM：a feature similarity index for image quality assessment[J]. IEEE Transactions on Image Processing，2011，20(8)：2378 - 2386.

[70] Wang Z. Applications of objective image quality assessment methods[J]. IEEE Signal Processing Magazine，2011，28(6)：137 - 142.

[71] Ng C，Ng V，Poon P. Quantization error reduction for reducing Q-factor JPEG recompression[C]//9th IFSA World Congress and 20th NAFIPS International Conference，Vancouver，2001.

3

可视媒体大数据的画质增强技术

3.1 引言

在可视媒体画质增强中，锐度增强（sharpness enhancement）技术是一种针对可视媒体锐度特性的调整技术，其目标是通过调整可视媒体的锐度特性，一方面提高边界区域的对比度，另一方面实现细节增强，从而进一步提升可视媒体画质。去运动模糊技术的目标是在高效的模糊核估计基础上，利用反卷积技术求解得到清晰的可视媒体，消除由于拍摄设备抖动或拍摄场景中对象快速运动所造成的模糊现象，解决运动模糊引起的可视媒体画质损失问题，进一步提升可视媒体画质。

本章主要介绍边缘锐化、去运动模糊和增强优化等技术，符合用户对于改善可视媒体画质的迫切要求，也有助于可视媒体合成处理时协调统一画质方面的特性。

3.2 边缘锐化

边缘锐化是一种图像处理技术，旨在增强图像中的边缘和细节，使其更加清晰和明显。在数字图像中，边缘通常表示图像中物体之间的边界和轮廓。然而，由于图像采样和传感器等因素，图像中的边缘可能会变得模糊或不够明显。边缘锐化的目标就是通过增强边缘的对比度，使它们更加鲜明，从而提升图像的视觉质量和细节。

3.2.1 锐度增强概述

图像锐度增强技术是一种对锐度特性进行提升的图像处理技术。几十年间，国内外研究人员提出了很多空间域和频率域图像滤波器[1]来实现锐度增强，但是它们在同步增强所有像素的同时，很难有效地避免噪声影响。例如，作为非常流行的图像处理软件，Adobe Photoshop[2] 提供了一个简单的锐化滤波器（sharpen filter）来实现锐度增强，但是该锐化滤波器一直无法摆脱噪声问题。如图 3-1(b)所示，Photoshop 锐化滤波器的增强质量被噪声大幅降低。为了获得不受噪声影响的增强结果，Photoshop 提供了另一种反锐化掩模滤波器（unsharp mask filter），通过构建一个锐化掩模，指导滤波器仅对高对比度区域进行锐度提升。但是，锐化掩模滤波器的有效性取决于用户是否能够准确地设置相关参数，它的锐化掩模时常在局部区域内产生不连贯的锐度增强，因而无法达成高质量的边界保持。如图 3-1(c)所示，尽管锐化掩模滤波器有效地消除了

(a)　　　　　　　(b)　　　　　　　(c)　　　　　　　(d)

(e)　　　　　　　(f)　　　　　　　(g)　　　　　　　(h)

图 3-1　七种锐度增强方法的结果比较

　　(a) 原始图像;(b) 锐化滤波器;(c) 锐化掩模滤波器;(d) 双边滤波器;(e) 引导式滤波器;(f) 拉普拉斯滤波器;(g) 显著性滤波器;(h) 本书的方法

噪声,但由于不连贯增强,无法保持平滑边界。

　　后来,有研究人员提出了一些基于优化的滤波器[3-5],这些滤波器通过构建全局优化方程并求解一个大型线性系统,就可以在锐度增强过程中有效保持边界特征,但却依旧存在经常引入光晕问题而影响最终结果,以及由于优化运算而无法避免大量计算等问题。最近,在双边滤波器(bilateral filter)[6]的基础上,具有 $O(N)$ 计算时间的引导式滤波器(guided filter)[7]能够借助一个引导图像有效地增强锐度并保持平滑边界;另一个局部拉普拉斯滤波器(local laplacian filter)[8]在不影响边界特征和不引入光晕问题的前提下,通过直接操作拉普拉斯金字塔来实现边界感知的图像处理。但是,这两种滤波器都会同步增强所有细节,因而经常会因为过度的细节增强而产生不真实的锐度增强结果。如图 3-1(d)~(f)所示,尽管这三种滤波器可以在保持边界的同时增强锐度,但由于不真实的局部细节而无法达成高保真度的增强效果。

　　不同于传统的空间域和频率域滤波器,有研究人员提出了一些梯度内锐度增强滤波器[9-10]。这些滤波器并不单独直接地操作像素值,而是对像素差异进行处理,这样做的好处在于它们可以有效保持原始图像上的一些原有特征。但是,因为在所有梯度上同步增强,梯度域滤波器也会遭受噪声影响。最近提出的显著性锐化滤波器(saliency sharpen filter)[11]通过长边检测,仅对显著的梯度进行提升,同时避免增强噪声和背景纹理。但是,不准确的长边检测可能导致边界保持行为的失败,类似于 Photoshop 锐化掩模滤波器,它会在长边和局部区域间产生不连贯的增强。如图 3-1(g)所示,显著性滤波器由于长边检测错误,在锐度增强过程中无法保持边界特征。

　　针对传统方法中存在的噪声、非真实细节、不连贯增强等问题,本章提出梯度域内边界保持的锐度增强方法。一方面,新方法仅选择局部特征梯度进行操作,可以有效避免同步增强造成的噪声和非真实细节;另一方面,新方法通过基于相似度计算的优化,可以提供平滑的梯度变换,更好地保持边界特征。如图 3-1(h)所示,与先前六种方法比较后,新方法边界保持的锐度增强方法能够生成高保真增强结果,避免噪声、非真实细节、不连贯增强等问题。

　　为了获得具有高质量边界特征的锐化结果,我们的系统流程主要包括三个关键步骤:锐度特征表示、基于相似度计算的梯度变换与梯度域图像重建,如图 3-2 所示。首先,指定具有局部最大梯度的像素作为特征像素,从特征像素出发,不断沿着梯度下降方向形成特征路径,利用生成的特征路径表示锐度特征;其次,对特征路径上的每个像素做初始化梯度变换,并通过优化基于相似度计算的能量方程产生更平滑的梯度变换;最后,在新变换的梯度上,利用图像域与梯度域内约束构建能量方程,优化求解后生成最终锐化结果。此外,通常用户都是在视觉表面上验证锐度增强的有效性,但是这种方法经常是不充分、不准确的。因此,本章提出一种基于锐度分布的评价模型,该模型通过分析图像锐度分布特征,进一步说明各种锐度增强方法的优劣。

图 3-2　含三个关键步骤的锐度增强系统流程

3.2.2　锐度特征表示

　　在一些梯度域内边界先验模型[12-13]的启发下,我们选择具有局部最大梯度的像素作为特征像素,并沿着它们的梯度正向和反向逐像素地比较,直至像素梯度不再降低,至此可以利用不断跟踪形成的梯度路径来有效表示锐度特征。这种局部梯度表示方法有助于通过简单操作梯度路径避免所有梯度的同步增强。本节定义具有局部最大梯度的像素为特征像素,相应的梯度路径为特征路径。

　　对于原始图像 I,表示每个像素 $\boldsymbol{p}=(x,y)$ 的梯度 $\nabla I(p)=[\nabla I_x(p),\nabla I_y(p)]$,其中,$\nabla I_x(p)=I(x+1,y)-I(x,y)$,$\nabla I_y(p)=I(x,y+1)-I(x,y)$,同时定义梯度模 $M(p)=\|\nabla I(p)\|$。首先,对每个像素梯度方向上的直线进行参数化,具体定义如下:

$$\boldsymbol{p}^t=(x^t,y^t)=\begin{cases}x^t=x+t\cdot\nabla I_x(p)/M(p)\\y^t=y+t\cdot\nabla I_y(p)/M(p)\end{cases} \tag{3-1}$$

式中，t 表示直线量化参数。其次，从任一像素 p 出发，在梯度方向上寻找它的两个相邻像素 p^1 和 p^{-1}。如果 $M(p) > M(p^1)$ 并且 $M(p) > M(p^{-1})$，定义 p 作为具有局部最大梯度的特征像素 z_0。最后，在获得所有特征像素后，通过一个迭代算法，进一步构建相应的特征路径：① 初始化一条穿过特征像素 z_0 的特征路径 $P(z_0)$；② 设置一个递增变量 i 和一个递减变量 j 均为零；③ 增加一个前向相邻像素 p_i^1，其中 p_i^1 是沿着梯度正向的第 $(i+1)$ 个像素 p_{i+1}；④ 重复步骤③直到 $M(p_{i+1}^1) > M(p_i^1)$；⑤ 增加一个后向相邻像素 p_j^1，其中 p_j^{-1} 是沿着梯度负向的第 $|j-1|$ 个像素 p_{j-1}；⑥ 重复步骤⑤直到 $M(p_{j-1}^{-1}) > M(p_j^{-1})$；⑦ 定义最终的特征路径 $P(z_0) = (p_{-n}, \cdots, z_0, \cdots, p_m)$，其中 $m+n+1$ 表示在梯度路径上的像素总数。如图 3-3 所示，找出所有的相关梯度像素后，通过以上表示方法初始化它们相应的梯度路径。

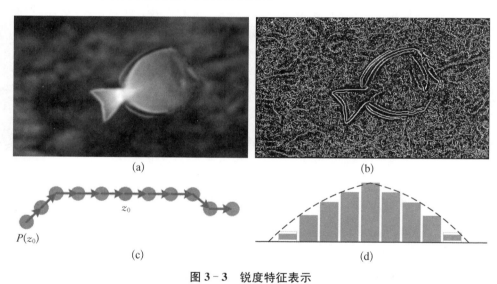

图 3-3　锐度特征表示

(a) 原始图像；(b) 特征像素；(c) 特征路径 $P(z_0)$；(d) $P(z_0)$ 的梯度分布

根据前面的定义，一张图像的锐度特征可以由梯度域内所有特征路径组成。在一条梯度路径上，越陡峭的梯度分布，它的局部特征越尖锐。这种特征路径不仅能有助于避免直接操作所有像素，而且可以实现在所有梯度上的非同步增强。新方法通过调节这些梯度路径上的局部梯度分布，最终实现锐度增强。

3.2.3　基于相似度计算的梯度变换

在锐度特征表示的基础上，为了实现锐度增强，需要进一步变换原始图像的梯度。在本节中,首先在所有梯度上初始化一个非同步增强的梯度变换率图。其次,为了保持高质量的边界特征,通过最小化一个基于相似度的能量方程,进一步优化梯度变换率图。最后,利用优化后的梯度变换率图,对原始图像上的所有梯度进行重新赋值。

给定变化率间隔 $\xi \in [0, 1]$,定义梯度变换率 $\alpha(p) \in [1-\xi, 1+\xi]$,同时定义它的新变换梯度 $\nabla I'(p) = \alpha(p) \cdot \nabla I(p)$。如图 3-4(a)所示,对于原始图像上每一条梯度路径 $\boldsymbol{P}(z_0) = (\boldsymbol{p}_{-n}, \cdots, z_0, \cdots, \boldsymbol{p}_m)$,首先将它划分为三条子路径:$\boldsymbol{P}_1 = (\boldsymbol{p}_{-n/2}, \cdots, z_0, \cdots, \boldsymbol{p}_{m/2})$,$\boldsymbol{P}_2 = (\boldsymbol{p}_{-n}, \cdots, z_0, \cdots, \boldsymbol{p}_m)$ 和 $\boldsymbol{P}_3 = (\boldsymbol{p}_{(m+1)/2}, \cdots, \boldsymbol{p}_m)$。其次,初始化 $\{\alpha(p) = 1+\xi, \ p \in \boldsymbol{P}_1\}$ 和 $\{\alpha(p) = 1-\xi, \ p \in \boldsymbol{P}_2 \mid \boldsymbol{P}_3\}$,其中,利用相应的梯度 $\nabla I(p)$ 变换率 $\alpha(p)$,每个新梯度能被定义为 $\nabla I'(p) = \alpha(p) \cdot \nabla I(p)$。最后,我们能够得到一个具有更陡峭梯度分布的特征路径 $P'(z_0)$。在对所有梯度路径进行以上再次初始化处理后,可以获得原始图像的梯度变换率图 α^*。

显然,如图 3-4(b)所示,通过初始化的梯度变化率图,可以有效实现在所有梯度上的非同步调整。但是,因为离散的变换率图 α^* 不考虑相邻变换率之间的连续性,新变换的梯度 $\nabla I'(p) = \alpha(p) \cdot \nabla I(p)$ 不能充分保持平滑的边界特征。

为了实现高质量的边界保持,通过构建具有平滑项和数据项的相似度能量方程,进一步优化梯度变换率图。相似度能量方程表示为

$$E(\alpha) = \sum_{i \in N} \sum_{j \in N} W_{ij} (\alpha_i - \alpha_j)^2 + \lambda \sum_{i \in N} (\alpha_i - \alpha_i^*)^2 \quad (3-2)$$

式中,α 表示优化后梯度变换率图;α^* 表示初始的梯度变换率图;N 是原始图像上像素总数;λ 是平滑项与数据项间的调整参数,这里被设定为 1×10^{-4};$\boldsymbol{W}$ 表示软抠取相似度 $T^{[14-15]}$,其中 W_{ij} 被定义为

$$W_{ij} = \sum_{k \mid (i, j) \in w_k} \left\{ \delta_{ij} - \frac{1}{\mid w_k \mid} \left[1 + (I_i - \boldsymbol{\mu}_k)^T \left(\boldsymbol{\Sigma}_k + \frac{\varepsilon}{\mid w_k \mid} \boldsymbol{I}_3 \right)^{-1} (I_j - \mu_k) \right] \right\}$$

$$(3-3)$$

式中,I_i 和 I_j 是原始图像在第 i 和第 j 像素上的颜色值;δ_{ij} 是克罗内克 δ 函数;$\boldsymbol{\mu}_k$ 和 $\boldsymbol{\Sigma}_k$ 是小窗口 w_k 内颜色值的平均值和协方差矩阵;$\boldsymbol{I}_3$ 是 3×3 的单位矩阵;ε 是一个调整系数;$\mid w_k \mid$ 是小窗口 w_k 内像素的数目。

为了最小化能量方程 $E(\alpha)$ 并得到优化的变换率图 α,可以利用共轭梯度方法求解一个线性等式:

$$(\boldsymbol{W} + \lambda \boldsymbol{U}) \boldsymbol{\alpha} = \lambda \boldsymbol{\alpha}^* \quad (3-4)$$

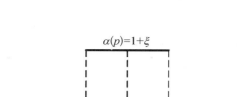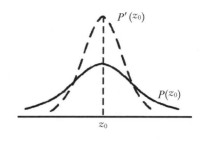

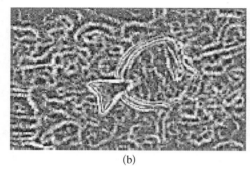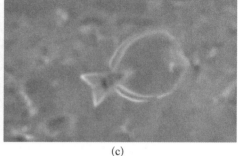

(b)   (c)

图 3‐4　基于相似度计算的梯度变换

（a）梯度变化率初始化；（b）初始梯度变换率图 α^*；（c）优化后的梯度变换率图 α

式中，U 表示单位矩阵。如图 3‐4(c)所示，相比于初始的梯度变换率图，利用基于相似度计算的优化可以生成局部平滑的变换率图。借助连续的变换率图 α，最终变换的梯度 $\nabla I' = \alpha \cdot \nabla I$ 不仅能避免在所有梯度上的同步增强，也能产生更连贯、合理的锐度增强效果。

　　总之，作为系统流程中最重要的步骤，梯度变换关注在如何为高质量的边界保持提供理想的梯度变换率图，主要分为两个阶段：初始化和优化。在第一阶段中，根据锐度特征表示，初始化离散的梯度变换率图。初始化的目的是调整每条特征路径上的梯度分布。在第二阶段中，通过构建基于相似度的能量方程，进一步优化梯度变换率图。优化的目的是提升新变换梯度间的连续性。相比于其他锐度增强方法，本节的锐度增强通过相似度计算的梯度变换，能够有效抑制图像噪声并且充分保持平滑的边界特征。

3.2.4　梯度域图像重建

　　在获得新变换的梯度后，须利用图像域与梯度域内约束构建能量方程，优化求解后重建一张新的锐化图像。通过图像域约束，新重建的图像能够与原始图像联系起来；而通过梯度域约束，新重建图像的梯度也能与原始图像的变换梯度关联。

给定原始图像 I 和它的变换梯度 $\nabla I' = \alpha \cdot \nabla I$，通过最小化式（3-4）能量方程，生成一幅新的重建图像，即

$$E(\Phi) = \int_{p \in I} (\parallel \nabla \Phi_p - \nabla I_p \parallel^2 + \lambda \mid \Phi_p - I_p \mid^2) \mathrm{d}p \qquad (3-5)$$

式中，Φ 是新重建的锐化图像；$\nabla\Phi$ 表示 Φ 的梯度；λ 是图像域约束与梯度域约束的调节参数，这里设为 0.5。因为这个能量方程是二次的，它的全局优化能被转换为求解一个线性系统，即

$$\nabla^2 \Phi - \lambda \Phi = \nabla^2 I' - \lambda I \qquad (3-6)$$

式中，∇^2 表示拉普拉斯算子；$\nabla^2 I'$ 表示变换梯度 $\nabla I'$ 的散度。如图 3-5(a)所示，在梯度域图像重建后，系统执行完成整个流程，生成了具有高质量边界保持的锐化结果。

通常，如图 3-5 所示，为了高保真度的增强效果，需要利用含三个关键步骤的系统流程，迭代地提升一张图像直至它的锐度特征能够充分满足用户要求。在迭代过程中，本书的方法将实现渐进式的锐度增强，能够有效地消除图像噪声、非真实细节和不连贯增强等问题。

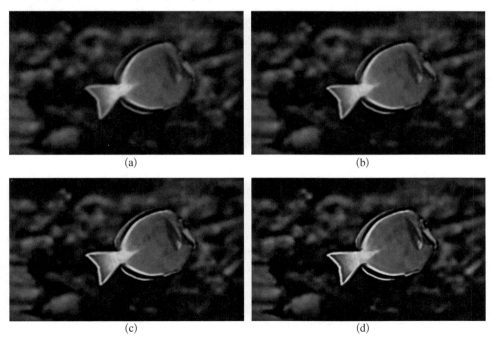

(a)　　　　　　　　　　　(b)

(c)　　　　　　　　　　　(d)

图 3-5　边界保持锐度增强的迭代示例

（a）增强 1 倍；（b）增强 3 倍；（c）增强 5 倍；（d）增强 7 倍

3.2.5 基于锐度分布的评价模型

目前，我们仅能够通过视觉感官来验证一个锐度增强方法的有效性，这种基于视觉表面的评价经常是不充分的。为了更准确地比较各种锐度增强方法，本书提出一种基于锐度分布的评价模型。对于每种增强方法，计算它的增强结果与真实值之间的锐度分布差异。然后，通过比较和分析它们的锐度分布差异，评价所有锐度增强方法的优点与不足。

首先，利用一个基于特征路径的测量公式，有效估计原始图像的锐度特征。形式上，给定任意特征路径 $P(z_0)$，通过以下测量公式，计算特征路径的锐度 $\Psi(P(z_0))$：

$$\Psi(P(z_0)) = \int_{p \in P(z_0)} \frac{M(p)}{N} \| p - z_0 \|^2 \mathrm{d}p \qquad (3-7)$$

式中，$N = \sum_{p \in P(z_0)} M(p)$ 表示特征路径 $P(z_0)$ 上所有梯度的和。显然，该测量公式表明梯度路径上梯度分布越陡峭，相应的锐度值越大。在完成所有梯度路径的锐度值计算后，即可生成指定图像 I 的整个锐度分布 Ψ^I。

其次，计算两个不同锐度特征图像间的锐度分布差异。给定两个锐度分布 Ψ^{I_1} 和 Ψ^{I_2}，计算它们的锐度均值与标准差 (μ_1, σ_1) 和 (μ_2, σ_2)，并估计它们的锐度分布差异：

$$d(\Psi^{I_1}, \Psi^{I_2}) = \| \boldsymbol{v}_1 - \boldsymbol{v}_2 \| \qquad (3-8)$$

式中，d 表示两个向量 $\boldsymbol{v}_1 = (\mu_1 - c\sigma_1, \mu_1 + c\sigma_1)$ 和 $\boldsymbol{v}_2 = (\mu_2 - c\sigma_2, \mu_2 + c\sigma_2)$ 间的欧氏距离；$\boldsymbol{v}_1$ 和 $\boldsymbol{v}_2$ 表示两张图像上锐度分布的上下界；c 表示一个常量，这里设置为 1。式(3-8)表明两个锐度分布越接近，则距离 d 值越小。这样本书就可以提供一个真实、准确的增强结果，各种增强方法都可以通过式(3-8)来计算其与真实值之间的锐度分布差异。

最后，进一步比较和分析锐度增强方法的锐度分布差异。如图 3-6 和表 3-1 所示，我们提供七种方法从 1 倍到 5 倍的所有增强结果，同时利用式(3-7)和式(3-8)计算它们的锐度分布差异。根据锐度分布差异的变化情况，对每一种锐度增强方法进行深入分析：① Photoshop 的锐化滤波器无法消除图像噪声，它的锐度分布差异先减小后增加；② Photoshop 的锐化掩模滤波器通过构建锐化掩模仅增强高对比度的区域，它的锐度分布差异在 2 倍增强后缓慢减小；③ 双边滤波器利用相邻像素的平均计算来平滑图像，它的锐度分布差异在

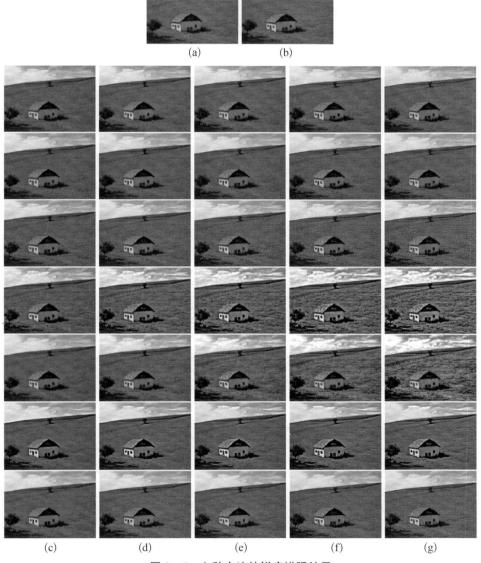

(a)　　　　　　　(b)

(c)　　　(d)　　　(e)　　　(f)　　　(g)

图 3 - 6　七种方法的锐度增强结果

（a）原始图像；（b）真实参考图像；（c）增强 1 倍；（d）增强 2 倍；（e）增强 3 倍；（f）增强 4 倍；（g）增强 5 倍（第一行是原始图像与真实参考图像；第二行是 Photoshop 锐化滤波器的增强结果；第三行是 Photoshop 锐化掩模滤波器的增强结果；第四行是双边滤波器的增强结果；第五行是引导式滤波器的增强结果；第六行是拉普拉斯滤波器的增强结果；第七行是显著性滤波器的增强结果；第八行是本书方法的增强结果）

2倍增强后变化减慢;④ 引导式滤波器使用自己作为引导图像并考虑保持边界特征,它的锐度分布差异在1倍到5倍增强的过程中都是稳定的;⑤ 拉普拉斯滤波器在关注边界保持的同时,仍然采用同步式的细节增强,它的锐度分布差异不能有效地减小;⑥ 显著性滤波器借助长边检测,仅在特征梯度上进行提升,它的锐度分布差异在1倍增强后保持稳定;⑦ 本书的方法能够实现边界保持的锐度增强,它的锐度分布差异在1倍到5倍增强的过程中一直减小。相比于其他六种方法,新方法不仅得到最小的锐度分布差异,而且在视觉表现上也生成了最接近真实值的高保真增强结果。总体而言,边界保持的锐度增强方法在提供最优的锐度分布方面优于其他锐度增强方法。

表 3-1　七种方法的锐度分布差异

锐度分布差异	原始图像	增强1倍	增强2倍	增强3倍	增强4倍	增强5倍
锐化滤波器	1.45	1.15	0.84	0.62	0.67	0.91
锐化掩模滤波器	1.45	1.36	1.22	1.14	1.11	1.10
双边滤波器	1.45	1.03	0.95	0.88	0.85	0.83
引导式滤波器	1.45	1.44	1.53	1.52	1.51	1.50
拉普拉斯滤波器	1.45	1.45	1.49	1.59	1.69	1.67
显著性滤波器	1.45	0.97	0.91	0.90	0.91	0.92
本书的方法	1.45	1.43	1.08	0.76	0.53	0.39

此外,为了提升新方法的运行性能,还可通过一个针对梯度变换的 O(N) 算法[7]和一个针对图像重建的快速傅里叶变换泊松解[10],进一步加速整个系统流程。用分辨率为 800×600 的图片作为测试示例[见图 3-6(a)],在 2.1 GHz Intel Core 2 CPU 和 4 GB 内存的电脑上对每种方法的运行时间进行评测。如表 3-2 所示,在运行时间上比较和分析所有锐度增强方法:Photoshop 的锐化滤波器和锐化掩模滤波器具有出色的运行速度;在 Matlab 平台上,引导式滤波器明显好于双边滤波器和拉普拉斯滤波器;对于两个梯度域方法,显著性滤波器和本书的方法都被实现在 C++ 平台上,由于引入了加速技术,本书的方法比显著性滤波器具有更好的运行表现。

表 3-2　七种方法的运行性能

运行性能评测	时间消耗/s	实现平台
锐化滤波器	<1	—
锐化掩模滤波器	<1	—

（续表）

运行性能评测	时间消耗/s	实现平台
双边滤波器	39.45	Matlab
引导式滤波器	1.48	Matlab
拉普拉斯滤波器	1.773	Matlab
显著性滤波器	56	C++
本书的方法	2.85	C++

3.3　去运动模糊

去运动模糊（deblurring）是一种图像恢复技术，旨在从受运动模糊影响的模糊图像中恢复出尽可能清晰的原始图像。运动模糊是由摄像机或物体的运动引起的，拍摄的图像在物体移动过程中产生模糊效果。这种模糊可能会影响图像的清晰度、细节和辨识度，因此去运动模糊技术在图像增强、复原和分析中具有重要作用。

3.3.1　去运动模糊概述

近年来，去运动模糊逐渐成为图像处理领域内的热点之一。在低光照条件下拍摄图像时，为了让足够多的光线通过快门，相机需要进行长时间的曝光。在这段时间内，镜头与场景间的相对运动可能导致模糊图像的产生。物理上，镜头也因累积了一段时间的光照，造成了图像的退化。如果运动模糊的过程是统一的，即它保持平移不变性，这个过程能被建模为一个清晰图像与一个点扩散函数（point spread function，PSF）的卷积，具体定义如下：

$$I = L \otimes k + n \tag{3-9}$$

式中，I 表示模糊图像；L 表示清晰图像；n 表示附加噪声；$\otimes$ 表示卷积算子；k 表示点扩散函数，通常也称为卷积核/模糊核，用来描述镜头与场景间的运动轨迹。一般而言，去除运动模糊过程也被认为是一个反卷积问题。

卷积核不变的去运动模糊可以分成两类：非盲卷[16-18]与盲卷[19-21]。在非盲卷条件下，卷积核与模糊图像均已知，清晰图像能够通过它们的反卷积运算直接求解获得，其主要难点是如何避免反卷积过程的水纹效应；而在盲卷条件下，仅模糊图像已知，通常需要借助一些先验模型来估计卷积核，例如高斯先验、稀疏先验、颜色先验等,然后利用非盲卷条件下的反卷积运算求解最终的清晰图像,其中的主要难点是如何快速、准确地估计出卷积核。

在传统的盲卷去运动模糊方法的基础上,本书提出一种梯度域内新颖的模糊核估计方法,该方法利用边界保持的锐度增强方法,通过由粗到精的处理,能够准确、有效地估计和优化模糊核。如图 3-7 所示,在整个多尺度条件下的去运动模糊流程主要包括四个步骤:锐度增强、特征边选择、模糊核估计与优化、快速非盲反卷积计算。首先,借助边界保持的锐度增强方法,恢复模糊图像上的锐化边并抑制噪声;其次,在锐化边中,根据运动模糊边界特点,剔除具有歧义的特征边,选择出符合核估计要求的特征边;然后,利用获得的特征边,求解梯度域内模糊核估计能量函数,并利用核连续性进一步优化模糊核;最后,在非盲卷条件下,结合生成的模糊核,利用频率内快速反卷积运算,求解最终的清晰图像。

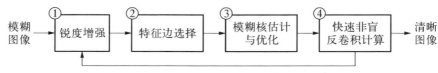

图 3-7 基于锐度增强的图像去运动模糊流程

3.3.2 锐度增强

通常,模糊核卷积会使图像梯度变得平滑和非锐化,锐度增强的目的是在模糊图像上预测锐化边界。如图 3-8(a)和图 3-8(b)所示,圆形指示线虚线表示清晰信号,星号指示线曲线表示模糊信号,方块指示线线段表示使梯度平滑的模糊核。为了恢复原先的锐化信号,引入 3.2 节中梯度域内边界保持的锐度增强方法,其流程主要包括三部分:锐度特征表示、基于相似度计算的梯度变换、梯度域图像重建。

(1) 锐度特征表示:锐化边界的一个重要属性是它们一般都具有局部最大梯度值。图 3-8(c)显示了具有局部最大梯度的特征像素 x_0 以及它的特征路径 $P(x_0)$。 在寻找出所有的特征像素和对应的特征路径后,就可以通过调节它们的局部梯度分布来实现锐度增强。

(2) 基于相似度计算的梯度变换:在锐度特征表示的基础上,进一步对模糊图像上的梯度进行变换。如图 3-8(d)所示,首先对特征路径上的梯度变换率进行初始化,产生梯度变换率图 α^*;其次,如式(3-2)所示,为了保持边界特征,构建基于相似度的能量方程,优化计算,生成连续的梯度变换率图 α。 因为相似度计算是在局部小窗口中考虑像素间连续性与相关性的,有助于保持高质量的边界特征并尽可能地抑制噪声。

（3）梯度域图像重建：在梯度变换后，通过构建梯度域与图像域内的约束方程，重建锐度增强的图像。如图 3 - 8(e)和图 3 - 8(f)所示，通过锐度增强处理，模糊图像的锐化边界被有效地恢复，同时也尽可能地避免了噪声影响。

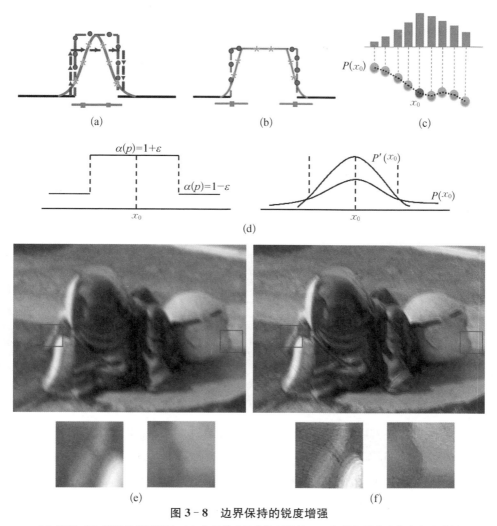

图 3 - 8　边界保持的锐度增强

（a）原图；（b）模糊处理后图片；（c）特征像素及其特征路径；（d）初始化梯度变化率与连续梯度变化率；（e）原始模糊图片；（f）锐度增强图片

3.3.3　特征边选择

在图像去模糊中，模糊核估计受到不重要边界的影响，会导致对噪声比较敏感,因而并非所有的特征边都有助于核估计。如图 3 - 8(a)和图 3 - 8(b)所示,利用方块指示线的模糊核对圆形指示线的原信号进行平滑处理,生成星号指示线的模糊信号,而三角形指示线是恢复出来的信号。明显地,对于狭窄的噪声信号,三角形指示线信号弱于原有的圆形指示线信号,未能有效恢复原信号;而宽信号则能很好地恢复出原有圆形指示线信号。因此,尺度过小的信号具有歧义,导致边界信息无法有效地指导核估计。

边界保持的锐度增强不仅提升了模糊图像的梯度,也有效地抑制了图像噪声。但是,为了进一步降低狭窄信号的影响及提升核估计的质量,仍然需要过滤掉一些无效边界,具体公式如下:

$$\nabla I_i^s = \nabla I_i' H\{\text{length}[P(x_i)] - \tau_l\} \tag{3-10}$$

式中,x_i 表示第 i 个特征像素;$P(x_i)$ 表示 x_i 的特征路径;$H(\cdot)$ 表示单位阶跃函数(heaviside step function),即负值输出 0,其余输出 1;$\nabla I_i'$ 表示过滤前由锐度增强生成的梯度;∇I_i^s 表示过滤后的梯度;τ_l 表示一个过滤阈值,随着图像清晰程度的不断恢复,可以逐渐地减小该阈值,以便利用更多锐化边来指导核估计。

3.3.4 模糊核估计

在特征边选择后,模糊核估计将利用过滤后的有效边,构建梯度域退化方程,优化求解,生成最终的模糊核。形式上,通过预测的梯度图 ∇I^s,建立相关核估计函数并优化计算,得出模糊核:

$$E(k) = \sum_{\nabla I_*^s, \nabla B_*} \omega_* \parallel \nabla I_*^s \otimes k - \nabla B_* \parallel + \beta \parallel k \parallel^2 \tag{3-11}$$

式中,ω^* 表示每种偏导的权重;β 表示 Tikhonov 正则化的权重;∇I_*^s 和 ∇B_* 表示选择的特征边和模糊图像的偏导数,具体定义为

$$(\nabla I_*^s, \nabla B_*) \in \{(\nabla I_x^s, \partial_x B), (\nabla I_y^s, \partial_y B)(\partial_x \nabla I_x^s, \partial_{xx} B)$$
$$(\partial_y \nabla I_y^s, \partial_{yy} B), [(\partial_x \nabla I_y^s + \partial_y \nabla I_x^s)/2, \partial_{xy} B]\} \tag{3-12}$$

该能量函数的最优化能够借助共轭梯度法求解,但是共轭梯度法通常需要大型线性矩阵的计算。因此,为了提升求解效率,可以利用快速傅里叶变换,将计算过程转换到频率域内进行加速,具体的核估计公式如下:

$$k = F^{-1}\left[\frac{\Sigma_{\nabla I_*^s, \nabla B_*} \omega_* F(\nabla I_*^s) F(\nabla B_*)}{\Sigma_{\nabla I_*^s} F(\nabla I_*^s)^2 + \beta}\right] \tag{3-13}$$

式中,$F(\cdot)$ 和 $F^{-1}(\cdot)$ 分别表示快速傅里叶变换(FFT)与逆快速傅里叶变换;

$F^{-1}(\cdot)$ 表示 $F(\cdot)$ 的复共轭。

模糊核表示相机与场景对象的相对运动轨迹,通常都是一个连续的路径。因此,在由粗到精的过程中,核估计要检查模糊核图像上的连续性,同时消除绝大多数边际值和噪声。图 3-9 所示为每个尺度上的核估计图像,核的结构需要一层层地恢复,图中底行表示在最高层级上的优化。连续性检查可以有效地减少边际值和噪声,提升最终模糊核估计的效果。

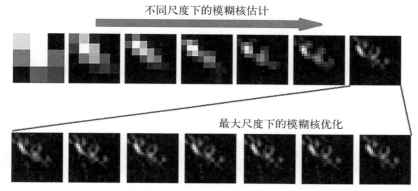

图 3-9　由粗到精的模糊核估计

3.3.5　快速反卷积计算

利用生成的模糊核,进一步实现非盲卷条件下的反卷积运算,产生最终的清晰图像。在反卷积中,将预测锐化边的梯度 $\mathbf{V}I^s$ 作为一种空间先验,用来指导整个清晰图像的恢复,具体定义如下:

$$E(L) = \| L \otimes k - B \|^2 + \lambda \| VL - \mathbf{V}I^s \|^2 \qquad (3-14)$$

式中,L 表示恢复的清晰图像,$\mathbf{V}L$ 表示它的梯度;λ 表示调节参数。通过傅里叶转换,式(3-14)可以表示为

$$E_{F(L)} = \| F(L)F(k) - F(B) \|_2^2 + \lambda \| F(L)F(\partial_x) - F(\mathbf{V}I_x^s) \|_2^2 + \lambda \| F(L)F(\partial_y) - F(\mathbf{V}I_y^s) \|_2^2 \qquad (3-15)$$

式中,$F(\partial_*)$ 是空间域内 ∂_* 在频率域内的表示,它能利用 Matlab 方程的 psf2otf 函数进行计算。通过频率域内的代数计算,最终的清晰图像 L 能通过以下公式计算得出:

$$L = F^{-1} \left\{ \frac{\overline{F(k)}F(B) + \lambda \sum_{* \in \{x, y\}} \overline{F(\partial_*)}F(\mathbf{V}I_*^s)}{F(k)^2 + \lambda [F(\partial_x)^2 + F(\partial_y)^2]} \right\} \qquad (3-16)$$

3.3.6 实验结果

本节在核估计质量方面将新方法与一些去模糊方法进行量化比较,进一步验证和说明各方法的优劣。我们基于锐度增强的去运动模糊方法利用 C++实现,测试环境是一台带有 2.53 GHz Intel Core 2 CPU 和 2.46 GB 内存的电脑,所有的测试图像均是 800×600 像素大小。如图 3-10 所示,利用清晰图像与模糊核的卷积计算产生模糊图像。通过图 3-11 中四个真实核的卷积,可以生成相应的模糊图像,其中每个核是 27×27 像素,核的复杂性逐渐增大,并且核的轨迹包含大部分的运动方向。首先,分别利用 Shan 等[20]的方法、Xu 等[21]的方法和本书的方法进行去模糊处理。然后,通过计算估计的核与真实核之间的差异,分析和评估各方法中模糊核估计的质量:

$$\text{Distance}(k^{\text{E}}) = \sqrt{\frac{\sum\limits_{i=1}^{n}(k_i^{\text{E}} - k_i^{\text{G}})^2}{n}} \tag{3-17}$$

式中,k_i^{E} 和 k_i^{G} 表示估计的核与真实核之间的第 i 个像素;n 表示核的像素总和。如图 3-11 所示,尽管三种方法都得到较为满意的结果,但是 Shan 等的方法和 Xu 等的方法估计的模糊核有更多的无效边际值,而本书的方法具有最低的差异值,因此也表明本书的核估计方法比其余两种方法更准确。另外,其他方法需要更多的配置参数,而本书的方法能够避免复杂烦琐的参数设置,仅需要调整 τ_l,表明其具有更强的自适应性与鲁棒性。

 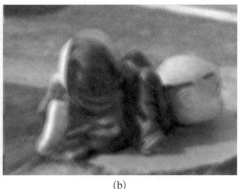

(a)   (b)

图 3-10 卷积计算形成的运动模糊

(a) 清晰图像;(b) 卷积后模糊图像

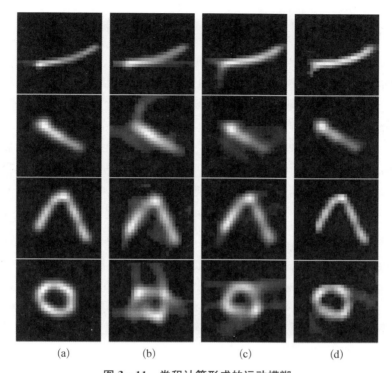

图 3-11　卷积计算形成的运动模糊

（a）真实核；（b）Shan 等[20]方法的核；（c）Xu 等[21]方法的核；（d）本书方法的核

3.4　增强优化

细节增强优化是一种图像处理技术，旨在提升图像中细微特征和细节的可见性和清晰度。在数字图像中，细节通常包含图像中的微小变化、纹理、边缘以及其他视觉信息，这些信息在一些情况下可能因为噪声、模糊或其他因素而变得模糊或难以辨认。细节增强优化方法的目标是通过应用各种算法和技术，突出图像中的细节特征，使其更加清晰可见。

3.4.1　增强模型

通常，大多数最前沿的细节增强算法都是通过提取图像的细节层并增强该细节层来获得增强结果，细节增强的效果则有赖于细节层的提取与增强方法。

典型的增强模型可以简单地定义如下：

$$L = I + d^* = I + n \times d \tag{3-18}$$

式中，L 是增强结果；I 是输入图像；d^* 是经过增强的细节层；d 是初始细节层；n 是缩放因子。初始细节层 d 一般是使用边缘感知滤波器对输入图像做分解操作得到的。传统的算法一般使用缩放因子来增强细节层，但是这很容易带来一些明显的杂质，如噪声、不合理的边缘等。为了消除这些杂质，本节使用训练好的过完备字典来重建图像外观。

根据假设，经过增强的细节像素块，可以被一个经过大量数据训练的过完备的字典稀疏表示，本节提出了一个新的基于字典学习的增强模型：

$$d_x^* = nd_x \approx D\alpha_x \tag{3-19}$$

式中，x 是输入图像中的一个像素块且 $d_x^* \in R^N$，N 是每个像素块中的像素点数量；$D \in R^{N \times K}$ 是使用高质量的照片训练得到的过完备字典，K 是字典中原子的个数；α 是用于稀疏表达的系数向量。增强的细节像素块是 $N \times K (N < K)$ 维细节字典 D 的稀疏线性组合，未知系数 α_x 是一个稀疏向量，即含有极少量非零元素（数量远小于 N）。

显然新模型的核心问题是求解稀疏系数，这是一个 NP 难优化问题（NP-hard optimization problem），因为所求系数向量需要足够稀疏。为了解决该问题，通过定义以下最小化函数来拟合增强细节层 nd_x 的近似解：

$$\alpha_x^* = \arg \min_{\alpha_x} (\| D\alpha_x - nd_x \|_2^2 + \lambda \| \alpha_x \|_1) \tag{3-20}$$

式中，α_x^* 是最优的稀疏系数；λ 是一个用于平衡最优解的稀疏性与保真度的惩罚系数，该系数通常设为 0.1。求得稀疏系数后，新的增强细节层就可以直接通过 $d_x^* = D\alpha_x^*$ 重建得到。

3.4.2　字典训练

在式(3-20)中，优化和重建这两个主要过程都需要有一个经过大量高质量的像素块预训练的过完备字典。根据式(3-19)可知，字典训练的前提是要有大量高质量的增强图像。最常规的方法是手动增强低质量的图像以得到相应的高质量增强图像，但是问题在于现有的增强方法或多或少会有一些缺点，导致训练数据集并不是十分理想。幸运的是，现在许多高端相机都提供了高动态范围（high dynamic range，HDR）模式，能以几种不同的曝光度同时拍摄若干张图像，并将这些图像集成一张高质量的 HDR 图像。

本节使用 Canon 5D Mark III 相机拍摄了大量高质量的图像数据，并从这些图像中采集了大量像素块用于构建训练数据集。为了模拟照片增强效果，先从训练集中随机提取大量的小像素块 $P = \{L^1, L^2, \cdots, L^m\}$，然后计算这些小像素块的局部强度差：

$$Y = \{y_1, y_2, \cdots, y_n \mid y_x = L_x^t - \mathrm{mean}(L_x^t), t \in [1, m], x = 1, \cdots, n\} \tag{3-21}$$

由于字典学习必须保证式(3-20)中拟合系数的稀疏性，故在定义求解细节字典的能量函数时还对系数的稀疏性做了约束，有

$$D = \arg \min_{D, \alpha}(\|Y - D\alpha\|_2^2 + \lambda \|\alpha\|_1) \tag{3-22}$$

式中，D 的每一列都需要移除 L_2 范式约束带来的缩放歧义（$\|D_i\|_2^2 \leqslant 1, i \in [1, K]$）；关于 α 的 L_1 范式约束则是用于保证稀疏性；惩罚系数 λ 用于平衡函数中的两个部分，此处的取值为 0.1。式(3-22)通常采用对两个未知数 D 和 α 交替运算的方式求解，求解过程如下：

（1）使用高斯随机矩阵初始化细节字典 D，且保证 D 的每一列都已归一化；

（2）固定细节字典 D，更新稀疏系数 α，有

$$\alpha = \arg \min_{\alpha}(\|Y - D\alpha\|_2^2 + \lambda \|\alpha\|_1) \tag{3-23}$$

（3）将稀疏系数 α 固定，更新细节字典，有

$$D = \arg \min_{D} \|Y - D\alpha\|_2^2 \tag{3-24}$$

（4）交替迭代式(3-23)和式(3-24)直到式(3-22)收敛。

我们使用含有 100 000 个尺寸为 5×5 细节像素块的训练集完成整个训练流程，获得了一个比较满意的细节字典，该字典共有 1 024 个原子，如图 3-12 所示。

3.4.3 稀疏重建

视频帧的稀疏重建意在使用字典学习来提高增强结果的外观保真度。除了训练得到的字典外，由式(3-20)可知，在重建过程中，初始化的增强细节层也是需要的。本节采用引导滤波器来提取细节层，并简单地乘以一个缩放因子 n 做初始化增强，以获得初始化增强细节层。当然，其他可以用于分解图像的边缘感知滤波器也都可以用来提取细节层。至此，图像重建的准备工作已经全部完成，包括经过训练得到的细节字典、初始化的增强细节层。

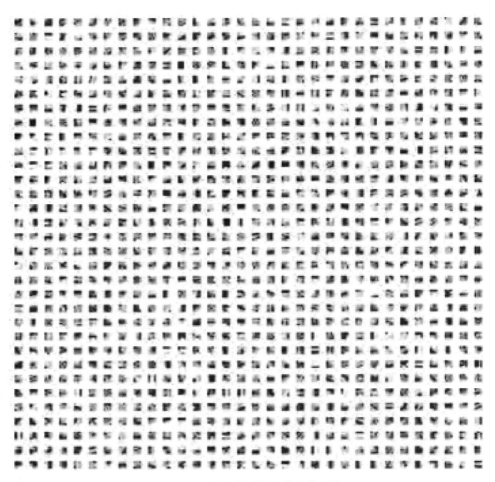

图 3‑12　训练得到的细节字典预览

　　给定一个细节字典 $\boldsymbol{D}$ 和像素块 $\boldsymbol{x}$ 的初始增强细节 nd_x，首先利用式 (3‑20) 获得稀疏系数 $\boldsymbol{\alpha}_x^*$。其次，利用公式 $\boldsymbol{d}_x^* = \boldsymbol{D}\boldsymbol{\alpha}_x^*$ 重建所有的像素块，并将重建的像素块整合成完整的图像细节层 $\boldsymbol{d}^*$。为了更进一步提高增强图像的局部连贯性，我们构造了一个梯度引导的优化函数：

$$\hat{\boldsymbol{d}}^* = \arg\min_{\hat{\boldsymbol{d}}^*} \parallel \hat{\boldsymbol{d}}^* - \boldsymbol{d}^* \parallel_2^2 + \lambda_1 \parallel \boldsymbol{\nabla}g \parallel_2^2 \qquad (3\text{‑}25)$$

式中，$\hat{\boldsymbol{d}}^*$ 是优化后的细节层；$\boldsymbol{\nabla}g$ 是引导梯度，通常与原始图像相关；λ_1 是正则化参数，设为 0.05。由于用传统细节增强算法增强后图像的局部连贯性很难保证，因此，很难找到理想的引导梯度。相较于 nd，我们发现原始图像拥有更好的局部连贯性，因此选择原始图像的梯度作为次优引导梯度，并设置一个很小的

λ_1 值来平衡局部连贯性和增强结果。最后,将经过优化的细节层叠加到原始图像,得到最终的增强图像:$L^* = I + \hat{d}^*$。 整个重建过程总结为算法一。

算法一:稀疏重建

输入:低质量的原始图像 I 和训练好的细节字典 D

输出:高质量的增强图像 L^*

1. 利用边缘感知滤波器从原始图像 I 提取细节层 d
2. 计算增强细节 $n \times d$,n 是一个默认的缩放因子
3. 循环:对原始图像 I 中每个 5×5(或 3×3)的像素块 x,自左上角开始,以每个方向(右方、下方)重叠一个像素的方式遍历像素块
4. 获得像素块 x 对应的增强细节层中的像素块 nd_x
5. 通过最小化 L_1 范数的优化函数 $\| D\alpha_x - nd_x \|_2^2 + \lambda \| \alpha_x \|_1$ 计算稀疏系数 α_x^*
6. 重建细节像素块 $d_x^* = D\alpha_x^*$
7. 将 d_x^* 集成到整体细节层 d^* 中
8. 循环完毕
9. 计算 d^* 中每个像素 i 的平均值 d_i^*,因为像素块是相互交叠的
10. 使用梯度引导函数 $\| \hat{d}^* - d^* \|_2^2 + \lambda \| \nabla \hat{d}^* - \nabla g \|_2^2$ 优化重建的细节层 d^*
11. 返回最终的增强结果 $L^* = I + \hat{d}^*$

图 3-13(b)和(c)分别是采用双边滤波器和引导滤波器从图 3-13(a)中提取得到的增强细节层,它们在外观上的一些问题在重建[见图 3-13(d)]和优化[见图 3-13(e)]后能被有效解决。

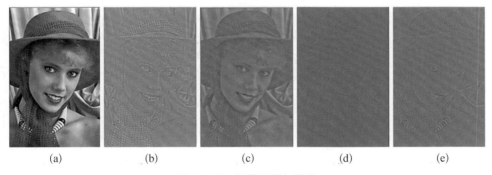

| (a) | (b) | (c) | (d) | (e) |

图 3-13 细节重建与优化

(a) 原始图像;(b) 使用双边滤波器得到的增强细节层;(c) 使用引导滤波器得到的增强细节层;(d) 基于(c)并使用本书算法得到的细节层;(e) 基于(d)并优化得到的细节层

虽然不执行式(3-25)也可以通过抑制噪声、消除光晕、校正对比度等后处理操作进行稀疏重建,但是因为像素块的重建是局部分离进行的,所以像素块之间可能存在一些不连贯的增强效果。如图 3-14 所示,增强结果受到一些可见

的杂质的影响而降低了局部的连贯性。相反,经过式(3-25)优化的细节可以有效提高局部连贯性,形成高质量的图像外观。

3.4.4 实验结果

在稀疏重建阶段,基于算法效率和效果的综合考虑,使用引导滤波器生成初始化增强细节层,增强因子取 3.0,重建像素块大小取 8×8,细节层梯度引导优化的正则化参数取 0.05。图 3-15 截取了视频中某三帧细节增强实验的结果。

(a)　　　　　　(b)

图 3-14　是否经过优化的图像外观对比

(a) 未经细节优化;(b) 经过优化

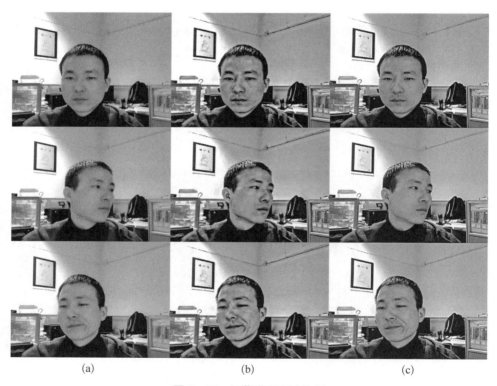

(a)　　　　　　　　　(b)　　　　　　　　　(c)

图 3-15　细节增强实验结果

(a) 原始视频帧;(b) 引导滤波器的增强结果;(c) 本书算法的增强结果

总的来说,通过从高质量照片中采集大量像素块,本书提出的细节增强算法可以训练出一个过完备的细节字典,使用该字典能有效约束和指导细节的增强过程,这种基于训练和学习的细节重建算法具有极高的鲁棒性,有效抑制过去的细节增强算法在增强过程中带来的噪声、光晕、不自然的对比等诸多杂质,所生成的结果具有极高的保真度。

3.5 本章小结

在可视媒体交互与合成领域中,画质增强方面的研究目标是解决可视媒体的低画质问题,协调统一合成时的画质特性,满足用户对改善可视媒体画质的迫切需求。首先,本章为了达成具有高保真度的锐度增强效果,提出了梯度域内边界保持的锐度增强方法,该方法可以有效解决传统锐度增强方法中存在的噪声、非真实细节、不连贯增强等问题;其次,本章将边界保持的锐度增强引入去运动模糊流程中,提出了基于锐度增强的图像去运动模糊方法,该方法在固定核盲卷条件下可以准确、有效地实现模糊核估计及求解清晰图像;最后,本章提出了一个新的基于字典学习的增强模型,能够生成具有极高保真度的图像。

参考文献

[1] Gonzalez R C, Woods R E. Digital image processing[M]. Boston:Addison-Wesley Longman Publishing Company,2001.

[2] Evening M, Schewe J. Adobe Photoshop CS5 for photographers:the ultimate workshop[M]. Burlington:Elsevier,2010.

[3] Elad M. On the origin of the bilateral filter and ways to improve it[J]. IEEE Transactions on Image Processing,2002,11(10):1141-1151.

[4] Farbman Z, Fattal R, Lischinski D, et al. Edge-preserving decompositions for multi-scale tone and detail manipulation[J]. ACM Transactions on Graphics,2008,27(3):67:1-10.

[5] Fattal R. Edge-avoiding wavelets and their applications[J]. ACM Transactions on Graphics,2009,28(3):1-10.

[6] Tomasi C, Manduchi R. Bilateral filtering for gray and color Images[C]//Proceedings of the Sixth International Conference on Computer Vision,Bombay,1998.

[7] He K, Sun J, Tang X. Guided image filtering[C]//Proceedings of the 11th European Conference on Computer Vision,Hersonissos,2010.

[8] Paris S, Hasinoff S W, Kautz J. Local laplacian filters:edge-aware image processing with a laplacian pyramid[J]. ACM Transactions on Graphics,2015,58(3):81-91.

［9］ Zeng X, Chen W, Peng Q. A novel variational image model: towards a unified fled approach to image editing［J］. Journal of Computer Science and Technology, 2006, 21: 224 - 231.

［10］ Bhat P, Curless B, Cohen M, et al. Fourier analysis of the 2D screened poisson equation for gradient domain problems［C］//Proceedings of the 10th European Conference on Computer Vision, Marseille, 2008.

［11］ Bhat P, Zitnick C L, Cohen M F, et al. Gradient shop: a gradient-domain optimization framework for image and video filtering［J］. Acm Transactions on Graphics, 2010, 29 (2): 1 - 14.

［12］ Sun J, Xu Z, Shum H Y. Image super-resolution using gradient profile prior［C］// IEEE Conference on Computer Vision and Pattern Recognition, Anchorage, 2008.

［13］ Fattal R. Image upsampling via imposed edge statistics［J］. ACM transactions on Graphics, 2007, 26(3): 95.

［14］ Levin A, Lischinski D, Weiss Y. A closed form solution to natural image matting ［C］//IEEE Computer Society Conference on Computer Vision and Pattern Recognition, New York, 2006.

［15］ He K, Sun J, Tang X. Single image haze removal using dark channel prior［C］// Computer Vision and Pattern Recognition, Colorada Springs, 2011.

［16］ Helstrom C W. Image restoration by the method of least squares［J］. Journal of the Optical Society of America, 1967, 57(3): 297 - 303.

［17］ Richardson W H. Bayesian-based iterative method of image restoration［J］. Journal of the Optical Society of America, 1972, 62(1): 55 - 59.

［18］ Lucy L B. An iterative technique for the rectification of observed distributions［J］. Journal of Astronomy, 1974, 79(6): 745.

［19］ Fergus R, Singh B, Hertzmann A, et al. Removing camera shake from a single photograph［J］. ACM Transactions on Graphics, 2006, 25(3): 787 - 794.

［20］ Shan Q, Jia J, Agarwala A. High-quality motion deblurring from a single image［J］. ACM Transactions on Graphics, 2008, 27(3): 1 - 10.

［21］ Xu L, Jia J. Two-phase kernel estimation for robust motion deblurring［C］// Proceedings of the 11th European Conference on Computer Vision, Hersonisson, 2010.

4

可视媒体大数据的编辑
与处理技术

4.1 引言

随着网络技术的飞速发展,信息已成为人类交流和联系的主要方式,而作为信息主要载体的图像和视频等可视媒体已经成为人们生活中越来越普遍的信息存在形式。可视媒体的编辑与处理技术也逐渐成为计算机图形图像、视觉处理领域的研究热点,其理论创新和技术上的发展都将对可视媒体的充分应用产生巨大的影响,具有重要的研究意义和很高的应用价值,也将会对以可视媒体为主要素材的影视动画、后期制作等数字文化传媒产业的发展起到重要的推动作用。

可视媒体的编辑与处理是指对于以图像和视频作为主要形式的可视媒体,在对图像视频的颜色、方位、形状、尺度、大小等基本特征进行分析的基础上,合理地对图像/视频进行缩放、抠图和融合,使之在边缘、风格纹理等方面保持一致性,实现内容的保持和形状的高效缩放、感兴趣物体的精确抠图和高效的无缝融合技术。目前,可视媒体普遍存在数据量大、结构复杂、语义丰富等特点,这些难题困扰着可视媒体的编辑处理,也限制了数字媒体行业的高速发展。本章的目标就是研究如何解决这些技术难题,提高编辑和处理的质量,从而推动可视媒体领域的高速发展。

4.2 图像缩放

随着网络技术的快速发展和多媒体的广泛应用,在因特网上出现了越来越多可供自由获取的图像和视频,因此图像和视频的缩放技术成为显示设备制造商和网页设计者迫切需要的技术。例如电视、笔记本电脑、手机、平板等的显示设备,这些设备都具有不同的分辨率或者长宽比,这就要求图像和视频能够实时、无失真地在不同大小和长宽比的显示设备上进行缩放。由于对图像视频缩放技术急迫和广泛的应用需求,已经有很多研究者对此开展了大量的研究。

4.2.1 图像缩放技术研究现状

图像视频缩放技术通常有两种传统的方法来实现:均匀缩放和裁剪。这两种传统的方法简单且容易实现,然而它们也有一些明显的缺点。例如,均匀缩放总是会导致一些重要区域变形,特别是当缩放的长宽比不一致时,这种变形格外明显。裁剪方法总是会丢失一些图像/视频内容,特别是目标图像/视频剧烈缩小时,丢失的重要区域更多。因此,这两种传统的缩放方法并不适合不同长宽比的显示设备。为了克服传统方法的局限性,2007 年,Avidan 等[1]提出了缝裁剪算法,该方法是一种基于内容的图像缩放算法,能达到缩放图像的目的,同时又能较好地保持图像的重要内容。从那时起,基于内容的图像缩放技术引起了大量图形/图像处理研究者的关注。

基于内容的缩放技术通常包括两部分:重要度检测(即显著性检测)和基于重要度检测的缩放技术。图 4-1 所示为现存主要图像缩放方法的简单分类。显著性检测相关技术将在第 5 章介绍。下面重点分析图像的缩放技术。

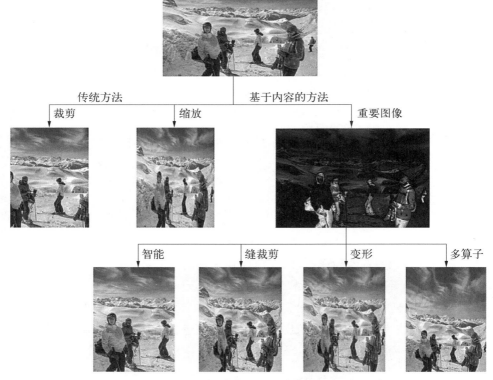

图 4-1 图像缩放方法的简单分类

图像缩放技术主要包括缩放(scaling)、裁剪(cropping)、缝裁剪(seam carving)、变形(warping)、多算子(multi-operator)等。智能裁剪、缝裁剪、变形

和多算子缩放方法是主要的基于内容的缩放方法。本节主要描述这些方法的基本理论和近年来提出的一些新的方法。

1. 基于缩放的图像缩放技术

缩放算法通常表述为原始图像与缩放后的图像之间的映射,通过对原始图像进行插值运算来进行缩放,常用的三种插值方法是最近邻插值算法、双线性插值算法和三次插值算法。图像缩放能够实时完成,当插值方法合适的时候,能够很好地保持视觉效果。但有时这种插值缩放方法会引起变形,特别是当输入图像与目标图像的长宽比相差明显时,这种变形更加严重。

2. 基于裁剪的图像缩放技术

裁剪方法是从原始图像中抽取想要的矩形框大小。矩形框中的内容将被保持,而框外的内容将被丢掉。传统的裁剪方法是从图像中心进行裁剪来作为最后的缩放结果。该方法简单,但有很多局限性,会使靠近图像边缘的重要内容丢失,严重影响视觉效果。

为了更好地保持图像的重要内容,一些用户直接画出裁剪矩形,但这种工作非常耗时和烦琐。为了解决这种问题,基于内容的智能裁剪技术被提出。智能裁剪方法通常包括两部分:主要内容检测和对基于检测的内容进行裁剪。Suh 等[2]利用显著性图来表示重要信息,同时考虑语义信息(如人脸检测)等来增强自动裁剪的效果。该方法与传统的裁剪方法相比得到了更多认可,但由于过分依赖检测算法,有可能在检测算法不准确时产生不准确的裁剪结果。Chen 等[3]引进一种图像注意模型,有三种属性:感兴趣区域(region of interest,ROI)、关注值(attention value,AV)和最小感知大小(minimal perceptible size,MPS)。一种关注物体(attention object,AO)常常表示一种语义物体,如人脸、文本等。关注值分别用三种模型(显著性、人脸和文本)来计算,并将图像分为五大类,对于不同类 AV 权重,用不同规则来调整。最后,利用分支定界法来得到最优的解。这种方法主要依赖语义抽取技术,如果相应的语义技术无效的话,就很难得到理想的效果。结合 AO 模型,大图像可以通过快速连续视觉显示(rapid serial visual presentation,RSVP)技术在小设备上进行浏览[4-5]。Ciocca 等[6]则首先根据分类和回归树方法将图像分为三大类,然后对每类图像用视觉和语义信息采用自适应的图像裁剪算法。Amrutha 等[7]利用感兴趣区域检测结构进行自动智能裁剪,得到更易于识别的缩略图。

随着数字相机等的快速发展,数字照片在日常生活中被广泛地应用,因此数字相片的缩放变得越来越重要。Zhang 等[8]将自动裁剪作为优化问题。用合成子模型、保守子模型和惩罚子模型来定义目标函数,并利用粒子群算法(particle swarm optimization，PSO)通过最大化目标函数来得到最优解，从而得到数字相片的最优裁剪效果。根据置信图，Luo[9]关注于查找主要内容，利用积分图的概念发展有效的全局查找算法，以此定位最佳的裁剪窗口，同时满足多种约束。这种自动相片裁剪技术从原始相片中查找最重要区域。由于没有考虑裁剪区域的特性，这些方法并不是总能满足用户需求。Nishiyama 等[10]采用一种质量分类器来评价一个裁剪区域是否满足用户需求。通过自动区别相片中的高质量区域与低质量区域，确定高层次的合适的裁剪区域。通过用户参数选择来得到适应的裁剪结果。Cavalcanti 等[11]用四种特征提取器来分析图像，估计相关内容区域。通过建立遗传算法(genetic algorithm，GA)优化问题来得到提取器的输出，但是这种方法严重地依赖于特征提取。Yan 等[12]提出自动图像裁剪方法，通过移除不需要的区域而直接说明变化情况。Tang 等[13]利用局部和全局特征来进行基于内容的相片质量评价。

上述方法都能产生一些缩放效果，但是由于这些方法都依赖于传统的图像裁剪，所以在输出图像远小于输入图像时不可避免地会丢失一些图像中的重要信息。

3. 基于缝裁剪的图像缩放技术

缝裁剪是一种基于内容的图像缩放处理算子，包括缩小和放大图像两种情况。通常定义一条缝为图像的一条自上而下或者自左而右的最低像素能量连通路径，像素能量被定义为图像梯度的能量函数。缝裁剪方法通过利用动态规划算法来找到最优的缝，再在一个方向上删除或者插入一条缝来减少或扩大一个像素，最后通过重复的删除或增加缝来得到想要的图像大小。对于包含大量低能量区域的图像来说，这是一种有效的图像缩放方法。

缝裁剪方法本身也存在一些固有的问题。当背景的梯度变化明显大于主要感兴趣物体时，会引起图像感兴趣物体严重的变形失真。此外，图像内容的数量和排列也会影响效果，甚至导致一定程度的变形失真。传统的缝裁剪方法使用后向能量，这种方法忽略了由于删除能量缝后原来不相邻的像素变成相邻像素所改变的能量。为了解决这种能量变化，Shamir 等[14]提出了前向能量的概念，利用原来不相邻的像素因移除一条缝变为相邻像素后改变的能量来改善能量的变化情况，通过后向能量补偿来改进图像缩放效果[14-16]。Noh 等[17]也提出了改进的后向能量方法，结合 Rubinstein 等[16]的方法，定位在移除缝前后方向和度量的前向梯度变化上，这种改进能够很好地保持规则结构，如直线和平滑曲线的结构。

基于后向能量和前向能量的缝裁剪方法有很多优点。首先，实现比较简单；

其次,在改变长宽比时能够很好地保持重要内容,避免明显的变形失真,同时,由于缩放过程是通过不断地移除缝来实现的,所以可以提供不同分辨率的图像缩放的连续变化过程。但在某些情况下,缝裁剪方法会破坏局部结构和全局视觉效果。如图 4-2 所示,缝裁剪方法由于采用的是基于能量的策略,通过迭代的移除缝来得到需要的目标图像尺寸,没有考虑真正的视觉效果,因此会频繁地损坏局部结构和全局视觉效果。

图 4-2 缝裁剪算法引起的扭曲示意图

随着缩放算法的研究越来越热门,一些研究者尝试通过提升计算速度或提高缩放图像的质量来改进缝裁剪方法。缝裁剪方法由于采用动态规划算法,在进行缩放处理时多次使用迭代,因此比较耗时。Huang 等[18]通过确定邻近行或列的匹配关系来查找缝,从而得到实时的缩放效果,提高了缩放算法的效率。Mishiba 等[19]提出基于块的缝裁剪算法,用像素块作为缝元素,一条块路径就是一条缝。在图像缩小时对缝块进行下采样,能够减少变形,同时提高运行速度。

传统的缝裁剪方法使用的是基于梯度的能量图,仅仅突出了边缘信息,产生的缝有时会穿过图像的重要区域,导致主要物体变形。为了克服这种变形,一些研究者通过改进能量函数或显著性图来改进缝裁剪缩放算法。Frankovich 等[20]提出结合后向能量、前向能量和附加的能量梯度代价函数来进行优化处理,从而决定合适的缝。Zhou 等[21]采用物体几何约束的新的能量函数来优化缝裁剪方法。Tan 等[22]通过感知关联能量函数来改善能量函数,更好地保持缝裁剪方法的原始结构,通过使用显著性图来代替梯度图,根据全局颜色和强度对比度来指定每个像素的视觉重要性,从而产生显著性图[23],该方法较为鲁棒。Domingues 等[24]联合一些特征如梯度、显著性、人脸、边缘和直线检测来形成适合的显著性图。Liu 等[25]采用多尺度基于对比的显著性图,用红、绿、蓝、黄和亮度通道,引入保留率图(reserving ratio map),利用有效的映射和下采样策略来克服缝裁剪缩放方法的缺陷,使用连续的缝裁剪(continuous seam carving,CSC)方法,可以使缩放图像能够更好地保持显著物体和场景布局。Cao 等[26]利用一些非重叠的条带来约束缝裁剪,可以提高缩放效果,在某种程度上减少变形。但是该方法只采用最小累计能量来决定移除的缝,这种查找算法存在一定缺陷。因此,Wu 等[27]改进了 Cao 等[26]的算法,通过累积能量和邻近概率来决定移除的缝,通过这种改进,移除缝被分散,减少了缩放效果的变形。图 4 - 3 是这些算法的缩放对比图。

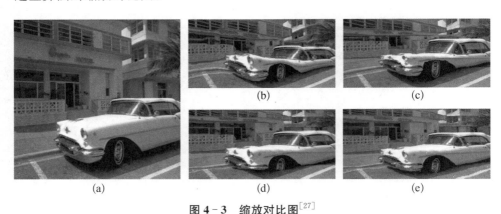

图 4 - 3　缩放对比图[27]

(a) 原图;(b) 改进的缝裁剪算法[16];(c) 实时图像缩放算法[18];(d) 条带约束算法[19];(e) 条带约束算法[20]

由于小波分析类似于人类的视觉系统,Han 等[28]提出基于小波的缝裁剪缩放算法,通过权衡合适的多尺度子带来确定局部能量图,同时也保持了图像的语义信息。Mishiba 等[29]也提出用小波变换域中的缝裁剪缩放算法来避免破坏空间连续性。Conger 等[30]从滤波器组和多尺度分析模型的角度提出广义的缝裁剪缩放算法,通过用多种滤波器组的组合来避免缝穿过重要图像特征区域。这种方法对纹理不敏感,因此能够保持重要图像内容。Mansfield 等[31]采用可见图(visibility map)来将缩放表述为二值图标记问题。在某种程度上,以上所有方法都能减少信息并更好地保持显著内容。但是当图像含有一些特殊结构时,这些方法不能得到很好的缩放效果。

当图像正交方向上的匀质信息被删除之后,继续用缝裁剪缩放算法会导致图像产生严重的变形。Utsugi 等[32]提出通过发展比例约束缝裁剪缩放算法,通过在直线上的线性物体排列来减少直线变形。Thilagam 等[33]提出分段缝裁剪缩放算法,将图像分为一些部分,分别对每一部分用缝裁剪算法,从而可以保持感兴趣的图像形状。在分段缝裁剪的基础上,Thilagam 等[34]提出并行编程算法来加速图像缩放的效率。

传统的缝裁剪方法和它们的改进算法将像素重要性作为能量函数,忽略了图像的结构信息,因此,图像中物体的形状常常被破坏。为了更好地保持图像内容,同时避免过分压缩不重要内容,Cho 等[35]提出重要度扩散方法,通过传播移除像素的重要性到它们的邻域中来实现。为了更好地保持结构,Mishiba 等[36]提出缝合并和新的合并能量准则,但是该方法由于没有利用好像素的重要性,所以不能很好地保持重要内容。Mishiba 等[37]利用重要性和结构能量来提高缝合并方法,从而保持图像的重要内容和结构。当计算结构能量时,用原始图像的卡通版本来保持主要结构,另外,Jia 等[38]引入了新的能量项,在迭代合并或插入时抑制过度减少或扩大而产生的变形。图 4-4 是这些算法的缩放对比图。

4. 基于变形的图像缩放技术

图像变形缩放算法通常用变形函数来描述,通过映射原图位置到目标图像中来实现。变形函数通常是非线性的,表示图像不同部分的不同尺度。变形缩放算法具有既能强调感兴趣区域又能不过分地变形图像其他部分的优点。

为了既强调图像的重要部分,同时又保持其周围环境,Liu 等[25]提出鱼眼变形的自动图像缩放方法。首先,找到 ROI 区域,利用非线性鱼眼变形方法来使图像的其余部分变形。该方法能保持必要的细节和环境内容,但是仅考虑了单个 ROI,不能处理含有多个 ROI 区域的情况。为了解决具有多个 ROI 区域的图像,Zhang 等[39]提出多聚焦鱼眼转换的图像缩放方法,相应地执行了多聚焦冲突解决方案,由于该方法定位在明确的聚焦区域,所以不能解决无明显聚焦区域的图像。Wang 等[40]将非均匀缩放应用到基于内容的图像缩放系统中,采用梯度图、基于内容的显著性检测和人脸检测来构建重要性图,更好地保持重要区域,同时使图像缩放变形最小化。

变形缩放方法已经被用来处理非匀质的图像缩放[41-42]。Gal 等[42]使缩放图像变形到任意形状并保持了用户指定的特征,利用拉普拉斯编辑优化来适应相似性约束,通过非匀质的 2D 纹理映射方法保持标记区域,同时使图像的剩余部分变形,这些方法尝试保持显著区域,同时只变形匀质区域,因此匀质区域在缩放方向会有明显的变形。取代强调显著区域不变,Wang 等[43]提出优化的比例拉伸(scale and stretch)图像缩放方法,通过迭代,计算每个局部区域最优的比

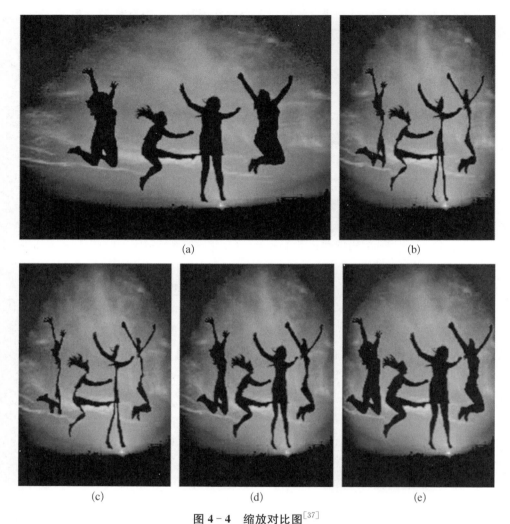

图 4-4　缩放对比图[37]

（a）原图；（b）改进的缝裁剪算法[16]；（c）扩散算法[35]；（d）缝合并算法[21]；（e）改进的缝合并算法[37]

例因子。基于显著性图来变形每个区域，均匀缩放重要区域，变形匀质区域。这种方法在所有空间方向上分布变形，能最小化有显著特征和结构的物体的显著变形，但是一些物体会因为过度变形而导致全局空间结构被破坏。

　　上述方法由于没有考虑图像结构，因此会损害一些重要物体的形状。Zhang 等[44]提出基于网格的形状保持缩放方法，在所有方向上分散变形到不重要区域，然后受共形能量的启发，构建二次变形能量来测量变形程度。通过调整权重,最小化二次变形能量和,能够较好地保持重要物体和图像的边缘结构,但是由于采用的是软约束,不能严格保持边缘信息,会引起重要物体的轻微旋转。Krahenbuhl 等[45]提出非均匀、像素准确变形的流缩放系统。Guo 等[46]用网格参数化合并边缘、显著性和结构约束进行图像缩放,能够更好地保持结构边缘信息,特别是对于斜边,保持效果明显。但是这种方法并没有考虑物体的语义和拓扑关系。为了更好地保持重要区域的形状,Wang 等[47]提出用网格变形的显著性驱动的图像缩放算法,确保在重要区域执行相似变换,但是当缩放尺寸保持不变或者在水平和竖直方向上均匀缩放时,这种方法将退化为线性插值缩放方法。随后,Wang 等[48]提出用显著性权重缩放因子能量来进行缩放,定义二次能量来确定局部区域缩放因子与显著性之间的关系。此外,引入三角相似性二次能量来避免显著性区域变形。但即使原始图像在水平和垂直方向一致缩放(包括图像保持不变的情况)时,这种方法也会导致目标图像中过多的像素属于显著物体。因此,Panozzo 等[49]提出轴对齐的图像变形缩放方法,能够更鲁棒、平滑和实时地进行缩放。

为了保持全局图像结构,一些研究者提出了非匀质网格变形方法。Bao 等[50]根据显著性图抽取网格顶点,用差异的二次误差度量形状、方向、尺度等变形。通过应用块连接策略,更好地保持全局视觉效果。Niu 等[51]也应用了非匀质变形缩放方法,定义二次度量来测量变形,并引入了块连接方案,这种方法解决了缩放网格的能量最小化问题,能更好地保持全局结构,但是当图像内容充满显著特征时,该方法无效。

上述图像变形方法是在图像上放置网格,优化几何形状到想要的尺度。这些方法通常需要求解大量的线性系统,计算过程比较耗时。为了提高效率,一些学者提出优化算法。Kim 等[52]根据傅里叶分析提出图像缩放方法,用梯度信息将输入图像划分为一些条带,自适应地缩放每个条带。通过用拉格朗日乘术法来解决约束优化问题。类似地,Kim 等[53]提出基于频域分析的图像缩放方法,用梯度和显著性信息来构建显著性图,根据重要相似性水平来划分图像像素为一些条带,自适应地缩放每个条带,从而最小化全局图像失真。这些方法的计算复杂度比较低。Zhang 等[54]用随机游走方法逐像素累积计算缩略图,以此加速缩放处理,减少存储需求。Ren 等[55]提出多图约束区域变形方法,原始图像被分解为许多匀质区域,用曲边梯度网格表示,将图像缩放问题表述为网格顶点位置的约束优化问题。因为曲边网格要求更好的顶点,因此有效地减小了计算代价。Jin 等[56]利用非匀质缩放优化来进行实时的图像缩放,利用了二次优化来进行三角网格变形缩放,通过求解稀疏线性系统来执行优化,从而提高效率。

5. 基于多算子的图像缩放技术

没有一种单一的缩放算子能够对所有图像进行满意的缩放,因此一些研究者提出多算子缩放方法,试图能够给出好的缩放结果。多算子缩放方法能够吸取每种缩放方法的优点,同时克服它们的缺点,从而得到理想的效果。

在多算子缩放方法被提出来之前,已经有一些研究者在无意中利用了多算子的思想进行缩放方法的研究。Hwang 等[57]根据人类视觉模型用人脸和显著性图得到了更准确的能量函数,从而得到感知型的缝裁剪方法,当最小能量缝的平均值大于阈值时,将缝裁剪方法改变为传统的下采样方法。Han 等[58]利用基于小波能量函数缝裁剪方法来保持内容和形状,当能量差大于实验的阈值时,将缝裁剪方法改变为缩放方法来缩放图像的剩余部分。Kumar 等[59]提出了变形敏感的缝裁剪算法,通过用局部梯度信息选择缝来执行缝裁剪方法,当达到停止判别准则时,采用其他算法来取代缝裁剪方法,可以采用下采样或裁剪方法取代缝裁剪方法,缩放图像的其余部分,这种方法能够避免过度采用缝裁剪缩放算法引起的变形。这些算子间的转换方法被看作多算子方法的初步思想。

Rubinstein 等[60]提出多算子图像缩放方法,通过结合一些缩放算子(如裁剪、缩放和缝裁剪方法)来定义一个缩放空间作为概念上的多维空间,通过在空间中用动态规划来找最好(最优)的路径。在原图像和缩放图像中,利用全局相似性测量-双向变形(bi-directional warping,BDW)来比较和评估不同的缩放结果。多算子缩放方法避免了单一缩放算法的缺点,例如裁剪方法中移除太多重要信息、缩放方法中变形结构和在某些情况下缝裁剪方法引入失真等。但是该方法也存在计算量大且没有考虑用户偏好等缺点。

借鉴 Rubinstein 等[60]的思路,Dong 等[61]结合缝裁剪和缩放技术,提出优化的图像缩放方法。结合基于块的双向图像欧几里得距离、图像主颜色相似性和缝能量变化来定义距离度量目标函数,从而定量地比较和评估图像缩放效果。这种优化的图像缩放方法能够保持全局视觉效果和一些局部结构,特别是当缩放图像大小远小于原始图像时,效果更加明显。图 4-5 展示了这些算法的缩放效果对比。

上面提到的多算子方法比较耗时,且没有考虑到用户的偏好,因此 Dong 等[62]提出快速交互式的多算子图像缩放方法。用图像能量函数和主颜色描述来表示算子代价函数。为了满足用户偏好,使用参数来修改算子代价。同时,设计交互式多算子图像缩放框架来整合用户真实的视觉选择,但是该方法会破坏图像的整体空间结构。所以 Dong 等[63]又提出了基于概括的图像缩放方法,根据多算子框架来进行智能物体裁剪,能够处理场景中的相似物体。

图 4-5 图像缩放对比图[61]

(a) 原图;(b) 缝裁剪算法[1];(c) 缩放算法;(d) 裁剪算法;(e) 多算子算法[60];(f) 优化的多算子算法[61]

上述方法利用了单向缝裁剪方法,没有利用缩放方向的匀质信息,原则上,它们仅仅沿一个方向进行缩放。为了避免这种情况,Shi 等[64]提出双向缝裁剪方法,同时考虑了水平和竖直方向。通过平均梯度权重和显著性策略来定义显著度图,基于增量编码长度(incremental coding length,ICL)通过多分辨率显著性模型来计算。根据目标函数决定水平和竖直缝裁剪的数量和顺序,在双向图像缩放中,任意图像缩放结合三种子操作——水平单向缝裁剪、竖直单向缝裁剪和统一缩放框架,通过融合三种流行的缩放策略——变形、裁剪和缩放来得到缩略图。Luo 等[65]通过整合直接和间接的缝裁剪方法得到多算子图像缩放,通过定义定量失真度量(artifacts measure,ATF)来估计缝的失真,根据 ATF 来决定是否改变算子,使得决策代价变小,通过将累计能量缝裁剪作为基本算子,从而提高全局结构保持水平。缩放效果对比如图 4-6 所示。

6. 基于分割的缩放方法

很多研究者只处理含有单一物体的图像缩放,当原始图像中包含多个物体

图 4 - 6 基于分割的缩放效果对比图[65]

(a) 原图;(b) 多算子算法[65];(c) 多算子算法[60];(d) 裁剪算法;(e) 缩放算法;(f) 偏移图算法[66];(g) 优化拉伸算法[44];(h) 流缩放算法[46]

时容易引起重要信息丢失。为了处理图像中含有多个重要物体的情况,Setlur等[67]提出非真实感图像缩放方法,从背景中分割重要物体,缩放背景,重新将重要物体组合在背景中。这种方法能更好地保持重要区域和原始图像的背景信息,但是该方法在很大程度上依赖于分割和复位算法。

7. 基于块的缩放方法

基于块的缩放方法将图像划分为不重叠的块,然后用全局优化来修改或重排块区域。Cho 等[68]利用马尔可夫网络从块中指定一个好的图像同构来定义项。Barnes 等[69]在图像块中用随机算法快速地寻找相似的最近邻块。Liang等[70]将原始图像分为包含重要区域的重要块和不重要块,然后提出一种相似图像度量,在原始图像和缩放图像中进行相似性测量。Lin 等[71]用相似性转换约束来尽可能严格地变形视觉显著性内容,采用了优化处理来平滑传播变形。该方法能保持视觉显著性物体和全局环境,但是创建块的计算代价往往比较昂贵。

8. 基于移动图的缩放方法

由于基于块的缩放方法减少了重新排列的灵活性,Pritch 等[66]提出移动图

(shift-map)缩放方法,考虑每个像素的相互移动,利用最优的图标记来表示该操作,用图切方法来解决图标记问题,移动单个像素能增加灵活性,从而提高缩放结果。缩放效果对比如图4-7所示。

(a)　　　　　(b)　　　　　(c)　　　　　(d)　　　　　(e)

图4-7　基于移动图的缩放效果对比图[66]

(a) 原图;(b) 移动图缩放算法[65];(c) 非匀质缩放算法[43];(d) 优化拉伸缩放算法[44];(e) 改进的缝裁剪算法[16]

9. 基于概括对称的缩放方法

现实世界中有很多图像具有平移对称结构。考虑到语义信息,Wu 等[72]提出概括对称的缩放方法。先采用快速的对称检测方法来检测多个不相交的对称区域,即使晶格是弯曲和视角透视的,也可以通过概括来缩放对称区域,通过变形来缩放非对称区域。然后,对称区域和非对称区域通过无缝切路径进行联合,用图切来隐藏不连续的变形。缩放效果对比如图4-8所示。

(a)　　　　　(b)　　　　　(c)　　　　　(d)　　　　　(e)

图4-8　基于概括对称的缩放效果对比图[72]

(a) 原图;(b) 多算子算法[60];(c) 移动图缩放算法[65];(d) 优化拉伸算法[44];(e) 概括对称缩放算法[72]

10. 基于深度的缩放方法

上面讲述的图像缩放方法通常只能处理单张图像的缩放。近年来,随着深度相机的发展,图像像素的深度信息容易得到,于是一些研究者结合二维图像和深度图来保护重要物体的结构[73-74]，提出了基于深度的缩放方法。Mansfield 等[75]使用用户提供的相关深度图来得到保护场景一致性的图像缩放。Dahan 等[76]利用深度和颜色来更好地缩放有压缩细节的图像。这些方法被用在立体图像缩放中，已经有很多研究者用这些方法进行初步探索[77-81]。

11. 基于多层次的缩放方法

当图像过度缩放时会产生重要内容的变形。为了解决这种问题，Sugimoto 等[82]提出多层次图像缩放方法，设计了一种新的 3D 空间域图像缩放算法，能重排、遮挡和变形物体。这种方法也能用在有多个物体的复杂场景中。

在图像缩放时，信息丢失是不可避免的，由于受图像中语义和拓扑关系的场景布局、背景信息、结构信息、全局环境、重要物体的数量等的影响，缩放问题变换为如何保持最吸引人的内容和有用的信息、最小化变形程度且达到实时缩放、满足不同用户的偏好。尽管各种新的解决方法被提出，但是这些方法还有不小的改进空间[83-84]。

下面给出研究趋势和未来的研究方向。

（1）由于几乎所有基于内容的方法都依赖于显著性检测，因此显著性检测算法应该被更多地研究，特别是视频显著性。Li 等[85]已经提出用区域动态对比度实现时间一致性的视频显著性算法，但该方法只是初步研究了视频显著性，还有很大的改进空间。由于时空一致性约束，视频缩放技术仍不成熟，需要更多研究。

（2）研究具有更多语义、结构复杂、拓扑关系不同的图像的缩放方法，使这类图像在缩放时能更好地保持图像重要内容，有效地防止变形。

（3）研究应用于一些特殊场合的缩放技术，如不规则形状等，Qi 等[86]提出针对不规则边缘的图像缩放。按照这个思路，一些立体不规则形状缩放技术应该被更多地研究。随着深度相机的发展，立体图像缩放变得越来越重要，所以立体缩放方法应该得到更多关注。

（4）当前图像缩放效率较低，因此可以考虑将 GPU 加速技术用在缩放图像上，从而提高图像缩放的效率。图像缩放准则通常是主观的，应该更多地研究客观标准来评估图像缩放质量。

4.2.2　基于形状感知的小缝裁剪图像缩放方法

图像缩放是计算机图像处理应用中的一项重要技术。通常使用缩放或裁剪操作直接改变图像的大小，但是使用这些简单的方法缩放图像不能得到令人满意的缩放结果。在均匀缩放方法中，由于没有考虑重要区域，仅仅对图像进行均匀缩放,所以当分辨率改变时会产生明显的变形效果。图像裁剪方法虽然能够保持图像细节,不会产生变形,但是这种方法会不可避免地使图像在裁剪窗口之外丢失信息。

Avidan 等[1]提出缝裁剪图像缩放方法,在改变图像大小时能够很好地保持重要内容。缝的代价反映了图像内容,代价越大,说明包含更多的重要内容。相较于标准的缩放和裁剪方法,缝裁剪方法通过增加和删除自上而下、自左而右的八连通像素缝路径来改变图像大小,能够更好地保持图像重要区域。

虽然缝裁剪图像缩放算法简单且容易实现,但是该算法有一定的局限性。缝裁剪算法在像素选择上有限制,即缝中所选像素应该是八连通的,这样可以减少锯齿形问题。然而,缝中的所有像素并不一定都是八连通的。例如,基于内容感知的图像缩小与缝的代价相关,然后每次递归删除一条缝,直到图像缩小到所需的大小。在最佳条件下,此方法损失原始图像中不重要的信息而保留显著信息。但是,在某些情况下,缝裁剪方法会失效。例如,八连通缝中某些像素重要并具有低能量,由于八连通约束,缝裁剪方法会删除这些重要像素。

本节提出了一个新的方法——小缝裁剪方法来缩放图像。小缝裁剪与缝裁剪类似,具有单调性约束,竖小缝在每行中仅包含一个像素,水平小缝在每列中是类似的。与缝裁剪不同的关键策略是小缝裁剪移除图像中无连接限制的低能量像素。小缝裁剪不要求缝连通,因此执行更灵活、计算更有效。另外,在图像缩放时利用伽博(Gabor)滤波,提出像素的能量测量方法。小缝裁剪不仅处理自然场景效果明显,而且对于具有各向异性特征和对角线的图像也能有好的效果,能够有效地保持几何信息,避免锯齿效应。因此,小缝裁剪能够更好地保护图像的重要内容和形状,优化缩放结果。

1. 小缝裁剪方法

在缝裁剪方法中,Avidan 等[1]认为不显著的像素具有低能量,可以从每行中删除。然而,某些有重要结构的区域可能包含低能量,且背景图像也可能会丢失重要信息,这都将导致显著物体有明显的变形和剪切。因此,不同于缝裁剪方法,本节提出了小缝裁剪方法。优化图像缩放的小缝裁剪的主要思想是采用灵活的、不连续的像素连接路径。由于是不连续的,该路径可以绕过重要区域,从而更好地保持显著物体的内容和结构。

在传统缝裁剪方法中,只考虑八连通路径,导致低能量像素只是局部最小化。缝裁剪通过增加或删除缝来改变图像大小。定义适当的能量函数来尽可能地保持重要区域。由于从每行中移除不同数量像素会导致图像形状的破坏,Avidan 等[1]提出从每行删除相等数目的低能量像素来避免图像被破坏,该方法可以保护图像形状,但会破坏图像内容,产生锯齿形的效果。从图 4 - 9 中可以看出,由于八连通缝的限制,图像中缝被删除时人物的肩膀结构被破坏。为了避免破坏有用的信息(如人的肩膀部分),本节提出打破缝的八连通性的限制,采用不连续的路径。我们定义不连续的缝为小缝。在图 4 - 9 中位于人的肩膀上的点可能会跳转到左边点的位置,产生错切问题。本书随后会讨论如何避免这种错切现象的发生。

图 4 - 9　缝的局限性

　　为了保护重要内容,定义小缝为像素离散路径[见图 4 - 10(c)]。图 4 - 10 显示了小缝裁剪通过避免缝裁剪的连接限制能够保护人肩膀等关键信息。

(a)

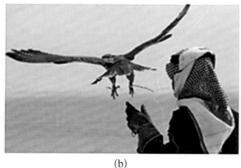

(b)　　　　　　　　　　　　　　　　　(c)

图 4 - 10　小缝裁剪缩放算法效果对比图

(a)原始图像;(b)缝裁剪缩放算法;(c)小缝裁剪缩放算法(新算法)

首先,定义垂直小缝,如果图像大小是 $n \times m$,则

$$L^x = \{L_i^x\}_{i=1}^n = \{(x(i), i)\}_{i=1}^n, \text{ s. t. } \forall i, 1 \leqslant | x(i) - x(i-1) | \leqslant m$$

$$(4-1)$$

式中,x 映射 $x: [1, \cdots, n] \rightarrow [1, \cdots, m]$,即垂直小缝是一条从图像自上而下的不连续像素路径,在图像的每行中包含且仅包含一个像素,如图 4-10(c)所示。与此类似,如果 y 映射 $y: [1, \cdots, m] \rightarrow [1, \cdots, n]$,那么水平小缝是

$$L^y = \{L_j^y\}_{j=1}^m = \{(j, y(j))\}_{j=1}^m, \text{ s. t. } \forall j, 1 \leqslant | y(j) - y(j-1) | \leqslant n$$

$$(4-2)$$

假设只从图像的行或列删除小缝像素,并移动左/上来弥补删除的路径,能够得到如图 4-11(b)所示的效果,可以看出图像缩放会导致错切现象。

(a)   (b)

图 4-11　错切

(a) 原始图像;(b) 错切效果图

为了防止这样的破坏,在图像缩放时采用了新的反错切能量补偿方法。假设已选中的像素为 $I(i, j)$,根据给定的能量函数 e,定义像素(p, q)的反错切函数为

$$E_u(p, q) = \sum_{k=q+1}^j e \mid I(i-1, k) - I(i-1, k-1) \mid, \text{ s. t. } q < j$$

$$E_u(p, q) = \sum_{k=j}^{q-1} e \mid I(i-1, k) - I(i-1, k-1) \mid, \text{ s. t. } q > j$$

$$(4-3)$$

图 4-12 说明了反错切函数。假设在第 i 行有最小能量点 $A(i, j)$。在上

一行我们能够计算像素点 C 的反错切函数为 $e|I(i-1, j)-I(i-1, j-1)|$。类似地，关于点 $D(i-1, j-2)$ 的错切能量为 $e|I(i-1, j)-I(i-1, j-1)|+e|I(i-1, j-1)-I(i-1, j-2)|$。

D(i-1, j-2)	C(i-1, j-1)	B(i-1, j)	(i-1, j+1)
(i, j-2)	(i, j-1)	A(i, j)	(i, j+1)
(i+1, j-2)	(i+1, j-1)	(i+1, j)	(i+1, j+1)

图 4‑12　反错切函数解释

2. 能量函数

Avidan 等[1]使用如下简单能量函数：

$$e(I) = \left| \frac{\partial}{\partial x} I \right| + \left| \frac{\partial}{\partial y} I \right| \tag{4-4}$$

该能量函数只计算梯度强度，可以使用显著性图来获得能量图。显著性图是一个代表相应的视觉场景的视觉显著性的分布图。Itti 等[87]首先提出显著性图的想法，该方法用颜色、强度、方向和运动线索在复杂场景中形成显著性图模型。Rubinstein 等[16]也说明了这种模型。在调整图像大小时，显著性图通常用于指定图像部分内容之间的相对重要性。

Gabor 滤波器是图像处理中的一个线性滤波器，其频率和方向与人的视觉系统相似。在空间域中，一个二维 Gabor 滤波器是由正弦平面波调制的高斯核函数。二维 Gabor 函数 $g(x, y)$ 定义为

$$g(x, y) = \frac{1}{2\pi\sigma_x\sigma_y} e^{-\pi\left(\frac{x^2}{\sigma_x^2}+\frac{y^2}{\sigma_y^2}\right)} e^{i(u_0 x + u_0 y)} \tag{4-5}$$

式中，(u_0, v_0) 是滤波器的最佳空间频率；σ_x 和 σ_y 是标准偏差。图像 I_k 在 Gabor 滤波器的尺度 m 和方向 n 的卷积为

$$\bar{I}_k^{m, n} = I_k * g \tag{4-6}$$

式中，符号 $*$ 表示卷积运算。图像的显著性图 S_k 可以表示为

$$S_k(x, y) = \sum_{m=1}^{M} \sum_{n=1}^{N} | \bar{I}_k^{m, n}(x, y) | \tag{4-7}$$

定义能量函数为

$$e(x,y)=\alpha S_k(x,y)+\beta\left[\left|\frac{\partial}{\partial x}I(x,y)\right|+\left|\frac{\partial}{\partial y}I(x,y)\right|\right] \qquad (4-8)$$

式中，α 是显著性信息的权重；β 是梯度强度的权重。定义 $\alpha=1$ 和 $\beta=1$ 时的能量图如图 4-13 所示。

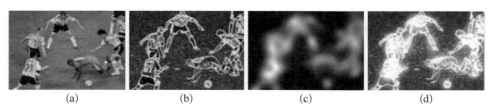

图 4-13　能量图

(a) 原始图像；(b) 梯度图；(c) 显著性图；(d) 总能量图

计算每个像素的能量，用式(4-9)定义每个像素的总能量，有

$$E_T(p,q)=\lambda e(p,q)+E_u(p,q) \qquad (4-9)$$

式中，λ 是加权系数。在式(4-9)中，如果 λ 等于零，则总能量等于 E_u。在此条件下，图像错切不可避免[见图 4-14(b)]。假设 λ 相当大，总能量等于剪切能量，这样小缝退化为最后行的最低能量列[见图 4-14(c)]。小缝裁剪方法避免了去除整列[见图 4-14(d)]。因此，参数选择在防止错切中起到关键作用。对于不同的图像，选择适当的参数的主要目的是防止图像发生错切现象。

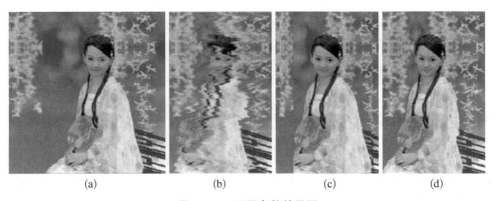

图 4-14　不同参数效果图

(a) 原始图像；(b) $\lambda=1$；(c) $\lambda=20$；(d) $\lambda=0.5$

最后，通过计算每一行的最小能量就可以找到不连续的最优路径。

3. 结果和讨论

本节在 CPU2.33 GHz,以及 2 GB RAM 的计算机上进行算法测试。

1) 图像缩放

　　小缝裁剪缩放算法是缝裁剪缩放方法的扩展。在图 4-15 中,通过原始图像大小从 240×200 像素缩小到 180×200 像素,比较了本节算法调整图像大小的效果与缝裁剪和缩放算法的效果。实验结果表明,本节算法对保护图像主要内容能产生更好的结果。

(a)　　　　　(b)　　　　　(c)　　　　　(d)

图 4-15　算法比较效果图

(a) 原始图像;(b) 缩放算法;(c) 缝裁剪算法;(d) 本节算法

　　图 4－16 所示为几种算法的缩放效果的比较,包括缩放算法、简单的裁剪算法、缝裁剪算法、多算子算法和本节的算法。从图 4－16 中可以看出,本节的方法更好地保留了感兴趣区域的特征和细节,也更好地保护了孩子身体的内容和形状。缩放和裁剪方法非常简单,花费时间较少。新方法比缝裁剪需要更长的时间,这是由于使用了抗错切能量,会消耗更多的时间。

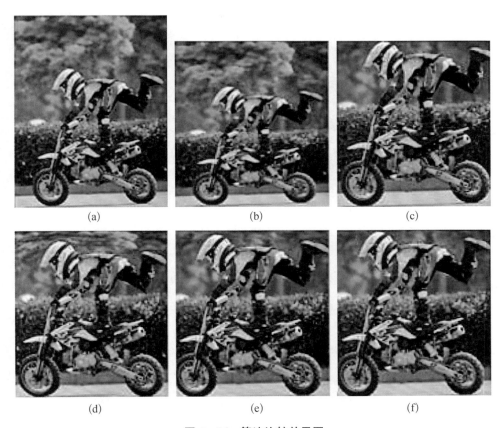

(a)　　　　　　　　　　(b)　　　　　　　　　　(c)

(d)　　　　　　　　　　(e)　　　　　　　　　　(f)

图 4－16　算法比较效果图

(a) 原始图像;(b) 缩放算法;(c) 裁剪算法;(d) 缝裁剪算法;(e) 多算子算法;(f) 小缝裁剪算法

　　2) 使用小缝裁剪进行重定向

　　图像重定向通常指对图像的长宽比进行改变。通过使用本节的新算法,可以得到竖直小缝和水平小缝。通过增加参数 α 来决定能够优化竖直或水平小缝的删除顺序。如果给定的图像大小为 $m \times n$,我们重新确定图像大小 $m' \times n'$。式(4－10)是优化顺序所使用的函数。

$$\min_{L^x,\,L^y} \sum_{i=1}^{r} E\left[\alpha_i s_i^x + (1-\alpha_i)s_i^y\right] \qquad (4-10)$$

式中，$r=(m-m')+(n-n')$；α_i 是用来优化顺序的参数；s^y 为水平小缝；s^x 为竖直小缝。图 4-17 所示为首先移除水平小缝和首先移除竖直小缝的效果图，原始图像大小为 300×214 像素，经过缩放处理后的图像大小为 280×160 像素。图 4-17(b)所示是原始图像先移除竖直缝后接着移除水平缝得到的效果，图 4-17(c)所示是原始图像先移除水平缝后接着移除竖直缝得到的效果。

(a)　　　　　　　　　(b)　　　　　　　　　(c)

图 4-17　不同裁剪顺序的缩放效果图

(a) 原始图像；(b) 先竖缝裁剪后水平缝裁剪；(c) 先水平缝裁剪后竖缝裁剪

3）图像放大

考虑在图像中插入新的人工小缝将图像放大。为了放大图像，首先需要找到小缝，然后通过平均同一行中小缝左边和右边的像素来复制小缝中像素。从图 4-18 中可以看到原始图像从 300×225 像素放大到 350×300 像素时的图像放大效果比较，证明小缝裁剪算法能够更好地保持感兴趣区域的内容和形状。

(a)　　　　　(b)　　　　　(c)　　　　　(d)

图 4-18　图像放大效果图

(a) 原始图像；(b) 缩放算法；(c) 缝裁剪算法；(d) 小缝裁剪算法

4）局限性

本节提出的小缝裁剪缩放算法打破缝裁剪算法八连通的限制。在某些特殊图像中,产生的错切效果是非常严重的,因此采用了反错切能量函数来避免错切,但对于不同的图像,需要为反错切能量函数设置不同的系数,本节提出的缩放算法无法自动调整这些参数,所以可能会使某些处理陷入局部最小值,导致少量的信息丢失。

5) 小结

本节提出了形状保持的小缝裁剪图像缩放算法。首先,使用 Gabor 滤波器组和显著性图理论来设置能量函数,根据能量函数来计算能量图。然后,通过能量图来寻找小缝,使用反错切能量函数来避免图像产生错切现象。在未来,将考虑如何产生自动的能量函数,从而避免调整参数。通过所提理论的限制来考虑局部最小化问题,将考虑使用树搜索等策略来解决这个问题。除了调整图像大小,该方法潜在的应用领域是在视频缩放中。图像缩放处理也将考虑物体层次的处理[88],从而得到更多的具有更丰富语义信息的缩放结果。

4.2.3 基于缝裁剪和变形的图像缩放方法

本节提出一种既能保持图像重要内容又能较好地保持显著物体形状的图像缩放算法,采用经典的缝裁剪缩放技术和变形缩放技术来对图像进行缩放,主要包括三个步骤:首先,采用在前一章中提出的基于粗粒度的贝叶斯模型显著性检测算法来对图像进行显著性检测,同时结合图像的梯度信息形成结构清晰的图像重要度图。其次,在图像重要度图的基础上,按照缩放尺度的大小与之前得到的重要度图中的区域大小进行比较来确定合适的缩放算法。最后,在缩放尺寸大于图像中的重要区域时,采用经典的缝裁剪方法;当缩放尺寸小于重要区域时,如果继续采用缝裁剪算法,则会破坏物体的形状,于是改为变形的缩放方法,能够更好地保持图像的重要内容和形状等信息。

1. 图像重要内容区域检测

基于内容的图像缩放算法中重要的一步就是重要内容的检测,本节采用第 2 章中提出的基于粗粒度的贝叶斯模型显著性检测算法来对图像进行显著度检测,同时结合图像的梯度信息来得到图像的重要内容。

(1) 图像的显著度检测:首先采用在第 2 章中提出的基于粗粒度的贝叶斯模型显著性检测算法来对图像进行显著性检测,得到显著度图 $S(I)$。

(2) 图像的梯度能量函数:给定图像 I,图像的梯度函数 e 为

$$e(I) = \left| \frac{\partial}{\partial x} I \right| + \left| \frac{\partial}{\partial y} I \right| \qquad (4-11)$$

（3）图像的重要度检测：图像的显著性图能够很好地体现人类视觉对于图像的关注度，较好地体现图像的主要内容，但是显著性并不能充分反映图像的内容，所以本节结合图像的梯度能量信息来对显著性进行改进，利用显著度图与梯度能量图进行加权，得到图像的重要度图，为下面进行图像缩放提供良好的重要内容基础。

重要度图 W 定义为

$$W(I) = S(I) + e(I) \tag{4-12}$$

式中，$S(I)$ 表示显著度图；$e(I)$ 表示梯度能量；W 表示加权后的图像重要度；I 表示原始图像。

以北极熊的图像为例来显示图像重要度图的产生过程，如图 4-19 所示。从图 4-19(b) 可以看到图像的边缘信息被弱化，图像的重要内容没有充分体

图 4-19   图像重要度图生成图

(a) 原始图像；(b) 显著度图；(c) 梯度能量图；(d) 重要度图

现。图 4-19(c)是图像的梯度能量图,可以充分地表现图像的边缘等信息。对图 4-19(b)和图 4-19(c)进行图像加权得到图 4-19(d)的图像重要度图,既突出了视觉关注内容,又体现了图像的边缘等信息。

2. 图像缩放算法

在重要度图的基础上,下面详细说明图像的缩放过程。

1) 图像缩放算法

缝裁剪算法首先根据图像的能量定义一条八连通的水平或竖直低能量缝,然后不断地对能量缝进行操作(删除或增加)即可得到目标缩放图像。低能量缝的具体实现过程如下:原始图像 I 的分辨率为 $n \times m$,那么图像 I 的一条自上而下的八连通竖直缝定义为

$$S^x = \{S_i^x\}_{i=1}^n = \{x(i), i\}_{i=1}^n, \text{ s. t. } \forall i, \mid x(i) - x(i-1) \mid \leqslant 1$$

$$(4-13)$$

式中,x 是 $x:[1, \cdots, n] \to [1, \cdots, m]$ 的一种映射关系;$\forall i$,$\mid x(i) - x(i-1) \mid \leqslant 1$ 限定了在每条缝上有且仅有一个像素。类似地,可以定义图像的一条自左而右的八连通水平缝为

$$S^y = \{S_j^y\}_{j=1}^m = \{j, y(i)\}_{j=1}^m, \text{ s. t. } \forall j, \mid y(j) - y(j-1) \mid \leqslant 1$$

$$(4-14)$$

相应的缝的像素路径定义为(竖直缝 S^x)

$$I_s = \{I(S_i^x)\}_{i=1}^n = \{I[x(i), i]\}_{i=1}^n \qquad (4-15)$$

选定适当的能量函数 e,缝的能量代价函数为

$$E(s) = E(I_s) = \sum_{i=1}^n e[I(s_i)] \qquad (4-16)$$

最小化能量代价函数,从而得到最优的缝 S^*:

$$S^* = \min_s E(s) = \min_s \sum_{i=1}^n e[I(S_i)] \qquad (4-17)$$

根据动态规划方法来得到最优路径。第一步是先对图像进行遍历,从第二行到最后一行,计算入口 (i, j) 的累积最小能量 M,有

$$M(i, j) = e(i, j) + \min[M(i-1, j-1), $$
$$M(i-1, j), M(i-1, j+1)] \qquad (4-18)$$

累积能量计算结束后，M 中最后一行的最小值即是最小能量竖直缝的结束位置。然后，进行第二步回溯操作，从最后一行的最小值开始自下而上地寻找最优的低能量缝。

上述后向能量计算方法忽略了由于删除能量缝而使得原来不相邻的像素改变为相邻像素而引起的能量变化，于是 Rubinstein 等[16] 提出了前向能量补偿方法，图 4 - 20 表示删除缝后可能引起的能量变化情况。

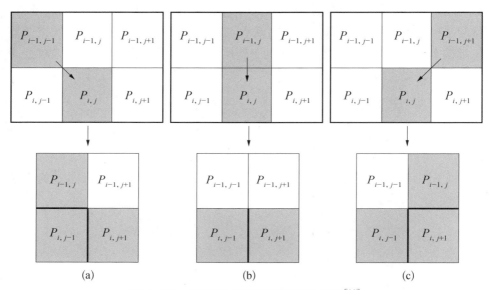

(a)　　　　　　　　　　(b)　　　　　　　　　　(c)

图 4 - 20　删除缝后可能的能量变化情况[16]

相对于能量变化，提出三种能量补偿方式：

(1) $C_{\mathrm{L}}(i, j) = |\, I(i, j+1) - I(i, j-1)\,| + |\, I(i-1, j) - I(i, j-1)\,|$

(2) $C_{\mathrm{U}}(i, j) = |\, I(i, j+1) - I(i, j-1)\,|$

(3) $C_{\mathrm{R}}(i, j) = |\, I(i, j+1) - I(i, j-1)\,| + |\, I(i-1, j) - I(i, j+1)\,|$

$$(4-19)$$

以竖直缝为例，能量代价 $M(i, j)$ 相应地进行了改变：

$$M(i, j) = P(i, j) + \min \begin{cases} M(i-1, j-1) + C_{\mathrm{L}}(i, j) \\ M(i-1, j) + C_{\mathrm{U}}(i, j) \\ M(i-1, j+1) + C_{\mathrm{R}}(i, j) \end{cases} \quad (4-20)$$

式中，$P(i, j)$ 是基于能量度量的附加像素。

2) 缩放尺寸与重要度区域比较

缝裁剪方法会破坏图像中重要物体的形状，为了更好地保持重要物体的结构形状，考虑先对图像进行简单计算，测算出大致的重要区域，将重要区域与最终的图像尺寸进行比较来选择不同的缩放方法。以改变图像宽度作为实例进行说明（与图像高度改变的情况类似），首先大致测算出重要性物体所占据的区域（重要区域）（见图 4 - 21）。根据缩放尺寸的大小来选择缩放算法，当目标缩放尺寸大于重要区域时，仅采用缝裁剪方法即可。当目标缩放尺寸小于重要区域时，根据比较结果，首先对重要区域之外运用缝裁剪方法，当仅有重要区域后，如果继续采用缝裁剪方法，将对图像的内容和重要物体的结构形状产生破坏，于是缩放算法转换为基于变形的图像缩放方法，最后得到理想的目标图像大小。

图 4 - 21　分块图像（水平方向）

3) 图像缩放算法流程图

图 4 - 22 是图像缩放的总流程图。对于输入图像，首先对梯度能量图和显著度图进行加权来得到图像的重要度图；其次，根据重要度图估算图像的重要区域，并根据重要区域目标图像尺寸进行比较；最后，选择合适算法进行缩放，以得到目标图像。

4) 实验结果与讨论

应用本节所述的基于缝裁剪和变形的图像缩放方法，在计算机[2.80 GHz Intel(R)Core (TM)i5 CPU,4 GB RAM]上进行实验，与裁剪、均匀缩放、缝裁剪[1]和多算子[61]图像缩放算法进行比较。通过一组动物和一组建筑物实验，分别从宽度和高度缩放来进行具体的分析。

首先通过一组动物图像实验比较本节的方法与其他方法。如图 4 - 23 所示，北极熊的图像由原图的 300×400 像素缩小为 300×200 像素。可以看到，当图像横向缩放为原图的一半时，裁剪方法破坏了图像内容；缩放方法使北极熊产生严重变形；缝裁剪方法破坏了北极熊的形状；多算子方法相比于缝裁剪方法，效果有所提升，但北极熊的形状也发生了变化，结构被破坏，身体变得短小，与原图相比，比例关系已经失调；本节的方法相对于前面几种方法，北极熊的形状结

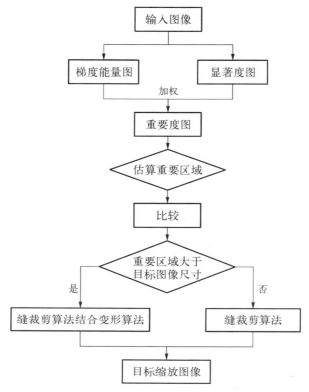

图 4 - 22　图像缩放的总流程

构与比例结构方面得到了较好的保持,整体视觉效果明显优于其他方法。

图 4 - 24 所示为一组建筑物图像从 333×369 像素缩小到 160×369 像素时各种缩放方法的对比。缩放图像的对比进一步显示了对于不同建筑物图像中同样的显著物体,本节的方法可以使之在内容和形状结构上具有较好的保持效果。

(a)　　　　　　　　　　(b)　　　　　　　　　　(c)

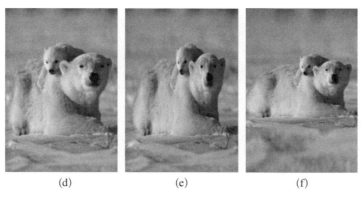

图4-23 动物图像缩放效果对比

(a) 原图;(b) 裁剪算法;(c) 缩放算法;(d) 缝裁剪算法[1];(e) 多算子算法[61];(f) 本节的算法

图4-24 建筑图像缩放效果对比

(a) 原图;(b) 裁剪算法;(c) 缩放算法;(d) 缝裁剪算法[1];(e) 多算子算法[61];(f) 本节的算法

我们对以上进行比较的缩放方法在图像缩放时的重要内容保持、形状结构保持和结构比例保持方面进行性质比较,比较结果如表 4 - 1 所示。

表 4 - 1   缩放方法的性质比较

缩 放 方 法	是否保持重要内容	是否保持形状结构	是否保持结构比例
裁剪算法	×	√	√
缩放算法	√	×	×
缝裁剪算法	√	×	×
多算子算法	√	×	×
新算法	√	√	√

3. 小结

本节提出一种结合缝裁剪和变形的图像缩放方法,既能较好地保持图像的重要内容,又可以保持图像的形状等结构信息,避免了原有缝裁剪方法对图像重要内容的结构破坏。但是由于采用重要区域估算,分析和比较重要区域与目标图像尺寸的关系会消耗较多的时间,未来的工作将考虑如何改进,以提高图像缩放的效率。

目前,对于一些特殊的图像,本节的方法也不能很好地进行解决。如图 4 - 25 所示,对于具有复杂纹理的图像,本节的方法不能很好地使得复杂纹理的结构不变形。如图 4 - 26 所示,对于布局分布整幅图像的情况,本节方法将退化为基于变形的图像缩放方法,缩放效果不能满足结构的保持等需求。由于存

图 4 - 25   复杂纹理图像示例

在一些特殊图像,未来我们将考虑根据特殊图像自身的一些属性来进行一些特殊处理,比如对于纹理复杂的图片,就必须考虑纹理本身的一些结构关系,采取特殊的方法进行缩放。对于图 4 - 26 所示的布局分散的图像,应充分考虑图像中的结构信息,改进已有的变形方法,以取得更好的缩放效果。

图 4 - 26   布局分布整幅图像的示例

当前,网络视觉媒体迅速发展,考虑网络媒体的流体属性,将图像缩放扩展到网络媒体的处理中,Hu 等[89]提出网络媒体对于目前传统方法的一些挑战,以及未来考虑将缩放技术拓展应用在网络视觉媒体中。

4.2.4   视频缩放技术研究现状

视频是一系列连续的图像帧。相比于图像缩放,视频缩放由于要考虑时间约束,所以具有更大的挑战。可以将视频缩放方法粗略地分为三类:基于裁剪的视频缩放方法、基于缝裁剪的视频缩放方法和基于变形的视频缩放方法。

基于裁剪的视频缩放方法能表述为寻找最优的裁剪窗口[90-94],通常牺牲帧周围的内容来保护显著内容,避免变形。

基于缝裁剪的视频缩放方法分为基于视频体的方法和基于逐帧的缩放方法。基于视频体的方法有如下几种。Rubinstein 等[16]改进了缝裁剪方法来对视频进行缩放,从三维时空体中移除二维的缝,通过图切方法来操作。Han 等[95]构建四维图,通过 $s - t$ 图切进行全局优化处理,先检测多样的三维表面,最后,通过移除或插入这些多样的三维面进行视频缩放。基于逐帧的视频缩放方法根据时间相干性规划来进行帧对帧的处理。Kopf 等[96]提出快速缝裁剪尺寸适应视频缩放方法。Grundmann 等[97]引入不连续的缝裁剪视频缩放方法,依赖于一种新的表面时间相干性公式来进行帧对帧处理,该方法容易产生时间不连续缝。Chao 等[98]提出基于缝裁剪的由粗到细优化时间的视频缩放方法。

Yan 等[99]通过用关键点匹配帧像素来保持缝的时间平滑度,改进了缝裁剪视频缩放方法。Wang 等[100]提出可变的形状保持视频缩放策略,通过在原始帧与缩放帧间直接最小化曲线匹配代价来保护帧间显著性曲线提取,从而避免变形。显然,基于缝裁剪方法,可通过压缩不显著区域来改变视频的长宽比,但当视频有少量无明显结构区域时,这些算法容易带来严重的变形。

基于变形的视频缩放方法扩展了基于图像的变形方法来缩放视频。Wolf 等[42]通过求解稀疏线性方程系统来实现非匀质内容驱动的视频缩放。Zhang 等[54]利用随机游走模型提出基于内容的缩略图视频缩放方法。Krahenbuhl 等[45]通过估算帧间相机运动提出基于运动的时间一致性视频缩放方法。Niu 等[101]通过引入运动历史图来得到时间一致性,在帧间对运动物体进行信息传播,提出变形传播视频缩放方法。Wang 等[102]提出可扩展和一致性视频缩放,将光流作为附加信息来进行逐帧优化。Yen 等[103]在视频镜头中用全景马赛克来缩放视频帧中的对应区域,从而确保缩放的时间一致性。Lin 等[104]基于物体重要性估计提出通过缩放来保持形变物体,减少不满意的变形。Chen 等[105]通过保持运动上下文时间显著性来进行视频缩放。Nie 等[106]结合基于内容的变形和基于块的概括方法的优点来进行视频缩放,利用均值坐标变形方法作为预处理。Qu 等[107]利用图模型提出基于上下文的视频缩放方法。Li 等[108]将视频分为时空网格流来进行缩放,利用网格流来选择关键帧,用二次规划来缩放关键帧。但是基于变形的缩放方法常引起波浪现象和抖动效果。

除了以上方法,研究者也尝试了其他方法。提出了结合变形和裁剪的混合缩放方法[102,109]。但视频中时间一致性区域被分别独立计算,常常在输出时引起明显的人为变形。Kiess 等[110]通过联合缝裁剪和裁剪方法提出快速并行视频缩放算法。Yan 等[111]用评价抖动变形进行视频缩放。Zhang 等[112]在不损害缩放质量的情况下运用了压缩域视频缩放方案。

4.2.5 基于缝裁剪的逐帧优化视频缩放方法

视频缩放是近年来数字图像处理领域的热点关注问题。针对整个视频进行缩放的方法会带来庞大的内存占用与计算量,导致效率低下、实用性较差,而针对视频中的每一帧进行缩放的方法难以维持视频的时空一致性。为此,基于缝裁剪算法,本节提出一种逐帧优化的视频缩放方法。首先,逐帧读入视频,按照梯度求出当前帧的能量图,并使用高速缓存的置换思想调整能量图;其次,根据能量图找出缝;最后,使用线性插值的方法删除缝,得到缩放后的目标视频帧。实验结果表明,该方法不仅能够在所处理的每一帧中保持图像的重要内容,并且可以维持整个视频的时空一致性,保持较好的视觉效果。

现有的针对图像的缝裁剪方法已较成熟,但运用于视频时效果仍不甚理想。其中最主要的问题是难以维持视频的时空一致性。本节提出一种逐帧优化的视频缩放方法,其目标是基于现有的缝裁剪方法,通过提升视频的时空一致性来获得更好的缩放结果。其中,逐帧优化的过程将会用线性插值的方法优化其视觉效果,同时,在寻找缝的过程中会涉及高速缓存的思想。本节方法在缩放单帧图像时获得了较好的视觉效果,而且在处理视频时也能较好地维持视频的时空一致性。

1. 算法概述

1) 线性插值

缩放方法常运用线性插值算法,在缩放视频时起到抗锯齿的效果。本节算法将利用线性插值算法,以减少删除缝时对图像造成的空间扭曲。具体过程如图 4 - 27 所示。

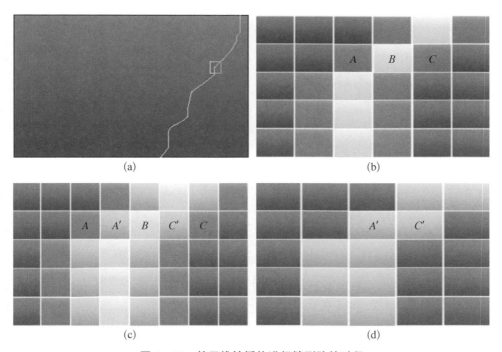

(a)　　　　　　　　　　　　　　(b)

(c)　　　　　　　　　　　　　　(d)

图 4 - 27　基于线性插值进行缝删除的过程

(a) 需要删去缝的图像;(b) 局部图像;(c) 进行线性插值后的局部图像;(d) 删除缝后的局部图像

假设已将缝标定[见图 4 - 27(a)],$B(x_B, y_B)$ 点为缝上的点,$A(x_A, y_A)$、

$C(x_C, y_C)$ 点分别为 B 点的左右两点[见图 4 - 27(b)],位置 A'、C' 分别位于 AB、BC 之间[见图 4 - 27(c)]。

由离散图像的位置关系,可知

$$x_A + 1 = x_B = x_C - 1$$
$$y_A = y_B = y_C$$

(4 - 21)

由线性插值公式,现要在 A'、C' 两点处插入新点,则有

$$f(x_{A'}) = f(x_A) + \frac{f(x_B) - f(x_A)}{x_B - x_A}(x_{A'} - x_A)$$
$$f(x_{C'}) = f(x_B) + \frac{f(x_C) - f(x_B)}{x_C - x_B}(x_{C'} - x_C)$$

(4 - 22)

即

$$f(x_{A'}) = \frac{f(x_A) + f(x_B)}{2}$$
$$f(x_{C'}) = \frac{f(x_C) + f(x_B)}{2}$$

(4 - 23)

通过上述两式,在 AB、BC 之间插入点 A'、C',重复该过程则会在缝两侧线性插入两条新的像素缝[见图 4 - 27(c)]。

接下来对 B 点所在像素缝进行删除操作,同时删除的还有 A、C 点所在的两条像素缝。通过删除操作,得到最终结果[即图 4 - 27(d)]。通过该过程,既达到了缩小图像的目的,同时也留下了原有图像信息,在一定程度上增强了视觉效果。

图 4 - 28 为效果对比图。图 4 - 28(b)为使用普通缝裁剪方法得到的图像,图 4 - 28(c)为经过线性插值改良后得到的图像,图 4 - 28(d)与图 4 - 28(e)是局部放大的效果,图 4 - 28(f)与图 4 - 28(g)是进一步放大的效果。从图 4 - 28(f)中可以看出花蕊部分有明显裂痕,而在图 4 - 28(g)中花蕊则比较完整,因此本节算法获得了更好的视觉效果。

2) 高速缓存及其置换策略

Hennessy 等[113]对高速缓存进行了定义,指出高速缓存有时间局部性的特点,假设有信息项正在被访问,则在近段时间内可能会被再次访问。这一特性与视频缩放中的时间一致性有一定的相似性。首先,在逐帧优化的视频缩放中,当处理到某一帧时,已知的信息只有当前帧及之前的视频。同样,高速缓存在进行

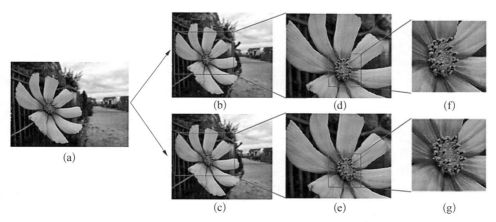

图 4‐28 普通缝裁剪与根据线性插值进行缝裁剪的效果对比图

(a) 原始图像;(b) 缝裁剪结果;(c) 线性插值的缝裁剪结果;(d) 图(b)局部放大;(e) 图(c)局部放大;(f) 图(b)再次局部放大;(g) 图(c)再次局部放大

一次置换操作时,已知信息只有当前访问的内存及之前的访问记录。其次,在对视频进行缩放操作时,为了得到较好的视觉效果,很多情况下都希望当前帧需要删去的缝在位置上与上一帧或前几帧相近,这一点在高速缓存中表现为时间局部性,即希望当前所需访问的内存与之前访问的内存位置邻近。不同的是,视频缩放中采用高速缓存的置换策略,其目的是得到时间一致性较好的视频,而高速缓存则是为了提升数据的获取速度。

Yan 等[99]通过使用 R/P 图,在处理当前帧时参考上一帧的缝,获得了较好的缩放效果。但在对视频进行缝裁剪操作时,经常出现以下情况:在视频帧序列 f_m,f_{m+1},$\cdots$,f_n 中,f_m 与 f_n 在视频内容上一致性很强,但中间插入了与其不连续的若干帧。

如图 4‐29 所示,第一帧与第三帧具有相似的缝,但中间插入的第二帧的缝与前后两帧都不相同。使用 R/P 图优化后的第二帧能量图仍不能改变缝的原有位置,但此时如果以第二帧的缝为依据优化第三帧的能量图,很可能使第三帧的缝出现在与第二帧邻近的位置,而非依据能量图得出的如图 4‐29(c)所示的结果。

针对该问题,本节提出一种基于高速缓存置换策略的方法,目的是维持视频的时空一致性,特别是当缝的位置有较大改变时。

依据高速缓存的原理,记选取的帧间隔为 k,当 $k=3$ 时,可以进行如图 4‐30 所示的过程(X 表示空)。

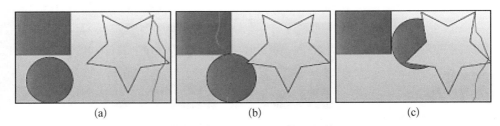

图 4-29 视频中连续的三帧

(a) 第一帧；(b) 第二帧；(c) 第三帧

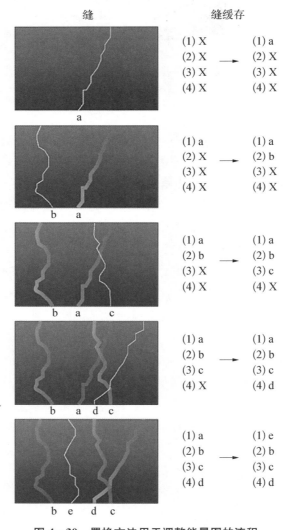

图 4-30 置换方法用于调整能量图的流程

新建一个名为缝缓存的表用于记录 4 帧的缝,初始为空。每次进行缝裁剪操作时,先利用缝缓存里的数据调整当前能量图,并根据能量图寻找缝,用其替换缝缓存中最早加入的一条缝。

记第 i 帧的能量图为 $\boldsymbol{P}_i$,前 3 帧图像的缝调整矩阵分别为 $\boldsymbol{S}_{i-3}$、$\boldsymbol{S}_{i-2}$、$\boldsymbol{S}_{i-1}$,并分别赋予权重 W_{i-3}、W_{i-2}、W_{i-1},则调整公式如下:

$$\boldsymbol{P}_i = \begin{cases} \boldsymbol{P}_i, & i=1 \\ \boldsymbol{P}_i - W_{i-1}\boldsymbol{S}_{i-1}, & i=2 \\ \boldsymbol{P}_i - W_{i-2}\boldsymbol{S}_{i-2} - W_{i-1}\boldsymbol{S}_{i-1}, & i=3 \\ \boldsymbol{P}_i - W_{i-3}\boldsymbol{S}_{i-3} - W_{i-2}\boldsymbol{S}_{i-2} - W_{i-1}\boldsymbol{S}_{i-1}, & i>3 \end{cases} \tag{4-24}$$

式中,$\boldsymbol{S}$ 为与图像大小相同的矩阵。为了提升该方法的优化效果,此处使调整矩阵的每一行所对应缝的像素点的位置值作为中心,元素呈一维高斯分布,分布公式为

$$f(x) = \frac{1}{\sqrt{2}\pi\sigma} \mathrm{e}^{-\frac{(x-\mu)^2}{2\sigma^2}} \tag{4-25}$$

为实验方便,假设高斯分布标准差 $\sigma=1$,第 j 行以缝在此行的位置 $\mu=p_j$ 为中心,左右各取 n 个值,设 $n=2$。此时高斯分布可表示为

$$f(x) = \begin{cases} \dfrac{1}{\sqrt{2}\pi} \mathrm{e}^{-\frac{(x-p_j)^2}{2}}, & |x-p_j|<3 \\ 0, & \text{其他} \end{cases} \tag{4-26}$$

于是,可得到缝矩阵

$$\boldsymbol{S}_i = \begin{bmatrix} 0 & \cdots & 0.030\,5 & 0.082\,08 & 0.225\,1 & 0.082\,8 & 0.030\,5 & \cdots & 0 \\ 0 & \cdots & 0.030\,5 & 0.082\,08 & 0.225\,1 & 0.082\,8 & 0.030\,5 & \cdots & 0 \\ \vdots & \vdots & \vdots & \vdots & \vdots & \vdots & \vdots & \vdots & \vdots \\ \vdots & \vdots & \vdots & \vdots & \vdots & \vdots & \vdots & \vdots & \vdots \\ 0 & \cdots & 0.030\,5 & 0.082\,08 & 0.225\,1 & 0.082\,8 & 0.030\,5 & \cdots & 0 \end{bmatrix} \tag{4-27}$$

同样,根据需要调整标准差 σ 及取值范围 n,以获得更优的效果,如图 4 - 31 所示。图 4 - 31 中的红色线条为当前帧的缝,暗色线条为前 4 帧对当前帧的优化区域。取 $W_{i-1}=40$,$W_{i-2}=30$,$W_{i-3}=20$,优化前后结果对比如图 4 - 32 所示。

图 4‑31 能量矩阵调整与缝选择示意图

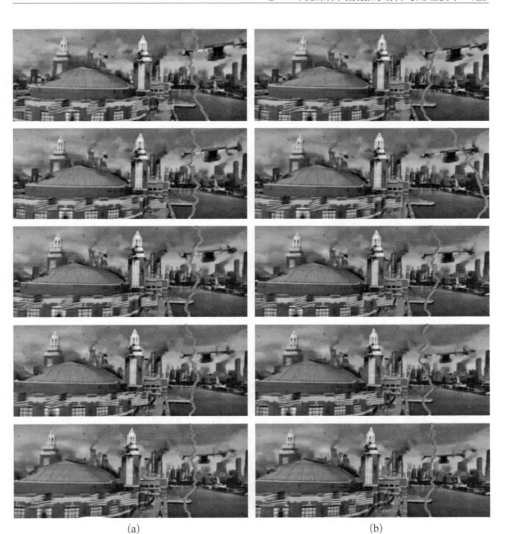

图 4‐32 优化前后选取缝对比

(a) 优化前的缝；(b) 优化后的缝

3）完整优化方法

如图 4‐33 所示，本节描述了一种逐帧优化的视频缩放方法。逐帧读入视频，以梯度为参数求出其能量图，并根据前 k 帧的缝，通过 P_i 的调整公式［式(4‐24)］优化能量图，然后根据能量图寻找缝，并通过线性插值进行缩放。重复该过程，直至视频结束。

2. 实验结果与分析

本节的实验平台为一台 2.80 GHz、8 GB 内存的计算机，整个过程由

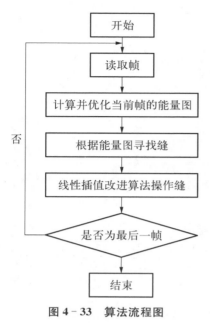

图 4 - 33　算法流程图

OpenCV 实现。在这种环境下,一段时间为 5 s、大小为 960×540 像素的视频,缩放至 800×540 像素,约需要 10 min。各参量均取算法描述部分的值。实验结果如图 4 - 34 ~图 4 - 36 所示。

从图 4 - 34 可以看出,图 4 - 34(b)的结果虽然保留了视频的全部内容,但影响了视觉效果。图 4 - 34(c)虽然能够保证缩放后图像中内容的比例,但会造成重要内容丢失。图 4 - 34(d)改变了视频内容的比例,但视觉效果同样较差。图 4 - 34(e)在保证视频重要内容的同时维持了内容比例。图 4 - 35 和图 4 - 36 也有类似结果。在图 4 - 35 中,图 4 - 35(c)截去了文字"舌尖上的中国",造成信息丢失。图 4 - 35(d)产生了明显形变。图 4 - 35(e)在保证视频信息完整的前提下保持图像原有形

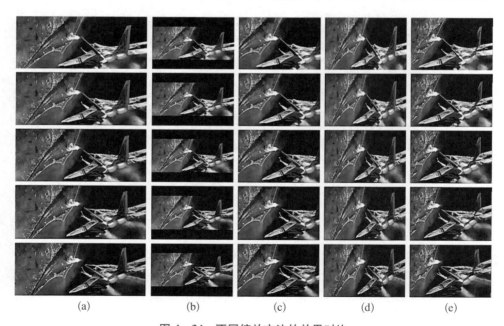

| (a) | (b) | (c) | (d) | (e) |

图 4 - 34　不同缩放方法的效果对比

图像由 $1\,280 \times 535$ 像素缩小至 800×535 像素,图像帧来自《变形金刚 3》
(a) 原始图像帧;(b) 添加黑边;(c) 裁剪;(d) 缩放;(e) 本节算法

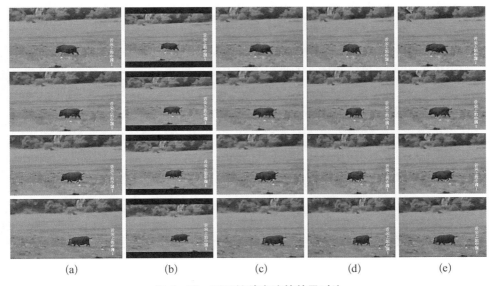

(a)　　　　　(b)　　　　　(c)　　　　　(d)　　　　　(e)

图 4‑35　不同缩放方法的效果对比

图像由 640×360 像素缩小至 500×360 像素，图像帧来自《舌尖上的中国》
(a) 原始图像帧；(b) 添加黑边；(c) 裁剪；(d) 缩放；(e) 本节算法

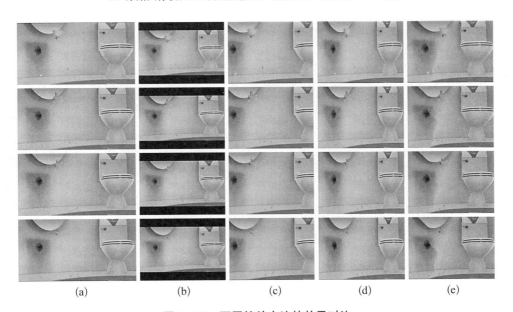

(a)　　　　　(b)　　　　　(c)　　　　　(d)　　　　　(e)

图 4‑36　不同缩放方法的效果对比

图像由 960×520 像素缩小至 700×520 像素，图像帧来自《卑鄙的我》
(a) 原始图像帧；(b) 添加黑边；(c) 裁剪；(d) 缩放；(e) 本节算法

状,效果较好。从图 4 - 36(e)中可以看出图像内容有一定程度的形变,说明本节方法仍无法彻底解决缝裁剪算法对视频内容的变形问题。

3. 小结

本节提出了一种逐帧优化的视频缩放方法。首先,读入视频帧,并根据梯度计算能量图;其次,通过基于置换方法的调整公式对能量图进行优化处理;再根据调整后的能量图寻找当前帧的缝,对其进行基于线性插值的删除处理;最后,重复该过程直至视频结束。大量实验结果表明,本节方法较好地维持了视频的时空一致性。但是,本节的方法仍对视频内容造成了一定程度的形变,因此,如何保护视频内容将是今后研究的重点。

4.3 抠图技术

可视媒体抠图技术是目前图像、视频处理的一个研究热点,该技术主要是将图像、视频中的前景物体从原始图像、视频背景中抠取出来,能够对可视媒体编辑处理方面起到预处理的作用,为后续进行可视媒体融合编辑等处理打下基础。

4.3.1 图像抠图技术研究现状

抠图技术是图像编辑和图像合成中的一个重要工作。通常分为硬分割(binary segmentation)和软抠图(alpha matting)两种方法。硬分割方法实际上是对前景区域和背景区域进行二值划分,因此对于一些边界不明确或者含有半透明性对象(如烟雾、婚纱、毛发等)的情况,不能准确地抠图。硬分割常用的典型算法有图切方法[114]、标准化切方法[115]、随机游走方法[116]等。而软抠图技术认为,前景区域与背景区域之间存在过渡区域,这种区域是前背景区域的混合,通常用透明度图进行定义。形式上,图像软抠图方法是指假设前景图像为 F、背景图像为 B、合成图像为 I,则有

$$I_i = \alpha_i F_i + (1 - \alpha_i) B_i \qquad (4 - 28)$$

式中,α_i 是前景的透明度。对于给定的输入图像 I,求解前景 F、背景 B 和透明度 α_i,即由一个已知量来求解三个未知量,显然这是一个欠约束问题。为了对式(4 - 28)进行求解,必然要引入一些约束条件。Smith 等[117]提出的是比较早期的蓝屏抠图技术,该技术要求图像背景是蓝色,这样可以将背景 B 假定为已知条件,从而减少了一个未知量。该技术已经广泛地在电影制作中使用,并取得了

一定的效果,但是如果前景物体中有蓝色区域,则该技术的抠图效果会受到一定影响,甚至使抠图结果失效。由于要求背景是蓝色,所以该技术不能在实际场景中使用,因此也限制了使用的广泛程度。

抠图技术是一种欠约束问题,想得到准确的结果就需要假定一些限制条件,假定的条件约束性越小,在应用中就越容易实现,应用的范围也就越广,从而能够得到更好的抠图效果。本节对当前的抠图技术进行分类,大体上分为基于采样的图像抠图技术、基于传播的图像抠图技术、基于采样和传播的图像抠图技术。

本节在综述了图像抠图技术的基础上,采用绝对偏差和(sum of absolute differences,SAD)、均方误差(mean squared error,MSE)、连通误差(connectivity,CE)、梯度误差(gradient error,GE)四种评价标准来对算法进行评价。梯度误差评价了透明度图在梯度中产生的误差,连通误差评价了透明度图是否是连通的,连通性比较好的抠图技术不应该有错误的断点出现。透明度图在透明度值上用绝对偏差和均方误差来评价总体误差。

1. 基于采样的图像抠图技术

基于采样的图像抠图技术通过已知的前景和背景区域来对未知的透明度区域进行计算,也就是在已知的图像范围内,通过查找最优的图像前景和背景对来对用户标记的三分图中的未知区域进行求解。三分图就是将图像预分割为前景、背景和未知区域。该方法对单个像素分别进行计算,所以可以进行并行求解,提高算法的速度。但是该方法也有一些缺点:若三分图中用户标记的未知范围过大,求解需要的前景和背景采样点对会大幅度地增多,则配对的错误概率就会增大。减少需要匹配的前景和背景对可以改进算法效率,合理地选择最优的前背景会对方法的精确度起到一定作用。因为对单个像素分别进行计算,故该方法对像素之间的联系考虑较少,基于采样的图像抠图技术要解决的一个关键问题是增加透明度图的连通性。

Ruzon 等[118]提出一种在自然场景中估算透明度的技术,通过在边界混合两种颜色来产生新的颜色,该技术扩展蓝屏抠图技术到具有任意颜色分布的背景中,但是需要边界位置的大致信息。当前背景区域比较复杂时,该方法的效果不佳。

Chuang 等[119]提出一种贝叶斯模型框架来求解图像抠图问题,通过估算前景中每个像素的透明度,从背景中提取前景。该方法利用高斯空间变化集来构建前景和背景的颜色分布,然后用最大似然准则来同时估计前景和背景的最佳透明度,这样就能够有效地处理复杂边界的物体,如毛发等。算法具有比较高的效率,但是过于依赖指定的三分图是该算法的一个不足之处。由于该算法是对前景和背景的较小邻域进行采样,当用户指定的三分图不是很准确时,就要扩大区域范围来进行采样,但是采样区域过大会导致计算量增加,也会增加前景和背景的错误匹配概率,从而使算法的精确度减小。

Gastal 等[120]提出一种共享采样的自然图像和视频实时抠图技术,该技术基于像素在小邻域内有高相似性值,通过分配相邻像素来避免不必要的计算,该操作是在像素间进行独立计算,所以可以并行地在 GPU 上实现。该方法同时引入一种新的目标函数来确定给定像素的前景和背景颜色对,新的函数充分考虑了图像的空间、光度和概率信息。该方法比先前的方法快,且能产生高质量的遮片(matte),抠图的质量已经在独立的图像抠图测试集上得到了证实。

前面的采样抠图方法常常仅在未知像素的附近进行采样,如果在邻近区域不能找到好的采样点,这些方法就会失效。He 等[121]提出一种基于全局区域进行采样的图像抠图算法,充分利用了图像中所有可能的采样点,避免丢失一些好的采样对。该方法定义了一种简单且有效的代价函数来处理采样选择中的歧义问题。这种函数同时考虑采样位置和采样颜色来适应抠图方程[见式(4-28)]。大量的采样对产生了高阶的时间复杂度,所以全局采样算法将采样问题作为一致性查找问题进行处理,通常用快速的随机算法来进行块匹配,得到高质量的抠图效果。

在前景和背景颜色分布有很多重叠或者相似的情况下,仅仅依据颜色进行匹配会使得从这些区域中搜集的已知采样对无法可靠地估算透明度。另外,在具有高纹理的区域,颜色相似性不能代表邻域像素的亲和性,这些区域的强边缘能够引起亲和性降低,打破透明度传播。为了解决以上两个问题,Shahrian 等[122]将纹理作为特征,通过弥补颜色特征来提高抠图效果。通过分析图像的内容来自动估算纹理和颜色的贡献,优化包含颜色和纹理内容的目标函数,从而在候选对中选择最理想的前景和背景对。该方法使得采样结果更准确,而且能避免前景和背景对的错误匹配。

Shahrian 等[123]提出用完备的采样集来改善图像抠图算法。该方法解决了之前基于采样算法面临的两个问题。首先,前景和背景采样的范围常常是有限的,从某种程度上说,真实的前景和背景的颜色不一定存在。Shahrian 等[123]描述了一种全面的、有代表性的采样集,能够不丢失真实的采样。该方法扩展前景和背景边缘像素的采样范围,确保每种颜色分布都能够采样到。其次是前景和背景的颜色重叠问题,由于前景和背景的采样对采集失败常常引起采样方法的失效。为了解决这个问题,此方法设计了目标函数,能够很好地区分前景和背景对的分布。

基于采样的图像抠图方法理论比较简单，也容易实现，时间效率较高，但是该方法在复杂场景中常常容易产生样本的误分类，而且由于像素的求解是独立进行的，没有考虑到每个像素之间的相关性，透明度图有时会存在一些局部区域的不连续问题，导致图像抠图结果会在某些区域存在不平滑的效果。

2. 基于传播的图像抠图技术

基于传播的图像抠图技术认为，在局部区域，图像的透明度值可以是平滑的，根据这种假设条件来建立像素之间的联系，从而将已知的前背景区域通过关联来进行传播，得到未知区域，相应地确定图像的透明度。如果假定透明度图是一个场[124]，可以将场的边界理解为与已经知道的区域相对应的关系，对透明度图的求解可以理解为对场的一种求解。像素点之间的透明度值是有一定关系的，基于传播的图像抠图方法在求解透明度图的连通性方面具有较为理想的结果，但是由于对应像素点不能单独求解，故该方法并行性不好。

Sun 等[124]将自然图像的抠图问题转化为在遮片梯度域中求解泊松方程的问题。利用用户指定的三分图，从连续的遮片梯度域中直接构建遮片，通过滤波工具交互地操作遮片梯度域，用户能够局部地改善泊松抠图的结果，得到用户满意的结果，修改的局部结果可以无缝地集成到最后的结果中。

从图像背景中分离前景物体通常需要确定全部和部分像素的覆盖，通常提取遮片需要将输入图像预分割为前景、背景和未知区域，也就是三分图。然后对未知区域的像素进行计算，如果图像中含有大部分半透明前景区域，则这种预分割常常失败，即使是人工创建，也很难得到满意的三分图。Wang 等[125]结合分割和抠图问题，提出一种基于置信传播的统一优化方法，该方法利用用户标记的前景和背景像素的小样本来迭代估计图像中每个像素的透明度值。该方法无须用户提供三分图，就可以更高效地对重要的半透明度区域提取前景的高质量遮片。但是由于该方法是非线性优化处理，所以计算效率不是很高。

Grady 等[126]提出一种随机游走的算法来进行图像抠图，该方法利用了最新的技术——流形学习理论，即使在低对比度的模糊图像中，也可以利用 RGB 值来设置随机游走的边界集。该算法易于实现，仅需要一个单一的自由参数的规范（对所有图像设置相同的），仅需要一步来执行风格和透明度抠取。该算法继承了并行性的特点，可以在图形处理单元(GPU)上进行高效的实现。

在交互式图像编辑中，从图像中提取前景物体是基于有限的用户输入，随后估算前景、背景和透明度图。通常的方法是基于已知邻近像素的前景和背景颜色，估计图像的小部分区域；或者是利用透明度估计执行非线性的迭代估计来估计前背景颜色。Levin 等[127]提出自然图像抠图的闭形式解,通过假设前景和背景颜色的局部平滑性得到一个代价函数,分析消除前景和背景颜色,得到透明度中的二次代价函数,通过求解稀疏线性方程系统来得到全局最优的透明度遮片,再利用谱图像分割中的相关矩阵,同时引入抠图公式中新的亲和函数。该方法需要少量的用户输入即可以得到高质量的抠图效果,但是计算量比较大。

闭形式图像抠图方法在拉普拉斯矩阵上有较好的效果,Duchenne 等[128]依赖于拉普拉斯图正则化矩阵(一种有用的流学习工具)估计拉普拉斯-贝尔特拉米(Laplace-Beltrami)算子变量。由于闭形式图像抠图首先假设了前背景局部线性,所以在区域的透明度值与对应的灰度之间存在非线性关系时,抠图的效果会比较差。

图像抠图技术常用的方法大多依赖于求解大型稀疏矩阵如抠图拉普拉斯矩阵[127],但是求解线性系统会耗费大量的时间。He 等[129]提出一种快速且高质量的图像抠图方法,通过求解大型的核抠图拉普拉斯矩阵。大核传播信息更快,能够提高遮片的质量。为了减少运行时间,通过 k 维树(k-dimensional tree,kD-tree)三分图分割技术来计算自适应的核大小。通过扩大核,可以使拉普拉斯矩阵增加非零元素,所以在用共轭梯度进行求解的时候能够让收敛速度变快,但是该方法在增多核之后,局部线性条件不能满足,所以在效率提高的同时会降低一些抠图效果。

为了在自然图像抠图中减少大量的用户交互,Lee 等[130]提出一种非局部的抠图方法,基于非局部原则,成功地应用到透明度遮片中来得到稀疏的遮片表示,大大减少需要用户手工标注的像素。该方法实质上是通过聚类算法将相似的像素聚集为一类,利用非局部方法对非局部像素进行亲密度计算,因此减少了需要用户进行的交互。

Levin 等[131]提出一种谱抠图方法,用适当定义的拉普拉斯矩阵的最小特征向量来自动计算模糊抠图部分的基本集,该方法扩展了谱分割技术,抽取硬分割和软抠图内容,这些内容被用来构建不同的块后容易构建语义前景遮片,该方法用比较少的操作就能够取得较好的抠图效果,但是比较耗时。

在图像抠图算法中,常常需要求解三分图,如果三分图中的未知区域范围比较小,那么需要求解的区域也比较小,这样得到的结果就会更精确。Rhemann 等[132]提出一种高分辨率的图像抠图方法,首先交互式地提取三分图,其次进行基于三分图的透明度抠图。使用参数最大流方法来得到一种新的三分图分割,最后用新的梯度保持先验方法进行高分辨率图像的透明度抠图。

一些研究者近年来将抠图算法解释为机器学习的一种方法,可以将用户的交互输入内容作为学习前景和背景的一些信息,根据学习到的知识来进行像素的计算,从而得到透明度图。

为了提高没有精确三分图的复杂图像的抠图性能,Wang[133]将抠图任务看作直推统计学习工程,通过直推学习进行透明度图的求解。在这种假设下,新的前景和背景区域存在于给定三分图的未知区域,这种区域是封闭的,不同于在特征空间中用户标记的前景和背景。该方法是一种半监督的学习方法。

Zheng 等[134]也提出将抠图问题作为机器学习中的半监督学习任务,分为局部学习和全局学习。局部学习通过学习透明度颜色模型,从相邻像素中估计像素值,适合基于笔画的抠图。全局学习方法从邻近标记像素中学习模型,适合基于三分图的抠图。该方法由于只有简单的矩阵操作,所以便于实现,结果比较精确。

Xiang 等[135]提出通过局部样条回归进行的半监督分类算法,通过在索伯列夫空间中引入样条曲线,直接映射数据点到类标签中。该方法应用在图像抠图上能够取得较好的效果。

Rhemann 等[136]基于图像信息处理联合一种新的先验来进行透明度抠图。该方法模拟透明度遮片先验概率作为高分辨率二值分割卷积,利用相机的空间变化点扩散函数来改进图像的透明度抠图算法。

Zhang 等[137]将透明度抠图问题作为一种监督学习问题,提出基于支持向量回归和基于学习的透明度抠图算法。给定输入图像和三分图,分割未标记区域为块,通过学习这些块的像素特性与透明度值之间的关系,使用支持向量机进行学习。通过设计训练采样选择和用适当的支持向量回归参数来得到更好的学习结果。

Chen 等[138]提出用于交互图像和视频操作的编辑传播算法,在特征空间中用局部线性嵌入方法来表示每个作为邻域的像素的线性组合,为所有像素保持流形结构形式。在此基础上,Chen 等[139]提出用局部和非局部平滑先验进行透明度抠图,将流形结构作为非局部平滑先验,将抠图拉普拉斯作为局部平滑先验,两者相互补充,再用简单数据项结合颜色采样,该方法可以得到更稳定的抠图效果。

相比于其他的图像抠图技术,Tierney 等[140]特别关注用极少的输入来得到满意的抠图结果,通过迭代细化,能够用极少的用户输入完成图像抠像,且能得到高质量的抠像效果。

基于传播的方法通常假定前景和背景具有局部平滑的特点,所以如果不满足这些假设条件,图像抠图效果就会出现失真等现象。

3. 基于采样和传播的图像抠图技术

单独采用以上两种方法会有一些缺点,使用基于采样的图像抠图往往在梯度和连通性上的效果不如基于传播的抠图方法，而基于传播的抠图算法在不便于传播的情况下抠图效果也不是很理想。因此，一些研究者尝试将基于采样和基于传播的方法进行结合来进行图像抠图。

Guan 等[141]提出基于笔画的连续图像抠图方法，将未知区域作为马尔可夫随机场（Markov random field，MRF），结合数据项和平滑项进行能量迭代，通过在迭代过程中自动调整两项的权重，能够得到一阶连续和特征保持的结果，随后通过进一步选择局部区域来执行能量优化，可以得到更精确的抠图效果。

先前的方法一般使用颜色采样来估算未知像素，或者利用传播的方法在弱假设情况下来避免颜色采样。Wang 等[142]分析了之前抠图算法的弱点，提出优化颜色采样的鲁棒抠图方法，该方法也对未知像素进行前景和背景的采样，分析这些像素的置信度，只用高置信度的采样来确定抠图能量函数，并通过随机游走来进行最小化。定义的能量函数包含邻域项来执行遮片的平滑度。该方法由于在全局范围执行，比较耗时。Wang 等[142]提出离线的抠图算法能够抽取复杂前景物体的高质量遮片。Wang 等[143]进一步改善了离线算法的质量，开发了在线交互式的实时抠图工具 soft scissors，能够实时地提取前景物体的透明度遮片。该系统有效地估计了前景颜色，因此能随着用户沿前景边缘粗略的笔画立即显示遮片和融合效果。

Rhemann 等[144]提出改进颜色模型的透明度抠图方法，通过分别估计每个像素的最优透明度值和置信度颜色模型，组成目标函数的数据项。主要包括以下方面：从潜在的前景和背景颜色中收集候选集，从中选择高置信度的采样，估计稀疏先验来消除模糊。Lin 等[145]根据光学原理提出统一的透明度抠图框架来进行图像和视频抠图。

由于前景和背景邻域的采样对是有限的，不符合线性模型，He 等[146]提出一种基于采样对的传播策略，通过传播每个像素的置信采样对到邻域中，能够收集更多的置信采样对，可以更准确地估计透明度值。为了避免全局优化的高时间和空间复杂度，该方法转换抠图问题为去噪问题和经过线性模型精炼透明度值，局部迭代平滑透明度遮片。该方法能够产生更精确的抠图效果。

Chen 等[147]提出 K 近邻（KNN）抠图算法，应用非局部原则来产生透明度抠图，同时抽取多个图像层，每层不相交且一致分割特有前景遮片。在非局部抠图中，该方法不假设局部颜色模型，不需要复杂采样或学习策略。另外，该方法能够更好地推广到任意颜色或特征空间在任意维度、任意透明度和像素超过两层的情况，同时执行更加简单。KNN 抠图利用非局部原则，通过在匹配非局部邻域上用 K 近邻方法，提供一个简单、快速的算法，用稀疏的用户标记产生有竞争性的结果。

该方法具有闭形式解,能利用前承条件共轭梯度方法进行有效的实现。

4.3.2 基于透明度抠图的统一框架

近年来已经提出了很多重要的透明度抠图算法,这些算法主要定位在如何交互式地解决透明度值。然而,很少有文章讨论为什么不透明物体图像边缘具有半透明的属性。本节依据光学原理给出在图像上产生半透明效果的解释。

本节将透明度抠图问题表述为一种通用的形式,通过比较它们的采样函数和抠图矩阵,分析和比较不同的抠图算法。该工作有助于提出和评价新的抠图算法。同时可以扩展统一框架到视频抠图中,这样就能够得到增强的视频抠图算法。

1. 通过物体的光学属性来分析抠图问题

Porter 等[148]认为在摄像时不透明对象中子像素会产生半透明效果,导致半透明效果的原因有 2 种:运动模糊和散焦模糊。

1) 运动模糊

在摄影中,一幅图像的像素强度取决于通过图像传感器曝光时间内接收到的光量(光子数量)。如果在曝光时间内前景物体移动,前景边缘像素更像是前景和背景的结合,表示为

$$B(x) = \int_0^{T_1} I(x, t) \mathrm{d}x = \int_0^{T_1} L_F(x, t) \mathrm{d}t + \int_{T_1}^{T} L_B(x, t) \mathrm{d}t = F_1 + B_1$$

$$(4-29)$$

式中,F_1 表示前景物体的像素强度;B_1 表示背景物体的像素强度。

2) 散焦模糊

由于前景物体和背景物体总是在不同平面上,当散焦现象发生时,应该寻找一种方法来计算摄像时的像素强度。

Asada 等[149]通过反向投影模型提出一种估算像素亮度的方法。首先,假设指定的光源被放置在图像平面(x_1, y_1, z_1)的位置上,同时该处的光亮度是可以计算的。其次,在物体空间描述了一对流量锥体,如图 4-37 所示。最后,在 I' 中,总体能量表示为

$$B(x_1, y_1, z_1) = \frac{Z_1^2 \cos \theta}{Z_1^2} \int L(X, Y, Z) \mathrm{d}w \qquad (4-30)$$

在图 4-38 中,给定 $L_F(X_F, Y_F, Z_F)$ 和 $L_N(X_N, Y_N, Z_N)$ 分别表示远表面和近表面,有

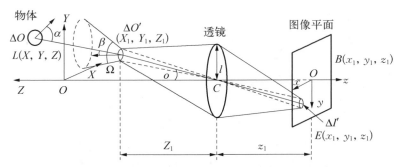

图 4-37 利用反向投影得到的图像模糊模型[149]

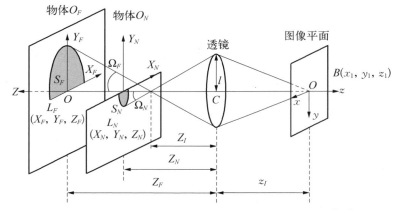

图 4-38 前背景物体不在同一平面上的图像模糊模型[149]

$$B(x_1, y_1, z_1) = \frac{Z_1^2 \cos\theta}{Z_1^2} \int_\Omega L_F(X_F, Y_F, Z_F) \mathrm{d}w +$$

$$\frac{Z_1^2 \cos\theta}{Z_1^2} \int_\Omega L_N(X_N, Y_N, Z_N) \mathrm{d}w$$

$$= F_1 + B_1 \tag{4-31}$$

式(4-29)和式(4-31)可以用以下方程表示：

$$\alpha = \frac{F_1}{F_1 + B_1}$$

$$I(x) = \alpha F + (1-\alpha)B \tag{4-32}$$

$$F = F_1/\alpha, \ B = B_1/(1-\alpha)$$

在式(4-29)中,如果 $L_F(x, t)$ 和 $L_B(x, t)$ 在曝光时间中保持常量,则式(4-32)能表示为

$$I(x) = \alpha F + (1-\alpha)B, \ \alpha = \frac{T_1}{T}$$

$$F = F_C T, \ B = B_C T \tag{4-33}$$

在式(4-31)中,如果 $L_F(x, y, z)$ 和 $L_N(x, y, z)$ 在每个小区域内都能保持常量,则式(4-32)能表示为

$$I(x) = \alpha F + (1-\alpha)B, \ \alpha = \frac{\Omega_F}{\Omega_F + \Omega_N}$$

$$F = \frac{Z_1^2 \Omega \cos\theta L_{FC}}{Z_1^2}, \ B = \frac{Z_1^2 \Omega \cos\theta L_{BC}}{Z_1^2} \tag{4-34}$$

在式(4-29)和式(4-31)中,如果像素远离前景,F_1 将变为零;如果像素远离背景,B_1 会变为零。穿过前景物体边缘的 α 值从 0 到 1 进行变化,因此可以通过传播方法来解决抠图问题。例如,可以通过求解具有狄利克雷边界条件的线性方程来求解 α 的值。

在式(4-29)和式(4-31)中,能够发现像素的前景颜色和背景颜色可以通过邻近已知区域的其他像素进行采样,因此,可以通过采样方法来求解抠图问题。例如,我们可以利用贝叶斯方法来求解 α 的值。然而,有时候准确的采样是难以得到的,因为在式(4-32)中,不能直接得到前景和背景的颜色对,故基于采样的方法有时不能给出理想的效果。

2. 抠图算法的统一框架

本节中,用统一的形式来表示分割和抠图问题,图像抠图算法能够表示为

$$\lambda_1 [f(\boldsymbol{\alpha}, \boldsymbol{P}_k)] + \lambda_2 (\boldsymbol{L}\boldsymbol{\alpha} - \boldsymbol{L}_c) = 0 \tag{4-35}$$

$$\boldsymbol{\alpha} = \begin{pmatrix} \alpha_1 \\ \alpha_2 \\ \alpha_3 \\ \vdots \\ \alpha_n \end{pmatrix}, \ f(\boldsymbol{\alpha}, \boldsymbol{p}_k) = \begin{pmatrix} f_1(\alpha_1, p_k) \\ f_2(\alpha_2, p_k) \\ f_3(\alpha_3, p_k) \\ \vdots \\ f_n(\alpha_n, p_k) \end{pmatrix} \tag{4-36}$$

式中,$\boldsymbol{\alpha}$ 表示图像像素 α 的第 m 个值;$\boldsymbol{p}_k$ 是一组标记的像素,n 个 $f(\boldsymbol{\alpha}, \boldsymbol{p}_k)$ 联合成 $\boldsymbol{p}_k$ 和 $\boldsymbol{\alpha}$ 值的函数;$\boldsymbol{L}$ 是抠图矩阵;λ_1 和 λ_2 是向量参数;$\boldsymbol{L}_c$ 是指导向量。

令 $\lambda_2 = 0$,$f(\boldsymbol{P}_k)$ 是采样函数,式(4-35)是基于采样方法的形式,我们能够通过求解采样函数来求解 $\boldsymbol{\alpha}$ 的值。

Chuang 等[119]通过采样已知标记前景像素和邻近区域的背景像素来计算 α

的值,然后通过求解最大似然值来求解 α 的值,计算公式为

$$\arg \max_{F, B, \alpha} P(F, B, \alpha \mid C) = \arg \max_{F, B, \alpha \mid C} P(F, B, \alpha) P(F) P(B) P(\alpha) / P(C)$$

$$(4-37)$$

令式(4-35)中 $\boldsymbol{\lambda}_1 = \boldsymbol{0}$,有下列条件:

$$\boldsymbol{L\alpha} - \boldsymbol{L}_c = \boldsymbol{0} \qquad (4-38)$$

式(4-38)是基于传播方法的形式,如泊松抠图和随机游走方法[126]、闭形式抠图方法[127]都是这种形式。

Sun 等[124]提出泊松抠图方法。通过式(4-39)可以得到近似遮片的梯度场:

$$\boldsymbol{\nabla}(\alpha) = \frac{1}{F-B} \boldsymbol{\nabla}(I) \qquad (4-39)$$

该方法最小化了下列具有狄利克雷边界条件的变分问题:

$$\alpha^* = \arg \min_{\alpha} \iint_{p \in \Omega} \left\| \boldsymbol{\alpha}_p - \frac{1}{\boldsymbol{F}_p - \boldsymbol{B}_p} \boldsymbol{\nabla} I_p \right\|^2 \mathrm{d}p \qquad (4-40)$$

具有边界条件的相关泊松方程为

$$\Delta \boldsymbol{\alpha} = \mathrm{div}\left(\frac{\boldsymbol{\nabla}}{F-B}\right), \ \boldsymbol{\nabla} = \frac{\partial^2}{\partial x^2} + \frac{\partial^2}{\partial y^2} \qquad (4-41)$$

泊松方程的离散形式可以表示为

$$L^{\mathrm{possion}} \alpha = C \qquad (4-42)$$

$$\boldsymbol{L} = \begin{pmatrix} 4 & -1 & 0 & 0 & \cdots & 0 \\ -1 & 4 & -1 & 0 & \cdots & 0 \\ 0 & -1 & 4 & -1 & \cdots & 0 \\ \vdots & \vdots & \vdots & \vdots & \vdots & \vdots \\ 0 & \cdots & \cdots & -1 & 4 & -1 \\ 0 & \cdots & \cdots & 0 & -1 & 4 \end{pmatrix}, \ \boldsymbol{C} = \begin{pmatrix} \mathrm{div}\left(\dfrac{\boldsymbol{\nabla} I}{\boldsymbol{F}-\boldsymbol{B}}\right) \\ \mathrm{div}\left(\dfrac{\boldsymbol{\nabla} I_1}{\boldsymbol{F}_1-\boldsymbol{B}_1}\right) \\ \mathrm{div}\left(\dfrac{\boldsymbol{\nabla} I_2}{\boldsymbol{F}_2-\boldsymbol{B}_2}\right) \\ \vdots \\ \vdots \\ \mathrm{div}\left(\dfrac{\boldsymbol{\nabla} I_{n-1}}{\boldsymbol{F}_{n-1}-\boldsymbol{B}_{n-1}}\right) \\ \mathrm{div}\left(\dfrac{\boldsymbol{\nabla} I_n}{\boldsymbol{F}_n-\boldsymbol{B}_n}\right) \end{pmatrix}$$

$$(4-43)$$

Grady 等[126]提出基于随机游走算法的抠图方法,随机游走问题的解决方法实际上来自势能理论的狄利克雷问题,服从边界条件的全局最小化狄利克雷能量函数 $E(\boldsymbol{\alpha}) = \boldsymbol{\alpha}^T \boldsymbol{L} \boldsymbol{\alpha}$。 能通过下列方程组求解:

$$\begin{cases} \boldsymbol{\alpha} = \arg\min_{\alpha}(\boldsymbol{\alpha}^T \boldsymbol{L}^{\text{closeform}} \boldsymbol{\alpha}) & (4-44) \\ \boldsymbol{L}^{\text{randomwalk}} \boldsymbol{\alpha} = \boldsymbol{0} & (4-45) \end{cases}$$

利用局部保持投影(locality preserving projections,LPP)技术来定义 $\boldsymbol{L}$ 中的共轭规范,即

$$\boldsymbol{L}_{ij}^{\text{randomwalk}} = \exp\left[\frac{(\boldsymbol{Z}_i - \boldsymbol{Z}_j)^T \boldsymbol{Q}^T \boldsymbol{Q}(\boldsymbol{Z}_i - \boldsymbol{Z}_j)}{\sigma^2}\right] \quad (4-46)$$

Levin 等[127]提出自然图像抠图的闭形式解,该方法假设在每个像素周围的小窗口中前景颜色和背景颜色近似为常量,抠图矩阵被定义为以下方程:

$$\boldsymbol{L}_{ij}^{\text{closeform}} = \delta_{ij} - \frac{1}{|w_k|}\left(1 + \frac{1}{\sigma_k^2 + \frac{\varepsilon}{|w_k|}}\right)(\boldsymbol{I}_i - \boldsymbol{\mu}_k)(\boldsymbol{I}_j - \boldsymbol{\mu}_k) \quad (4-47)$$

式中,δ_{ij} 是克罗内克函数;μ_k 和 σ_k^2 是在 k 周围的 w_k 窗口强度的均值和方差;$|w_k|$ 是窗口的像素数量。

通过下面的方程求解 α 遮片,有

$$\boldsymbol{\alpha} = \arg\min \boldsymbol{\alpha}^T \boldsymbol{L}^{\text{closeform}} \boldsymbol{\alpha} \quad (4-48)$$

$$\boldsymbol{L}^{\text{closeform}} \boldsymbol{\alpha} = 0 \quad (4-49)$$

在便捷抠图方法中,Guan 等[141]尝试通过最小化下面的变分问题来求解 α 值。

$$E = \sum_{p\in\Omega}\left[\frac{1}{N^2}\sum_{i=1}^{N}\sum_{j=1}^{N}\|\boldsymbol{C}_p - \boldsymbol{\alpha}_p \boldsymbol{F}_p^i - (1-\boldsymbol{\alpha}_p \boldsymbol{B}_p^j)\|^2/\sigma_p^2\right] + \lambda\sum_{q\in N(p)}(\boldsymbol{\alpha}_p - \boldsymbol{\alpha}_q)^2/\|\boldsymbol{C}_p - \boldsymbol{C}_q\| \quad (4-50)$$

此时,$\boldsymbol{F}_i$ 和 $\boldsymbol{B}_i$ 表示前景和背景的颜色对;$\boldsymbol{C}_p$ 表示 p 的真实颜色;颜色之间的距离是 RGB 颜色空间的欧几里得距离,表示为 $\|\cdot\|$;σ_p^2 表示在 $\boldsymbol{C}_p$ 和 $\boldsymbol{\alpha}_p \boldsymbol{F}_p^i + (1-\boldsymbol{\alpha}_p)\boldsymbol{B}_p^i[i, j\in(1, 2, \cdots, N)]$ 之间的距离变量。如式(4-51)所示:

$$E' = \sum_{p \in \Omega} \left\{ \frac{2}{N^2} \sum_{i=1}^{N} \sum_{j=1}^{N} \left[(\boldsymbol{C}_p - \boldsymbol{B}_p^i)(\boldsymbol{B}_p^j - \boldsymbol{F}_p^i) + \parallel \boldsymbol{B}_p^j - \boldsymbol{F}_p^i \parallel^2 \boldsymbol{\alpha}_p \right] / \boldsymbol{\alpha}_p^2 \right\} +$$
$$2\lambda \sum_{q \in N(p)} (\boldsymbol{\alpha}_p - \boldsymbol{\alpha}_q) / \parallel \boldsymbol{C}_p - \boldsymbol{C}_q \parallel \tag{4-51}$$

该方法可以表示为如下形式：

$$f^{\text{easy}}(\boldsymbol{\alpha}, \ p) = \frac{2}{N^2} \sum_{i=1}^{N} \sum_{j=1}^{N} \left[(\boldsymbol{C}_p - \boldsymbol{B}_p^i)(\boldsymbol{B}_p^j - \boldsymbol{F}_p^i) + \parallel \boldsymbol{B}_p^j - \boldsymbol{F}_p^i \parallel^2 \boldsymbol{\alpha}_p \right] / \boldsymbol{\alpha}$$

$$f^{\text{easy}}(\boldsymbol{\alpha}, \ p) = \frac{2}{N^2} \sum_{i=1}^{N} \sum_{j=1}^{N} \left[(\boldsymbol{C}_p - \boldsymbol{B}_p^i)(\boldsymbol{B}_p^j - \boldsymbol{F}_p^i) + \parallel \boldsymbol{B}_p^j - \boldsymbol{F}_p^i \parallel^2 \boldsymbol{\alpha}_p \right] / \boldsymbol{\alpha}_p^2$$

$$\boldsymbol{L}_{pq}^{\text{easy}} = \frac{1}{\parallel \boldsymbol{C}_p - \boldsymbol{C}_q \parallel}, \ p \neq q$$

$$f(\boldsymbol{\alpha}, \ p) + \boldsymbol{L}^{\text{easy}} \alpha = 0 \tag{4-52}$$

Wang 等[142]提出新的鲁棒抠图方法,采样前景和背景颜色对,对于未知的像素,只有具有高置信采样的会被选择到抠图能量函数中,通过随机游走方法来进行最小化。该方法能够表示为下列形式：

$$L(i, F) = \gamma \left[f_i \hat{\alpha}_i + (1 - f_i) \delta (\hat{\alpha}_i > 0.5) \right]$$
$$L(i, B) = \gamma \left[f_i (1 - \hat{\alpha}_i) + (1 - f_i) \delta (\hat{\alpha}_i < 0.5) \right]$$
$$f^{\text{robust}}(\alpha, \ i) = \alpha_F L(i, F) + \alpha_B L(i, B) \tag{4-53}$$
$$\gamma f^{\text{robust}}(\alpha, \ i) + L^{\text{closedform}} \alpha = 0$$

式中,$\hat{\alpha}_i$ 和 f_i 是通过采样前景和背景颜色对来估算的 α 值和置信值;δ 是布尔函数,返回 0 或者 1。

3. 不同抠图算法的比较

本节我们将不同的抠图算法在我们提出的统一框架中进行比较,因此通过比较不同算法的抠图矩阵和采样函数来分析不同抠图算法的性能。

在表 4-2 中,根据文献[150],运用绝对偏差和(SAD)、均方误差(MSE)、梯度误差(GE)和连通误差(CE)来对不同的抠图算法进行比较。

表 4-2   不同抠图方法的性能比较

名　称	SAD	MSE	GE	CE
改进算法	2.2	2.3	1.8	4.5
闭形式抠图	2.4	2.8	3.1	3.1
鲁棒抠图	3.3	3.1	3.1	6.0

（续表）

名　　称	SAD	MSE	GE	CE
随机游走抠图	5.8	6.0	6.0	1.7
测地线抠图	6.4	6.5	7.1	6.8
便捷式抠图	7.0	8.0	7.8	7.1
贝叶斯抠图	8.0	7.8	7.7	8.9
泊松抠图	9.8	9.9	9.9	8.6

对于式(4-38)中每个 α，求解式(4-35)的偏导数 $\dfrac{\partial \alpha_m}{\partial \alpha_1}$，$\dfrac{\partial \alpha_m}{\partial \alpha_2}$，…，$\dfrac{\partial \alpha_m}{\partial \alpha_n}$，得到下面的公式：

$$\frac{\boldsymbol{W}_u(i,\,j)\partial \boldsymbol{\alpha}_i}{\partial \boldsymbol{\alpha}_j} + \boldsymbol{W}_u(i,\,j) = 0 \qquad (4-54)$$

式中，在不同方向寻找矩阵 $\boldsymbol{W}_u$ 来描述 $\boldsymbol{\alpha}_m$ 变量。抠图矩阵在图像抠图中保持了空间一致性，有效的抠图矩阵具有较低的梯度误差(GE)，同时导致较高的连通误差(CE)。

闭形式抠图[127]方法、鲁棒抠图[142]方法和提高颜色的抠图[144]方法同样用了式(4-47)中的抠图矩阵。随机游走抠图算法[126]用了式(4-46)中的抠图矩阵。便捷式抠图[142]方法用了式(4-52)中的基于灰度梯度的抠图矩阵。

在表4-2中，定义抠图矩阵 $\boldsymbol{L}^{\text{closeform}}$[127] 关于前景 F 和背景 B 的某种平滑假设，前景和背景是在每个小窗口中的常量，这是一种比较弱的约束，容易得到满足。随机游走抠图矩阵得到了更好的连通性，也会产生过度平滑的效果。

在式(4-43)中，我们发现泊松抠图的抠图矩阵是常量，不能表示透明度值的变化，$\text{div}[\boldsymbol{\nabla} I_m/(F_m - B_m)]$ 是迭代的估算。当 F_m 相似于 B_m，$\text{div}[\boldsymbol{\nabla} I_m/(F_m - B_m)]$ 由于噪声很难准确估计，因此全局泊松抠图算法与其他算法相比，并不能得到理想的结果。

在基于采样的方法如贝叶斯抠图[119]和测地线抠图[150-151]方法中，没有用到抠图矩阵，而是根据每一个透明度值分别进行估算，因此基于采样的方法不能得到高连通的遮片。Christoph 等[150]用测地距离代替欧几里得距离来找最好的前景和背景对，因为测地距离在测量从未知像素到前景/背景的距离时比欧几里得距离更有效，与贝叶斯抠图方法相比能够得到更好的性能。

很多方法结合采样方法和传播方法如便捷式抠图方法、鲁棒抠图方法和改进的颜色抠图方法。在式（4 - 52）中，抠图矩阵 L^{easy} 用梯度来表述透明度值的变化，与矩阵 $L^{closedform}$ 比较，这种方法是简单和有限的，与鲁棒抠图中的采样函数定义比较，采样函数 f^{easy} 不是最优的，通过选择高置信的前景和背景对，从表4 - 2 中发现鲁棒抠图方法比便捷式抠图方法更有效。

在统一的透明度抠图框架中，为了得到较好的结果，应寻找更有效的采样函数和抠图矩阵，并通过比较和结合不同的抠图算法来提出新的抠图算法。例如，本节发现测地距离在采样前景/背景颜色对时更有效，就可以将测地距离运用到贝叶斯抠图中，得到增强的贝叶斯抠图算法。改进的颜色抠图方法[142]增强了采样函数，用测地距离来代替欧几里得距离，因此该方法有了更好的采样函数和性能。

4.3.3　视频抠图技术研究现状

与图像抠图相类似，视频抠图技术是在视频序列中准确地提取出前景物体。相对于图像抠图，视频抠图既要求抠图的准确性，又要求保持视频的时间一致性，因此具有更大的挑战，但是在视频抠图中也有一些机会，可以利用视频帧间的信息来提高给定帧的遮片准确性。视频抠图将在帧 t 中像素 z 的颜色表示为前景和背景颜色的组合，即

$$I_z^t = \alpha_z^t F_z^t + (1 - \alpha_z^t) B_z^t \qquad (4 - 55)$$

式中，F_z^t 和 B_z^t 是帧 t 中像素 z 的前景和背景颜色，用 α_z^t 将两者进行线性组合来表示观察到的颜色 I_z^t。

Chuang 等[152]尝试在复杂场景中进行视频抠图，通过交互将关键帧分割为前景、背景和未知区域，利用光流技术对三分图进行传播，再结合贝叶斯抠图技术，可以得到高质量移动前景元素的遮片。用户标记三分图对于长视频来说是一件很耗时的工作，Apostoloff 等[153]学习了一些图像先验，模拟了图像序列的时空梯度关系和透明度遮片关系的模型，结合学习前景颜色模型和透明度分布先验调整解，来提高自动视频抠图的性能。Mcguire 等[154]也提出了一种不依赖于用户辅助的视频抠图方法，利用多传感器相机来捕获多重同步视频流，共享视角点，但是不同于聚焦面来抽取遮片，通过在基于滤波的图像信息方程中最小化误差，用数据流进行约束来得到理想的解。

Joshi 等[155]利用相机阵列来进行自然场景的视频抠图，在自然场景中用高频表示来计算遮片，通过创建一个合成孔径图像，减少前景重投影像素的变量，增加背景重投影像素的变量，集中在前景物体的分离上。该方法直接利用变量

测量修改抠图方程,从而构建三分图,更新透明度遮片,完全实现了自动抠图。

自动视频抠图方法还是有很多局限性的,Du 等[156] 提出用无监督聚类抽取方法在颜色不一致区域画笔画,对于视频,只在第一帧中画出笔画,通过传播到连续帧后,在每一帧中提取物体,从而实现视频抠图。Bai 等[157] 提出自然图像和视频中软分割和抠图的交互式算法。用户粗略地画出感兴趣的不同区域,实现数据的自动分割,从快速、线性复杂、权重距离计算到用户指定的笔画来得到透明度抠图。权重距离指定了每个像素的标记类概率。利用核密度估计和权重距离计算来得到理想的抠图效果。该方法对于复杂、有遮挡场景和动态背景的处理效果有待改善。Finger 等[158] 则通过增加深度通道来提高自然抠图效果。Jain 等[159] 介绍了一种基于视频前景物体运动的自动涂画方法,通过分析视频物体运动来计算概率图(probability maps,PM),用形态学技术对 PM 进行精炼和重建,用重建的 PM 对帧进行涂画,运用闭形式解产生抠图效果。

为了克服仅仅依赖附近像素强颜色关系的参数算法的局限性,Sarim 等[160] 提出一种依赖非参数统计来表示图像外观变化的基于块的视频抠图算法。首先用前景物体穿过背景的运动来构建干净的背景,对于给定的帧,利用背景和后一帧的三分图来得到给定帧的三分图,用基于块的方法来估计每个未知像素的前景颜色,然后提取透明度遮片。非参数块采样提供了强大的机制来表示局部图像特性、颜色和纹理,尝试保持自然视频序列的空间信息。该方法减少了遮片估计的误差,减少了定义三分图的人工交互工作。Eisemann 等[161] 将谱抠图算法扩展到视频中,利用光流技术来进行视频抠图能够得到不同视频场景的高质量遮片。Liu 等[162] 将闭形式解的抠图方法应用到特殊的场景中来抠取视频中自然的雪,利用自然雪的光学特征和视频的连续性,设计适当的时间滤波器来恢复视频背景,计算近似的遮片梯度,利用得到的两种信息,采用闭形式解来得到自然雪景的视频抠图。

很多视频抠图方法都是采用离线的方式进行,这样会有很高的计算代价,同时需要用户在多个关键帧中进行输入。Pham 等[163] 提出一种基于双层分割的在线实时视频抠图方法,用下采样和初始化来修改传统的贝叶斯方法。首先,提出一种准确的双层分割方法,用颜色似然传播从背景中提取前景区域,然后,基于这种分割结果来进行透明度抠图。该方法很好地实现了在线实时的视频抠图。

为了实时处理在线视频序列,Gong 等[164] 提出了一种新的抠图算法,该方法基于泊松方程,可以处理多通道颜色向量以及进行深度信息捕捉。在颜色空间中计算初始透明度遮片时用 GPU 并行处理,并对算法进行优化来得到实时的处理速度。算法执行一种改进的背景分割算法来分离前景和背景,指导自动三分图产生,独立地在线处理直播视频,从而得到理想的准确抠图结果。

利用帧对帧进行的透明度遮片视频抠图方法容易导致前景区域边缘的抖动。Lee 等[165]将视频数据作为时空体来减少这种影响,将鲁棒的抠图算法扩展到三维中进行解决。三维解在鲁棒的视频抠图算法中保持了时空一致性,各向异性核用光流修改平滑项,在三维图中通过修改邻近时间权重来进行平滑。该方法能够很好地保持时空一致性,但是会引起透明度遮片的质量退化,产生一些模糊效果。

Tang 等[166]提出了一种半自动视频抠图方法,该方法能够很好地保持透明度遮片的时间一致性。半自动方法仅在视频的第一帧需要用户交互,是结合贝叶斯估算、加权核密度估算(weighted kernel density estimation,WKDE)和图切的一种新算法,可以自动和准确地分割每帧为两层,再利用高斯混合模型来转换前景层为三分图,最后采用三维闭形式方法来得到时间一致性的视频抠图。

Prabhu 等[167]提出基于无味卡尔曼滤波器(unscented Kalman filter,UKF)的迭代视频抠图和去噪方法,从噪声视频中提取透明度遮片和去噪的前景。为了准确地提取前景和背景的边缘信息,利用了不连续自适应的马尔可夫随机场先验,在估算透明度遮片和前景时合并了当前帧和前一帧的时空信息。该方法对真实的颗粒噪声视频有很好的抠图和去噪效果。

在视频中抽取时间一致性的透明度遮片是重要且有挑战性的问题,前面的视频抠图系统对初始情况和视频噪声都很敏感,即使在没有时间抖动的情况下也不能可靠地产生稳定的透明度遮片。Bai 等[168]提出时间一致性的视频抠图算法,首先用 SnapCut 系统[169]交互式地在每帧上对目标物体产生二值模板,然后要求用户在关键帧上用画笔工具指定准确的三分图,再对用户指定的三分图进行参数化并从关键帧传播到其他帧中,最后根据给定的三分图计算遮片。如果在一些帧中遮片有误差,用户附加修改这些帧的三分图,系统自动地传播用户的编辑到邻近帧中来提高遮片效果,初始遮片产生后,算法利用时间遮片滤波来提高时间一致性,从而得到时间一致的透明度遮片。

在有遮挡的情况下,抠图效果往往不理想。Li 等[170]提出的交互式视频层分解和抠图算法能很好地处理遮挡层的抠图问题。不同于以往的前景提取方法,Li 等[170]提出通过用户辅助的分解视频和提取层的框架,该框架是建立在深度信息和过分割块的基础上的,包括过分割块的聚类和视频层的传播,采用贪婪过分割块合并和迭代更新颜色高斯混合模型的层次传播,能够很好地解决遮挡的抠图问题。

三分图是图像视频抠图方法的一个基本要求,Sarim 等[171]引入一种统计推断框架,从稀疏定义的关键帧到整个视频序列的三分图估算,从时间上传播三分图标志。在出现阴影、光照变化和前背景重叠时,结合贝叶斯统计,推断产生鲁棒的三分图标记,在没有大量用户交互的情况下就能得到准确的遮片估算。

Tang 等[172]提出一种基于透明度传播的新视频抠图方法。采用两步框架,首先分割每一帧为双层,产生三分图,然后应用抠图算法来抽取最后的透明度遮片。在双层分割步骤中,透明度传播算法被用来预测下一帧的前景物体,传播先前帧的透明度值到当前帧,产生透明度图(OM),在大部分情况下比概率图方法更准确。OM 透过结合图模型算法来抽取前景物体,然后利用基于局部高斯混合模型,用三分图精炼方法来产生准确的三分图。最后,在三分图未知区域运用透明度传播来产生保持时间一致性的透明度遮片。该方法不适合尖锐的帧间光照变化,当存在运动模糊时该算法也很难处理。

Choi 等[173]提出从视频中抽取高质量的时间一致性的物体透明度遮片。该方法扩展传统的图像抠图算法——闭形式抠图算法到视频中,通过运用被定义在时空域上的非局部邻域的抠图拉普拉斯算子,同时求解一些视频帧的透明度遮片。为了加速多帧非局部抠图拉普拉斯算子计算和减少内存需求,采用近似最近邻算法来找寻非局部邻域,执行 k 维树来将非局部抠图拉普拉斯分为一些小的线性系统,采用非局部正则化来增强估算透明度遮片的时间一致性,在低对比度区域校正透明度遮片误差。

Wang 等[174]提出自动实时的视频抠图系统。首先,为了自动地产生现场视频三分图,采用基于相机的检测器将视频进行双层分割,在概率融合框架中结合颜色和深度线索,飞行时间(time of flight,TOF)相机返回场景深度信息对环境变化不敏感,所以该方法对光线改变、动态背景和相机运动比较鲁棒。其次,算法进行了基于分割的透明度抠图,用一组新的泊松方程推导处理多通道颜色向量和捕获深度信息,通过在图像硬件上并行处理来优化算法,并得到实时的处理速度。该方法会在层边缘处产生"闪烁",由于双层分割是独立地对每层进行求解,没有在不同帧中进行时间一致性约束,产生的误差累计和误差传播可能会导致该方法失败。最后,该方法要求用户指定未知区域的宽度,前景物体包括主要的尖锐边缘的宽度,宽度越小,效果越好。如果有模糊边缘,则宽度越大越有效,算法自动地调整,基于二值分割结果决定未知区域,如何更好地利用深度信息来整合系统需要进一步研究。

Sindeev 等[175]提出基于透明度流(alpha flow)的视频抠图算法,该算法从视频序列中提取前景区域的不透明度层,引入透明度流的概念,在 RGB 空间用透明度流取代光流,用有效和统一的方式求解连续透明度和透明度流来减少闪烁现象。通过将第一帧和最后一帧作为关键帧,用双向流估算来处理遮挡。该方法可以得到极好的抠图效果。

通常的视频抠图方法主要采用二值分割加抠图算法的策略,首先分割每帧为前景和背景区域,然后用抠图技术抽取前景边缘的细节,由于采用二值分割,这些方法有一些局限性。Ju 等[176]提出有监督的视频抠图新方法,不用二值分割而是采用在新的三层分割过程中明确地模拟不确定的分割,这样能够处理困难的情况,如大的拓扑变化等。三层分割结果可以直接引进抠图技术来产生最后的透明度遮片,该方法能够通过较少的用户输入产生高质量的抠图结果。但该方法假设前景颜色统计在时间上是稳定的,所以突然的光线变化会导致系统多步误差。由于采用的是默认参数,透明度遮片会更尖锐或在处理有大量半透明度区域的前景物体时更二值化。另外,在前背景区域有高纹理的情况下,抠图效果不理想。

Li 等[177]提出通过 KNN 拉普拉斯算子来更好地运用非局部准则进行视频抠图,直接实现基于运动的 KNN 算法。视频抠图中的基本问题是对前景运动像素产生时空一致性的聚类需求,基于运动的 KNN 拉普拉斯算子有效地解决了这一基本问题。在一些具有挑战性的例子中,如模糊的前背景颜色、不封闭的拓扑变化、重要的光线改变、快速运动和运动模糊的情况下,也只需在一帧中用稀疏的用户标记。该方法的拉普拉斯算子可以立即改善运动前景像素的聚类。

Hu 等[178]提出基于自适应组件检测和组件匹配谱抠图的自动谱视频抠图算法。自适应组件检测被用来自动产生给定图像的复杂性的可靠内容。基于组件色差的谱抠图被用来得到没有用户交互的第一帧的透明度遮片。基于组件匹配的谱抠图被用来在后续帧中得到自动的视频抠图。该方法可以得到给定图像的可靠组件和准确透明度遮片,自动得到有效且准确的视频抠图。

Shahrian 等[179]提出一种既保持时间一致性,同时也保持高度空间准确性的计算遮片的方法。该方法构建时间上的采样对和局部采样,包含物体和背景对先前帧的所有颜色分布,这样即使在比较疏远的时间或空间位置上仍能有适当的采样。当颜色分布重叠时,利用局部纹理特征来提高在低对比区域的空间准确性。该方法能够得到空间上更准确、时间上更一致的视频抠图效果。

先前的很多视频抠图算法能产生高质量的抠图效果,但是在处理高分辨率和视频数据时常常有很高的计算代价。Xiao 等[180]提出用分层数据结构来加速处理闭形式图像视频抠图算法,可以得到抠图质量和效率的极好折中。首先采用高斯 k 维树来自适应聚类输入的高维图像和视频特征空间到低维特征空间;其次,在减少的特征空间中解决了亲和权重拉普拉斯透明度抠图;最后,用基于细节的透明度插值来得到抠图结果。该方法能利用先进的图像硬件并行处理,可以加速抠图计算,加速现存方法至少一个数量级,且有较好的抠图质量,大大减少了内存消耗。

4.3.4 抠图统一框架在视频中的应用

本节用式(4-56)定义视频抠图算法:

$$\lambda_1[f_s(\boldsymbol{\alpha}, \boldsymbol{P}_k)] + \lambda_2[f_t(\boldsymbol{\alpha}, \boldsymbol{P}_k)] + \lambda_3 \boldsymbol{L}_s \boldsymbol{\alpha} + \lambda_4 \boldsymbol{L}_t \boldsymbol{\alpha} = 0 \qquad (4-56)$$

式中,$\boldsymbol{L}_s$ 和 $f_s(\alpha, \boldsymbol{P}_k)$ 分别表示抠图矩阵和采样函数,类似于图像抠图中的式(4-35)。定义抠图矩阵 $\boldsymbol{L}$ 能够保持时间一致性,定义采样函数 $f_t(\alpha, \boldsymbol{P}_k)$ 在邻域帧中采样前景和背景颜色对。借鉴 Guan 等[141]的研究,我们定义了抠图矩阵 $\boldsymbol{L}_t$,假设 $\boldsymbol{\alpha}$ 值在低对比度区域具有平滑性质,在高对比度区域具有不连续性。在前面的分析中,得出 Levin 等[127]定义的抠图矩阵能够得到好的性能,因此 $\boldsymbol{L}_s = \boldsymbol{L}^{\text{closeform}}$。

通过指定一些笔触在第一帧中计算遮片,采用光流算法来估计 I_t 和 I_{t+1} 两帧之间的运动,通过采样 I_t 的未知区域,可以得到 I_{t+1} 的新的未知区域。

对于 I_t 的未知区域的每个节点和在 I_{t+1} 中的四连通性,用式(4-57)定义抠图矩阵 $\boldsymbol{L}_t$,有

$$\boldsymbol{L}_t(i, j) = \sum_{j \in N(i) \subset I_t} (\alpha_i - \alpha_j)^2 / \| C_i - C_j \| \qquad (4-57)$$

式中,C_i 是第 t 帧 i 的颜色;C_j 是第 $t+1$ 帧 j 的颜色。

定义采样函数 f 与 Wang 等[142]的采样函数 f_{robust} 一样。通过邻域帧中的采样前景和背景颜色对来定义帧间采样函数 f_t:对于帧 I_{t+1} 的未知区域的每个节点 p_i^{t+1},用光流查找 I_t 帧中对应的节点 p_i^t,然后定义小窗口 w_i^t 的中心是 p_i^t,在窗口 w_i^t 中采样前景和背景对,通过 Wang 等[142]的方法来得到高置信的颜色对。

在一些视频剪辑如火焰视频中,很难得到准确的光流,可以忽略采样矩阵 $\boldsymbol{L}_t$,在每个中心 p_i^{t+1} 的小窗口中,利用采样函数 f_t 从邻域帧的像素 p_i^{t+1} 中对颜色对进行采样。

图 4-39~图 4-41 所示为实验结果。图 4-39 显示了本节方法的结果与

基于分割如 3D 图切[181]的结果和 Bai 等[169]的结果,基于分割的视频抠图方法丢失了一些细节,经过对比可以看出,本节方法有很好的抠图效果。在图 4 - 41 中,我们从视频中抽取火焰,这种具有半透明属性的视频不能用基于分割的抠图方法进行抽取。

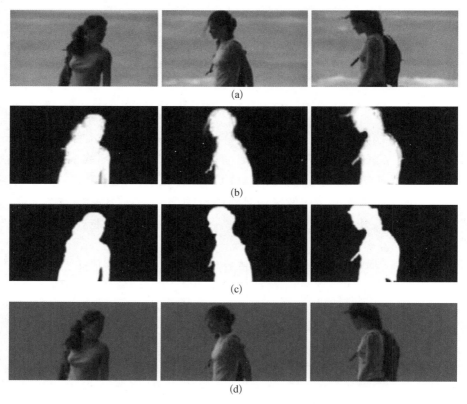

(a)

(b)

(c)

(d)

图 4 - 39　视频抠图的结果比较

(a) 原始视频中的三帧;(b) 本节方法得到的透明度图;(c) 基于 3D 图切分割的结果;(d) 透明度遮片效果图

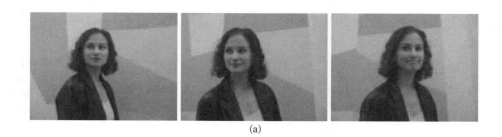

(a)

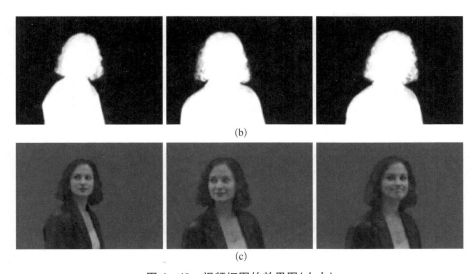

(b)

(c)

图 4-40 视频抠图的效果图（女人）

（a）原始视频中的三帧；（b）透明度效果图；（c）透明度遮片效果图

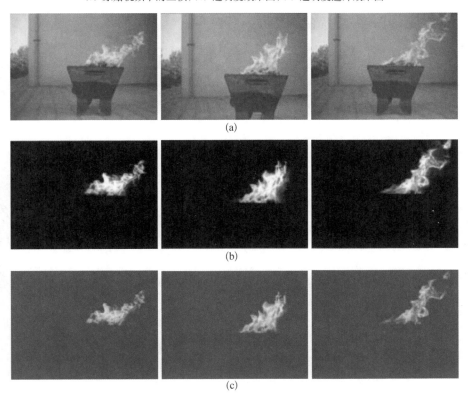

(a)

(b)

(c)

图 4-41 视频抠图的效果图（火焰）

（a）原始视频中的三帧；（b）透明度效果图；（c）透明度遮片效果图

4.4　融合技术

可视媒体融合技术是目前图像、视频处理的一个研究热点,该技术主要是将原图像、视频中的目标区域粘贴到目标图像、视频中,同时需要保证融合后的图像和视频没有明显的粘贴痕迹,达到无缝融合的效果,也要保证融合后的图像视频的颜色、纹理、光照等特征的协调统一。该技术为影视制作等应用提供了很好的编辑处理工具。

4.4.1　图像融合技术研究现状

图像融合技术是图像处理领域的一个研究热点,通常分为基于透明度抠图的融合技术、基于梯度域的融合技术和基于坐标的融合技术。

1. 基于透明度抠图的融合技术

在 4.3 节中已经详细地介绍了抠图技术。基于透明度抠图的融合技术主要是借助抠图方法计算出的前景图像的透明度 α 来进行融合,这个过程可以表示为

$$I(p)=\alpha(p)\times F(p)+[1-\alpha(p)]\times B(p)。 \qquad (4-58)$$

通过对前景 F 和背景 B 进行混合,得到合成图像 I。 图 $4-42$ 为基于透明度抠图(抠像)的图像融合示例。

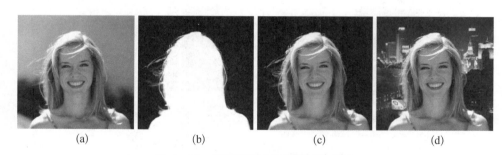

(a)　　　　　　(b)　　　　　　(c)　　　　　　(d)

图 4‐42　基于透明度抠图的图像融合

(a) 原始前景图像;(b) 透明度图;(c) 透明度遮片图;(d) 融合效果图

在进行基于透明度抠图的融合中,计算 α 值是关键,对于抠图技术中如何从图像中得到准确的 α 值,在 4.3 节中已经进行了叙述,在此不再重复。根据前景的透明度遮片,将前景、背景对应的像素根据式(4‐58)进行线性组合就可以得

到融合结果。该方法的实现非常简单、运行速度快,但该方法也有一定的局限性。由于需要精确地计算出前景的透明度遮片,如果透明度遮片计算不准确,则融合效果会不理想,而且该方法无法根据目标场景的特征改变融合对象的颜色,从而造成融合时出现颜色不协调的现象。

2. 基于梯度域的融合技术

基于梯度域的图像融合方法主要根据视觉原理中人眼对于图像中的变化比较敏感,按照视觉的这个特性,可以将原始图像中的梯度信息运用到目标图像中,也就是迁移图像的梯度信息,这样对图像进行融合,可以确保图像的边缘能够进行无缝融合,同时可以减少图像颜色和亮度信息的差异,得到较理想的图像融合结果。这种基于梯度域的融合方法无须满足基于透明度抠图融合中对前景对象的精确提取的要求,只需要大概指定需要的融合区域,因此可以对那些含有不确定边界信息的图像中的对象进行很好的融合。

Perez 等[182]提出泊松图像编辑方法,将梯度域的编辑处理方法应用于图像融合中,通过求解泊松方程进行边界的插值运算,实现无缝融合的效果。用户可以将透明或者不透明的原始图像内容融合到目标图像里,也可以在选择区域内对图像的表面特征进行修改,并可以对选择的内容纹理、光照和颜色进行修改。该方法在求解泊松方程时需要求解大规模的稀疏线性方程,这样会消耗大量的内存和时间,效率不高,同时也会产生颜色不一致和纹理不融合的现象。

Agarwala 等[183]提出交互式的数字蒙太奇,采用图切优化在合成图像中选择缝来进行无缝连接,用基于泊松方程的梯度域融合减少融合时的视觉变形。该方法将泊松融合的方法运用到多张原始图像中,使得每张原始图像都能够贡献它们各自的梯度信息,最后按照诺伊曼边界条件对泊松方程进行求解。

在泊松图像编辑[182]中,用户需要认真地画出原始图像的边界来表示感兴趣的区域,使具有显著结构的原始图像和目标图像在融合边界处不会相互产生冲突。为了让泊松图像编辑方法更具实用性,Jia 等[38]提出界面友好的无缝图像融合系统,对边界条件采用新目标函数进行优化计算,构建最短闭合路径方法来进行边界位置的查找,构造混合引导域来合并物体的透明度遮片,从而如实地保持物体的部分边界。在该系统中,用户只需要简单地指定原始图像的感兴趣区域轮廓,将它们拖拽到目标图像中即可得到边界、颜色和纹理协调一致的融合效果。

Lalonde 等[184]使用公开的网络对象数据集进行预计算,通过查询大量基于图像的对象数据集,插入新的对象到现存的照片中,可以减少合成处理中用户繁重的工作量,只需要选择一个场景中的 3D 位置来放置新的对象,利用层次菜单来选择对象插入。此外,提出自动改善对象分割和融合、估算真实 3D 对象的大小和方向,估计场景光照条件的自动算法。该方法将泊松融合算法与对象的前景分割方法相结合来得到逼真的融合效果,但是由于直接从图像中对光照条件进行估算是一项比较难的工作,因此融合效果会受到光照条件的影响,会出现光照条件不协调的融合结果。

McCann 等[185]提出在梯度域内通过实时反馈进行绘制的图像编辑系统,并提供不同的混合模型和画刷,简单的梯度画刷用于绘制以及编辑底纹和阴影,边缘画刷专门用于捕获和重放图像的边缘,克隆画刷用于融合图像,每种画刷都可以使用不同的混合模型,最后得到逼真的艺术融合效果。Lalonde 等[186]从单张室外图像中估计场景中的光照信息,从而为融合提供了图像的光照信息,可以防止融合过程中产生过度融合的问题。

Chen 等[187]提出将带有文本标签的手画草图合成真实感图片的系统,通过与草图和文本标签一致的图片无缝拼接来产生一些合成图片。该系统自动选择适合的图片来产生高质量的融合效果,利用滤波策略来排除不理想的图像。首先优化混合边界,将边界内的每个像素分配到不同集合中来表明纹理和颜色的一致性,然后通过结合改进的泊松混合和透明混合来计算融合结果,从而得到真实的融合效果。

许多融合算法能无缝地进行拷贝和粘贴,但是不能很好地保持原对象的颜色保真度,常需要大量的用户交互。Yang 等[188]提出基于颜色控制的自然无缝图像融合,通过考虑梯度约束和颜色保真提出变分模型,允许用户通过梯度域融合来控制颜色影响。同时,提出距离增强的随机游走算法,避免准确图像分割的同时突出前景对象,在不同子带上用多分辨率框架执行图像融合,通过分离纹理和颜色内容得到平滑的纹理过渡和需要的颜色控制。该算法对于有突出背景颜色或纹理差异的图像能产生更好和更逼真的融合效果,具有对象颜色保真度,减少了背景纹理差异,并且只需要较少的用户交互。

经典的图像融合任务是复杂的,需要认真地对齐和调整原始图像与目标图像之间的关系,图像强度的误匹配会引起人为的图像变形或结构失调视觉效果。Eisemann 等[189]提出处理强度不一致和结构失调的图像融合问题的新算法,通过约束结构变形和传播方法来扩展经典的泊松融合算法。首先,用图像的最优划分来匹配特征;其次,沿着显著边缘进行传播,通过匹配来构造一组稀疏变形向量,从而减少失调问题,从稀疏特征平滑的传播变形到原始图像区域;最后,应用泊松融合,纠正颜色和结构失调,减少用户仔细调整原图和目标图像最优缝的任务。

在融合过程中,融合的边界常会出现颜色的混叠现象,也就是通常所说的渗色现象。针对这种问题,Eisemann 等[190]提出在梯度域中进行融合时不改变边界位置而抑制渗色的无缝融合技术。该方法对不改变用户选择的非最优区域是鲁棒的。首先,对引起原图和目标图颜色混合现象的临界区域进行检测。其次,沿着这些区域,根据防止颜色转变的原则来调整泊松方程,求解调整后的泊松方程,检测原图像和目标前景对象的重叠区域。最后,用户可以通过简单地点击界面,根据需要来调整。该方法可以有效地防止融合中的渗色现象。

在梯度域融合中,当融合图像区域不匹配时,常产生渗色情况,可以通过最小化区域边界来操作,但是这种方法不是总有效。Tao 等[191]提出新的误差容错的梯度域融合算法,在不改变边界位置的情况下避免颜色的渗色。首先,定义边界梯度使产生的梯度域近似可积。其次,利用权重整合策略从梯度域中重构图像,使剩余不匹配部分位于不明显的纹理区域。该算法可以表述为标准最小二乘问题,通过稀疏线性系统求解,提高计算效率,同时可以防止渗色现象。

3. 基于坐标的融合技术

在泊松融合技术中,常通过求解泊松方程来进行,融合来自原始块区域内部梯度,用目标图像指定狄利克雷边界条件。Perez 等[182]指出求解泊松方程等价于求解在原始块和目标图像的边界上不同的狄利克雷边界条件的拉普拉斯方程,也就是说,泊松融合构建了调和插值,在整个融合区域沿边界平滑传播差异。它的目标是寻找沿边界的似调和插值,可以说求解拉普拉斯方程等同于求解边界插值问题。可以用重心坐标(barycentric coordinate)解决该问题,一个重要的例子是通过模仿调和函数的均值属性专门设计均值坐标(mean value coordinate,MVC),构建似调和的平滑插值,这是一种简单的闭形式公式[192]。根据这个思想,Farbman 等[193]提出基于坐标的图像融合算法,通过沿边界的加权组合值给定每个内部点的插值,也就是说,通过均值坐标来避免之前插值方法对于大型线性系统的求解。基于坐标的方法有很多优点,如速度快、易于实现、内存占用少、可并行操作等。但是该方法也有一些缺点,并不适用于所有出现泊松方程的场景,该方法依赖于分解为平滑插值膜和已知函数,对于梯度域高动态范围成像 HDR 压缩[194]或用混合梯度的泊松融合[182]的情况并不适合,而且无缝融合(基于均值坐标或者基于泊松的融合方法)只适用于目标区域周围的纹理与原始块周围的纹理非常相似的情况。均值坐标融合算法在凹区域中的融合效果不佳,于是 Lee 等[195]提出改进的坐标融合算法,利用替换采样算法来处理凹区域问题。

在不同来源的图像或不同条件下的镜头进行融合时,常会产生不真实的融合现象,Sunkavalli 等[196]采用多尺度的图像调和框架,即在融合之前通过图像调和处理来明确匹配图像的视觉外观,利用多尺度技术允许转移一副图像的外观到另一副图像中。该方法通过认真地操作图像的金字塔分解尺度,可以匹配对比度、纹理、噪声和模糊,同时避免图像的不自然现象,在执行基于透明度和无缝边界的约束时,从改进的金字塔系数重建输出的融合效果。该框架在不同场景中可以用最少的用户交互来产生真实的融合效果。

Ding 等[197]提出基于内容的图像拷贝粘贴技术,结合抠图和梯度域融合的方法。基于内容是指依赖于粘贴块的内容,沿着边界的颜色差异进行扩散,并修改扩散过程,在基于梯度的方法中用克隆区域的透明度遮片作为权重函数,在粘贴区域用每个像素的偏微分方程(partial differential equation,PDE)决定控制强度插值。由于使用基于梯度方法,不需要抽取准确的遮片,不需要用户交互准确,同时使用透明度遮片作为权重函数,所以可以保持粘贴区域的原始颜色。并且由于采用了基于均值坐标的框架来执行该技术,可以在 GPU 上进行并行操作。

均值坐标通过沿边界的权重结合值来插值内部像素,但是该方法不能如实地保持克隆区域的梯度。Wang 等[198]引用调和克隆,在图像克隆时用调和坐标(harmonic coordinates,HCs)代替均值坐标。由于 HCs 的非负性和内部位置,在穿过克隆区域时插值能产生更准确的调和区域,使克隆效果与泊松克隆一样,有较高的质量。另外,相较于均值坐标方法,该算法可以在 GPU 上进行优化和执行,能够得到高质量的克隆效果,同时得到实时的性能。

通过考虑目标场景内容,Zhang 等[199]提出环境敏感的图像克隆技术,从而提高了先前的基于梯度的克隆方法,通过创建一种参考图像来表示目标图像的全局特征,能够更多地扩散到克隆块中,修改扩散过程来确保克隆效果的无缝和自然。该方法运用基于均值坐标的有效解来解决混合边界,构建基于均值坐标的通用模型来执行图像克隆,同时考虑背景光照,得到的融合效果能够保证与背景中的光照方向符合,得到环境光照融合一致的效果。

真实的融合效果需要调整前景和背景的外观,使融合效果看起来协调,Xue 等[200]利用统计和视觉感知实验来研究图像的真实感融合。首先,评价了 2D 图像的一些统计度量,确定能决定真实感融合的最重要的度量。其次,研究如何改变这些关键统计量来影响真实感融合的人类判断。最后,采用数据驱动的方法来自动调整前景中的这些统计度量,使之在融合时与背景更协调。由于限制范围在标准的 2D 图像中调整,该方法存在不足,当有些融合情况需要更特殊或复杂的调整时,该方法就不能得到理想的融合效果。

传统的方法不能处理原始图像与目标图像对应的边界不匹配的情况,因为边界所有像素的色调转换被同等地传播到内部区域。Wang 等[201]提出基于离散均值坐标(discrete mean value coordinates，DMVC)的新的图像融合技术，支持边界的部分像素的色调转换能够过渡到内部区域。首先选择具有好的匹配的边界像素，根据这些从原图和目标图边界选择的像素对，用 DMVC 计算内部像素的新的颜色。该方法在原图与目标图像边界不一致的情况下能够得到理想的融合效果。

针对原图与目标图具有不同的纹理和结构的情况，Darabi 等[202]用结合块分析与不一致图像特征的新的图像融合(image melding)算法，在原始的两幅图中融合过渡区域，使不一致的颜色、纹理和结构属性逐渐从一幅改变到另一幅中，从而可以得到边界的协调效果，但是该方法在有太多自由度的例子中会产生不想要的变形(如直线的弯曲等)。

Du 等[203]提出用约束均值插值来进行目标克隆的方法，首先在梯度域中定义引导向量域作为原图像和目标图像的权重梯度，产生具有不同边界条件的类似的拉普拉斯方程。其次，利用均值坐标来近似求解新的拉普拉斯方程，取代解大型的线性系统。克隆很好地匹配了目标图像的亮度，并保持了原始目标的色度，没有产生污迹和失色等不自然的现象。

基于坐标的融合方法避免了梯度域方法中对大型的稀疏线性方程组的求解，因此处理速度较快，占用内存较小，比较容易实现且适用于并行处理。

4.4.2　视频融合技术研究现状

视频融合技术一直是影视娱乐等领域后期制作中的一项重要应用技术，有很多研究者不间断地对之进行了研究。通常将视频融合技术分为基于透明度抠图的融合技术和基于梯度域的融合技术两大类。

当原视频与目标视频光照等条件比较相似时，采取透明度混合的视频融合算法可以得到理想的融合效果。类似于图像的透明度融合，该视频融合算法是基于时空一致性的视频透明度抠图，可以将图像无缝地融合到背景中。在第 3 章中已经对视频透明度抠图算法进行了综述，在此不再重复。

基于透明度抠图的视频融合算法在原始视频中具有运动模糊、光照变化等引起不确定边界的情况，因此融合效果不佳。针对这个情况，一些研究者提出基于梯度域的视频融合算法。Perez 等[182]通过 3D 泊松方法将图像克隆方法扩展到视频中，直接将 3D 泊松方程应用到视频体中。但当 3D 泊松方法直接应用到视频时，很多问题很难处理。首先，在视频剪辑中有太多像素被处理，解决大型线性系统是耗时的。泊松方法基于微分方程，对边界条件很敏感，当原始视频中的物体边界与目标视频物体边界不同时,泊松方法会产生不自然的人工痕迹。更不幸的是,克隆物体的动态边缘使得很难保持视频的时空一致性。

Agarwala 等[183]提出梯度域内无缝的视频编辑技术。Wang 等[204]利用变分法和环路可信传播提出梯度域内时空一致性的视频编辑方法。Chu 等[205]在梯度域内用分层数据结构细分融合区域为八叉树数据,得到快速的视频融合。Facciolo 等[206]利用去模糊传导函数在梯度域内实现时空一致性的视频编辑。Xiao 等[207]在梯度域内利用八叉树数据结构快速地进行视频处理。Sadek 等[208]提出基于梯度域的视频编辑变分模型,解决了沿视频光流传播梯度域信息的问题。Chen 等[209]提出自动融合一些短镜头为时空一致的虚拟长镜头视频。在梯度域融合中,考虑视频的时空一致性,对视频逐帧进行融合时,由于相邻帧间存在不一致的边界,容易导致帧间的跳变和抖动。Xie 等[210]提出利用优化的均值坐标来进行无缝视频融合,避免了变色和混淆现象。由于该方法是基于单帧的融合,因此无法保持时空一致性,会出现帧间不连续、抖动等现象。Farbman 等[193]提出 3D 泊松融合,将视频视为视频体数据,通过求解线性方程得到融合结果,但是该方法耗时、耗内存,易出现边界融合不一致等问题。Shen 等[211]提出优化的 3D 均值坐标来进行视频融合,得到了时空一致性的融合效果,避免了帧间的抖动。Chen 等[212]提出基于运动的梯度域视频融合算法。经过将原视频与目标视频进行梯度混合,根据原视频前景三分图进行优化,利用 MVC 方法进行高效融合。

对于视频融合技术,虽然已经有很多学者进行了研究,但是在处理融合的边界污迹、失色和时空一致性等问题时,这些方法都不能完全解决这些问题,因此有待进一步深入研究。

4.4.3 基于优化 3D 均值坐标的视频融合算法

无缝视频融合[213-214]是一种重要的视频编辑技术,能够无缝、自然地粘贴原视频序列块(前景)到目标视频序列(背景)中。

在视频融合技术如 3D 泊松编辑[215]中,视频被当作三维视频体来进行处理从而保持时间和空间的一致性。然而,在视频泊松技术中存在两个问题:① 视频泊松方法在处理大量的像素时会导致算法的性能较低;② 在动态视频中很难满足边缘一致性要求。

近年来,一些调和坐标方法被应用在图像编辑中,2D 均值坐标已经成功地应用在视频融合中[210]。这些方法在避免求解大量线性系统的同时提高了计算效率。

在本节中,提出了一种新的基于优化 3D 均值坐标的视频融合技术,集中解决了两个问题。首先,与 2D 均值坐标视频融合算法相比,基于 3D 均值坐标的融合算法提高了性能,原视频和目标视频序列被看作一系列的视频体,每个视频体由一些连续的帧组成。应用 3D 均值融合来对前景和背景进行无缝融合,通过考虑多帧时间信息,该融合算法能减少在视频融合中频繁出现的闪烁效果,同时提供一种边界网格产生算法来优化 3D 均值坐标。其次,通过结合透明度融合和梯度域算法,用 3D 均值坐标来修改权重函数,得到更加理想的融合效果。

1. 优化的 3D 均值坐标

下面简单地介绍一下 3D 均值坐标。

1) 3D 均值坐标

在推导 3D 均值坐标之前,首先介绍 2D 均值坐标理论。2D 均值坐标通过 $1-\mathrm{ring}$ 领域[192]权重组合来定义,仅仅依赖于边缘点和内部点的角度和距离。

如图 4-43 所示,对于具有边界 Γ 的盘 $B=B(v_0,r)\subset\Omega$,调和函数 $u(v)$ 满足均值理论,表示为

$$u(v_0)=\frac{1}{2\pi r}\int_\Gamma u(v)\mathrm{d}s \qquad (4-59)$$

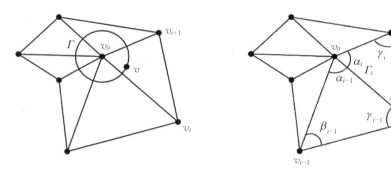

图 4-43　多边形点 v_0 的 2D 均值坐标

$u(v)$ 的积分表示为

$$\int_\Gamma u(v)\mathrm{d}s=\sum\int_{\Gamma_i}u(v)\mathrm{d}s$$

$$\int_{\Gamma_i}u(v)\mathrm{d}s=r\int_{\alpha_i}^{\alpha_{i+1}}u(v)\mathrm{d}\theta \qquad (4-60)$$

式中,Γ_i 是包含在三角 $T_i[v_0,v_i,v_{i+1}]$ 中圆盘 Γ 的一部分。利用重心坐标,线性函数 u 满足

$$u(v) = u(v_0) + \lambda_1 [u(v_i) - u(v_0)] + \lambda_2 [u(v_{i+1}) - u(v_0)] \quad (4-61)$$

式中，λ_1 和 λ_2 是三角 $T_i[v_0, v_i, v_{i+1}]$ 中点 v 的重心坐标。通过将式(4-61)代入式(4-60)中，$u(v)$ 的积分可以表示为

$$\int_{\Gamma_i} u(v)\mathrm{d}s = r\alpha_i u(v_0) + r^2 \tan\left(\frac{\alpha_i}{2}\right)\left[\frac{f(v_i) - f(v_0)}{\parallel v_i - v_0 \parallel} + \frac{f(v_{i+1}) - f(v_0)}{\parallel v_{i+1} - v_0 \parallel}\right]$$

$$(4-62)$$

将式(4-62)代入式(4-59)中，运用均值坐标，$u(v_0)$ 可以表示为

$$u(v_0) = \sum_{i=0}^{k} \lambda_i u(v_i) \quad (4-63)$$

$$\lambda_i = \frac{w_i}{\sum\limits_{j=1}^{k} w_i}$$

$$w_i = \frac{\tan(\alpha_{i-1}/2) + \tan(\alpha_i/2)}{\parallel v_i - v_0 \parallel}$$

在图 4-44 中，扩展 2D 均值坐标到 3D 均值坐标[216]。设 Ω 是 $\mathbf{R}^3$ 中闭的凸多面体，用 $v_1, v_2, \cdots, v_n$ 表示顶点，点 v 是 Ω 的内部点。与 2D 均值坐标理论相比，在 3D 均值坐标中用四面体替代三角形，球形四面体取代点 v 周围的盘。类似于 2D 均值坐标的代数操作，点 v 的 3D 均值坐标表示为

$$v = \sum_{i=1}^{n} \lambda_i(v)v_i \quad (4-64)$$

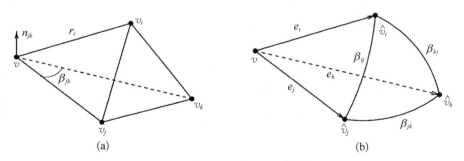

(a)　　　　　　　　　　　　　　(b)

图 4-44　3D 均值坐标[216]

(a) 多面体 Ω 中的四面体；(b) 图(a)所属的球面四面体

式(4-64)中 $\lambda_i(v)$ 表示为

$$\lambda_i = w_i / \sum_i w_i \tag{4-65}$$

和

$$w_i = \frac{1}{r_i} \sum_{v_i \in N(v_i)} \mu_i \tag{4-66}$$

式中，$N(v_i)$ 表示点 v_i 的邻居三角形，同时

$$\mu_i = \frac{\beta_{jk} + \beta_{ij} n_{ij} n_{jk} + \beta_{ki} n_{ki} n_{jk}}{2 e_i n_{jk}} \tag{4-67}$$

参考图 4-44，让 β_{jk} 表示在两个部分 (v, v_j) 和 (v, v_k) 之间的角度，让 $\boldsymbol{n}_{jk}$ 指向面 (v, v_j, v_k) 的单位法向，指向四面体。也就是 $\boldsymbol{n}_{jk} = (\boldsymbol{e}_j \times \boldsymbol{e}_k) / \| \boldsymbol{e}_j \times \boldsymbol{e}_k \|$。更多细节参考文献[216]。

在计算 3D 均值坐标时，调和函数 $\varphi(x)$ 通过边界顶点进行插值，即

$$\varphi(x) = \sum_{i=0}^{n-1} \lambda_i(x) \varphi(v_i) \tag{4-68}$$

式中，x 是多面体 Ω 的任意内部点。

2) 3D 网格生成

3D 均值坐标必须在封闭的多面体中进行计算，如果仅仅将视频看作 3D 视频体，那么上下帧的顶点是在多面体的表面而不在多面体中，上下帧的顶点不能用 3D 均值坐标表示。在本节中，通过在视频体中增加两个辅助顶点来解决这个问题。

在图 4-45 中对于给定的帧，增加两个辅助顶点在视频的上下两帧上，点 V 的 x、y 位置是在边界像素的中心，点 V 的 z 坐标是高于上面帧、低于下面帧

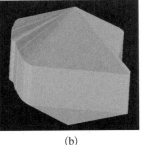

(a)   (b)

图 4-45　视频的 3D 网格

(a) 视频中的一帧；(b) 视频的 3D 网格

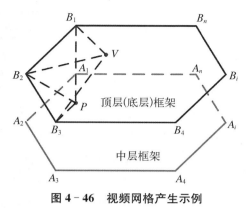

图 4 - 46 视频网格产生示例

的。因为视频的所有像素是在视频网格内部,每个像素的 3D 均值坐标都能够通过 3D 均值坐标理论进行计算。图 4 - 46 显示了一个体 B_i 中的两帧,$i = 1$,2,$\cdots$,n 表示帧中的边缘点,$A_1 A_2 A_3 A_4 \cdots A_i \cdots A_n$ 多边形表示视频体的中间帧,P 是中间帧的一个内部点。$B_1 B_2 B_3 B_4 \cdots B_i \cdots B_n$ 多边形表示上面(下面)帧,B_1、B_2、B_3 是三个边界顶点,V 是我们增加的一个辅助顶点。

实际上,因为 λ 有从内部点到边缘点距离上的一种极强关系,两个增加顶点的 λ 非常小,在计算式(4 - 64)时可能会被忽略,但不会产生太大的影响。也就是说,辅助顶点在确定一个闭的 3D 多面体时只起到一个辅助角色,并不实际参与下面的计算。

2. 混合 3D 视频合成

本节主要解释如何用 3D 均值坐标来执行视频融合,同时也提供了一种混合融合方法来减少一些不自然的人工痕迹。

1) 3D 均值融合

设 $S_i \subset \mathbf{R}^2$ 是原视频序列中的第 i 帧,而 $T_i \subset \mathbf{R}^2$ 是目标视频序列中的第 i 帧,$i = 1$,$\cdots$,k。$\psi_i : S_i \rightarrow \mathbf{R}$ 和 $\psi_i : T_i \rightarrow \mathbf{R}$ 是被定义在 S_i 和 T_i 的两个强度函数。$P_s \subset S$ 是我们标记的前景块,要粘贴到 $P_t \subset T$,P_s 和 P_t 具有同样的形状。假设它们的边缘 ∂P_s 和 ∂P_t 组成多边形折线且有同样数量的顶点。目标是将 P_s 和 T_i 无缝融合在一起。为了得到满意的结果,我们希望前景和背景区域的梯度尽可能地平滑,特别是在 ∂P_s 和 ∂P_t 中,得到这个目标的自然方式是求解下面的能量函数:

$$\Phi = \min \iint F(\mathbf{V}\Phi, \mathbf{V}\psi) \,\mathrm{d}x \,\mathrm{d}y \,\mathrm{d}t \qquad (4 - 69)$$

式中,Φ 是融合视频中的一帧,同时,定义 $F(\mathbf{V}\Phi, \mathbf{V}\psi) = \parallel \mathbf{V}\Phi - \mathbf{V}\psi \parallel^2$。

根据变分原理,有

$$\frac{\partial F}{\partial \Phi} = \frac{\mathrm{d}}{\mathrm{d}x} \frac{\partial F}{\partial \Phi_x} + \frac{\mathrm{d}}{\mathrm{d}y} \frac{\partial F}{\partial \Phi_y} + \frac{\mathrm{d}}{\mathrm{d}t} \frac{\partial F}{\partial \Phi_t} \qquad (4 - 70)$$

现在,问题等价于解 3D 泊松方程:

$$\Delta \Phi = \mathrm{div}\, \nabla \psi \qquad (4-71)$$

注意到需要边界条件 $L|\partial P_t = \varphi_i$, $i=1,\cdots,k$,能显著地提高最后的结果。

$\hat{\Phi} = \Phi - \psi$, $\hat{\Phi} = 0$ 表示具有边界条件 $\hat{\Phi}|\partial P_t = \sum\limits_i (\varphi_i - \psi_i)$,需要计算的最后公式能简单地表示为

$$\Phi = \hat{\Phi} + \psi \qquad (4-72)$$

假定具有边界条件 $\partial P_t = P_{t0}$, P_{t1}, $\cdots$, $P_{tm} = P_{t0}$ 的 P_t 是原块 P_s 将被克隆的目标域,同时 $x \in P_t$ 是一个内部点。可以用 3D 均值坐标来插值 $\hat{\Phi}$,代替求解式(4-71),有

$$\hat{\Phi}(x) = \sum_{j=0}^{k} \sum_{i=0}^{n-1} \lambda_{ji}(x)(\varphi - \psi)(P_{ji}) \qquad (4-73)$$

式中,$\lambda_{ji}(x)$ 是指定的边缘条件的均值坐标。

式(4-73)给我们提供了一种用 3D 均值坐标来融合视频的工具。在 3D 情况下,我们需要考虑帧邻接于帧 L 的一些边界条件。

2) 混合合成

当原视频与目标视频不同时,最终的结果会导致一些人工痕迹。当原视频与目标视频的纹理不同时,在合成视频中会出现模糊和锯齿现象。当原视频与目标视频的颜色不同时,在合成视频中会出现失色和过度融合效果。为了克服这些缺点,本节提供了一种混合融合方法来减少人工痕迹。

修改式(4-72)来构建混合度,融合的计算式表示为

$$\Phi = \tau \hat{\Phi} + \psi \qquad (4-74)$$

函数 τ 的取值在 0 和 1 之间。如何定义 τ,可以参考 Ding 等[197]执行的基于内容的方法。这种方法简单定义 $\tau = 1 - \alpha$,其中 α 表示特殊图像的透明度遮片值。由于前景区域总是有高透明度值(α 接近 1),用这种线性方法在前景区域中会引起 $\tau = 0$,即前景区域会被无变化地拷贝,不能满足视频融合的需要。于是,定义 τ 为

$$\tau = 1 - k\alpha \qquad (4-75)$$

式中,$k \in (0, 1]$。k 被用来约束混合度和消除失色现象,调整参数 k 来平衡颜色。当 k 接近于 0 时,本节的新方法类似于最初的泊松方法;当 k 接近于 1 时,新方法类似于 Ding 等[197]的方法。当 $\alpha = 1$ 时,克隆原始前景像素到目标视频中,再用透明度融合方法来消除锯齿和污迹等人工现象。最后的结果可以表示为

$$I_{\text{final}} = \alpha\Phi + (1-\alpha)B \tag{4-76}$$

3. 视频融合的实现过程

算法的总体流程如图 4-47 所示,系统输入了两个视频序列。首先,原视频序列和目标视频序列被分为一系列的帧立方体。视频帧是连续的,这些立方体是彼此重叠的。具有这种结构的相邻帧可以相互连接来保持时间一致性。其次,用户标记原始视频块区域,自动地产生前景的三分图。这种模版定义了均值坐标的边缘。三分图在第一帧中定义,在其他帧中通过光流算法在每帧中跟踪前景来产生。边界条件给定后,在每个视频体中估计优化的 3D 均值坐标,从而得到融合结果。因为相邻帧之间的内部距离会影响插值结果,本节简单选择了中间帧的最长直径的一半作为内部距离。最后,将原始块粘贴到背景中,得到最终的融合结果。

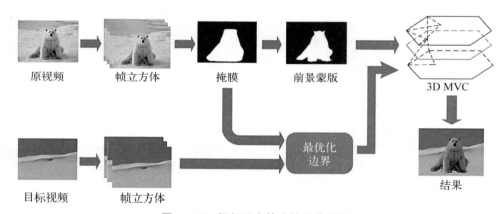

图 4-47 视频融合算法的总体流程

4. 实验结果

在本节中给出了新的无缝视频融合算法的一些实验结果。本节方法与现存方法的比较如图 4-48~图 4-54 所示。

图 4-48 显示了两种不同视频融合算法的效果。图 4-48(b)和图 4-48(c)是不同融合方法产生的两个合成帧。图 4-48(a)的背景是天空,图 4-48(b)的背景是白色的雪地。用 2D 均值坐标方法[193]粘贴原块[见图 4-48(a)]到背景中[见图 4-48(b)]会引起局部颜色的不均衡。企鹅的头部区域在融合后太蓝,装饰性的软毛应该是黄色的,但融合后颜色非常不明显,而且接近雪地的企鹅的腿部太白。这些不均衡的颜色分布是边界值过度融合造成的。图 4-48(c)显示了本节的融合方法产生的结果,与图 4-48(b)比较,本节算法的效果在整体颜

图 4 - 48 局部颜色不均匀性消除示意图

(a) 原始帧;(b) 2D均值坐标融合效果图[193];(c) 新无缝视频融合效果图;(d) 图(b)方框放大细节效果图;(e) 图(c)方框放大细节效果图

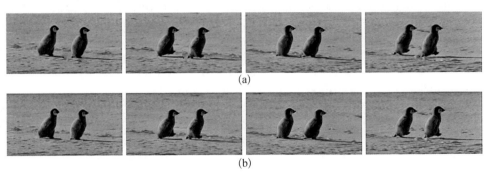

图 4 - 49 幼企鹅的视频第 15、30、45 和 60 帧中的融合效果对比图

(a) 3D泊松编辑效果[215];(b) 新无缝视频融合算法的效果

色分布上保持得更好。在图 4 - 48(d)和图 4 - 48(e)的对比中可以更清楚地看到融合后的效果能更好地消除过度融合现象。

图 4 - 49 所示为视频克隆的一个例子。图 4 - 49(b)是本节的视频克隆的融合序列,左边的企鹅是原始的企鹅目标,右边的企鹅是克隆的结果。 比较图 4 - 49(a)由 3D泊松编辑[215]产生的序列,本节的方法能够提供更高质量的无缝融合效果。实验说明了 3D均值坐标在无缝视频编辑中是合理和实用的。 与所有基于梯度域的方法类似,当周围纹理比较复杂时,融合边界看起来很不协调。在本节的方法中,透明度融合能够在视频融合时消除锯齿效果。

图 4 - 50 所示为鸟的视频融合效果。融合目标的模板显示在图 4 - 56 中,

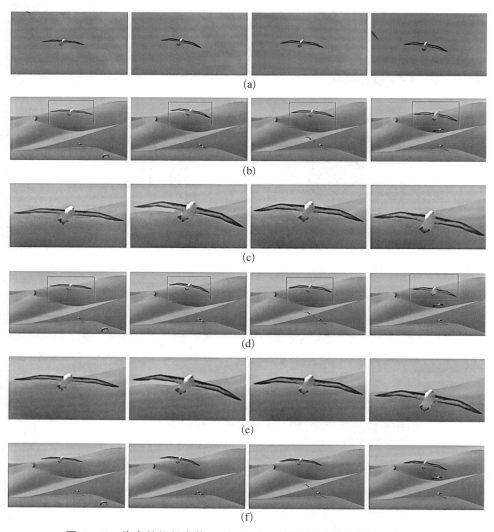

图 4 - 50　海鸟的视频中第 1、20、40 和 63 帧中不同融合算法的效果图

(a) 原始视频；(b) 2D 均值坐标融合效果图（矩形框表示将被放大的区域）；(c) 2D 均值坐标算法 (b) 的放大细节图；(d) 本节算法用 $k=0$ 融合的效果图；(e) 本节算法融合效果 (d) 的放大细节图；(f) 用 $k=0.5$ 融合的本节算法效果

在图 4 - 50 中我们显示了视频的第 1、20、40、63 帧。有三点应该被注意到：第一，在原始视频的第 20 帧处［见图 4 - 50(a) 的第二列］，鸟的左边翅膀和右边翅膀都在天空区域，而在目标视频中［见图 4 - 50(b) 的第二列］，左边翅膀是在天空区域而右边翅膀是在沙漠区域。因为边界线的改变，在 2D 均值坐标融合结果中，右边翅膀的颜色比左边翅膀的颜色更深。在本节的融合算法中，两个翅膀的颜色几乎是一样的,说明 3D 均值坐标融合算法保持了时间一致性。第二,本节算法没有出现闪烁效果。图 4-50(e)显示了我们的结果更平滑,没有强烈的跳跃,也就是说,结果的时间一致性更好。第三,因为融合后原始鸟的大部分区域是在沙漠区域,鸟的整体颜色趋向于沙漠的颜色,在融合效果中是不自然的,因此,我们调整了 k 值,在图 4-50(f)中显示融合后的效果更和谐。

图 4-51 显示了式(4-75)中不同 k 值的结果。当 $k=0.8$ 时,本节的结果更接近透明度融合效果,不准确的透明度遮片让边界线周围的缝很明显,如图 4-51(c)所示。当 $k=0.1$ 时,类似于均值坐标融合方法,因为前景和背景的颜色更调和,因此前景物体能够无缝地融合到背景中,如图 4-51(d)所示。

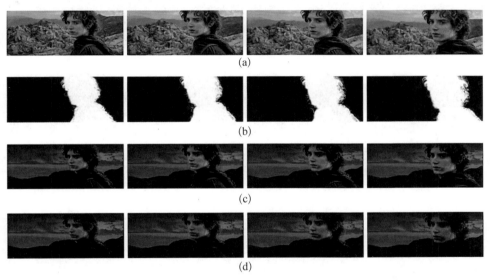

图 4-51 《指环王》视频中第 2、12、22 和 32 帧的不同融合效果图

(a) 原始视频;(b) 透明度遮片图;(c) $k=0.8$ 时融合的效果图(类似透明度融合);(d) $k=0.1$ 时融合的效果图(类似均值坐标融合)

如图 4-52 所示,将本节融合算法与 Xie 等[210]的融合算法进行比较。在视频演示和图 4-52 中,可以看出本节的融合算法消除了 Xie 等[210]的融合算法产生的抖动现象。

图 4-53 和图 4-54 所示为物体移除的实例。在图 4-53(b)中可以看到海龟被成功地移除,并没有产生不自然的现象。

图 4-54 是企鹅视频中第 2、12、22 和 32 帧中企鹅被克隆(右边企鹅)[见图 4-54(b)]和企鹅被移除[见图 4-54(c)]的效果图,但是在边界处可以发现一些不自然的现象,这是本节算法的一些不足,在后面的讨论中会提及。

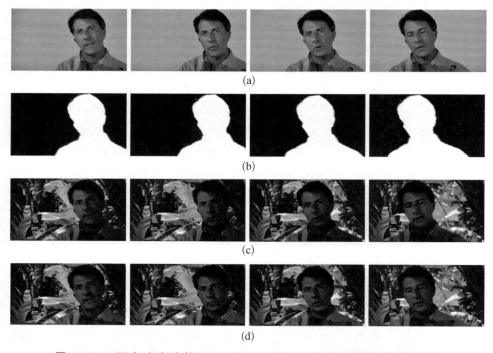

图 4‑52　《雨人》视频中第 2、12、22 和 32 帧中不同方法的融合效果对比图

（a）原始视频；（b）透明度遮片图；（c）文献［210］中的融合效果图；（d）本节算法的融合效果图

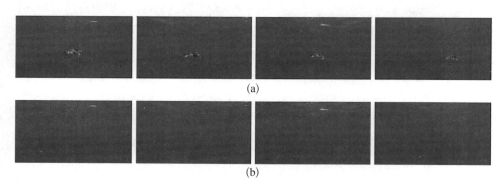

图 4‑53　视频中第 30、80、130 和 180 帧中物体移除效果图

（a）原始视频；（b）本节算法移除海龟的效果图

　　图 4‑55 显示了本节方法对于严重的凹区域边界的融合效果，在同一视频中我们融合了模版区域，可以看出本节方法产生了好的融合效果，没有不自然的现象产生。

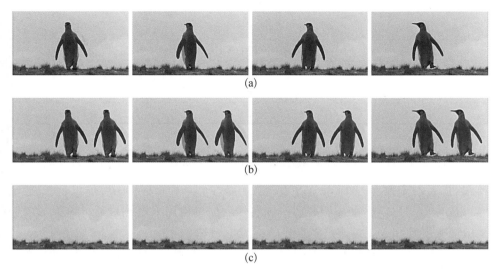

图 4‑54 企鹅视频第 2、12、22 和 32 帧中企鹅克隆和移除效果图

（a）原始视频；（b）本节算法的视频克隆效果图；（c）本节算法的企鹅移除效果图

图 4‑55 严重的凹区域的融合效果

图 4‑56 不同视频模版

因为算法的所有重要部分如光流算法[217]、透明度算法[218]和均值坐标算法都能在 GPU 上运行，因此本节算法能够有更高的效率。表 4‑3 显示了 3D 均值坐标的处理时间。我们的实验在 Inter Core2Duo 3.0 GHz 的计算机上执行，有 4 GB 内存和 NVIDIA GeForce 9 600 GT 512 M 显卡。

表 4-3　不同方法的耗时

视　频	大小×帧数	处理时间/s
海　鸟	(1 280×720)×100	2.2
《雨　人》	(800×450)×80	2.0
幼企鹅	(600×324)×100	1.8
企　鹅	(1 280×720)×100	2.8

5. 讨论

如何保持时间一致性是视频融合中的一个关键问题。如果仅仅逐帧地处理视频,很容易引起抖动和人工污迹。在本节中,应用 3D 均值坐标来形成视频体。在每个 3D 体中,前一帧和后一帧的强度信息被用来影响最后的结果,在结果中证实抖动和人工污迹已经在显著地减少。

在视频融合中常出现模糊和锯齿现象,特别在通过梯度域方法产生的结果中。本节的融合技术应用了混合融合方法来约束过度的融合区域,减少这类现象的出现。

本节的方法仍然有一些局限性。第一,本节的方法很难处理前景物体移动很快、很广的情况,因为这些物体很难通过给定的模版来进行跟踪和关注。第二,到目前为止,边缘的形状不能有动态的改变,因为网格产生和边缘重采样都是很耗时的工作。第三,当物体的边缘频繁地改变时,本节融合算法将会失效。在一些目标视频中,背景的纹理和运动不同于原视频的前景物体,前景物体很难从视频中抽取,在边缘处会产生不自然的人工痕迹。如图 4-54 所示,虽然企鹅被克隆到每帧中,无缝地从每帧中移除了,但在边界还是能发现一些人工痕迹。

未来,我们希望发展更好的方法来合成视频,因为抠图方法总是有一些差强人意的性能。近年来,研究者们提出了一些纹理敏感分割方法[219-220],在高纹理区域提供了一些满意的结果。此外,如何跟踪前景物体依旧是一个比较难的问题。最后,解决处理高纹理区域的难题不仅有益于融合,而且对其他的应用如物体的分割等都会起到很好的作用。未来希望能够将一些新方法应用到融合与其他方面[221]。

4.5　本章小结

可视媒体的编辑与处理技术是当前计算机图形图像、视觉处理等领域的研究热点,本章主要介绍了可视媒体的缩放、抠图以及融合等主要内容,并介绍了已经取得的一些成果。

随着不同分辨率设备的出现,可视媒体的缩放技术已经成为必要的研究技术,本章通过对可视媒体研究现状的分析,提出了基于形状感知的小缝裁剪图像缩放方法、基于缝裁剪和变形的图像缩放方法和基于缝裁剪的逐帧优化视频缩放方法,改进了已有的图像和视频缩放算法,得到了更好地保持显著内容和形状的图像缩放效果和时空一致性的视频缩放效果。

在分析近些年图像抠图算法的基础上,提出了一种统一的透明度抠图框架,用不同的抠图算法来比较和分析它们的性能。研究视频抠图方法,并将统一框架进行扩展,将之应用于视频抠图中,取得了较好的抠图效果。今后将扩展这种统一框架并运用到一些新的方面,如文献[187]中新的应用方面。

在可视媒体融合技术方面,本章从图像和视频两个方面对可视媒体融合的相关技术进行总结,提出基于优化 3D 均值坐标的视频融合算法,能够避免融合过程中产生的抖动等现象,得到环境协调一致且具有很好时空一致性的融合效果。

参考文献

[1] Avidan S,Shamir A. Seam carving for content-aware image resizing[J]. ACM Transactions on Graphics,2007,26(3):10.

[2] Suh B,Ling H,Bederson B,et al. Automatic thumbnail cropping andits effectiveness [C]//16th Annual ACM Symposium on User Interface Software and Technology, Vancouver,2003.

[3] Chen L,Xie X,Fan X,et al. A visual attention model for adapting images on small displays[J]. Multimedia Systems,2003,9(4):353-364.

[4] Liu H,Xie X,Ma W,et al. Automatic browsing of large pictures on mobile devices [C]//11th ACM International Conference on Multimedia,Berkeley,2003.

[5] Fan X,Xie X,Ma W,et al. Visual attention based image browsing on mobile devices [C]//2003 International Conference on Multimedia and Expo,Baltimore,2003.

[6] Ciocca G,Cusano C,Gasparini F,et al. Self-adaptive image cropping for small displays[J]. IEEE Transactions on Consumer Electronics,2007,53(4):1622-1627.

[7] Amrutha I,Shylaja S,Natarajan S,et al. A smart automatic thumbnail cropping based on attention driven regions of interest extraction[C]//The 2nd International Conference on Interaction Sciences:Information Technology,Culture and Human, New York,2009.

［8］ Zhang M, Zhang L, Sun Y, et al. Auto cropping for digital photograph［C］//IEEE International Conference on Multimedia and Expo, Amsterdam, 2005.

［9］ Luo J. Subject content-based intelligent cropping of digital photo［C］//IEEE International Conference on Multimedia and Expo, Beijing, 2007.

［10］ Nishiyama M, Okabe T, Sato Y, et al. Sensation-based photo cropping［C］//The 17th ACM International Conference on Multimedia, Beijing, 2009.

［11］ Cavalcanti C, Gomes H, De Queirox J. Combining multiple image features to guide automatic portrait cropping for rendering different aspect ratios［C］//2010 Sixth International Conference on Signal-Image Technology and Internet-Based Systems, Kuala Lumpur, 2010.

［12］ Yan J, Lin S, Kang S, et al. Learning the change for automatic image cropping［C］// 2013 IEEE Conference on Computer Vision and Pattern Recognition, Portland, 2013.

［13］ Tang X, Luo W, Wang X. Content-based photo quality assessment［J］. IEEE Transactions on Multimedia, 2013, 15(8): 1930 – 1943.

［14］ Shamir A, Avidan S. Seam carving for media retargeting［J］. Communications of the ACM, 2009, 52(1): 77 – 85.

［15］ Shamir A, Sorkine O. Visual media retargeting［C］//ACM Siggraph Asia 2009 Courses, Yokohama, 2009.

［16］ Rubinstein M, Shamir A, Avidan S. Improved seam carving for video retargeting［J］. ACM Transactions on Graphics, 2008, 27(3): 16.

［17］ Noh H, Han B. Seam carving with forward gradient difference maps［C］//The 20th ACM International Conference on Multimedia, Nara, 2012.

［18］ Huang H, Fu T, Rosin P, et al. Real-time content-aware image resizing［J］. Science in China Series F: Information Sciences, 2009, 52(2): 172 – 182.

［19］ Mishiba K, Ikehara M. Block-based seam carving［C］//2011 International Symposium on Access Spaces, Yokohama, 2011.

［20］ Frankovich M, Wong A. Enhanced seam carving via integration of energy gradient functionals［J］. IEEE Signal Processing Letters, 2011, 18(6): 375 – 378.

［21］ Zhou F, Wang R, Liu Y, et al. Image resizing based on geometry preservation with seam carving［C］//The 11th IEEE International Conference on Trust, Security and Privacy in Computing and Communications, Liverpool, 2012.

［22］ Tan H, Tan Y, Li Z, et al. Perceptually relevant energy function for seam carving ［C］//IEEE International Conference on Acoustics, Speech and Signal Processing, Vancouver, 2013.

［23］ Achanta R, Susstrunk S. Saliency detection for content-aware image resizing［C］// IEEE International Conference on Image Processing, Cairo, 2009.

[24] Domingues D, Alahi A, Vandergheynst P. Stream carving: an adaptive seam carving algorithm[C]//2010 IEEE 17th International Conference on Image Processing, Hong Kong, 2010.

[25] Liu Z, Yan H, Shen L, et al. Adaptive image retargeting using saliency-based continuous seam carving[J]. Optical Engineering, 2010, 49(1): 1 – 10.

[26] Cao L, Wu L, Wang J. Fast seam carving with strip constraints[C]//The 4th International Conference on Internet Multimedia Computing and Service, Wuhan, 2012.

[27] Wu L, Cao L, Cen C. Fast and improved seam carving with strip partition and neighboring probability constraints[C]//2013 IEEE International Symposium on Circuits and Systems, Beijing, 2013.

[28] Han J, Choi K, Cheon S, et al. Wavelet based seam carving for content aware image resizing[C]//IEEE International Conference on Image Processing, Cairo, 2009.

[29] Mishiba K, Ikehara M. Seam carving in wavelet transform domain[C]//18th IEEE International Conference on Image Processing, Brussels, 2011.

[30] Conger D, Kumar M, Radha H. Generalized multiscale seam carving[C]//IEEE International Workshop on Multimedia Signal Processing, Saint Malo, 2010.

[31] Mansfield A, Gehler P, Gool L, et al. Visibility maps for improving seam carving [C]//11th European Conference on Computer Vision, Heraklion, 2010.

[32] Utsugi K, Shibahara T, Koik T, et al. Proportional constraint for seam carving[C]// Siggraph 2009 Posters, New Orleans, 2009.

[33] Thilagam K, Karthikeyan S. An efficient method for content aware image resizing using PSC[J]. International Journal of Computer Technology and Applications, 2011, 2(4): 807 – 812.

[34] Thilagam K, Karthikeyan S. Optimized image resizing using piecewise seam carving [J]. International Journal of Computer Applications, 2012, 44(14): 24 – 30.

[35] Cho S, Choi H, Matsushita Y, et al. Image retargeting using importance diffusion [C]//16th IEEE International Conference on Image Processing, Cairo, 2009.

[36] Mishiba K, Ikehara M. Seam merging for image resizing with structure preservation [C]//IEEE International Conference on Acoustics, Speech, and Signal Processing, Prague, 2011.

[37] Mishiba K, Ikehara M. Image resizing using improved seam merging[C]//IEEE International Conference on Acoustics, Speech, and Signal Processing, Kyoto, 2012.

[38] Jia J, Sun J, Tang C K, et al. Drag-and-drop pasting[J]. ACM Transactions on Graphics, 2006, 25: 631 – 637.

[39] Zhang L, Song H, Ou Z, et al. Image retargeting with multifocus fisheye

transformation[J]. The Visual Computer, 2012, 29(5): 407 – 420.

[40] Wang S, Abdel-dayem A. Integrated content-aware image retargeting system[J]. International Journal of Multimedia and Ubiquitous Engineering, 2012, 7(4): 1 – 16.

[41] Gal R, Sorkine O, Cohen-or D. Feature-aware texturing[C]//17th Eurographics Conference on Rendering Techniques, Nicosia, 2006.

[42] Wolf L, Guttmann M, Cohen-or D. Non-homogeneous content-driven video-retargeting[C]//11th International Conference on Computer Vision, Riode Janeiro, 2007.

[43] Wang Y, Tai C, Sorkine O, et al. Optimized scale-and-stretch for image resizing[J]. ACM Transactions on Graphics, 2008, 27(5): 1 – 8.

[44] Zhang G, Cheng M, Hu S, et al. A shape-preserving approach to image resizing[J]. Computer Graphics Forum, 2009, 28(7): 1897 – 1906.

[45] Krahenbuhl P, Lang M, Hornung A, et al. A system for retargeting of streaming video[J]. ACM Transactions on Graphics, 2009, 28(5): 126.

[46] Guo Y, Liu F, Shi J, et al. Image retargeting using mesh parametrization[J]. IEEE Transactions on Multimedia, 2009, 11(5): 856 – 867.

[47] Wang D, Tian X, Liang Y, et al. Saliency-driven shape preservation for image resizing [J]. Journal of Information and Computational Science, 2010, 7(4): 807 – 812.

[48] Wang D, Li G, Jia W, et al. Saliency-driven scaling optimization for image retargeting [J]. The Visual Computer, 2011, 27(9): 853 – 860.

[49] Panozzo D, Weber O, Sorkine O. Robust image retargeting via axis aligned deformation[J]. Computer Graphics Forum, 2012, 31(2): 229 – 236.

[50] Bao H, Li X. Non-uniform mesh warping for content-aware image retargeting[C]// International Conference on Image Analysis and Recognition, Burnaby, 2011.

[51] Niu Y, Liu F, Li X, et al. Image resizing via non-homogeneous warping[J]. Multimedia Tools and Applications, 2012, 56(3): 485 – 508.

[52] Kim J, Kim J, Kim C. Adaptive image and video retargeting technique based on fourier analysis[C]//IEEE Computer Society Conference on Computer Vision and Pattern Recognition Workshops, Miami, 2009.

[53] Kim J, Jeong S, Joo Y, et al. Content-aware image and video resizing based on frequency domain analysis[J]. IEEE Transactions on Consumer Electronics, 2011, 57 (2): 615 – 622.

[54] Zhang Y, Hu S, Martin R. Shrink ability maps for content-aware video resizing[J]. Computer Graphics Forum, 2008, 27(7): 1797 – 1804.

[55] Ren T, Liu Y, Wu G. Image retargeting using multi-map constrained region warping [C]//17th ACM International Conference on Multimedia, Beijing, 2009.

[56] Jin Y, Liu L, Wu Q. Nonhomogeneous scaling optimization for realtime image resizing [J]. The Visual Computer, 2010, 26(6 - 8): 769 - 778.

[57] Hwang D, Chien S. Content-aware image resizing using perceptual seam carving with human attention model[C]//IEEE International Conference on Multimedia and Expo, Hannover, 2008.

[58] Han J, Choi K, Wang T, et al. Improved seam carving using a modified energy function based on wavelet decomposition[C]//IEEE 13th International Symposium on Consumer Electronics, Kyoto, 2009.

[59] Kumar M, Conger D, Miller R, et al. A distortion- sensitive seam carving algorithm for content-aware image resizing[J]. Journal of Signal Processing Systems, 2011, 65 (2): 159 - 169.

[60] Rubinstein M, Shamir A, Avidan S. Multi-operator media retargeting[J]. ACM Transactions on Graphics, 2009, 28(3): 1 - 11.

[61] Dong W, Zhou N, Paul J, et al. Optimized image resizing using seam carving and scaling[J]. ACM Transactions on Graphics, 2009, 28(5): 125.

[62] Dong W, Bao G, Zhang X, et al. Fast multi-operator image resizing and evaluation [J]. Journal of Computer Science and Technology, 2012, 27(1): 121 - 134.

[63] Dong W, Zhou N, Lee T, et al. Summarization-based image resizing by intelligent object carving[J]. IEEE Transactions on Visualization and Computer Graphics, 2014, 20(1): 111 - 124.

[64] Shi M, Peng G, Yang L, et al. Optimal bi-directional seam carving for content-aware image resizing[C]//The 5th International Conference on e-Learning and Games, Edutainment, Changchun, 2010.

[65] Luo S, Zhang J, Zhang Q, et al. Multi-operator image retargeting with automatic integration of direct and indirect seam carving[J]. Image and Vision on Computing, 2012, 30(9): 655 - 667.

[66] Pritch Y, Kav-venaki E, Peleg S. Shift-map image editing [C]//IEEE 12th International Conference on Computer Vision, Kyoto, 2009.

[67] Setlur V, Takagi S, Raskar R, et al. Automatic image retargeting[C]//The 4th International Conference on Mobile and Ubiquitous Multimedia, Christchurch, 2005.

[68] Cho T, Butman M, Avidan S, et al. The patch transform and its applications to image editing[C]//26th IEEE Conference on Computer Vision and Pattern Recognition, Anchorage, 2008.

[69] Barnes C, Shechtman E, Finkelstein A, et al. PatchMatch: a randomized correspondence algorithm for structural image editing [J]. ACM Transactions on Graphics, 2009, 28(3): 24.

［70］ Liang Y，Wang D，Su Z，et al. A new similarity image distance algorithm for adjusting image on different sizes of equipments［J］. Journal of Information and Computational Science，2012，8(16)：3775－3783.

［71］ Lin S，Yeh I，Lin C，et al. Patch-based image warping for content-aware retargeting ［J］. IEEE Transactions on Multimedia，2013，15(2)：359－368.

［72］ Wu H，Wang Y，Feng K，et al. Resizing by symmetry-Summarization［J］. ACM Transactions on Graphics，2010，29(6)：1－9.

［73］ Ramachandra V，Zwicker M，Nguyen T. Combined image plus depth seam carving for multiview 3D images［C］//2009 IEEE International Conference on Acoustics，Speech，and Signal Processing，Taipei，2009.

［74］ Choi K. Content-aware three-dimensional image retargeting for mobile devices［J］. Optical Engineering，2012，51(6)：7014.

［75］ Mansfield A，Gehler P，Gool L，et al. Scene carving：scene consistent image retargeting［C］//11th European Conference on Computer Vision，Heraklion，2010.

［76］ Dahan M，Chen N，Shamir A，et al. Combining color and depth for enhanced image segmentation and retargeting［J］. Visual Computer，2012，28：1181－1193.

［77］ Utsugi K，Shibahara T，Koike T，et al. Seam carving for stereo images［C］//The True Vision Capture，Transmission and Display of 3D Video，Tampere，2010.

［78］ Basha T，Moses Y，Avidan S. Geometrically consistent stereo seam carving［C］// IEEE International Conference on Computer Vision，Barcelona，2011.

［79］ Yue B，Hou C，Zhou Y. Improved seam carving for stereo image resizing［J］. EURASIP Journal on Wireless Communications and Networking，2013(1)：116.

［80］ Zhang F，Niu Y，Liu F. Making stereo photo cropping easy［C］//IEEE International Conference on Multimedia and Expo，San Jose，2013.

［81］ Basha T，Moses Y，Avidan S. Stereo seam carving a geometrically consistent approach ［J］. IEEE Transactions on Pattern Analysis and Machine Intelligence，2013，35(10)：2513－2525.

［82］ Sugimoto S，Shimizu S，Kimata H，et al. Multi-layered image retargeting［C］//IEEE International Conference on Image Processing，Lake Buena Vista，2012.

［83］ Rubinstein M，Gutierrez D，Sorkine O，et al. A comparative study of image retargeting［J］. ACM Transactions on Graphics，2010，29(6)：1－9.

［84］ Vaquero D，Turk M，Pulli K，et al. A survey of image retargeting techniques［C］// Applications of Digital Image Processing，San Diego，2010.

［85］ Li Y，Sheng B，Ma L，et al. Temporally coherent video saliency using regional dynamic contrast［J］. IEEE transactions on circuits and systems for video technology，2013，23(12)：2067－2076.

[86] Qi S, Ho J. Seam segment carving: retargeting images to irregularly-shaped image domains[C]//12th European Conference on Computer Vision, Florence, 2012.

[87] Itti L, Koch C, Niebur E. A model of saliency-based visual attention for rapid scene analysis[J]. IEEE Transactions on Pattern Analysis and Machine Intelligence, 1998, 20(11): 1254 - 1259.

[88] Cheng M M, Zhang F L, Mitra N J, et al. RepFinder: finding approximately repeated scene elements for image editing[J]. ACM Transactions on Graphics, 2010, 29 (4): 83.

[89] Hu S M, Chen T, Xu K, et al. Internet visual media processing: a survey with graphics and vision applications[J]. The Visual Computer, 2013, 29(5): 393 - 405.

[90] Fan X, Xie X, Zhou H, et al. Looking into video frames on small displays[C]// Proceedings of the Eleventh ACM International Conference on Multimedia, Berkeley, 2003.

[91] Liu F, Gleicher M. Video retargeting: automating pan and scan[C]//14th Annual ACM International Conference on Multimedia, Santa Barbara, 2006.

[92] Tao C, Jia J, Sun H. Active window oriented dynamic video retargeting[C]// Proceedings of the Workshop on Dynamical Vision, ICCV, Riode Janeiro, 2007.

[93] Deselaers T, Dreuw P, Ney H. Pan, zoom, scan: time-coherent, trained automatic video cropping[C]//IEEE Conference on Computer Vision and Pattern Recognition, Miami, 2009.

[94] Li Y, Tian Y, Yang J, et al. Video retargeting with multi-scale trajectory optimization [C]//The International Conference on Multimedia Information Retrieval, New York, 2010.

[95] Han D, Wu X, Sonka M. Optimal multiple surfaces searching for video/image resizing: a graph-theoretic approach[C]//IEEE 12th International Conference on Computer Vision, Kyoto, 2009.

[96] Kopf S, Kiess J, Lemelson H, et al. FSCAV: fast seam carving for size adaptation of videos[C]//17th ACM International Conference on Multimedia, Beijing, 2009.

[97] Grundmann M, Kwatra V, Han M, et al. Discontinuous seam carving for video retargeting[C]//IEEE Computer Society Conference on Computer Vision and Pattern Recognition, San Francisco, 2010.

[98] Chao W, Su H, Chien S, et al. Coarse-to-fine temporal optimization for video retargeting based on seam carving[C]//IEEE International Conference on Multimedia and Expo, Barcelona, 2011.

[99] Yan B, Sun K, Liu L. Matching area based seam carving for video retargeting[J]. IEEE Transactions on Circuits and Systems for Video Technology, 2013, 23(2): 302 -

310.

[100] Wang B, Xiong H, Ren Z, et al. Deformable shape preserving video retargeting with salient curve matching[J]. IEEE Journal on Emerging and Selected Topics in Circuits and Systems, 2014, 4(1): 82 - 94.

[101] Niu Y, Liu F, Li X, et al. Warp propagation for video resizing[C]//IEEE Computer Society Conference on Computer Vision and Pattern Recognition, San Francisco, 2010.

[102] Wang Y, Hsiao J, Sorkine O, et al. Scalable and coherent video resizing with per-frame optimization[J]. ACM Transactions on Graphics, 2011(30): 4.

[103] Yen T, Tsai C, Lin C. Maintaining temporal coherence in video retargeting using mosaic-guided scaling[J]. IEEE Transactions on Image Processing, 2011, 20(8): 2339 - 2351.

[104] Lin S, Lin C, Yeh I, et al. Content-aware video retargeting using object preserving warping[J]. IEEE Transactions on Visualization and Computer Graphics, 2013, 19(10): 1677 - 1686.

[105] Chen D, Luo Y. Preserving motion-tolerant contextual visual saliency for video resizing[J]. IEEE Transactions on Multimedia, 2013, 15(7): 1616 - 1627.

[106] Nie Y, Zhang Q, Wang R, et al. Video retargeting combining warping and summarizing optimization[J]. The Visual Computer, 2013, 29(6 - 8): 785 - 794.

[107] Qu Z, Wang J, Xu M, et al. Context aware video retargeting via graph model[J]. IEEE Transactions on Multimedia, 2013, 15(7): 1677 - 1687.

[108] Li B, Duan L Y, Wang J, et al. Spatiotemporal grid flow for video retargeting[J]. IEEE Transactions on Image Processing, 2014, 23(4): 1615 - 1628.

[109] Wang Y, Lin H, Sorkine O, et al. Motion-based video retargeting with optimized crop-and-warp[J]. ACM Transactions on Graphics, 2010, 29(4): 90.

[110] Kiess J, Gritzner D, Guthier B, et al. GPU video retargeting with parallelized SeamCrop[C]//5th ACM Multimedia Systems Conference, Singapore city, 2014.

[111] Yan B, Yuan B, Yang B. Effective video retargeting with jittery assessment[J]. IEEE Transactions on Multimedia, 2014, 16(1): 272 - 277.

[112] Zhang J, Li S, Kuo C. Compressed-domain video retargeting[J]. IEEE Transactions on Image Processing, 2014, 23(2): 797 - 809.

[113] Hennessy J L, Patterson D A. Computer architecture: a quantitative approach[M]. Amsterdam: Elsevier, 2012.

[114] Kolmogorov V, Zabin R. What energy functions can be minimized via graph cuts? [J]. IEEE Transactions on Pattern Analysis and Machine Intelligence, 2004, 26(2): 147 - 159.

[115] Shi J, Malik J. Normalized cuts and image segmentation[J]. IEEE Transactions on Pattern Analysis and Machine Intelligence, 2000, 22(8): 888 – 905.

[116] Grady L. Random walks for image segmentation[J]. IEEE Transactions on Pattern Analysis and Machine Intelligence, 2006, 28(11): 1768 – 1783.

[117] Smith A R, Blinn J F. Blue screen matting[C]//Proceedings of the 23rd Annual Conference on Computer Graphics and Interactive Techniques, New York, 1996.

[118] Ruzon M A, Tomasi C. Alpha estimation in natural images[C]//IEEE Conference on Computer Vision and Pattern Recognition, Hilton Head, 2000.

[119] Chuang Y Y, Curless B, Salesin D H, et al. A bayesian approach to digital matting [C]//Proceedings of the 2001 IEEE Computer Society Conference on Computer Vision and Pattern Recognition, Kauai, 2001.

[120] Gastal E S, Oliveira M M. Shared sampling for real-time alpha matting[J]. Computer Graphics Forum, 2010, 29: 575 – 584.

[121] He K, Rhemann C, Rother C, et al. A global sampling method for alpha matting [C]//IEEE Conference on Computer Vision and Pattern Recognition (CVPR), Colorada Springs, 2011.

[122] Shahrian Varnousfaderani E, Rajan D. Weighted color and texture sample selection for image matting[J]. IEEE Transactions on Image Processing, 2013, 22 (11): 4260 – 4270.

[123] Shahrian E, Rajan D, Price B, et al. Improving image matting using comprehensive sampling sets[C]//IEEE Conference on Computer Vision and Pattern Recognition (CVPR), Portland, 2013.

[124] Sun J, Jia J, Tang C K, et al. Poisson matting[J]. ACM Transactions on Graphics, 2004, 23: 315 – 321.

[125] Wang J, Cohen M F. An iterative optimization approach for unified image segmentation and matting[C]//Tenth IEEE International Conference on Computer Vision, Beijing, 2005.

[126] Grady L, Schiwietz T, Aharon S, et al. Random walks for interactive alpha-matting [C]//Proceedings of Visualization, Imaging, and Image Processing, Benidorm, 2005.

[127] Levin A, Lischinski D, Weiss Y. A closed-form solution to natural image matting [J]. IEEE Transactions on Pattern Analysis and Machine Intelligence, 2008, 30(2): 228 – 242.

[128] Duchenne O, Audibert J Y, Keriven R, et al. Segmentation by transduction[C]// IEEE Conference on Computer Vision and Pattern Recognition, Anchorage, 2008.

[129] He K, Sun J, Tang X. Fast matting using large kernel matting laplacian matrices

［C］//2010 IEEE Conference on Computer Vision and Pattern Recognition（CVPR），San Francisco，2010.

［130］ Lee P，Wu Y．Nonlocal matting［C］//2011 IEEE Conference on Computer Vision and Pattern Recognition (CVPR)，Colorado Springs，2011.

［131］ Levin A，Rav-Acha A，Lischinski D．Spectral matting［J］．IEEE Transactions on Pattern Analysis & Machine Intelligence，2008，30(10)：1699-1712.

［132］ Rhemann C，Rother C，Rav-Acha A，et al．High resolution matting via interactive trimap segmentation［C］//IEEE Conference on Computer Vision and Pattern Recognition，Anchorage，2008.

［133］ Wang J．Image matting with transductive inference［M］//Berlin：Springer，2011：239-250.

［134］ Zheng Y，Kambhamettu C．Learning based digital matting［C］//IEEE International Conference on Computer Vision，Kyoto，2009.

［135］ Xiang S，Nie F，Zhang C．Semi-supervised classification via local spline regression［J］．IEEE Transactions on Pattern Analysis and Machine Intelligence，2010，32(11)：2039-2053.

［136］ Rhemann C，Rother C，Kohli P，et al．A spatially varying PSF-based prior for alpha matting［C］//2010 IEEE Conference on Computer Vision and Pattern Recognition (CVPR)，San Francisco，2010.

［137］ Zhang Z，Zhu Q，Xie Y．Learning based alpha matting using support vector regression［C］//IEEE International Conference on Image Processing（ICIP），Coronado Springs，2012.

［138］ Chen X，Zou D，Zhao Q，et al．Manifold preserving edit propagation［J］．ACM Transactions on Graphics (TOG)，2012，31(6)：132.

［139］ Chen X，Zou D，Zhou S Z，et al．Image matting with local and nonlocal smooth priors［C］//IEEE Conference on Computer Vision and Pattern Recognition (CVPR)，Portland，2013.

［140］ Tierney S，Bull G，Gao J．Image matting for sparse user input by iterative refinement［C］//International Conference on Digital Image Computing：Techniques and Applications(DICTA)，Hobart，2013.

［141］ Guan Y，Chen W，Liang X，et al．Easy matting-a stroke based approach for continuous image matting［J］．Computer Graphics Forum，2006，25：567-576.

［142］ Wang J，Cohen M F．Optimized color sampling for robust matting［C］//IEEE Conference on Computer Vision and Pattern Recognition，Minneapolis，2007.

［143］ Wang J，Agrawala M，Cohen M F．Soft scissors：an interactive tool for realtime high quality matting［J］．ACM Transactions on Graphics，2007，26：9.

[144] Rhemann C, Rother C, Gelautz M. Improving color modeling for alpha matting. [C]//British Machine Vision Conference (BMVC), Leeds, 2008.

[145] Lin X, Shen Y, Ma L, et al. A unified framework for alpha matting[C]// International Conference on Computer-Aided Design and Computer Graphics (CAD/ Graphics), Jinan, 2011.

[146] He B, Wang G, Ruan Z, et al. Local matting based on sample-pair propagation and iterative refinement[C]//19th IEEE International Conference on Image Processing (ICIP), Coronado Springs, 2012.

[147] Chen Q, Li D, Tang C K. KNN matting[C]//IEEE Conference on Computer Vision and Pattern Recognition (CVPR), Proridence, 2012.

[148] Porter T, Duff T. Compositing digital images[J]. SIGGRAPH Computer Graph, 1984, 18(3): 253 - 259.

[149] Asada N, Fujiwara H, Matsuyama T. Analysis of photometric properties of occluding edges by the reversed projection blurring model[J]. IEEE Transactions on Pattern Analysis and Machine Intelligence, 1998, 20(2): 155 - 167.

[150] Christoph R, Carsten R, Jue W, et al. A perceptually motivated online benchmark for image matting [C]//IEEE Conference on Computer Vision and Pattern Recognition, Miami, 2009.

[151] Bai X, Guillermo S. Geodesic matting: a framework for fast interactive image and video segmentation and matting[J]. International Journal of Computer Vision, 2009, 82(2): 113 - 132.

[152] Chuang Y Y, Agarwala A, Curless B, et al. Video matting of complex scenes[J]. ACM Transactions on Graphics, 2002, 21(3): 243 - 248.

[153] Apostoloff N, Fitzgibbon A. Bayesian video matting using learnt image priors[C]// Proceedings of the IEEE Computer Society Conference on Computer Vision and Pattern Recognition, Washington, 2004.

[154] Mcguire M, Matusik W, Pfister H, et al. Defocus video matting [J]. ACM Transactions on Graphics, 2005, 24(3): 567 - 576.

[155] Joshi N, Matusik W, Avidan S. Natural video matting using camera arrays[J]. ACM Transactions on Graphics, 2006, 25(3): 779 - 786.

[156] Du W, Urahama K. Image and video matting with membership propagation[C]// Asian Conference on Computer Vision-ACCV, Kyoto, 2007.

[157] Bai X, Sapiro G. Distance cut: interactive segmentation and matting of images and videos[C]//IEEE International Conference on Image Processing, San Antonio, 2007.

[158] Finger J, Yang Q, Davis J. Automatic natural video matting with depth[C]//Pacific Conference on Computer Graphics and Applications, Mani, 2007.

[159] Jain A, Agrawal M, Gupta A, et al. A novel approach to video matting using automated scribbling by motion analysis [C]//IEEE Conference on Virtual Environments, Human-Computer Interfaces and Measurement Systems, Istanbul, 2008.

[160] Sarim M, Hilton A, Guillemaut J Y. Non-parametric patch based video matting [C]//British Machine Vision Conference, London, 2009.

[161] Eisemann M, Wolf J, Magnor M A. Spectral video matting[C]//Vision, Modeling and Visualization, Braunschweig, 2009.

[162] Liu H, Ma L, Cai X, et al. A closed-form solution to video matting of natural snow [J]. Information Processing Letters, 2009, 109(18): 1097 - 1104.

[163] Pham V Q, Takahashi K, Naemura T. Real-time video matting based on bilayer segmentation[C]//Asian Conference on Computer Vision-ACCV 2009, Xi'an, 2010.

[164] Gong M, Wang L, Yang R, et al. Real-time video matting using multichannel poisson equations[C]//Proceedings of Graphics Interface, Ottawa, 2010.

[165] Lee S Y, Yoon J C, Lee I K. Temporally coherent video matting[J]. Graphical Models, 2010, 72(3): 25 - 33.

[166] Tang Z, Miao Z, Wan Y. Temporally consistent video matting based on bilayer segmentation[C]//IEEE International Conference on Multimedia and Expo (ICME), Singapore city, 2010.

[167] Prabhu S M, Rajagopalan A. Recursive video matting and denoising [C]//20th International Conference on Pattern Recognition (ICPR), Istanbul, 2010.

[168] Bai X, Wang J, Simons D. Towards temporally-coherent video matting [C]// International Conference on Computer Vision/Computer Graphics Collaboration Techniques, Rocquencourt, 2011.

[169] Bai X, Wang J, Simons D, et al. Video SnapCut: robust video object cutout using localized classifiers[J]. ACM Transactions on Graphics, 2009, 28: 70.

[170] Li Y, Zhou Z, Wu W. Interactive video layer decomposition and matting[C]//Asian Conference on Computer Vision-ACCV 2010 Workshops, Queenstown, 2011.

[171] Sarim M, Hilton A, Guillemaut J Y. Temporal trimap propagation for video matting using inferential statistics [C]//18th IEEE International Conference on Image Processing (ICIP), Brussels, 2011.

[172] Tang Z, Miao Z, Wan Y, et al. Video matting via opacity propagation[J]. The Visual Computer, 2012, 28(1): 47 - 61.

[173] Choi I, Lee M, Tai Y W. Video matting using multi-frame nonlocal matting laplacian [C]//European Conference on Computer Vision-ECCV 2012, Florence, 2012.

[174] Wang L, Gong M, Zhang C, et al. Automatic real-time video matting using time-of-

flight camera and multichannel poisson equations [J]. International Journal of Computer Vision, 2012, 97(1): 104 - 121.

[175] Sindeev M, Konushin A, Rother C. Alpha-flow for video matting [C]//Asian Conference on Computer Vision-ACCV 2012, Daejeon, 2013.

[176] Ju J, Wang J, Liu Y, et al. A progressive tri-level segmentation approach for topology-change-aware video matting[J]. Computer Graphics Forum, 2013, 32(7): 245 - 253.

[177] Li D, Chen Q, Tang C K. Motion-aware KNN laplacian for video matting[C]//2013 IEEE International Conference on Computer Vision (ICCV), Sydney, 2013.

[178] Hu W C, Hsu J F. Automatic spectral video matting[J]. Pattern Recognition, 2013, 46(4): 1183 - 1194.

[179] Shahrian E, Price B, Cohen S, et al. Temporally coherent and spatially accurate video matting[J]. Computer Graphics Forum, 2014, 33: 381 - 390.

[180] Xiao C, Liu M, Xiao D, et al. Fast closed-form matting using hierarchical data structure[J]. IEEE Transactions on Circuits and Systems for Video Technology, 2014, 24(1): 49 - 62.

[181] Li Y, Sun J, Shum H Y. Video object cut and paste[J]. ACM Transactions on Graphics, 2005, 24: 595 - 600.

[182] Perez P, Gangnet M, Blake A. Poisson image editing[J]. ACM Transactions on Graphics, 2003, 22(3): 313 - 318.

[183] Agarwala A, Dontcheva M, Agrawala M, et al. Interactive digital photomontage[J]. ACM Transactions on Graphics, 2004, 23(3): 294 - 302.

[184] Lalonde J, Hoiem D, Efros A, et al. Photo clip art[J]. ACM Transactions on Graphics, 2007, 26(3): 3.

[185] McCann J, Pollard N S. Real-time gradient-domain painting[J]. ACM Transactions on Graphics, 2008, 27(3): 93.

[186] Lalonde J F, Efros A A, Narasimhan S G. Estimating natural illumination from a single outdoor image[C]//IEEE 12th International Conference on Computer Vision, Kyoto, 2009.

[187] Chen T, Cheng M M, Tan P, et al. Sketch2Photo: internet image montage[J]. ACM Transactions on Graphics, 2009, 28: 124.

[188] Yang W, Zheng J, Cai J, et al. Natural and seamless image composition with color control[J]. IEEE Transactions on Image Processing, 2009, 18(11): 2584 - 2592.

[189] Eisemann M, Gohlke D, Magnor M. Edge-constrained image compositing [C]// Proceedings of Graphics Interface, Waterloo, 2011.

[190] Eisemann M, Kokemüller J, Magnor M A. Object-aware gradient-domain image

compositing[C]//International Symposium on Vision, Modeling and Visualization, Berlin, 2011.

[191] Tao M W, Johnson M K, Paris S. Error-tolerant image compositing [J]. International Journal of Computer Vision, 2013, 103(2): 178 - 189.

[192] Floater M. Mean value coordinates[J]. Computer Aided Geometric Design, 2003, 20 (1): 19 - 27.

[193] Farbman Z, Hoffer G, Lipman Y, et al. Coordinates for instant image cloning[J]. ACM Transactions on Graphics, 2009, 28(3): 67.

[194] Fattal R, Lischinski D, Werman M. Gradient domain high dynamic range compression[J]. ACM Transactions on Graphics, 2002, 21(3): 249 - 256.

[195] Lee S Y, Lee I K. Improved coordinate-based image and video cloning algorithm [C]//ACM SIGGRAPH ASIA 2009 Posters, Yokohama, 2009.

[196] Sunkavalli K, Johnson M K, Matusik W, et al. Multi-scale image harmonization[J]. ACM Transactions on Graphics, 2010, 29(4): 125.

[197] Ding M, Tong R. Content-aware copying and pasting in images[J]. The Visual Computer, 2010, 26(6 - 8): 1 - 9.

[198] Wang R, Chen W F, Pan M H, et al. Harmonic coordinates for real-time image cloning[J]. Journal of Zhejiang University-Science C, 2010, 11(9): 690 - 698.

[199] Zhang Y, Tong R. Environment-sensitive cloning in images [J]. The Visual Computer, 2011, 27(6 - 8): 739 - 748.

[200] Xue S, Agarwala A, Dorsey J, et al. Understanding and improving the realism of image composites[J]. ACM Transactions on Graphics, 2012, 31(4): 84.

[201] Wang D, Jia W, Li G, et al. Natural image composition with inhomogeneous boundaries[C]//Pacific Symposium on Advances in Image and Video Technology, Gwangju, 2012.

[202] Darabi S, Shechtman E, Barnes C, et al. Image melding: combining inconsistent images using patch-based synthesis [J]. ACM Transations on Graphics, 2012, 31(4): 82.

[203] Du H, Jin X. Object cloning using constrained mean value interpolation[J]. The Visual Computer, 2013, 29(3): 217 - 229.

[204] Wang H, Xu N, Raskar R, et al. Videoshop: a new framework for spatio-temporal video editing in gradient domain[J]. Graphical Models, 2007, 69(1): 57 - 70.

[205] Chu Y, Xiao C, Tian Y, et al. Fast gradient-domain video compositing using hierarchical data structure[C]//11th IEEE International Conference on Computer-Aided Design and Computer Graphics, Huangshan, 2009.

[206] Facciolo G, Sadek R, Bugeau A, et al. Temporally consistent gradient domain video

editing[C]//International Conference on Energy Minimization Methods in Computer Vision and Pattern Recognition, Petersbury, 2011.

[207] Xiao C, Tian Y, Chu Y. Fast gradient-domain video processing using octree data structure[J]. International Journal of Software and Informatics, 2012, 6(1): 29 - 41.

[208] Sadek R, Facciolo G, Arias P, et al. A variational model for gradient based video editing[J]. International Journal of Computer Vision, 2013, 103(1): 127 - 162.

[209] Chen Q, Wang M, Huang Z, et al. Videopuzzle: descriptive one-shot video composition[J]. IEEE Transactions on Multimedia, 2013, 15(3): 521 - 534.

[210] Xie Z F, Shen Y, Ma L Z, et al. Seamless video composition using optimized mean-value cloning[J]. Vision Computer, 2010, 26: 1123 - 1134.

[211] Shen Y, Lin X, Gao Y, et al. Video composition by optimized 3D mean-value coordinates[J]. Computer Animation and Virtual Worlds, 2012, 23(3 - 4): 179 - 190.

[212] Chen T, Zhu J Y, Shamir A, et al. Motion-aware gradient domain video composition [J]. IEEE Transactions on Pattern Analysis and Machine Intelligence, 2013, 22(7): 2532 - 2544.

[213] Mei T, Yang B, Yang S Q, et al. Video collage: presenting a video sequence using a single image[J]. Vision Computer, 2008, 25: 39 - 51.

[214] Kang H W, Chen X Q, Matsushita Y, et al. Space-time video montage[C]// Proceedings of the 2006 IEEE Computer Society Conference on Computer Vision and Pattern Recognition, New York, 2006.

[215] Wang H, Raskar R, Ahuja N. Seamless video editing[C]//Proceedings of the 17th International Conference on Pattern Recognition, Cambridge, 2004.

[216] Floater M S, Géza Kós, Reimers M. Mean value coordinates in 3D[J]. Computer Aided Geometric Design, 2005, 22(7): 623 - 631.

[217] Zach C, Pock T, Bischof H. A duality based approach for realtime TV-L1 optical flow[C]//29th DAGM Symposium, Heidelberg, 2007.

[218] Gastal E S L, Oliveira M M. Shared sampling for real-time alpha mat-ting[J]. Computer Graphics Forum, 2010, 29(2): 575 - 584.

[219] Deng Y, Manjunath B S. Unsupervised segmentation of color-texture regions in images and video[J]. IEEE transactions on pattern analysis and machine intelligence, 2001, 23(8): 800 - 810.

[220] Wang Y, Yang J, Peng N. Unsupervised color-texture segmentation based on soft criterion with adaptive mean-shift clustering[J]. Pattern Recognition Letters, 2006, 27(5): 386 - 392.

[221] Song H Z, Li X Y, Hu S M, et al. Online video stream abstraction and stylization [J]. IEEE Transactions on Multimedia, 2011, 18(6): 1286 - 1294.

5

可视媒体大数据的
结构分析技术

5.1 引言

可视媒体的结构分析是可视媒体能进行高效表达、智能处理和高效利用的基础。例如,可视媒体视觉信息基本结构的有效表示,可为实现符合人类感观的质量评价提供服务;可视媒体中物体的形状是人类视觉认知的重要线索,其高效的表达和多尺度的几何结构分析是实现符合人类视觉感知的重建与编辑的基础。本章围绕可视媒体的结构分析,详细介绍了显著性图提取和本征图像分解等研究热点问题,并介绍了课题组在相关方面取得的一些成果。

可视媒体的显著性是指在图像、视频中最突出的区域,也就是通常人们在观察一幅图像和一段视频时最关注的部分,这些部分引发了人们的兴趣和关注,也包含了最有价值的信息。通过人类的视觉系统选择的重要部分受到更多的处理,而可视媒体的显著性是与最有信息量的区域紧密相关的,特别是以自下而上的方式直接观察到的结果,所以可视媒体的显著性检测已成为目前计算机视觉任务中最重要的预处理步骤。显著性检测已经广泛地应用到可视媒体分割、识别、缩放等多个方面,为可视媒体编辑处理技术奠定良好的基础。

场景本征特性的提取一直是图像处理、计算机视觉和计算机图形学的研究热点之一。提取场景中物体的形状、材质的反射率和光照信息等,对进一步理解和分析场景具有重要的作用。本征图像分解及其应用研究关注于利用本征图像分解技术进行光照特征的高精度提取,同时结合分解出来的光照信息,构建光照特征一致性模型,实现具有真实感效果的素材编辑处理。从单一输入图像估计图像的本征特性是个不适定的问题。目前,现有的本征图像分解方法仍然存在提取精度不足、求解效率低下等问题,同时,传统的素材编辑处理应用过程中,时常由于光照特征的不一致而造成失真现象,严重影响对媒体资源的高效处理与有效利用。国内外关于本征图像分解的研究主要集中在如何利用光照的局部一致性以及反射的全局稀疏性,进行有效的本征图像估计,进而实现高质量的光照特征与反射率特征的提取。本章基于对图像结构的分析,研究单张图像的本征图像自动化分解技术,也有助于场景的分析与理解以及可视媒体编辑处理时的协调统一。

5.2　显著性图提取

5.2.1　图像显著性检测技术研究现状

图像显著性检测技术是图像编辑处理中的一项重要预处理工作。通常分为自下而上的显著性检测（bottom-up saliency detection）、自上而下的显著性检测（top-down saliency detection）和两种方法相结合的一些混合方法。自下而上的显著性检测技术是一种低层次的数据驱动的方式，可以认为是一个滤波器，抽取显著于其他区域的感兴趣的图像区域，通常采用一些视觉线索，如颜色、强度、位置等低层次的特征来处理。该方法由于采用的是自下而上的方法，只考虑一些低层次的信息，是一种独立于任务的方式，所以对于显著性区域没有考虑到一些高层次的需求，如用户的特定目标需求等，因此存在一些不足。自上而下的显著性检测技术是基于眼动跟踪或物体检测技术等高层次信息，采用任务驱动的高层次先验知识的方式。但是在实际应用中，眼动信息等数据很难得到，在大规模数据集中有太多物体需要处理，所以这类方法在实际应用中有很大的局限性。由于自下而上的显著性检测方法和自上而下的显著性检测方法都有自身的优点和缺点，一些研究者尝试将这两种方法结合来进行图像的显著性检测，形成了一些结合两种方法的混合图像显著性检测算法。

1. 自下而上的图像显著性检测技术

自下而上的图像显著性检测技术主要依赖图像的原始信息来产生视觉关注区域，该方法主要是由具体的数据信息刺激来产生显著性，与高层次的目标任务没有关系，所以该方法通常来说效率比较高，下面简单介绍近些年来的一些研究工作进展。

自下而上的显著性检测计算框架通常是由场景中低层次的刺激来进行驱动的，包括强度、对比度和方向等。该框架一般包括三个步骤：① 利用一些低层次视觉特征如颜色、方向、纹理等，在多尺度中抽取特征；② 进行显著性检测；③ 根据一些赢者通吃、返回抑制或其他的非线性操作来确定显著度图的一些关键位置。

Itti 等[1]根据生物启发原理和特征整合的一系列理论提出了视觉显著性检测算法。该算法首先使用的是线性滤波器对要检测的图像进行处理，分别得到由颜色、方向和亮度等特征构成的特征图。其次，在此基础上让特征图按照不同位置进行竞争,从而使得特征图内部最突出的地方得以保留。最后,对这些特征图使用最基本的自下而上的组合方式进行操作,得到其中的主显著性图,从而可以包括局部的最显著性区域。该框架为后续的显著性研究提供了一种能够快速大规模地进行感兴趣区域选择的并行化机制,可以克服物体识别时计算过程比较耗时的问题。这种方法是显著性检测的早期经典工作,已经被广泛地应用到图像缩放和压缩、物体识别、图像质量评价等领域中。

Itti 等[2]受生物视觉启发,总结了基本的视觉显著性检测方法,指出有五种重要的趋势已经出现在自下而上、基于图像控制的显著性发展上。第一,由刺激产生的感知显著性对于周围的环境有很强的依赖性。第二,独特显著性图已经被证实是有效且合理的自下而上的控制策略,这种显著性图是对视觉场景刺激位置进行显著形态编码产生的。第三,返回抑制,即已存在的注意会对当前的注意位置进行抑制的过程,是一种影响注意发展的重要因素。第四,注意力和眼动紧密影响,对用来控制注意的坐标系统提出了计算挑战。第五,场景理解和物体识别约束了注意位置的选择。这些为视觉注意的计算和神经生物理解提供了框架。

Ma 等[3]提出了基于对比度分析的注意力区域检测方法,利用局部对比度分析,模拟人类感知,利用模糊增长方法从显著度图中抽取注意力区域或物体,提出了一种图像注意力分析的可行框架,提供了三个层次的注意力分析,包括注意视角、注意区域和注意点。该框架促进了视觉分析工具或视觉系统的发展,在某种程度上像人类感知一样自动地抽取图像的显著性。

Bruce 等[4]基于场景中最大化信息采样的原理提出了自下而上的显著性注意模型,该操作基于香农的自信息测量,得到一种被证实与灵长类视觉皮层的回路有紧密相关的神经网络。提出的显著性检测能够扩展解释当前的显著性模型中回避的一些难题。Harel 等[5]提出了自下而上的基于图像控制的视觉显著性模型,主要包括两个步骤:首先,在某些特征通道上形成激活图(activation map);其次,对其进行标准化,突出显著性并与其他图结合。该模型简单且符合生物特性,可并行。

Le Meur 等[6]提出一种一致的自下而上的视觉注意模型,主要基于当前对人类视觉系统(HVS)行为的理解,对比敏感度函数、感知分解、视觉隐蔽和中心周围交互的一些模型特征来实现。Kienzle 等[7]则是在训练眼动数据上提出了无参数的自下而上的显著性检测。

人类视觉系统检测显著性物体既快又可靠,而模拟这种基本的智能行为的计算模型仍有很多不足。利用谱理论的相关知识,Hou 等[8]提出了一种非常简单的视觉显著性检测,该模型独立于特征、分类和其他的物体先验知识,通过分析输入图像的对数谱(log-spectrum),在谱域中基于傅里叶变换抽取图像的谱残留(spectral residual,SR),利用振幅谱的谱残留得到显著性图。该方法如果使用不恰当的频域范围则会产生一些缺陷,为了克服这种缺陷,Guo 等[9]采用傅里叶变换中的相位谱(phase spectrum of fourier transform,PFT)来代替振幅谱,得到显著区域的位置。PFT 能够很容易地从二维傅里叶变换扩展到四元数傅里叶变换(quaternion fourier transform,QFT),每个像素的值表示为由强度、颜色和运动特征组成的四元数。增加的运动维度能够使相位谱表示时空显著性,可以用于实拍的显著性选择中。Achanta 等[10]提出了一种根据频率调整计算图像显著性的方法,利用低层次的颜色和亮度特征估计中心周围的对比度,该方法简单且计算效率高,能够输出全分辨率的显著性图。Chen 等[11]则定量分析了基于快速傅里叶变换(fast fourier transform,FFT)方法的内在机制,提出了一种统一的框架,在这种框架下推导出频率谱修正(frequency spectrum modification,FSM)的显著性检测方法,运用了多特征通道和横向竞争来模拟人类的视觉系统。

除了考虑人类的注意点,一个合理的显著性检测应该在杂乱背景中检测到大和小的显著区域,同时抑制重复物体。基于这种考虑,Li 等[12]提出了结合频率域的全局信息和空间域中的局部信息的显著性检测模型。在频率域分析中,该模型没有模拟显著区域,而是用全局信息模拟了非显著区域,然后用谱平滑抑制场景中不突出的重复模式。在空间域分析中,该模型利用中心周围机制增强了具有更多信息的点或区域,最后结合两种通道的输出来得到显著性图。Li 等[13]提出了在频率域中尺度空间分析的显著性方法,显示了具有恰当尺度的低通高斯核的图像振幅谱卷积相当于图像显著性检测器,而当尺度参数趋于无限时,谱残留(SR)和相位谱(PFT)是该模型的特殊情况,为了融合多维特征图,采用了超复杂傅里叶变换来进行谱尺度空间分析。

Liu 等[14]提出一种用来进行显著性物体检测的监督方法。该方法将显著性物体检测转化为二值标记问题,从背景中分离显著性物体,提出一些新的特征,包括多尺度对比度、中心-周围直方图和颜色空间分布来描述显著物体的局部性、区域性和全局性特征,有效地结合这些特征,用条件随机场来进行显著物体的检测。

Xie 等[15]采用低层次和中层次线索在贝叶斯框架下进行显著性检测。首先,用感兴趣点形成凸包来得到粗显著性区域;其次,用超像素分割得到中层次线索,利用拉普拉斯子空间聚类来分组超像素,计算先验显著性图;最后,利用低层次线索来计算观察似然性，在贝叶斯框架下得出每个像素的显著性。该方法能准确高效地检测出图像中的显著区域。

由于缺少良好的模型来进行显著性表述，所以显著性检测的准确性一直是充满挑战的问题。Wang 等[16]提出基于选择对比度的显著性目标检测，利用颜色、纹理和位置中最有区分度的内容信息作为选择对比，能够在一定程度上提高显著性检测的准确性。

单张图像信息不充分使得显著性检测不可靠，Lang 等[17]提出从邻域中补充信息来提高自下而上的显著性检测算法。对现存算法进行信息扩展，其中包括可视邻域信息，以此提出多任务稀疏解来整合当前图像和它的邻域，共同检测显著性。首先将每个图像表示为特征矩阵，然后经过多矩阵联合分解，从低秩和稀疏矩阵中寻找一致的稀疏元素来进行整合。计算过程表示为约束核范数和最小化 L_2、L_1 范数问题，该问题是凸的且可以用增强的拉格朗日乘算法有效求解，该模型除了可以利用视觉特征空间的最近邻结构，也可以扩展处理多个视觉特性。

Liu 等[18]提出基于显著性树的显著性检测框架，首先使用自适应的颜色，通过量化和区域分割，将图像分割为一些原始的区域。其次，采用三种测量——全局对比度、空间稀疏性和物体先验，为每种原始区域产生初始显著性区域，并用区域相似性进行结合。可以用动态尺度控制策略得到的显著性定向区域合并方法来产生显著性树，在区域合并过程中每个叶子节点代表一个原始区域，每个非叶子节点代表非原始区域。最后，通过区域选择标准的区域中心-周围策略，执行包括显著性节点选择、区域显著性调整和选择的系统显著性树分析策略，以此得到最终的区域显著性测量，获得高质量的显著性像素图。但是该方法对于图像背景中包含很显著区域的情况和显著物体与背景颜色很相似的情况不能得到理想的显著性检测效果。

不同于依赖大量滤波或复杂的学习过程，Lu 等[19]提出从图像直方图中计算显著性，能够有效地适应图像尺度变化。该方法使用了一些二维图像共生直方图，不仅编码了在组成图像时应当出现像素的数量，并且编码了这些像素出现的位置以及相互之间应该如何组合出现。因此捕捉了物体或图像区域的异常性，常常能感知全局不正常（如低出现频率）或对环境局部不连续（如低共现频率）的情况。该方法运行速度快且容易实现，同时包含了最小参数调整，不需要训练且对图像尺度变化比较鲁棒。

Zhou 等[20]通过用图像统计来描述显著物体和背景，设计了一种检测图像显著性物体的算法。首先，通过引入显著性驱动聚类方法产生图像聚类来揭示图像的视觉模型，应用高斯混合模型（gaussian mixture model，GMM）来计算颜色空间分布,并统计每个聚类。其次,三种区域显著性检测(区域颜色对比度显著性、区域边缘先验显著性和区域颜色空间分布)被计算和结合在一起,提出整合颜色对比度先验、边缘先验和图像的视觉模型信息的区域选择策略。结合区域显著性测量自适应,将图像像素分成潜在的显著区域或背景区域。最后,考虑区域显著性值作为先验,利用贝叶斯框架来计算每个像素的显著性值。

Wang 等[21]提出用先验显著性知识进行指导,整合视觉特征和空间信息的显著性检测方法。为了提供更准确的视觉线索,通过计算两种显著性测量,即特征特殊性和空间分布,进行处理图像分割的区域描述。相比于传统的线性方式,该方法结合基本视觉线性特征,提供了非线性的特征整合。另外,考虑从显著性点凸包的先验显著性分布的优点,该方法提高了前景与背景的对比度,增强了最终的显著性图,均匀覆盖显著性物体,缓和了非显著性背景。但是该方法对于由一些部分组成的物体不能成功地检测到整体结构。

Roy 等[22]提出了一种自下而上的显著性检测算法,使用了三种不同的低层次线索——基于图的稀疏性、空间紧密度和背景先验。首先,将图像分为相似的颜色块,称为超像素。为了测量稀疏性,将图像表示为超像素的图节点,在节点中将颜色差异的指数作为边的权重。其次,类似于谱聚类,使用图的拉普拉斯特征向量描述每个超像素,用这些描述来找超像素的稀疏性或独特性,结合超像素间的颜色和空间距离差异来计算空间紧密度。最后,用统计模型均值背景颜色找超像素的权重马氏距离,以实现背景先验。

Gao 等[23]提出一种彩色图像的显著性区域检测,利用早期视觉特征在八元数代数框架下执行谱规范化,比四元数能容纳更多特征通道。首先,基于边缘强度,黑白、红绿、蓝黄相对比的颜色特征图以及有四个方向的 Gabor 特征被结合到八元数图的八个通道。其次,在八元数图中保持相位信息来进行谱规范化。最后,在不同规模下用高斯金字塔产生显著性图,通过结合来形成最后的显著性图,整合频域规范化到八元数图和显著性图金字塔中,可以利用频域和空间域中的各自优势。Chuang 等[24]则采用了等照度线算子来检测像素的潜在结构和全局显著性信息,通过整合图像来构成最终的显著性图。

在复杂场景中检测多个显著性物体是一件很有挑战性的任务。Xu 等[25]提出了一种基于中心-周围视觉注意机制和人类视觉系统的空间频域响应的图像显著物体检测方法。该显著性计算是以统计方式来执行的,模拟生物启发原则,用两种散射矩阵来计算显著性。这两种矩阵被分别用来测量中心和周围区域在两类中和两类间的变量。为了在场景中检测不同大小的多个显著性物体,像素的显著性通过定义像素的最显著区域中心的支持区域来估计。该方法遵守人类感知特征在复杂场景中检测显著物体的准则,在人类固定预测中具有好的性能。另外,该方法通过查找不同规模的潜在显著性支持区域来检测多个物体的显著性,能够自适应地探索多个显著性区域,使得在复杂场景中能够有效地进行显著性检测。

共同显著性检测的目的是在多张图像中发现共同的显著性物体,Cao 等[26]提出显著度图融合框架,采用多个显著性线索的关系,得到自适应权重来产生最终的显著性图和共同显著性图。给定一组有相似物体的图像,该方法首先利用一些显著性检测算法为所有图像产生显著性图,共同显著性区域的特征表示是相似或一致的。因此,这些特性直方图的矩阵连接是低秩的,这种一般性一致准则表示为秩约束,用两种分别基于低秩矩阵相似和低秩矩阵复原的一致性能量来描述,通过计算基于一致性能量的自适应权重,突出一般的显著性区域。该方法不仅在多于两个输入图像中有效,对于单个图像的显著性检测也非常有效。

2. 自上而下的图像显著性检测技术

自下而上的显著性检测是根据低层次的特征进行数据驱动的方式来检测,对于以目标导向为主的计算机视觉任务如对象定位、检测和分割等,在背景高度聚集的情况下,由于缺少自上而下的先验知识,无法得到物体感兴趣的信息。而自上而下的显著性检测主要依赖高层次的任务驱动的方式来进行检测,因此对于以目标导向为主的任务能够产生很好的检测效果。由于目标任务通常是各种各样的,本节的重点是针对自下而上的显著性进行分析,在此仅简单地介绍几个有代表性的自上而下的显著性模型。

人们在自然场景中找特定对象时充分利用了关于物体如何存在的常识。尽管已经有很多自上而下的知识被利用并合并入显著性图模型中,但是对于物体出现的作用讲述比较缺乏。Kanan 等[27]提出了在贝叶斯框架下的基于外观的显著性模型,该模型能够很好地预测人类注意,甚至可以像人一样得出同样的错误。

Yang 等[28]通过共同学习条件随机场(conditional random field,CRF)和一种有识别力的字典(discriminative dictionary),提出了自上而下的显著性模型。该模型表述为具有潜在变量的 CRF,用稀疏编码作为潜在变量,通过 CRF 来学习有识别力的字典调整,同时 CRF 由稀疏编码来驱动,通过采用快速推理算法提出了最大化边缘(max-margin)方法来训练该模型。该模型执行效果明显,且字典的更新大大提高了模型的性能。

Qiu 等[29]提出了一种基于编码分类框架的目标驱动的自上而下的显著性计算模型,包含的连续的步骤如下:特征提取、描述符编码、本地池和显著性预测。在本地池步骤中,Qiu 等[29]研究了多尺度上下文信息对显著性检测的影响,发现可通过最优上下文尺度得到块层次特征描述。基于这种观察,在显著性预测步骤中提出了自动尺度选择。该方法能够有效地提高目标驱动的显著性检测性能和相关的对象检测。

Zhu 等[30]提出基于块的上下文池的自上而下目标驱动的显著性检测方法。该方法包括特征提取、描述符编码、上下文池和显著性预测。在上下文池操作中,中心块从多邻域尺度和方向的周围块中充分利用了空间上下文信息,产生了更多的可区别的表示,促进显著性预测目标模型的学习。该方法能够很好地提高目标对象显著性检测的性能。

3. 结合自下而上和自上而下的图像显著性检测技术

由于自下而上的显著性检测方法缺乏对高层次任务的预测,所以不能很好地得到目标任务显著性检测效果,而自上而下的显著性检测方法虽然采用了任务驱动,但有时候会忽略一些低层次的特征,因此一些研究者尝试通过结合这两种方法来进行图像的显著性检测。

Borji[31]提出结合低层次的特征(如方向、颜色、强度等)的自下而上的显著性图模型与自上而下的认知视觉特征(如人、脸、车等),用回归、支持向量机和Adaboost 分类来学习一种直接从特征映射到眼注视的检测方法。结合自下而上和自上而下的视觉特征进行的显著性检测能在没有复杂图像处理操作(如区域分割)的情况下成功检测出场景中的最显著物体。

通过模拟长期记忆和抑制的程序记忆来维持人类视觉的短期记忆行为,Hua 等[32]在自下而上的显著性模型中加入了自上而下的存储目标(memory-oriented)空间注意线索,并提出结合自下而上模型和自上而下模型产生的概率显著性模型能应用到静态和动态场景中。在静态场景中,通过将场景的全局特征线性映射到长期自上而下(long-term top-down,LTD)显著性模型来模拟注意经验分布到长期记忆(long-term memory)的相似场景中。在动态场景中,增加了短期记忆(short-term memory)形成似隐马尔可夫链(hidden Markov model-like chain)来指导显著性分布。该方法通过利用低层次特征对比、空间分布和位置信息改进了自下而上的模型,突出了显著区域。该模型的特点在于自上而下的显著性是用潜在变量定义,不仅具有明确的长期记忆的物理含义,而且允许不同任务依赖的自上而下线索激活,如对象、颜色和特殊场景要点等。但是,该模型依旧存在一些问题,例如在 LTD 和场景要点间假设了一种简单的线性关系,使用了近似算法来训练模型的参数。

Zhu 等[33]提出基于标签的显著性检测方法,该方法基于分层图像过分割和自动标签,能够有效地在大规模可视媒体数据中抽取语义信息,通过整合高层次和低层次的信息来测量分层过分割区域的全局对比度。该方法运用到一些有挑战性的数据集上,显示了基于标签的显著性模型能够更大概率地定位到真实的显著性区域,定量的分析也显示该模型中两种不同层次的信息在先进性上起到了重要的作用。

5.2.2 基于粗粒度的贝叶斯模型显著性检测算法

显著性检测技术主要关注人们最感兴趣的图像内容,本节从粗粒度的角度对图像进行预处理,在图像信息较少的基础上,对图像进行显著性点检测,利用 Xie 等[15]提到的贝叶斯方法对图像进行显著性检测。实验结果表明,使用经过改进的基于粗粒度的贝叶斯模型显著性算法能够得到更准确的显著性图。

1. 粗粒度显著性点检测

图像含有丰富的信息,在通常情况下,人们第一眼关注的都是图像中最突出的信息,所以在进行显著性检测之前,将对图像采用压缩处理,减少一些不重要的冗余信息量,这对于后续的显著性检测会起到一定的优化作用,这种处理被称为粗粒度的预处理过程。

在进行压缩时,采用常规的基于离散余弦变换(discrete cosine transform, DCT)的方法先对图像进行简单的压缩处理。离散余弦变换是一种空间域变换,可以按照图像像素块中的能量来调整,使得在具有低频的少量变换系数上集中大量的能量,因此只要对于这些少量的系数进行编码就能较好地保证图像的质量。通常,对于一幅图像来说,由于图像的像素分布是由图像的内容决定的,所以像素之间没有什么明显的关系,而通过离散余弦变换之后,像素的分布就有规可循了,在左上角集中了低频分量,而高频分量通常集中在右下角部分,人类的视觉通常对于高频分量不是很敏感,所以去掉一些高频分量会有助于图像信息的减少。如图 5 - 1 所示,图 5 - 1(a) 是原图,图 5 - 1(b)是压缩后的图像。压缩通常包括离散余弦变换的计算、量化和编码三个步骤。首先,将图像分为 8×8 的像素块,像素块按照自左而右和自上而下的顺序进行处理,将 8×8 的像素块进行处理之后,对 64 个像素减去 2^{n-1} 来做层次移动操作(其中 2^n 是像素灰度级的最大数目),然后计算像素块的二维离散余弦变换,

(a) (b)

图 5 - 1 压缩前后图像对比

(a) 原始图像;(b) 压缩后的图像

进行量化和编码后得到压缩后的图像。根据压缩质量不同,图像的效果也明显不同。图 5-2 所示为不同压缩质量的压缩效果。

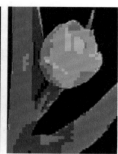

图 5-2　不同压缩质量对比

在进行简单压缩后,采用颜色差异来进行显著性点检测[34]。显著性点检测效率依赖于抽取显著性点的区别性,在显著性点位置,局部邻域被抽取,用局部图像描述符描述。描述符的差异定义了表述的简洁和显著性点的辨别力,可以用信息内容来衡量感兴趣点的独特性。

对于基于亮度的描述符,信息内容通过在检测点描述微分结构差异的局部二阶来测量。在彩色图像中,由于额外信息的有效性,对于局部结构描述颜色的一阶表述已经足够,式(5-1)给出了颜色一阶描述:

$$v = (R \quad G \quad B \quad R_x \quad G_x \quad B_x \quad R_y \quad G_y \quad B_y)^{\mathrm{T}} \tag{5-1}$$

从信息论角度,事件的信息内容依赖于它的频率或者概率。式(5-2)表示了这种联系:

$$I(v) = -\log[p(v)] \tag{5-2}$$

式中,$p(v)$ 是描述符 v 的概率,发生稀少的事件具有更多的信息量。描述符的近似信息内容由式(5-3)给定,式中假设零阶信号概率和一阶导数相互独立:

$$p(v) = p(f)p(f_x)p(f_y) \tag{5-3}$$

式中的 $p(f_x)$ 减小时,显著点检测的信息内容会增加。

通过颜色差异来确定显著性点,图 5-3 显示了压缩前后图像的显著性点,虽然压缩后显著性点有所减少,但是效果仍不理想。

Hou 等[8]分析了图像的对数谱的走向曲线,虽然不同图像的对数谱上都存在奇异点,但是总体上来说它们有相似的曲线走势,根据这种分析,Hou 等[8]提出了谱残留的显著性统计方法。随后,Achanta 等[10]分析了原始图像的空间频

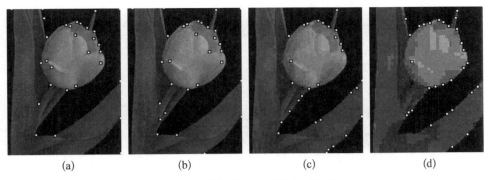

图 5-3 压缩前后显著性点对比图

(a) 原始图像显著性点;(b) 压缩后图像显著性点;(c) 压缩后图像显著性点;(d) 压缩后图像显著性点

率,利用颜色和亮度等估算中心周围对比度,提出频域调整的显著性检测方法。由于压缩后的检测仍不是很理想,本节采用 Achanta 等[10] 的方法对压缩后的图像进行频率调整,得到图 5-4 所示的检测效果。

经过频率调整,我们对图 5-4 再次进行显著性点的检测,可以得到如图 5-5 所示的显著性点检测结果。从图 5-5 中可以看出,显著性点的检测结果已经比较理想,基本上集中于显著性物体真实值的周围。

图 5-4 频率调整结果

图 5-5 频率调整后显著性点检测结果

2. 基于显著性点的凸包区域构建

在显著性点检测后,将对这些点进行凸包操作,按照显著物体通常不在图像边缘的原则,首先将靠近边缘的检测点进行处理,然后对图像进行凸包的运算。图 5-6 显示了原始图的凸包和经过处理后图像的凸包效果。

3. 基于粗粒度的贝叶斯模型显著性区域检测

贝叶斯模型是在知道先验概率和独立概率分布的情况下求取后验概率的一

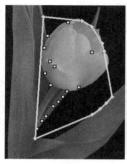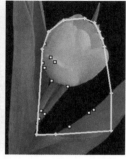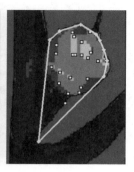

图 5-6　凸包的效果

种简单的数学模型,通常利用最大似然估计来求独立概率分布。本节依据 Xie
等[15,35]提出的贝叶斯模型来进行显著性检测。首先利用 5.1 节中计算得到的
凸包作为近似的显著性区域,基于估算的近似区域,将显著性检测作为贝叶斯
推理问题来估计图像中每个像素 y 的后验概率,有

$$p(\text{sal} \mid y) = \frac{p(\text{sal})p(y \mid \text{sal})}{p(\text{sal})p(y \mid \text{sal}) + p(\text{bk})p(y \mid \text{bk})} \qquad (5-4)$$

$$p(\text{bk}) = 1 - p(\text{sal}) \qquad (5-5)$$

式中,$p(\text{sal} \mid y)$ 表示像素 y 具有显著性的概率,sal 表示显著性(salient)区域;
$p(\text{sal})$ 是像素点 y 具有显著性的先验概率;$p(\text{bk})$ 是像素属于背景的先验概
率,bk 表示背景(background);$p(y \mid \text{sal})$ 和 $p(y \mid \text{bk})$ 是观察到的似然性[可
记为 $p(y \mid \text{sal}) = 1$ 和 $p(y \mid \text{bk}) = 1$]。我们的目标是估计每个像素具有显著性
的概率,从而得到显著性图。

　　在进行贝叶斯显著性分析之前,参照 Achanta 等[36]提出的超像素分割方法
对图像进行超像素分割。目前,超像素在计算机视觉应用领域越来越流行,通常

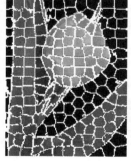

以低计算开销来产生规则数量的紧凑超像素。Achanta
等[36]提出简单线性迭代聚类(simple linear iterative
clustering,SLIC)方法,通过在 CIELab 颜色空间的 L、
a、b 值和 x、y 像素坐标定义的五维空间中执行像素的
局部聚类,在超像素形状中利用距离测量来实行紧密性
和规律性,无缝地适应灰度和彩色图像。SLIC 执行简单
且容易在实际中应用,只需要指定超像素数目的参数。
图 5-7 是利用 Achanta 等[36]的 SLIC 方法进行超像素分
割的效果图(指定超像素的数目为 200)。

图 5-7　超像素分割效果

1) 先验分布

不同于贝叶斯框架中使用均匀的先验分布，Xie 等[15]提出基于超像素聚类和凸包的粗显著性区域来计算概率先验图。利用拉普拉斯稀疏子空间聚类（Laplacian sparse subspace clustering, LSSC）来聚合超像素。谱聚类的关键在于如何准确地构建有效的邻接矩阵来描述每对像素之间的相似性。Elhamifar 等[37]提出了稀疏子空间聚类，在稀疏表示（sparse representation, SR）时利用谱聚类到相似矩阵构建。该方法基于在子空间的每个点都有一个 SR，用所有其他数据点表示的字典形式。假定每个点属于一个独特的子空间，它能用该子空间的一个小点集表示，所以考虑整个数据点集，每个点都有一个稀疏表示。通过寻找每个点的稀疏组合，能够决定点的同一子空间，通过谱聚类分割得到稀疏相似性矩阵。

给定一个新的数据点 y，在同一子空间中表示为点的仿射组合。每个点的稀疏表示 $y \in \mathbf{R}^D$ 可以用式（5-6）改进的基追踪算法来进行恢复：

$$\min \| c \|_1, \text{约束条件为 } y = yc, \ c^\mathrm{T} 1 = 1 \tag{5-6}$$

点 y 的数据矩阵为 $Y = (y_1, y_2, \cdots, y_N)$，最优解的非零项 $c \in \mathbf{R}^N$ 对应同一子空间点作为当前的点 y。令 $Y_i \in \mathbf{R}^{D(N-1)}$ 为矩阵 Y 通过移除第 i 列 y_i 得到的矩阵，点 y_i 对于基本矩阵 Y_i 有一种稀疏表示：

$$\min \| c_i \|_1, \text{约束条件为 } y_i = Y_i c_i, \ c_i^\mathrm{T} 1 = 1 \tag{5-7}$$

式中，$c_i \in \mathbf{R}^{N-1}$。实际应用中要考虑噪声项，模拟 $\bar{y}_i = y_i + \eta_i$ 的第 i 个点，噪声项 η_i 受 $\| \eta_i \|_2 \leqslant \varepsilon$ 约束。$\bar{y}_i$ 的稀疏表示用正则化项 $\| Y_i c_i - \bar{y}_i \|_2 \leqslant \varepsilon$ 来计算。然而 η 常常是未知的，可用式（5-8）求解最优化：

$$\min \| c_i \|_1 + \gamma \| Y_i c_i - \bar{y} \|_2, \text{约束条件为 } c_i^\mathrm{T} 1 = 1 \tag{5-8}$$

式中，γ 是一个小常量。当 γ 固定时，式（5-8）转化为

$$\min \| Y_i c_i - \bar{y} \|_2 + \lambda \| c_i \|_1 \quad \text{约束条件为} \quad c_i^\mathrm{T} 1 = 1 \tag{5-9}$$

式中，λ 是一个小常量。对每个点的稀疏表示，描述点间联系的关联矩阵能够得到。

稀疏子空间聚类方法在聚类时效果很好，但是该方法仅仅使用了低层次的特征，Xie 等[15]采用 LSSC 方法，我们在本节中也采用该方法。利用上面得到的超像素信息进行聚类。由于完备字典（数据矩阵 Y）中两个相似数据点的小编号会导致对码本有不同的反应。因此，计算约束矩阵来编码超像素间的关系。将

基于约束矩阵的拉普拉斯正则项引入式(5-9),像素的超像素有相似的稀疏系数。用 $\boldsymbol{W}$ 表示约束矩阵,优化问题表示为

$$\min \| \boldsymbol{Y}_i \boldsymbol{c}_i - \bar{\boldsymbol{y}} \|_2 + \lambda \| \boldsymbol{c}_i \|_1 + \alpha/2 \sum_{ij} \| \boldsymbol{c}_i - \boldsymbol{c}_j \|^2 \boldsymbol{W}_{ij}$$

$$= \min \| \boldsymbol{Y}_i \boldsymbol{c}_i - \bar{\boldsymbol{y}} \|_2 + \lambda \| \boldsymbol{c}_i \|_1 + \alpha \cdot tr(\boldsymbol{CLC}^{\mathrm{T}}), \text{约束条件为} \boldsymbol{c}_i^{\mathrm{T}} 1 = 1$$

$$(5-10)$$

式中,$\boldsymbol{L}$ 是拉普拉斯矩阵,定义 $\boldsymbol{L} = \boldsymbol{H} - \boldsymbol{W}$;$\boldsymbol{H}$ 是对角矩阵,即 $\boldsymbol{H}_{ii} = \sum_j \boldsymbol{W}_{ij}$;参数 α 是平衡约束正则项影响的权重;$tr(\boldsymbol{CLC}^{\mathrm{T}})$ 表示矩阵 $\boldsymbol{CLC}^{\mathrm{T}}$ 的迹;$\boldsymbol{C}$ 是由 C_i 组成的矩阵;$\boldsymbol{C}^{\mathrm{T}}$ 是 $\boldsymbol{C}$ 的位置。用式(5-8)对 $\boldsymbol{c}_i$ 进行初始化,通过在 $\boldsymbol{c}_i$ 的第 i 行插入零向量,可以得到 N 维向量 $\hat{\boldsymbol{c}}_i \in \boldsymbol{R}^N$。

对于已经用 SLIC 算法分割为 N 个区域的图像,从 n 个独立的仿射子空间的联合中得到 N 个超像素作为数据点的集合,表示为 $\{\boldsymbol{y}_i\}_{i=1}^N$,$\boldsymbol{y}_i \in \boldsymbol{R}^D$,应用 LSSC 算法将它们聚合成 n 类。在一个超像素中包含的一个图像像素表示为九维的特征向量 $\boldsymbol{s}$,有

$$\boldsymbol{s} = \begin{bmatrix} l & a & b & I_x & I_y & I_{xx} & I_{yy} & \beta x & \beta y \end{bmatrix} \quad (5-11)$$

式中,l、a 和 b 表示在 CIELab 颜色空间中的像素值;I_x、I_y、I_{xx} 和 I_{yy} 对应于在 x、y 轴图像强度的一阶或二阶导数;x、y 是图像像素的坐标;β 是衡量颜色、图像梯度和空间特征的参数。与颜色和图像梯度的操作相似,归一化空间信息 x、y 到 $[0,1]$ 中。显著性物体倾向于在空间距离上更近,而非显著性点常常分散在图像中。Xie 等[15]指出,如果对空间特征采用相同的权重 $\beta = 1$,会使属于非显著物体的像素点的聚类结果不准确(也就是说,大物体的像素可能会被分为两个聚类),本节根据经验选用 $\beta = 0.5$ 来减少这种问题。

超像素分割的结果比较小,包含的像素也很相似,对每个超像素,计算平均特征向量 $\boldsymbol{y}$,有

$$\boldsymbol{y} = \frac{1}{K} \sum_{k=1}^K \boldsymbol{s}_i \quad (5-12)$$

式中,K 是超像素所包含的图像像素个数,每个超像素的特征向量 $\boldsymbol{y}$ 中有数据矩阵 $\boldsymbol{Y} = [y_1, y_2, y_3, \cdots, y_N]$。根据特征向量 $\boldsymbol{s}$ 计算协方差矩阵,描述超像素的关系。对于每个超像素,计算 9×9 的协方差矩阵 $\boldsymbol{M}$ 为

$$\boldsymbol{M} = \begin{pmatrix} \sigma_{11} & \cdots & \sigma_{19} \\ \vdots & \ddots & \vdots \\ \sigma_{91} & \cdots & \sigma_{99} \end{pmatrix} \quad (5-13)$$

$$\sigma_{ij} = \frac{1}{K-1}\sum_{k=1}^{K}(s_i^k - y_i)(s_j^k - y_j) \qquad (5-14)$$

式中，s_i^k 表示当前超像素的第 k 个像素的第 i 个特征；y_i 是第 i 个特征的均值。

给定两个超像素，基于对应的协方差矩阵 $\boldsymbol{M}_1$ 和 $\boldsymbol{M}_2$ 来计算距离，从而测量不相似性：

$$d(\boldsymbol{M}_1, \boldsymbol{M}_2) = \sqrt{\sum_{i=1}^{9}\ln^2[\lambda_i(\boldsymbol{M}_1, \boldsymbol{M}_2)]} \qquad (5-15)$$

式中，$[\lambda_i(\boldsymbol{M}_1, \boldsymbol{M}_2)]_{i=1}^{9}$ 是 $|\lambda\boldsymbol{M}_1 - \boldsymbol{M}_2| = 0$ 的广义特征值。基于式(5-15)的距离，通过计算约束矩阵 $\boldsymbol{W}$ 的每个元素来测量两个超像素的相似性，即

$$\boldsymbol{W}(\boldsymbol{M}_1, \boldsymbol{M}_2) = \exp[-\rho d(\boldsymbol{M}_1, \boldsymbol{M}_2)] \qquad (5-16)$$

式中，ρ 是一个小常量，通常取 0.5。

从带有数据矩阵 $\boldsymbol{Y}$ 的约束矩阵 $\boldsymbol{W}$ 中计算拉普拉斯矩阵 $\boldsymbol{L}$ 来解式(5-10)，迭代地优化每个稀疏编码 $\boldsymbol{c}_i$，得到稀疏系数矩阵 $\boldsymbol{C} = [\hat{\boldsymbol{c}}_1, \hat{\boldsymbol{c}}_2, \cdots, \hat{\boldsymbol{c}}_N] \in \boldsymbol{R}^{N\times N}$，不一定是对称的，构建谱聚类的对称相似性矩阵 $\widetilde{\boldsymbol{C}}$，$\widetilde{C}_{ij} = |C_{ij} + C_{ji}|$，对称矩阵 $\widetilde{\boldsymbol{C}}$ 用来定义图 $G = (V, E)$，顶点 V 是 N 个超像素，如果 $\widetilde{\boldsymbol{C}}$ 是非零的，边 $(v_i, v_j) \in E$，矩阵 $\widetilde{\boldsymbol{C}}$ 是图 G 的邻接矩阵。图 G 的拉普拉斯矩阵 $\boldsymbol{A}$ 通过邻接矩阵 $\boldsymbol{A} = \boldsymbol{B} - \widetilde{\boldsymbol{C}}$ 来生成，$\boldsymbol{B}$ 是对角矩阵，利用 K 均值算法对拉普拉斯矩阵 $\boldsymbol{A}$ 的特征向量进行聚类分割。这种聚类方法能正确地将图像聚集为 n 个划分，也能很好地分割显著物体，但是该聚类算法是在无监督的方式下进行的，没有考虑目标对象，因此借助前面计算的凸包，将聚类的显著性测量基于属于凸包的像素数来进行，采用式(5-17)来定义聚类显著性像素的先验概率：

$$p(\mathrm{sal}) = \frac{|\,\mathrm{cluster} \cap \mathrm{hull}\,|}{|\,\mathrm{cluster}\,|} \qquad (5-17)$$

式中，cluster 表示一个聚类；hull 表示一个包含显著性的凸包；$|\cdot|$ 表示集合中总的元素数。对于不覆盖凸包的，聚类先验概率为 0，与凸包相交的聚类像素对应相同的先验概率。图 5-8 显示了聚类后产生的先验效果。

2) 观察的似然性

利用常规的中心周围原理进行似然性的计算会消耗很多计算资源，借助之前计算的凸包来估算粗略的显著区域能够减少计算代价。对于已经计算得到的感兴趣点

图 5-8 先验效果图

的凸包,只需要计算关于显著区域的每个像素的显著性。

凸包将图像分为两个不相连的区域,内部区域用 I 来表示,外部区域用 O 来表示。所有的显著性点分布在区域 I 中,也就是说,在 I 中的像素趋向于显著性,而在 O 中的像素更可能成为背景的一部分。单个像素的显著性取决于它与 I 中像素的相似性,通过颜色直方图利用它与 O 中像素的差异性。CIELab 颜色空间被用来设计和模拟人类视觉感知,同时保存亮度和颜色信息。每个像素 y 用 $[l(y), a(y), b(y)]$ 来表示,计算区域 I 和 O 的颜色直方图。令 N_I 为 I 中像素的数量, $N_{I(f(y))}$, $f \in \{l, a, b\}$,计数区域 I 包含 $f(y)$。同样,用 N_O 表示 O 中像素的颜色直方图, $N_{O(f(y))}$, $f \in \{l, a, b\}$。 为了提高效率,认为 CIELab 颜色空间的三个通道是相互独立的。像素 y 的观测似然性用式(5-18)和式(5-19)进行计算:

$$p(y \mid \text{sal}) = \prod_{f \in \{l, a, b\}} \frac{N_{I(f(y))}}{N_I} \qquad (5-18)$$

$$p(y \mid \text{bk}) = \prod_{f \in \{l, a, b\}} \frac{N_{O(f(y))}}{N_O} \qquad (5-19)$$

通过将式(5-17)、式(5-18)和式(5-19)运用到式(5-4)和式(5-5)中,可以分配图像中的每个像素概率,从而得到贝叶斯显著性图。图 5-9 是用本节方法得到的显著性效果图。

图 5-9 显著性效果图

4. 实验结果与讨论

通过将本节方法得到的显著性效果与已有的方法 IT[1]、MZ[3]、GB[5]、SR[8]、AC[38]、IG[10] 和真实值(ground truth)进行比较,利用已经公开的有真实值标注的数据集进行验证,数据集采用与 Achanta 等[10]一致的、有 1 000 幅图像的数据标注集。从图 5-10 和图 5-11 的比较中可以看到,IT 方法只能得到图像中的一些比较突出的亮点;SR 方法与 IT 方法相比有了一些改进,但是也只是多一些亮点区域;GB 和 MZ 虽然已经能够看出突出物体的一些基本形状,但是这两种方法得到的显著性检测结果比较模糊;AC 方法得到的区域接近真实值的形状,但是整体偏暗,显著区域不是很突出;IG 方法相对于 AC 有了一定的改进,整体性突出了一些,但是依然不是特别突出。本节方法相比于以上算法,显著性更突出、更准确,与真实值最近似。从图 5-10 和图 5-11 我们也能看出,对于包含黄色花的复杂场景,显著性检测的

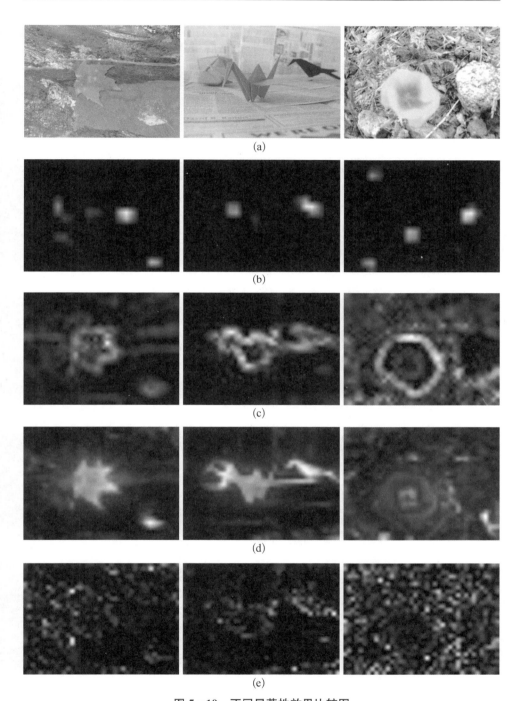

图 5-10　不同显著性效果比较图

（a）原始图像；（b）IT[1]；（c）MZ[3]；（d）GB[5]；（e）SR[8]

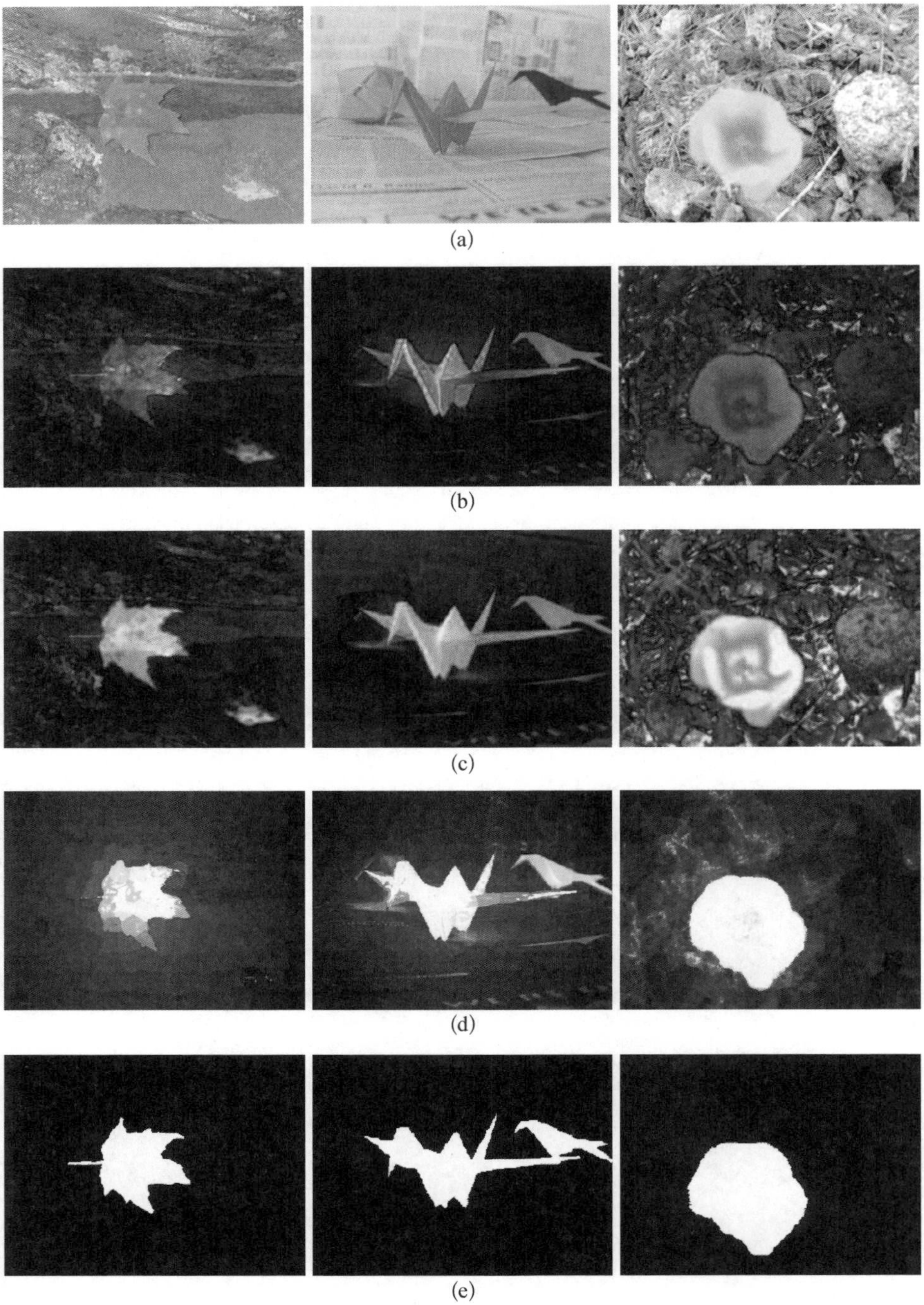

图 5-11 不同显著性效果比较图

（a）原始图像；（b）AC[38]；（c）IG[10]；（d）本节算法的效果图；（e）真实值

效果普遍不好,相对来说,本节方法对于复杂场景的处理更准确一些。

另外,我们还将本节方法与最新的层次化显著性检测算法[39]和用底层次和中层次线索的贝叶斯显著性检测算法[15]进行比较,如图 5–12～图 5–15所示。可以看出,本节算法效果比其他两种方法更准确,但是从图 5–13 中可以看到,我们的算法在某些情况下会丢失一部分显著信息,如中间图像的白色

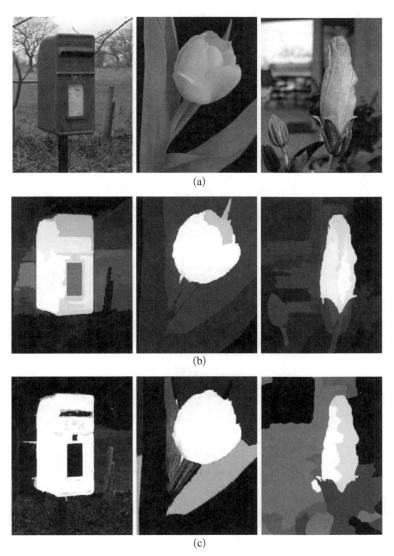

(a)

(b)

(c)

图 5–12 最新显著性效果比较图

(a) 原始图像;(b) 层次化显著性检测算法效果图[39];(c) 底层次和中层次线索的贝叶斯显著性检测算法效果图[15]

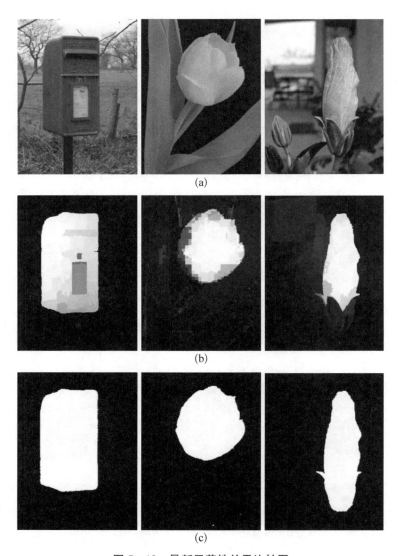

图 5 - 13　最新显著性效果比较图

（a）原始图像；（b）本节算法的效果图；（c）真实值

花朵的边缘信息，最右边图像中的绿色叶片。从图 5 - 12～图 5 - 15 中可以看出，本节算法虽然比其他两种算法更接近于真实值，但是也检测到了非真实值区域，算法仍然有待改进。

上面的实验对比是一种主观观察的对比效果，下面通过利用正确率与召回率的对比曲线来对几种方法进行定量的分析比较。正确率和召回率通常是两种

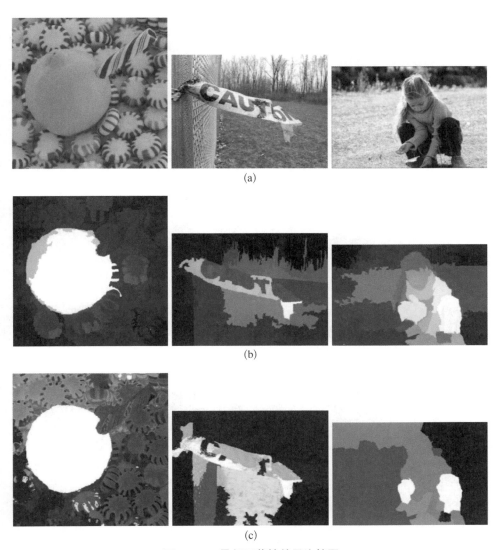

图 5-14 最新显著性效果比较图

（a）原始图像；（b）层次化显著性检测算法效果图[39]；（c）底层次和中层次线索的贝叶斯显著性检测算法效果图[15]

用于数据挖掘和检索信息的结果质量度量值。正确率（precision）也称为准确率或精度，是实质检索出的信息与总信息的比率，用来衡量结果的查准率。召回率（recall）通常也称为查全率，是检索出的信息与样本中信息的比率，表示查询的全面性。这两种度量值的取值在 0 和 1 之间，越接近 1，表明正确率或召回率越

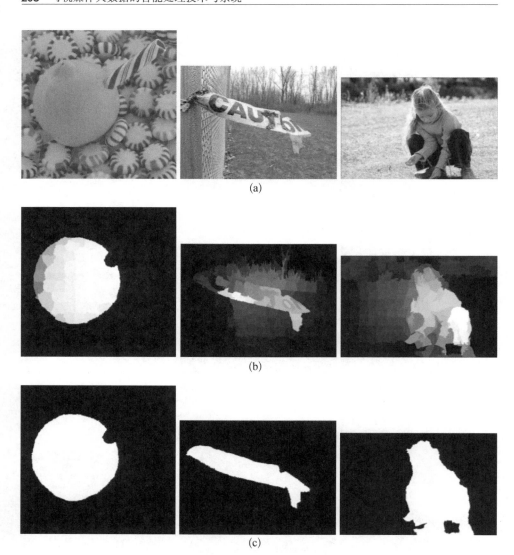

图 5‑15　最新显著性效果比较图

（a）原始图像；（b）本节算法效果图；（c）真实值

高。图 5‑16 所示是正确率与召回率曲线，从图中可以看到，本节的方法比以往的方法有了很大的改进和提高。

5.2.3　视频显著性技术研究方向

视频与静态图像不同，人们在观看视频时，关注的是视频帧的时间连续性，而不是像观察图像一样可以悠闲地进行，因此视频显著性的估计方法与图像的

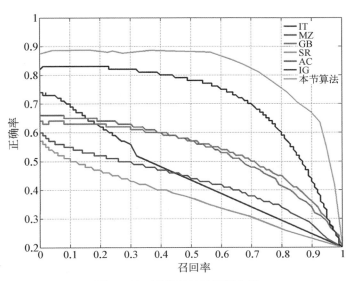

图 5 - 16　正确率与召回率曲线

显著性检测算法应不同。Rudoy 等[40]受人们观察视频的行为启发,提出视频显著性估算方法,通过预测给定帧的显著性图,明确地模拟视频的连续性,从先前帧中来约束显著性图,通过约束显著性位置到候选集来提高准确性和计算速度。

　　Tavakoli 等[41]提出基于球面中心-周围的原则用稀疏采样来进行视频显著性检测。该模型是基于生物合理的中心-周围原则的假设前提,提出视频中心-周围的球面表示,假设了单个中心和充分小的周围像素数目(均匀分散在中心像素),便于不同像素的时空比较。该方法通过球面表示来估算显著数量,整合计算时间和空间对比度特征,用稀疏采样周围区域来高效地计算球面表示,从而得到时空一致性的视频显著性图。人类的视觉系统通过在视频序列中积极地寻找显著区域和运动来减少查找任务,所以模拟视觉系统计算显著性图能为语义理解提供重要的信息。因此,Zhong 等[42]提出视频显著性检测模型,根据视频中的感兴趣目标和显著运动来检测视频序列的注意区域,通过经典的自下而上的显著性图来得到空间显著性图,基于运动的动态一致性提出新的光流来形成时间显著性图,通过将时间显著性图和空间显著性图进行时空一致性融合来产生视频显著性图,更有效地突出显著目标。

　　Fang 等[43]提出结合时空信息和统计不确定性措施来对视频进行显著性检测。首先产生时间和空间显著性图,通过结合人类视觉速度感知的心理学研究计算时间显著性图,通过一系列精神视觉实验来测量运动速度的感知先验概率分布。而空间显著性图是通过结合亮度、颜色和纹理特征抽取进行检测。最后用时空适应的基于熵的不确定权重方法来合并时间显著性图和空间显著性图，得到最终的时空一致性的准确的视频显著性检测结果。

Huang 等[44]提出通过显著相机运动移除，利用基于轨迹的方法来构建视频显著性图，该方法适用于无任何先验信息的从静止和运动相机中得到的视频，且可以检测不同时间长度的多个显著区域。在视频中抽取一组关键点的时空一致轨迹，用速度和加速度熵来表示它，通过这种方式，采用长时的物体运动来滤除短时噪声，用同样的方式来表示各种不同时间长短的物体运动，通过一类支持向量机来移除运动的一致性轨迹，对剩余轨迹用扩散处理来强调显著区域，从而产生时空一致性的显著性图。

Kim 等[45]提出时空域中检测显著区域的方法，关键思想在于模拟自下而上的视觉注意的生物机制，可以近似地利用在视网膜和视皮层的两种主要的对比度捕捉，结合亮度对比和方向一致性对比定义结构对比，用时间梯度域将其扩展到时空域中，通过结合对比机制，反映到多尺度框架中，可以得到可靠的显著性图。

由于视频的显著性运动与背景中不相关的运动之间容易产生歧义，所以在复杂场景中往往不能正确查找显著性工作，因此 Kim 等[46]提出基于时空梯度分布的方向一致性对比的视频显著性检测算法，将时空对比响应结合到多尺度框架中，能够在视频序列中产生可靠的显著性图。

近年来，很多显著性模型被应用于非压缩域的视频中，而网络上的视频通常是在压缩域中存储的，因此 Fang 等[47]提出了在压缩域中基于特征对比度的视频显著性检测模型。在视频比特流中，从离散余弦稀疏系数和运动向量中抽取四种特征，包括亮度、颜色、纹理和运动。利用亮度、颜色和纹理这些基本特征进行计算未预测帧的静态显著性图。利用运动特征进行计算，并预测帧的动态显著性图，结合静态和动态显著性图设计新的融合算法来得到最后的视频显著性检测结果。

很多视频显著性检测算法都是对于所有的视频进行直接处理，没有针对视频的类型进行显著性研究。Wu 等[48]针对新闻视频，提出一种结合自下而上和自上而下的视觉刺激来进行新闻视频的显著性检测。在自下而上的注意模型中，通过在多尺度和多颜色空间中采用四元数的离散余弦变换来检测静态的显著性。同时，计算多尺度局部运动和全局运动显著性图，并整合为运动显著性图，能够有效地抑制背景运动噪声，最后采用平均光流的简单直方图来计算运动对比，通过结合静态和运动显著性图来得到自下而上的显著性图。在自上而下的注意模型中，利用新闻视频的高层次刺激，如脸、人、车、说话者等，产生自上而下的显著性图,将自上而下和自下而上产生的显著性图进行归一化处理,并进行融合,从而得到显著性图。该方法产生的显著性图能够针对新闻视频产生更准确的显著性检测效果。

视频显著性检测是近年来计算机视觉、多媒体等领域的一个研究热点,已经有很多研究者关注这方面的研究,但是由于视频不同于静态的图像,所以简单地将图像显著性算法扩展到视频显著性上会出现很多问题,容易产生时空不连续的现象。尽管已经有改进的算法出现,但是都不能完全克服视频显著性检测中的时空不一致性问题,所以这方面的研究有待继续加强,今后将对考虑视频的特性进行进一步的研究。另外,由于视频的种类繁多,在显著性检测时如果仅仅采用通用的视频显著性检测算法,必然会对某些特殊视频失效,所以今后可以考虑将视频进行大致的分类,使得每一类视频研究有针对性的视频显著性解决方法。

5.3 本征分解

5.3.1 基于 L_0 稀疏优化的本征图像分解

本节重点讨论图像的本征结构提取技术。针对图像反射率的稀疏特性,提出基于 L_0 稀疏优化的本征图像分解方法。该方法利用近似 L_0 范数的惩罚函数来约束高频和稀疏的反射率梯度,基于反射率稀疏先验,利用贝叶斯理论进行概率建模,将本征图像分解问题转换成极大化后验概率问题,同时提出优化策略对其对数概率能量进行最优化求解,该方法可显著提升传统彩色 Retinex 方法的结果。该稀疏先验可与其他的反射率全局稀疏性约束相结合,得到很好的本征图像分解结果。在 MIT 标准评测集、合成数据集和大量现实的图像上的结果显示,本章提出的方法可有效地提取单张图像中的光照和反射率等本征信息。

1. 本征图像分解概述

本征图像分解最早由 Barrow 和 Tenenbaum[49] 提出。该技术主要是指将图像分解成反射率和光照两个部分[50-55]。其中,反射率是物体材质的一种属性,主要反映物体是如何对光照进行反射的;光照分量则反映了物体表面的几何形状和场景的光照条件,它体现的是全局的光照效果。这种分解可以认为是一种中层分解,因为它并不追求对场景的完全三维描述,其分解出来的光照分量是在特定视角下的光照,同时也不会对引起光照变化的物理原因做显示说明,例如不会说明光照变化是由阴影造成的还是由物体表面形状变化造成的。精确的本征图像分解对计算机图形和计算机视觉的应用十分重要。例如,它可用来处理人脸识别中光照变化引起的类内变化。同时,本征图像分解在图像分割、从阴影恢复形状、重打光和基于图像的材质编辑等问题中都有重要的应用。

本征图像分解是一个相当欠约束的问题,因为对于每个像素而言,未知数的个数是方程个数的两倍。虽然,国内外的学者已经对这个问题开展了超过 20 年的研究,但由于问题本身的不适定性,精确的本征图像分解还是目前一个极具挑战的问题[52,54,56-57]。以前的方法[52,56]经常对图像的反射率分量和光照分量分布做一定的假设,或者利用一些补充信息,如用户的交互、深度信息或多张图像等,来限定问题解空间的范围和提高算法的稳定性。

从单张图像自动地估计本征图像的很多方法都是基于 Land 和 McCann[58]提出的 Retinex 理论。反射率图经常包含锐边,而阴影和表面光滑的变化引起的光照变化通常比较柔和。Retinex 理论将对数图像(图像取对数)大的梯度归类为由反射率变化引起,将小的梯度归类为由光照变化引起。该方法后来被扩展到彩色图像上,Funt 等[59]将反射率的改变与色度的变化相联系,并利用旋度修正技术来提升阈值判断的准确性,同时保证光照的梯度场是保守场。Tappen 等[53,60]训练了一个检测器来预测图像的像素值变化是由反射率还是光照变化引起的。但是,近期的一项研究表明,这种复杂的方法并不比经典的 Retinex 算法好[61]。这项研究惊奇地发现,来自 20 世纪 70 年代的简单 Retinex 算法[58]还是表现最出色的算法。基于 Retinex 理论的方法通常是通过对修改后的反射率梯度场进行重积分生成反射率图像。如果基于最小二乘方误差最小化原则进行反射率图像重建,则需要解一个在二维网格上的泊松方程。虽然修改后的反射率梯度场是稀疏的,但是它通常不再是保守向量场,求解泊松方程将得到一个梯度不稀疏的反射率图。

受文献[62]的启发,近年来大部分的工作[50-51,54-57]都倾向于引入非局部约束或全局信息来提升分解结果。Shen 等[57]引入非局部的纹理约束,该约束通过限定具有相同纹理特征的像素具有相同的反射率值,在应用 Retinex 前减少未知数的个数。Shen 和 Yeo[50]提出一个全局的反射率先验,他们假设场景中只包含有限的不同反射率的颜色。Gehler 等[54]也对反射率实施一个相似的全局稀疏性约束,在他们提出的概率模型中,反射率值来自一个稀疏的基础颜色集合。Bell 等[51]针对现实场景的特点,引入了关于光照和反射率的全局性先验,对图像中所有的 $O(n^2)$ 个像素对建模。这种全局推理方式基于大量的现实室内场景图片中相隔很远的两个像素点,可能还具有相同的反射率值的观察。Serra 等[63]利用色彩名称(color names)来克服单纯基于边的方法的局限性。

Barron 和 Malik[64]将传统的本征图像分解问题扩展到从物体的单张图像恢复物体的形状、表面颜色和光照。

Jiang 等[65]提出一种称为局部亮度振幅(local luminance amplitude)的新特征,并利用该特征来分离光照和反射率。基于亮度振幅信息,他们通过组合方向可调的滤波器的分解结果来避免对边缘信息的使用。另一些方法则依赖于附加的信息,如需要输入多张图片[66-68]、用户输入[52]或者深度信息[69-70]。Weiss[66]利用相同场景在不同光照条件下的多张配准图像来对输入图像序列进行本征图像分解。Laffont 等[67-68]则利用同一场景在不同视角和光照条件下的多张图片来估计场景的本征信息。与依赖多张输入图像的方法相比,从单张图像恢复本征图像更具实用意义。基于局部反射率低秩假设,Bousseau 等[52]提出一种用户辅助的本征图像分解方法。该方法通过求解一个线性系统来优化一个二次能量函数,可从单张图像高效地估计其本征信息,并在文献[52]中的测试图片上取得了很好的效果。但在现实的场景中,其局部反射率低秩假设就不一定成立,如多色的物体表面、黑白棋盘纹理和灰度图片等。同时,用户不一定总能提供正确的输入,当算法基于错误的用户输入进行本征图像分解时,极有可能产生错误的结果。最近,又有研究者利用 RGB-D 图像中的深度信息提升本征图像分解的结果[69-70]。在已知物体几何形状的条件下,Lombardi 和 Nishino[71]引入熵约束,提出一种从单张图像估计反射率和自然光照的概率方法。同时,也有很多的工作是对视频进行本征信息提取[72-73]。

本节关注一个相对简单点的问题:假设物体表面平滑并且为朗伯反射体,同时场景为单一白色光源。这种简单假设可引出一个简单、新颖的本征图像分解算法。本节通过构建一个概率模型来估计反射率和光照。该概率模型利用了四个约束:光照平滑约束、Retinex 约束、全局反射率稀疏性先验和一个新的反射率稀疏性先验。本节的反射率稀疏性先验针对传统 Retinex 算法可能导致的反射率图梯度不稀疏的问题,对反射率梯度施加 L_0 约束,以保证所求反射率图的变化是高频和稀疏的。本节方法基于自然场景图的反射率是趋向分段常数的观察,通过对反射率梯度施加 L_0 惩罚来构建此反射率的稀疏性先验。该约束虽然与 Retinex 约束相一致,但其以不同的方式反映本征图像的性质。它对反射率图的重要变化施加相同的惩罚,而用一个缩放的平方欧氏距离对反射率图的微小变化施加惩罚。这有利于压缩反射率图中的微小变化,保证反射率图的高频特性和稀疏性。该反射率先验可显著地提升传统彩色 Retinex 方法本征图像分解的准确性。本章同时提出一个优化方法,可有效地最小化从最大后验概率(maximum a posteriori probability)问题转换而来的能量方程。该方法可通过很少的迭代成功地从单张图像中提取本征图像。实验结果显示,新方法在标准评测集[61]和一个合成的数据集[74]上的表现都超过当前最先进的一些方法,并且可取得与用户辅助方法在视觉上可比的结果。图5-17显示新方法在MIT本征图像集合[61]样例中的结果。其中,图5-17(a)为输入图像,图5-17(b)和图5-17(c)为彩色Retinex算法的结果,图5-17(d)和图5-17(e)为本节方法的结果。从图5-17中可以看出,新方法可有效地去除反射率上的光照残留,得到一个整体上更加一致的反射率图。

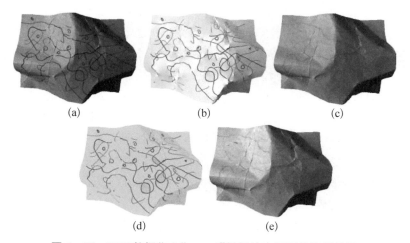

图5-17 **MIT数据集上"paper2"样例的本征图像分解结果**

(a)输入图像;(b)彩色Retinex方法的光照图;(c)彩色Retinex方法的反射率图;(d)本节算法的光照图;(e)本节算法的反射率图

2. 基于L_0稀疏性的本征图像分解模型

1)问题形式化

在本征图像分解中,被观测图像I被认为是由光照图像S与反射率图像R的分通道相乘得到的,即$I_i = S_i R_i$,其中i是像素在图像中的位置。与这个领域先前大部分的工作[51-52,54,57,61,75]类似,可以通过单一白色光源来简化本征图像分解模型。这意味着$S_i = S_i(1, 1, 1)^{\mathrm{T}}$,并且分解模型变为

$$I_i = s_i R_i \tag{5-20}$$

式中,$s_i \in \mathbf{R}$是一个表示光照的标量。这种简化方法虽然将系统的未知数个数从$6N$减少到$4N$,但系统还是十分欠约束。记$\boldsymbol{s} = (s_1, s_2, \cdots, s_N)$为具有$N$个像素的输入图像$I$的光照分量。根据贝叶斯理论,有

$$p(\boldsymbol{s}, R \mid I) \propto p(I \mid \boldsymbol{s}, R) p(\boldsymbol{s}) p(R) \tag{5-21}$$

这里,假设 s 和 R 是独立的,$p(I \mid s, R)$ 表示极大似然,$p(s)$ 和 $p(R)$ 分别为光照先验和反射率先验。下面将具体描述相关细节。

2）概率项定义

(1) 似然函数 $p(I \mid s, R)$。给定光照图像和反射率图,一个自然地定义观察图像似然函数的方法是将噪声引入式(5-20)中,得到 $I_i = s_i R_i + n_i$。图像噪声 $n_i = I_i - s_i R_i$ 可以看成是独立同分布的零均值高斯噪声。这种方法对应于对一个二次函数 $\parallel I - sR \parallel_2^2$ 进行能量最小化。但是,此处简化似然函数 $p(I \mid s, R)$ 为一个硬约束。注意到,式(5-20)中的 I_i 和 R_i 为 $\boldsymbol{R}^3$ 空间中方向相同的向量。R_i 的方向为 $\boldsymbol{R}_i = I_i / \parallel I_i \parallel$,记作 $R_i = r_i \boldsymbol{R}_i$,其中 r_i 为标量。对式(5-20)两边去范数,可得到 $\parallel I_i \parallel = s_i r_i$。因此,光照分量 $s_i = \parallel I_i \parallel / r_i$。利用此方法,可简化本征图像分解问题为只有 N 个变量 $\boldsymbol{r} = (r_1, r_2, \cdots, r_N)$ 的问题。

(2) 光照先验分布 $p(s)$。在大量的本征图像分解工作中,光照分量经常被认为是平滑的[58,76-78]。光照分量 s 的 4-邻域差满足指数分布:

$$p(s) \propto \prod_i \prod_{j \in N(i)} e^{-(\parallel I_i \parallel / r_i - \parallel I_j \parallel / r_j)^2} \tag{5-22}$$

式中,$N(i)$ 为像素 i 的一阶邻域。此概率项涉及关于 r 的除法。因此,它关于 r 是非凸的,在能量优化的过程中有可能陷入局部极小值。但是,如文献[54]所述,该函数的表现十分稳定,大范围的不同初始值 r 都可达到相同的最小值。Gehler 等[54]用多个初始值多次对函数进行最优化来避免陷入局部最小,本章则通过为能量函数的最优化提供一个合适的初始值来解决这个问题。

(3) 反射率先验分布 $p(R)$。这个领域先前大量的工作[58,61,64,76-77,79]都是基于这样的观察——自然场景的反射率图是趋于分段常数的。之前这个约束通常利用局部的方法进行构建,近年来,研究者更趋向于添加一个全局的反射率稀疏约束来约束反射率集合的稀疏性[50,54,56-57]。这些全局约束可显著减少未知数的个数,通常也会产生更稳定的解。跟随这个趋势,本节利用 L_0 损失函数来构建反射率图的分段常数特性,使得反射率图中的变化是高频且稀疏的。虽然该约束与 Retinex 约束是一致的,但不同于先前的方法,它是以全局的方式进行构建的。该稀疏损失函数可显著提升 Retinex 本征图像分解的质量。因此,利用彩色 Retinex 约束、L_0 稀疏损失函数和一个全局反射率稀疏约束来构建反射率的先验分布。这些反射率约束分别记为 $P_{ret}(r)$,$p_{L_0}(r)$ 和 $p_g(r)$。反射率先验分布 $p(R)$ 可写成

$$p(\boldsymbol{R}) = P_{ret}(r) p_{L_0}(r) p_g(r) \tag{5-23}$$

下面分别给出这些反射率先验的具体定义:

① 彩色 Retinex 先验 $P_{ret}(\boldsymbol{r})$。 材质的反射率变化通常产生图像的锐边,而光照和物体表面光滑的变化一般产生图像的软边,原始的 Retinex 方法[58]认为灰度图像中大的对数图梯度是由反射率变化引起的,而小梯度是由光照变化引起的。后来研究者将这种方法扩展到彩色图像上[80-81],在引入图像彩色信息后,该方法获得极大的成功。与文献[61]中的方法相似,对数反射率图上相邻像素的差可通过 $\log(r_i) - \log(r_j) = w_{ij}$ 估计得到,式中

$$w_{ij} = \begin{cases} \log(\parallel I_i \parallel) - \log(\parallel I_j \parallel), & \text{若 } \parallel I_{ij}^{br} \parallel > T^{br} \text{ 或 } \parallel I_{ij}^{chr} \parallel > T^{chr} \\ 0, & \text{其他情况} \end{cases}$$

$$(5-24)$$

式中,$\parallel I_{ij}^{br} \parallel = \parallel I_i^{br} - I_j^{br} \parallel$;$\parallel I_{ij}^{chr} \parallel = \parallel I_i^{chr} - I_j^{chr} \parallel$;$I^{br}$ 和 I^{chr} 分别为亮度图像(brightness image)和色度图像(chromaticity image)。T^{br} 和 T^{chr} 分别是关于亮度图像变化和色度图像变化的两个独立阈值。最终,关于彩色 Retinex 的先验 $P_{ret}(\boldsymbol{r})$ 可写成

$$p_{ret}(\boldsymbol{r}) \propto \prod_i \prod_{j \in N(i)} e^{-[\log(r_i) - \log(r_j) - w_{ij}]^2} \qquad (5-25)$$

② L_0 稀疏性先验 $p_{L_0}(\boldsymbol{r})$。 考虑到自然场景的反射率经常是分段常数,可以利用一个稀疏损失函数来约束反射率图的变化是高频和稀疏的。首先,考虑利用 L_1 范数对反射率梯度进行惩罚。L_1 范数广泛用来追求信号的稀疏性。例如,文献[50]利用 L_1 范数来约束反射率的小波系数是稀疏的。但是 L_1 范数是尺度相关的,因此简单地按比例缩小信号,就可以减小信号的 L_1 范数。在图像去噪领域,它经常被用来惩罚图像的高频分量。因此,如果直接地对反射率梯度施加 L_1 约束,可能会导致输出的反射率图过度平滑。相反地,可分别对反射率水平方向和垂直方向的偏导施加 L_0 范数惩罚,以约束反射率在水平方向和垂直方向上的离散变化个数。受益于 L_0 范数的尺度无关性,L_0 稀疏表示已经成功地应用于图像处理和计算机视觉中,如文献[82]将 L_0 引入图像平滑中去提取图像的主要结构信息,图像去模糊工作[83]利用 L_0 稀疏表示鲁棒地估计图像模糊核。由于 L_0 范数是一个离散的计数度量,L_0 约束问题无法利用传统的梯度下降或其他的离散优化方法精确求解。除了问题精确求解上的困难,反射率的不同变化不应该被同等地对待(所有的非零值对 L_0 范数的贡献是同等的)。反射率图并非是精确地满足分段常数特性,即使是人工印刷的物体,在其大块的反射率近似区域内也有微小的变化。但是作为一个软约束,这个假设是成立的。受

文献[83]的启发,本节利用二次函数[见图 5-18(a)中的红色曲线]和常数函数[见图 5-18(a)中的蓝色曲线]的合成来拟合 L_0 稀疏损失函数,有

$$\phi(x) = \begin{cases} \dfrac{x^2}{\varepsilon^2}, & |x| \leqslant \varepsilon \\ 1, & 其他 \end{cases} \tag{5-26}$$

式中,x 是一个标量,表示 r 的水平方向或垂直方向的偏导;ε 表示两个函数相连接的位置。

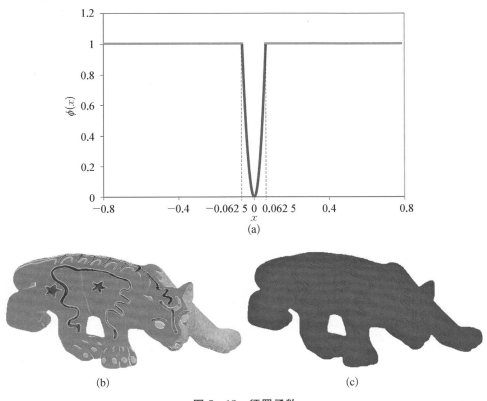

图 5-18 惩罚函数

(a) 函数 $\phi(x)$ 的形状;(b) 某次迭代中的 r;(c) 施加的常数惩罚与缩放的欧氏距离度量

图 5-18(a)中的曲线显示了函数 $\phi(x)$ 的形状,它非常接近 L_0 函数。由于 $\phi(x)$ 比 L_1 范数具有更高的稀疏性,$\phi(x)$ 可维持反射率的整体结构,并减少反射率中的光照残留,提高分解结果。函数 $\phi(x)$ 对反射率图中比 ε 大的变化[见图 5-18(c)中的蓝色像素]施加相同的常数惩罚,同时用缩放的欧氏距离对小的变化[见图 5-18(c)中的红色像素]进行度量。如图 5-18 所示,其中图 5-18(b)

表示某次迭代中的 r，图 5-18(c) 的蓝色像素表示在此次迭代中该位置的变化被施加等价的常数惩罚，红色像素表示在此次迭代中该位置的变化被缩放的欧氏距离度量。在算法实现中，水平方向和垂直方向的偏导是分别处理的[见式(5-27)]。但为了可视化，在图 5-18(c) 中，只要某个方向的偏导数大于 ε，则该像素的颜色就被设置成蓝色。

为了验证该稀疏先验的有效性，将其与基于彩色的 Retinex 算法相结合，并与单纯基于彩色的 Retinex 算法进行比较。图 5-19 显示了用 L_0 稀疏约束与不用 L_0 稀疏约束的结果对比。图 5-19(b) 为输入图片，其右下角显示的是由彩色 Retinex 算法估计的初始反射率梯度幅度（非零像素表示该像素的梯度幅度大于 0.02）。图 5-19(a) 所示为没有利用 L_0 稀疏约束的反射率估计，其右下角显示的是其对应的梯度幅度。图 5-19(c) 为利用 L_0 稀疏约束的反射率估计，其右下角显示的是其对应的梯度幅度。图 5-19(d) 为图 5-19(a)(b) 中蓝线位置上初始估计的梯度幅度与直接重建的梯度幅度的比较。图 5-19(e) 为图 5-19(b)(c) 中蓝线位置上初始估计的梯度幅度与基于 L_0 重建的梯度幅度的比较。从图 5-19 中可以看出，直接对更改后的梯度[由彩色 Retinex 估计得到，显示

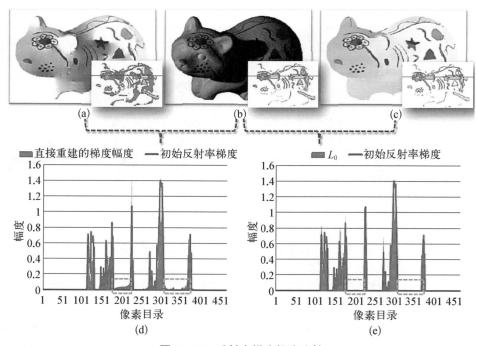

图 5-19 反射率梯度幅度比较

在图 5-19(b)的右下角]进行积分,将生成一个非稀疏的反射率[见图 5-19(a) 的右下角],同时估计的反射率[见图 5-19(a)]中还有的光照变化残留。基于 L_0 稀疏性约束进行反射率重建,重建后反射率的梯度幅度[见图 5-19(c)的右 下角]更接近初始估计,估计的反射率[见图 5-19(c)]光照残留更少。这表明 L_0 稀疏性约束有助于维持反射率的全局结构,有效提升分解结果(更多的实验 比较见实验部分)。

利用函数 $\phi(x)$ 对反射率梯度进行约束,L_0 稀疏性先验 $p_{L_0}(r)$ 可定义为

$$p_{L_0}(r) \propto \prod_i e^{-[\phi(\partial_x r_\lambda) + \phi(\partial_y r_\lambda)]} \tag{5-27}$$

式中,∂x 和 ∂y 分别表示 x 方向和 y 方向的偏导算子。

③ 全局反射率稀疏性先验 $p_g(r)$。 文献[62]发现场景主要由少量的材质 颜色控制,近期的研究[50,54,56-57]都倾向利用全局反射率稀疏性约束来保证场景 中反射率颜色集合是小的。如果两个像素的亮度归一化纹理特征相同,那么这 两个像素就可能具有相似的反射率。基于这样的观察,Shen 等[57]采用一个预 聚类步骤来减少未知数的个数。但是,该假设并不对于整张图像成立,因此我们 利用 Gehler 等[54]的方法来构建全局反射率稀疏性约束。记 K 为反射率聚类中 心的集合,$u = (u_1, u_2, \cdots, u_N)$,其中 u_i 像素 i 的成员隶属值。假设集合 K 的 势为 C,即 $u_i \in \{1, 2, \cdots, C\}$,$K(c) = \dfrac{1}{|\{i: u_i = c\}|} \Sigma_{i: u_i = c} r_i R_i$,$c = 1$, $2, \cdots, C$。$u_i = c$ 表示像素 i 属于第 c 个反射率聚类。因此 $\| r_i R_i - K(u_i) \|_2^2$ 的期望值是小的。全局反射率稀疏性先验 $p_g(r)$ 可写成

$$p_g(r) \propto \prod_i e^{-\| r_i R_i - K(u_i) \|^2} \tag{5-28}$$

3. 模型优化求解

后验概率极大化可以通过对其取对数并取负号转换能量最小化问题,即最 小化 $E(S, R) = -\log p(S, R \mid I)$。 前面已经建立关于 r 的后验概率模型,并 引入了隶属潜在变量 u,记 $E(r, u) = E(S, R)$ 为优化的目标函数。考虑式 (5-21)中定义的所有先验,则有

$$E(r, u) \propto \lambda_1 E_s(r) + \lambda_2 E_{ret}(r) + \lambda_3 E_{L_0}(r) + \lambda_4 E_g(r, u) \tag{5-29}$$

式中,$E_s(r) = \Sigma_i \Sigma_{j \in N(i)} (\| I_i \| / r_i - \| I_j \| / r_j)^2$,$E_{ret}(r) = \Sigma_i \Sigma_{j \in N(i)} [\log(r_i) - \log(r_j) - w_{ij}]^2$,$E_{L_0}(r) = \Sigma_i [\phi(\partial_x r_i) + \phi(\partial_y r_i)]$,$E_g(r, u) = \Sigma_i \| r_i R_i - K(u_i) \|^2$ 分别为光照能量项、彩色 Retinex 项、反射率稀疏项和全局反射率稀

疏能量项。λ_1、λ_2、λ_3 和 λ_4 为算法参数,控制各能量项的重要度。这些参数与色度图和亮度图的梯度阈值 T^{br}、T^{chr} 可通过弃一法交叉验证来估计。由于能量 $E(\mathbf{r}, \mathbf{u})$ 涉及 $\mathbf{r}$ 的除法和潜在离散变量 $\mathbf{u}$,且包含非凸函数 $\phi(\partial \mathbf{r})$,其关于 $\mathbf{r}$ 是非凸的。

为有效地进行能量最小化,该问题被分解成两个子问题,并通过两个子问题的交替最小化来求解。整体算法流程参见算法 1。

算法 1　基于 L_0 稀疏优化的本征图像分解

1：对于光强归一化后的图片 $I/\parallel I \parallel$ 进行分割
2：初始化 $\mathbf{r}^0$
3：$\mathbf{u}^0 \leftarrow$ 利用 K 均值对 $r_i^0 \mathbf{R}_i$,$i = \{1, \cdots, N\}$ 进行聚类
4：$t \leftarrow 0$
5：当 $E(\mathbf{r}^{t-1}, \mathbf{u}^{t-1}, \mu^{t-1}) - E(\mathbf{r}^t, \mathbf{u}^t, \mu^t) > \theta$ do
6：//更新 $\mathbf{r}$
7：$\varepsilon = 1/16$
8：for $i = 1$：2 do
9：for $j = 1$：$16/\varepsilon$ do
10：利用式(5-36)更新 μ^{t+1}
11：利用式(5-35)求解 $\mathbf{r}^{t+1}$
12：end for
13：$\varepsilon \leftarrow \varepsilon/2$
14：end for
15：//更新 $\mathbf{u}$
16：$K(c) = \dfrac{1}{|\{i: u_i = c\}|} \sum_{i: u_i = c} r_i^{t+1} \mathbf{R}_i$
17：$u_i^{t+1} = \arg \min_{c=1, 2, \cdots, C} \parallel r_i^{t+1} \mathbf{R}_i - K(c) \parallel^2$
18：$t \leftarrow t + 1$
19：end while

---

1) $\mathbf{r}$ 的初始化

能量方程式(5-29)关于 $\mathbf{r}$ 是非凸的,因此用共轭梯度下降法求能量的最小化可能会陷入局部极小值,可以通过给 $\mathbf{r}$ 提供一个合适的初始值来有效避免陷入局部极小。

首先,假设光照是 $\mathbf{C}^0$ 连续的。对输入图像进行亮度归一化,并用均值漂移算法(mean shift)[84]对图像进行分割,将具有相似性质的图像聚集到同一个区域。记 G 为感兴趣区域(region of interest)所有像素的集合。利用图像分割算法[84]对该区域进行分割,可得到若干相邻的区域 $\{G_p\}$。 $G = \bigcup_p \{G_p\}$,且对于 $p \neq q$,$G_p \bigcap G_q = \varnothing$。 假设图像反射率是分段常数,并记区域 G_p 的反射率为

m_p，区域 G_p 和 G_q 的共同边界为 e_{pq}，I_p 和 I_q 为边 e_{pq} 旁边分别来自区域 G_p 和 G_q 的像素值。由于假设光照是 $\mathbf{C}^0$ 连续的，则在区域的交界处来自两个不同区域的相邻像素的光照可以看作近似相等，即 $\|I_p\|/m_p$ 约等于 $\|I_q\|/m_q$。记 $X_{pq}(1)$，$X_{pq}(2)$，$\cdots$，$X_{pq}(N_{pq})$ 为区域 G_p 靠近边 e_{pq} 的所有像素的范数；$X_{qp}(1)$，$X_{qp}(2)$，$\cdots$，$X_{qp}(N_{pq})$ 为区域 G_q 靠近 e_{pq} 的所有像素的范数，其中 N_{pq} 为边 e_{pq} 的长度。因此，有

$$a_p X_{pq}(n) \approx a_q X_{qp}(n) \qquad n=1,2,\cdots,N_{pq} \qquad (5-30)$$

式中，$a_p = \dfrac{1}{n_p}$，$a_q = \dfrac{1}{n_q}$。记

$$\boldsymbol{M}_{pq} = \begin{bmatrix} X_{pq}(1) & -X_{qp}(1) \\ X_{pq}(2) & -X_{qp}(2) \\ \vdots & \vdots \\ X_{pq}(N_{pq}) & -X_{qp}(N_{pq}) \end{bmatrix}, \text{且 } \boldsymbol{a}_{pq} = (a_p,a_q)^{\mathrm{T}}，式(5-30)意味着$$

最小化 $\|\boldsymbol{M}_{pq}\boldsymbol{a}_{pq}\|_2^2$，考虑分割 G_p 产生的所有边，可得到一个全局能量：

$$J(a) = \sum_{e_{pq}\in E} \|\boldsymbol{M}_{pq}\boldsymbol{a}_{pq}\|_2^2 \qquad (5-31)$$

式中，E 为所有边的集合。定义

$$\boldsymbol{B}_{pq} = \begin{bmatrix} \displaystyle\sum_{n=1}^{N_{pq}} X_{pq}^2(n) & -\displaystyle\sum_{n=1}^{N_{pq}} X_{pq}(n)X_{qp}(n) \\ -\displaystyle\sum_{n=1}^{N_{pq}} X_{pq}(n)X_{qp}(n) & \displaystyle\sum_{n=1}^{N_{pq}} X_{qp}^2(n) \end{bmatrix}$$

$$\boldsymbol{H}(p,q) = \begin{cases} \displaystyle\sum_{e_{pq}\in E}\boldsymbol{B}_{pq}(1,1), & p=q \\ 0, & e_{pq}\notin E \\ \boldsymbol{B}_{pq}(1,2), & e_{pq}\in E \end{cases}$$

式(5-31)可以写成关于 $\boldsymbol{a}$ 的二次能量函数：

$$\bar{J}(a) = \boldsymbol{a}^{\mathrm{T}}\boldsymbol{H}\boldsymbol{a} \qquad (5-32)$$

式中，$\boldsymbol{a} = (a_1,a_2,\cdots,a_g)^{\mathrm{T}}$，此处 g 为分割区域的数量。注意到 $\boldsymbol{H}$ 为对称半正定矩阵，因此包括 $\mathbf{0}$ 向量在内的很多向量都是最小化能量方程式(5-32)的解。为了限定该能量方程的解空间，需要引入一定的限制。设 G_{p0} 为边界最长的区域，令 $a_{p0} = b_0$，其中 b_0 为预先设定好的一个值。事实上，可简单地令 $a_{p0} = 1$，

因为此处 a_{p0} 不准确地设定只会引起所有区域值全局性的共同缩放。将此约束与式(5-32)结合,得到最优化问题:

$$\bar{J}(\boldsymbol{a}) = \boldsymbol{a}^{\mathrm{T}}\boldsymbol{H}\boldsymbol{a} + \lambda(\boldsymbol{a} - \boldsymbol{b}_s)^{\mathrm{T}}\boldsymbol{D}_s(\boldsymbol{a} - \boldsymbol{b}_s) \tag{5-33}$$

式中,$\boldsymbol{b}_s = (0, \cdots, b_0, \cdots, 0)^{\mathrm{T}}$;$\lambda$ 是一个很大的数,控制上述约束的重要度;$\boldsymbol{D}_s$ 是一个对角矩阵,受约束区域对应的对角线上的元素为 1,其余位置为 0。

命题:优化式(5-33)等价于求解以下的线性方程组,且方程组的解具有唯一性。

$$(\boldsymbol{H} + \lambda\boldsymbol{D}_s)\boldsymbol{a} = \lambda\boldsymbol{b}_s \tag{5-34}$$

证明:一方面,对式(5-33)求导并让导数等于 0,可得到式(5-34)。另一方面,如果向量 $\boldsymbol{a}$ 为线性方程组(5-34)的解,则式(5-33)等于 0,即 $J(\boldsymbol{a})$ 取最小值,因为 $J(\boldsymbol{a}) \geqslant 0$。往下证解的唯一性。

首先,假设存在一个非零向量 $\boldsymbol{a}$,使得 $\bar{J}(\boldsymbol{a}) = 0$。设非零向量 $\boldsymbol{a}$ 的第一个非零元素为 $\boldsymbol{a}(p)$,它是区域 G_p 反射率的倒数。如果区域 G_q 与区域 G_p 相邻,则 $\bar{J}(\boldsymbol{a}) = 0$ 意味着式(5-30)严格成立,X_{pq} 与 X_{qp} 之间存在线性关系,记 $a_q = \dfrac{X_{pq}}{X_{qp}}a_p$,其中 $\dfrac{X_{pq}}{X_{qp}}$ 为 X_{pq} 与 X_{qp} 之间的线性相关系数。依照这样的策略,基于分割的连续性可将 $\boldsymbol{a}(p)$ 传递至所有的区域,从而 $\boldsymbol{a}$ 的所有元素都是非零的。因此,只需要给定 $\boldsymbol{a}$ 中一个元素的值就可以得到式(5-33)的唯一极小值点。

其次,如果不存在非零向量满足 $\bar{J}(\boldsymbol{a}) = 0$,这表明式(5-32)的右边为正定二次型,而 $\boldsymbol{H}$ 为对称正定阵。当 λ 为一个正数时,$(\boldsymbol{H} + \lambda\boldsymbol{D}_s)$ 还是一个正定矩阵,因此方程组的解具有唯一性。

最后,求解得到 $\boldsymbol{a}$ 之后,可通过 $s_i = \|I_i\|/m_p$ 直接求解光照分量,其中如果像素 i 属于区域 G_p,则 $m_p = 1/a_p$。但是,如果直接利用这种基于分割的反射率和光照重构方法,重构后的光照图像可能会出现噪声边界。这主要是因为物体的反射率不是严格的分段常数,它在分割边界处是平滑过渡的。为了避免这些问题的出现,在直接求解得到光照分量后,可对靠近分割边界的光照分量进行平滑操作,得到一个在区域边界处平滑的光照图,然后再利用此光照图产生初始的 $\boldsymbol{r}$。图 5-20 所示为初始化方法的几个主要步骤。

2)迭代优化

固定 $\boldsymbol{u}$ 求解 $\boldsymbol{r}$:通过引入辅助变量,扩展稀疏惩罚函数[式(5-26)],将优化问题分解成两个小的子问题,并采用交替优化的策略进行求解。式(5-26)可写成 $\min_v\{|v|^0 + (x-v)^2/\varepsilon^2\}$,其中,如果 $v \neq 0$,$|v|^0 = 1$(详细证明参见文献

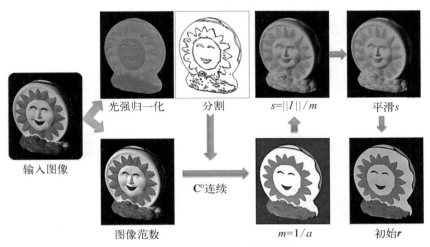

图 5 - 20　初始化方法的步骤

[83])。引入辅助变量 $\boldsymbol{\mu} = (\mu_x, \mu_y)$，并将 ε 看作一个参数。给定一个特定的 ε，反射率稀疏性能量 $E_{L_0}(\boldsymbol{r})$ 可写成 $E_{L_0}(\boldsymbol{r}) = \min_{\mu_x, \mu_y} E_{L_0}(\boldsymbol{r}, \boldsymbol{\mu})$，其中 $E_{L_0}(\boldsymbol{r}, \boldsymbol{\mu}) = [\| \mu_x \|_0 + \| \mu_y \|_0 + (\| \partial_x \boldsymbol{r} - \mu_x \|_2^2 + \| \partial_y \boldsymbol{r} - \boldsymbol{\mu}_y \|_2^2)/\varepsilon^2]$。因此，能量方程式(5-29)可写成

$$E(\boldsymbol{r}, \boldsymbol{u}, \boldsymbol{\mu}) \propto \lambda_1 E_s(\boldsymbol{r}) + \lambda_2 E_{\text{ret}}(\boldsymbol{r}) + \lambda_3 E_{L_0}(\boldsymbol{r}, \boldsymbol{\mu}) + \lambda_4 E_g(\boldsymbol{r}, \boldsymbol{u})$$

$$(5 - 35)$$

下面通过交替地计算 $\boldsymbol{r}$ 和 $\boldsymbol{\mu}$ 来极小化式(5-35)。

更新 $\boldsymbol{\mu}$：在式(5-35)中，只有 $E_{L_0}(\boldsymbol{r}, \boldsymbol{\mu})$ 与 $\boldsymbol{\mu}$ 相关。记 μ^i 为 $\boldsymbol{\mu}$ 在像素 i 的值。当 $\boldsymbol{r}$ 给定后，μ^i 之间就无关联，因此多元优化问题可分解成一系列的单变量优化问题。而 μ_x^i 可通过下面的阈值法估计：

$$\mu_x^i = \begin{cases} 0, & | \partial_x r_i | \leqslant \varepsilon \\ \partial_x r_i, & \text{其他} \end{cases} \qquad (5 - 36)$$

μ_y^i 也可以通过类似的方式求解。

更新 $\boldsymbol{r}$：当 K 和 μ 固定时，可用共轭梯度法求解此优化问题。

固定 $\boldsymbol{r}$ 求解 $\boldsymbol{u}$：注意到，$\boldsymbol{u}$ 与 $\boldsymbol{\mu}$ 不相关，对于固定的 $\boldsymbol{r}$，更新 $\boldsymbol{u}$ 是一个简单的分配问题，即 $u_i = \arg\min_{c=1, 2, \cdots, C} \| r_i R_i - K(c) \|^2$。图 5 - 21 所示为两个例子的能量优化过程，图 5 - 21(a)(b)中左侧和右侧纵坐标轴分别表示迭代过程中的局部均方误差(local mean squared error, LMSE)和能量值，图 5 - 21(a) （b）分别表示两个例子的优化过程。图 5 - 21（c）显示"杯子 1"在优化过程中的视觉变化。图 5 - 21 显示本节的优化策略可单调地降低能量，并且在很少的迭代步骤后就收敛。该图同时反映了能量的最小化与局部均方误差的减小是一致的，这说明此概率模型合理地对反射率先验进行了建模。

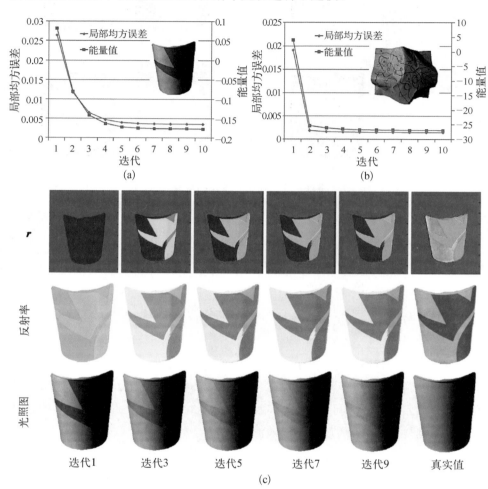

图 5 - 21　能量优化过程

4. 实验结果与讨论

将本节方法与一些本征图像分解方法进行量化比较和视觉效果比较。在量化比较方面，采用局部均方误差（LMSE）进行度量。局部均方误差是由 Grosse 等[61]提出的一种度量本征图像分解质量的量化方法，它在本征图像分解领域被广泛采用。首先，本节将比较直接利用彩色 Retinex 算法得到的结果与加了反射率稀疏约束的结果；其次，将评估提出的方法在 MIT 标准评测数据集[61]、合成数据[74]和 Intrinsic Images in the Wild 数据集[51]上的表现。最后，将比较提出方法与基于用户辅助的方法[52]在一些现实场景图片上的结果。

参照文献[54]中的方法，当在 MIT 标准评测数据集[61]上进行算法评估时，本节主要采用三种参数选择方法。第一种方法是弃一估计法（leave-one-out，LOO），估计当前测试图像的模型自由参数（λ_1、λ_2、λ_3、λ_4 和梯度阈值 T^{br}、T^{chr}）。第二种方法是"最佳参数法"（best single），该方法选择在整个评测集上联合表现最好的一组参数作为评估参数。第三种方法为"图像最佳法"（image optimal），该方法选择在当前评测样例上表现最好的参数作为评估参数。后两种方法需要事先知道评测图像的真实本征分解结果，虽然可能会引起过拟合问题，但它可以通过评估得到模型可能的表现空间，同时由于评测集合类型多样且规模不大，这种参数选择方法也可以提供一定的信息。为了进行公平比较，模型参数的取值范围与 Gehler 等[54]的方法相同。实验中固定 $\lambda_3 = 10^{-5}$，$\lambda_4 = 1$。因为反射率稀疏性能量项 $E_{L_0}(r)$ 的取值通常是非常大的，因此与其对应的 λ_3 取值较小。光照平滑项对应参数的选择范围为 $\lambda_1 \in \{0.001, 0.01, 0.1\}$，彩色 Retinex 项对应参数的取值范围为 $\lambda_2 \in \{0.001, 0.01, 0.1, 1, 10\}$，梯度阈值 T^{br} 和 $T^{chr} \in \{0.0329, 1\}$，反射率聚类中心的个数 $C \in \{10, 50, 150\}$。对于在合成数据集[74]、Intrinsic Images in the Wild 数据集[51]和一些现实图片的实验，简单地利用"最佳参数法"在 MIT 标准评测数据集选择出的模型参数（在特定集合上进行模型参数的调整可能会得到更好的结果）。

1）反射率稀疏性先验 E_{L_0}

本节方法的一个重要特征就是反射率稀疏性先验，其利用 L_0 函数对反射率梯度施加惩罚，可让反射率的变化是稀疏和高频的。根据 Grosse 等[61]的研究工作，彩色 Retinex 方法是基于单张图像的本征图像分解算法中表现最好的算法，因此本节将彩色 Retinex 方法当成基准算法。图 5-22～图 5-24 比较了无稀疏性约束、L_1 稀疏性约束和 L_0 稀疏性约束的不同结果。此处通过将 λ_3 和 λ_4 设为 0，实现彩色 Retinex 算法。其中，图（a）为原始输入图像，图（b）和图（c）分别为对应的真实反射率和光照，图（d）和图（e）为不加稀疏约束的结果，图（f）和图（g）为加 L_1 稀疏性约束的结果，图（h）和图（i）为利用 L_0 稀疏约束估计得到的反射率图和光照图。如图 5-22～图 5-24 所示，L_1 稀疏约束的结果与彩色 Retinex 算法的结果基本一致，而 L_0 稀疏约束可显著降低彩色 Retinex 方法得到的反射率图[图（d）]中的光照残留，提升分解结果[图（h）]。表 5-1 提供了量化的比较结果。再一次可以看出，L_1 约束对彩色 Retinex 方法的提升十

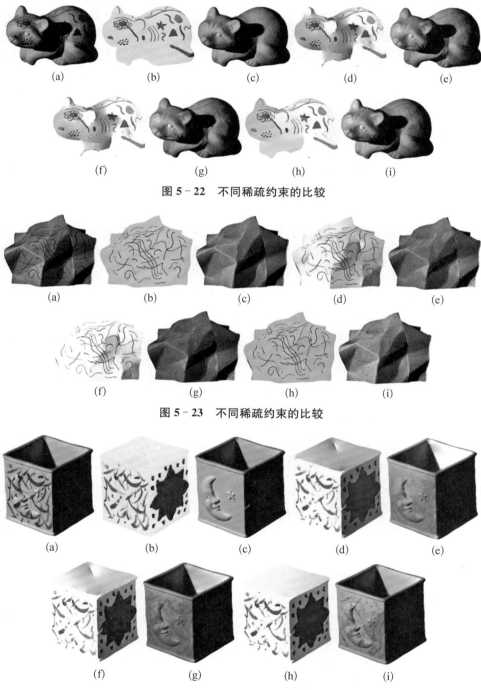

图 5 - 22　不同稀疏约束的比较

图 5 - 23　不同稀疏约束的比较

图 5 - 24　不同稀疏约束的比较

分有限,而 L_0 可大幅提升分解结果。L_1 的权重是通过弃一估计法估计出来的。

表 5 - 1　不同算法在弃一估计法条件下的比较

样　例	CR	CR+L_1	CR+L_0	本节的方法	Gehler 等[54] 的方法
盒子	12.59	10.36	9.36	**8.54**	12.97
杯子 1	7.17	8.04	7.13	**5.62**	6.21
杯子 2	11.36	13.18	10.99	10.75	**10.52**
鹿	41.67	42.24	41.34	39.10	**38.26**
恐龙	36.15	41.81	32.64	**29.35**	32.51
青蛙 1	64.80	**59.33**	62.11	64.09	64.95
青蛙 2	70.76	**66.17**	71.89	69.71	69.98
黑豹	10.50	9.7	**7.66**	7.69	9.42
纸张 1	3.74	3.51	2.18	**1.75**	3.21
纸张 2	4.12	4.11	3.16	**2.16**	3.63
浣熊毛皮	14.95	13.23	**3.80**	8.68	12.38
松鼠	69.54	**66.17**	70.07	70.78	69.84
太阳	2.88	3.36	2.63	**1.82**	2.25
茶包 1	31.31	38.35	27.76	**23.78**	24.24
茶包 2	22.46	22.83	17.32	**17.16**	17.19
乌龟	67.87	59.86	61.18	**58.36**	60.36
平均值	29.49	28.80	26.95	**26.20**	27.37

2) 在标准评测集上的评估

本节分别在"弃一估计法""最佳参数法"和"图像最佳法"等不同的参数选择条件下,将提出的方法与其他先进的本征图像分解算法在本征图像标准评测集[61]上进行比较。该评测集[61]包含 20 个样例测试图像,并提供每个图像对应的真实反射率图和光照图。由于该数据集是分批开放的,大多数算法都只提供 20 个样例中 16 个样例的结果。参照文献[61]中的方法,评估不同算法在 16 个样例上的局部均方误差。为了更好地进行展示,此处将局部均方误差分数乘上 1 000。

首先,比较利用弃一估计法对模型参数进行选择的条件下不同算法的表现。表 5 - 1 展示了不同算法在标准评测数据集上的量化评测结果。在表 5 - 1 中,

"CR"表示彩色 Retinex 算法,"CR+L_0"表示彩色 Retinex 加 L_0 稀疏约束的算法结果。表 5-1 比较了"CR"、"CR+L_0"、本书方法和 Gehler 等[54]的方法。从表 5-1 中可以看出,"CR+L_0"算法在大多数的样例上结果都好于"CR"方法;"CR+L_0"算法在 6 个样例上的结果优于 Gehler 等[54]的方法,剩余 10 个样例的结果不如 Gehler 等[54]的方法,但"CR+L_0"算法整体的平均局部均方误差小于 Gehler 等[54]的方法。本节方法(全模型)的平均局部均方误差最小,且在大多数的样例上都是最好的。"CR"方法在"松鼠"样例上优于本节方法,这主要是因为反射率梯度稀疏性假设在该样例上不成立。表 5-2 提供了视觉上的比较结果,

表 5-2　MIT 标准评测集上三个样例比较

图像	黑豹	乌龟	茶包1
GT			
CR	局部均方误差=10.50	局部均方误差=67.87	局部均方误差=31.31
CR+L_0	局部均方误差=7.66	局部均方误差=61.18	局部均方误差=27.76
本节的方法	局部均方误差=7.69	局部均方误差=58.36	局部均方误差=23.78
Gehler等[54]的方法	局部均方误差=9.42	局部均方误差=60.36	局部均方误差=24.24

表中提供了每个分解结果对应的局部均方误差。从表 5-2 中可以看出,本节的方法在视觉上和数值上都更好。

其次,比较利用"最佳参数法"对模型参数进行选择的条件下不同算法的表现。表 5-3 列出了不同算法在标准评测集[61]的量化结果。在表 5-3 中,我们比较了"CR"方法、本节的方法、Gehler 等[54]的方法和 Zhao 等[56]的方法。如表 5-3 所示,本节的方法在大多数测试样例上的表现都是最好的。比较表 5-1 和表 5-3,可以看出在评测集[61]上最佳参数法的结果通常优于弃一估计法,这主要是由于评测集[61]的样例太少。

表 5-3   最佳参数法条件下不同算法的比较

样　　例	CR	本节的方法	Gehler 等[54]的方法	Zhao 等[56]的方法
盒子	12.59	**4.88**	11.58	5.00
杯子 1	7.17	6.33	**5.90**	10.00
杯子 2	11.36	14.05	12.20	**5.00**
鹿	41.67	**36.15**	36.90	45.00
恐龙	36.15	26.28	34.17	**26.00**
青蛙 1	64.80	**46.96**	50.71	51.00
青 21	70.76	67.13	**64.47**	69.00
黑豹	10.50	**1.68**	7.01	6.00
纸张 1	3.74	**0.91**	0.94	8.00
纸张 2	4.12	1.61	**1.54**	5.00
浣熊毛皮	14.95	**2.29**	5.49	4.00
松鼠	69.54	**45.91**	57.17	74.00
太阳	2.88	2.17	**1.93**	2.00
茶包 1	31.31	24.91	**24.32**	42.00
茶包 2	22.46	21.89	22.30	**17.00**
乌龟	67.87	46.59	53.81	**37.00**
平均值	29.49	**21.85**	24.40	25.40

最后,与文献[50]在不同的参数选择下进行比较,表 5-4 列出了相关的比较结果。由于文献[50]并没有给出参数 λ 的具体选择方式,因此我们无法知道文献[50]的结果是在何种参数选择方法下得到的。假设是在"最佳参数法"条件

下得到的,则文献[50]的平均 LMSE 比本节的方法低,但本节的方法在 13 个样例中的 7 个样例上的 LMSE 比文献[50]低。假设是在"图像最佳"条件下得到的,则本节方法的平均 LMSE 比文献[50]低,且在 13 个样例中的 10 个样例上的 LMSE 都比文献[50]低。图 5-25 展示了在"图像最佳"条件下得到的分解结果。从图 5-25 中可以看出,本节的方法可从单张图像很好地分解得到反射率和光照图。

表 5-4   在不同参数选择下与文献的比较

样 例	SRC[50]	最佳参数法	图像最佳法
盒子	1.8	4.9	2.5
杯子 1	4.2	6.3	3.2
杯子 2	5	14.1	4.4
青蛙 1	52.6	46.9	34.3
青蛙 2	43.5	67.1	40.3
黑豹	7.8	1.7	1.4
纸张 1	1.4	0.9	0.8
纸张 2	2.7	1.6	1.5
浣熊毛皮	4.8	2.3	1.5
太阳	2.3	2.17	1.28
茶包 1	26.8	24.91	16.5
茶包 2	15.1	21.89	19.7
乌龟	17.4	46.59	24.4
平均值	15	18.52	11.7

3) 初始化方法

为了证明提出的初始化方法的重要性,我们利用最佳参数法设置将该初始化方法与简单的初始化方法进行比较。首先,将 r 初始化为原始输入图像的范数(此处为 L_1 范数,即三通道求和),得到的平均局部均方误差为 22.87。其次,将 r 初始化为 1,得到的平均局部均方误差为 22.91。而提出的初始化方法对应的均局部均方误差为 21.85,优于前面两种简单的初始化方法。

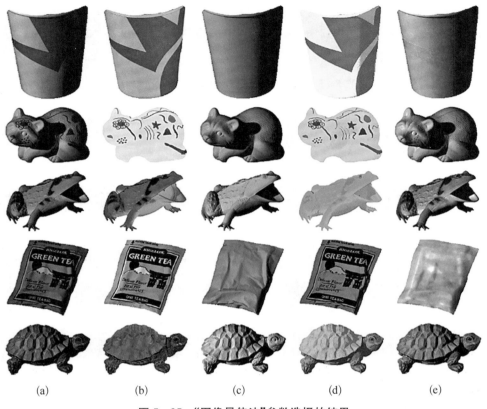

(a)　　　　　　(b)　　　　　　(c)　　　　　　(d)　　　　　　(e)

图 5 - 25　"图像最佳法"参数选择的结果

（a）输入图像；（b）真实的反射率图；（c）真实的光照图；（d）在"图像最佳"条件下分解得到的反射率图；（e）在"图像最佳"条件下分解得到的光照图

（1）合成数据集上的评估。本节将提出的方法在合成数据集[74]进行评估比较。表 5 - 5 展示了不同算法的局部均方误差结果。在表 5 - 5 中，将提出的方法与当前最先进的本征图像分解方法进行比较，这些方法包括 Barron 等[64]的方法、Gehler 等[54]的方法和 Serra 等[63]的方法。依照文献[74]中的方法，对白光（white illumination）、单光源（one illuminant）和双光源（two illuminants）的结果取平均。Barron 等[64]的方法、Gehler 等[54]的方法和 Serra 等[63]的方法的结果来自文献[74]。在大部分的测试样例上，本节方法的局部均方误差都是最小的。如文献[74]所指出的那样，发现小的局部均方误差并不意味着更好的视觉效果。因此，进一步将提出的方法与 Serra 等[63]的方法进行视觉上的比较，如图 5 - 26 所示。根据文献[74]的研究结果，Serra 等[63]的方法是在合成数据集[74]上平均局部均方误差最小的方法。可以看出，本节的方法不仅在局部均方误差量化比较上更小，同时视觉结果也更好。图 5-27～图 5-29 进一步将提出的方法与 Gehler 等[54]的方法、Barron 等[64]的方法和 Serra 等[63]的方法在合成数据集[74]上进行比较。

表 5-5 合成数据集[74]上的均方误差比较

方 法	反 射 率						阴 影					
	单一物体			复杂场景			单一物体			复杂场景		
	WL	1*L*	2*L*	*WL*	1*L*	2*L*	*WL*	1*L*	2*L*	*WL*	1*L*	2*L*
Barron 等[64]	82	99	102	20	59	39	43	46	54	11	14	14
Gehler 等[54]	89	113	123	18	67	40	43	45	51	7	9	9
Serra 等[63]	63	69	76	27	41	33	21	22	25	6	6	7
本节的方法	52	65	70	15	63	37	24	24	29	7	6	5

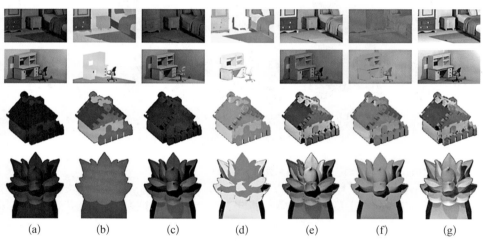

(a)　　　　　(b)　　　　　(c)　　　　　(d)　　　　　(e)　　　　　(f)　　　　　(g)

图 5-26 合成数据集[74]上的视觉比较

（a）输入图像；（b）真实的反射率图；（c）真实的光照图；（d）Serra 等[63]的方法下的反射率图；（e）Serra 等[63]的方法下的光照图；（f）利用反射率梯度稀疏约束的反射率图；（g）利用反射率梯度约束的光照图

（2）现实场景图片上的评估。Intrinsic Images in the Wild 是由 Bell 等[51]提出的一个大规模本征图像分解评估数据集，该数据集主要由室内场景的真实照片组成。Bell 等[51]还提出一个新的量化度量，称为加权人类感知分歧率比例（weighted human disagreement rate，WHDR）度量。WHDR 主要通过度量算法与人类判断不一致的比例来对算法进行量化评估。文献[51]认为室内场景的

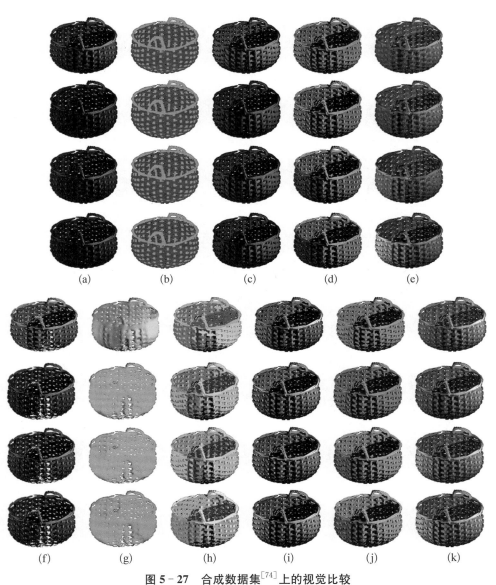

图 5 - 27　合成数据集[74]上的视觉比较

（a）单张输入图像；（b）（c）真实的反射率和光照；（d）（e）Gehler 等[54]的方法；（f）（g）Barron 等[64]的方法；（h）（i）Serra 等[63]的方法；（j）（k）本节的算法的结果

大量物体表面都具有相同的材质和反射率。相关学者利用全连接条件随机场的近期研究进展[85]对此进行建模,提出了针对现实场景的本征图像分解算法。评估结果显示,他们提出的方法在数据集[51]上胜过了大量先进的本征图像分解算法。这里,将本节提出的方法与他们的方法[51]在数据集上的一些照片进行对

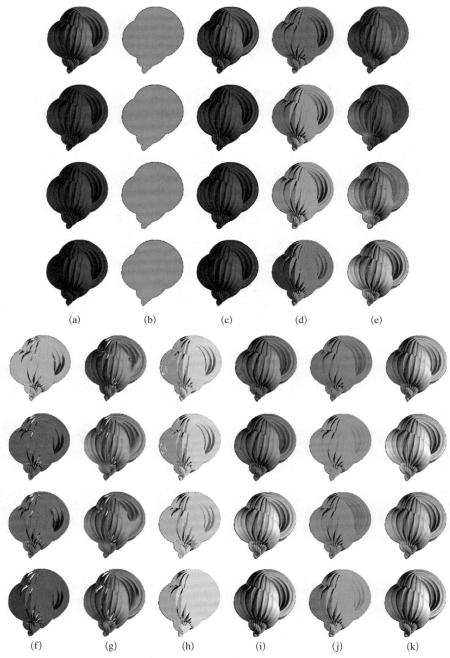

图 5 - 28　合成数据集[74]上的视觉比较

(a) 单张输入图像;(b)(c) 真实的反射率和光照;(d)(e) Gehler 等[54]的方法;(f)(g) Barron 等[64]的方法;(h)(i) Serra 等[63]的方法;(j)(k) 本节的算法的结果

比。图 5-30 展示了相关的视觉比较与量化比较。Bell 等[51] 的方法对应的
WHDR 为 33.5%、54.9%、4.3%、44.8%、53.326%、27.6%，本节的方法对应
的 WHDR 为 33.6%、56.9%、10.7%、33.5%、21.1%、23.2%。

(a)   (b)   (c)   (d)   (e)

(f)   (g)   (h)   (i)   (j)   (k)

图 5-29   合成数据集[74] 上的视觉比较

（a）单张输入图像；（b）（c）真实的反射率和光照；（d）（e）Gehler 等[54] 的方法；（f）（g）Barron 等[64]
的方法；（h）（i）Serra 等[63] 的方法；（j）（k）本节的算法的结果

本节将提出的方法与基于用户辅助的方法[52] 进行比较。从图 5-31 中可
以看出，提出的方法可自动地从单张图像估计本征图像，其结果与基于用户辅助

图 5 - 30 与 **Bell** 等[51] 的方法在现实场景图片上进行比较

（a）单张输入图片；（b）（c）Bell 等的方法；（d）（e）本节的方法

的方法在视觉上是可比的。

5.3.2 基于多尺度度量和稀疏性的本征图像分解

本征图像分解的方法大致可以分为两类：① 单纯基于边的方法[53,58-60,81]；② 非单纯基于边的方法[50-51,54-56,63,65]。前者只根据边缘信息来恢复图像的反射率或光照图，由于极少量的边缘错误估计就可能导致大范围误差的形成，因此该方法并不鲁棒。后者希望利用一些附加的信息来克服单纯基于边方法的缺点，例如引入纹理分析[56]、相关性分析[65]、强的表面描述子[63]和对全局反射率施加稀疏型约束[51,54-55]等。这些方法或者基于像素性质（如像素色度与亮度[51,55]）来计算像素反射率的相似度；或者基于区域的性质（如纹理特征[56]）来计算像素间的相似性。文献[55]中的小波权重是基于像素色度计算得到，而文献[51]中的像素反射率的距离是根据像素位置、亮度和色度决定的。基于像素的方法在

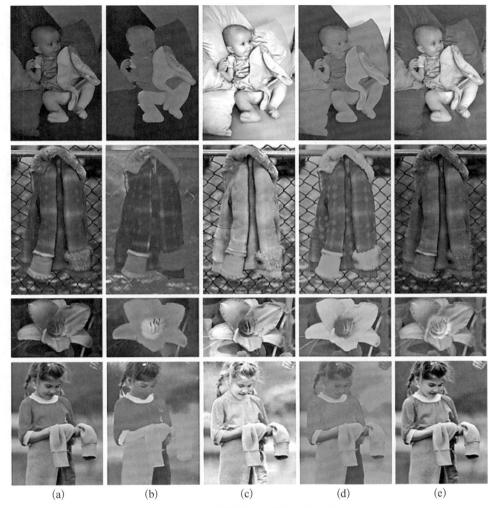

　　　(a)　　　　　　　(b)　　　　　　　(c)　　　　　　　(d)　　　　　　　(e)

图 5‐31　与基于用户辅助方法的比较

（a）单张输入图像；（b）（c）Bousseau 等[52]基于用户交互得到的结果；（d）（e）本节的方法的结果

计算远距离的像素相似度时,可能会出现错误,因为单个像素的特征并没有包含足够的信息来支持如此远距离的连接。而区域特征通常是对一个区域总体特性的反映,因此当利用单纯的区域特征来计算像素反射率的相似度时,由于区域特征的这种总体性,可能出现区域特征很接近而像素实际的反射率值相差很大的情况。

　　图像的反射率并不是一种单纯基于像素的特性,也不是单纯基于区域的特性。首先,给定单个像素的像素值,很难确定该像素的颜色(反射率值),需要将它与其周围的像素进行对比,考虑整张图像的内容后,方可估计出它的颜色。其次,如果按区域进行反射率推理,势必会造成过度平滑,导致反射率估计的错误。因此,将图像的反射率看作一种具有多尺度特性的结构化信息,将是一个更好的选择。

在 5.3.1 节的基础上,本节针对真实场景图像进一步提出了基于多尺度度量和稀疏性的本征图像分解算法。该方法以自底向上的方式迭代地粗化一个反映反射率相似度的图,在粗化过程中组合并形成不同尺度的聚合(可简单看出一些像素的组合或多尺度金字塔模型中的节点)。当构建多尺度模型中第一个尺度的反射率相似度图时,算法以像素的色度相似性来近似像素的反射率相似度。相邻像素的光照条件一致性高、材质变化概率小,因此色度相似度可以很好地近似其反射率相似度。在金字塔结构的构建过程中,算法合并不同尺度聚合的性质,并根据该性质不断更新反射率相似度图。很自然地,金字塔结构中更高层的节点通常包含更大的支撑集,因此也包含更丰富的信息以支持高层节点间的远距离连接(见图 5-32)。进一步,将高层的信息以自上而下的方式引入本征图像的分解中。随后,利用上一节提出的反射率 L_0 稀疏性约束,对反射率进行正则化约束,限定反射率的高频与稀疏性。本节对上述问题进行建模,并利用能量最小化对模型进行高效求解。优化算法可连续降低能量,通过很少的几次迭代就可成功地从单张输入图像中提取得到本征图像。算法在 Intrinsic Image in the Wild(IIW)大型数据集、MIT 标准评测集和一些自然场景图上进行了实验。实验结果表明,提出的多尺度度量方法在 IIW 数据集上超过了当前最先进的一些本征图像分解方法。同时将算法的分解结果应用于纹理替换、颜色转移等计算机图形学的应用中。实验证明了基于多尺度度量本征图像分解方法是高效且用途广泛的。

1. 基于多尺度度量分析的本征图像分解模型

1)问题形式化定义

回顾式(5-20)处将问题转换到对数域内,并在对数域内进行建模。定义

$$I_i = s_i + r_i \tag{5-37}$$

为了记号的简便,往后采用 I_i、s_i 和 r_i 来表示它们的对数值。同样记 $\boldsymbol{s} = (s_1, s_2, \cdots, s_n)'$ 和 $\boldsymbol{r} = (r_1, r_2, \cdots, r_n)'$ 为具有 n 个像素的输入图像 I 的光照分量和反射率分量。本征图像的分解可转换成以下能量方程的最小化问题:

$$F(\boldsymbol{r}, \boldsymbol{s}) = \lambda_r F_r(\boldsymbol{r}) + \lambda_s F_s(\boldsymbol{s}) + \lambda_a F_a(\boldsymbol{s}) \tag{5-38}$$

式中,λ_r、λ_s 和 λ_a 是三个正的权重,用来线性地组合不同的能量项,在实验中,

我们设定 $\lambda_r = 1$，$\lambda_a = 100$，并且将 λ_s 看成一个自由变量。$F_r(r)$ 利用 Retinex 先验、多尺度度量和 L_0 稀疏性来约束反射率 r 的分段常数性。$F_s(s)$ 为光照局部平滑约束，$F_a(s)$ 为一个全局缩放约束。

2）反射率约束 $F_r(r)$

利用 Retinex 先验、多尺度度量和 L_0 范数稀疏性来约束反射率 r。其中，多尺度度量利用不同尺度下的色度差和亮度差来计算相邻像素间、远距离像素间的反射率相似度；L_0 稀疏性利用 L_0 损失函数来维持反射率变化的高频与稀疏性。反射率约束 $F_r(r)$ 定义为

$$F_r(r) = F_r^{\mathrm{R}}(r) + F_r^{\mathrm{M}}(r) + \lambda_l F_r^{\mathrm{L}}(r) \tag{5-39}$$

式中，$F_r^{\mathrm{R}}(r)$ 为 Retinex 约束；$F_r^{\mathrm{M}}(r)$ 和 $F_r^{\mathrm{L}}(r)$ 分别为多尺度度量和 L_0 稀疏性约束；λ_l 为自由参数，可控制 L_0 稀疏性的重要度。

Retinex 约束通常假设光照图 s 是平滑的[56,58]，而反射率图 r 是分段常数的。该约束 $F_r^R(r)$ 可写成

$$F_r^{\mathrm{R}}(r) = \Sigma_{i \sim j} w_{ij}^r (r_i - r_j)^2 \tag{5-40}$$

式中，$i \sim j$ 表示 4 邻域连接关系。通过计算色度图的梯度来决定相邻像素反射率值的相似度，如果色度图梯度的幅值大于一个阈值 t_r，则认为图像对应的对数域内的梯度是由反射率变化引起的。在这种情况下，设置 $W_{ij}^r = 0$，允许反射率值的变化；在其他情况下，设置 $W_{ij}^r = 100$，约束反射率值的变化。

3）多尺度度量分析

为了得到全局一致的分解效果，将远距离的像素反射率进行连接是十分重要的。但是，仅利用单一尺度的信息很难判断远距离像素是否具有相同的反射率值。为了引入多尺度信息，本节基于图像内容构建一个不规则的金字塔结构。算法迭代地对一个反映相邻像素相似度的图结构进行粗化，并最终形成金字塔结构。在此过程中，算法生成并组合多尺度的色度差和亮度差特征，并依此特征更新图结构。因此，金字塔结构包含了不同尺度节点之间的相似性。

（1）图像粗化。在图像粗化的过程中，算法希望将具有相同反射率性质的像素聚集到相同的聚合中。这里运用一个与文献[86]和文献[87]相似的粗化算法，它的递归处理方式如下所述。首先，记 $\boldsymbol{W}^0 = \boldsymbol{W}$，其中上标为尺度记号，$W$ 为色度图的关联矩阵，记录了相邻像素的相似度。Funt 等[59]将反射率的改变与色度的改变联系在一起。此处，参照他们的做法，用相邻像素间的色度相似性来逼近相邻像素间反射率的相似性。形式上定义为

$$w_{ij} = \begin{cases} \exp\left(-\dfrac{\parallel \hat{R} - \hat{R} \parallel^2}{3}\right), & \text{如果} \ \parallel \hat{R} - \hat{R} \parallel < t_c \\ 0, & \text{其他情况} \end{cases} \tag{5-41}$$

式中，$\hat{R}_i$ 和 $\hat{R}_j$ 分别为像素 i 和像素 j 的色度；t_c 为阈值；此处的像素 i 和像素 j 为相邻像素。记 $\boldsymbol{W}^0$ 对应的拉普拉斯矩阵为 $\boldsymbol{L}^0$，它可用一个图 $G^0(V^0, E^0, W^0)$ 来表示，其中，V^0 和 E^0 分别表示顶点和边，$\boldsymbol{W}^0$ 为边对应的权重。给定一个图 G^{l-1}，可以选取图上的代表性点集 B，使得 $V^{l-1} \backslash B$ 与 B 中的点有很强的连接关系。这意味着 $\sum_{b_k \in B} \omega_{ib_k} \geqslant \beta \sum_j \omega_{ij}$，其中 β 为控制参数（在实际实现算法时，设置 $\beta = 0.5$）。不失一般性，设 V^{l-1} 中的前 N 个点为尺度 l 上选择出来的代表性子集，其对应的反射率向量 $r^l = (r_1^{l-1}, r_2^{l-1}, \cdots, r_N^{l-1})$。由于式(5-41)，$t_c$ 为 0.02，是很小的值，因此 w_{ij} 是稀疏的，且每个点与 B 都有很强的连接关系。因此，存在一个稀疏的差值矩阵 $\boldsymbol{C}^{l-1}$，使

$$r^{l-1} = \boldsymbol{C}^{l-1} r^l \tag{5-42}$$

式中，当 $i > N$ 时，$C_{ik}^{l-1} = w_{ik}/\Sigma_j w_{ij}$；当 $i \leqslant N$ 且 $k = i$ 时，$c_{ik}^{l-1} = 1$；其他情况下，$C_{ik}^{l-1} = 0$。利用该差值矩阵，同一个聚合通常不会包含具有不同反射率性质的点。给定差值矩阵 $\boldsymbol{C}^{l-1}$，尺度 l 上的关联矩阵 $\boldsymbol{W}^l$ 可通过下式计算：

$$w_{mn}^l = \sum_{i \neq j} c_{mi}^{l-1} w_{ij}^{l-1} c_{jn}^{l-1} \tag{5-43}$$

（2）分层次聚合。本小节基于由图像粗化算法生成的金字塔结构，定义粗层度量的几何支撑区域，并利用这些粗层度量来影响金字塔的构建。首先，通过更改粗层图结构中的连接权重，反映当前粗糙层反射率性质的不同。利用一个向量记录不同层的性质，注意到，C_{ik}^{l-1} 表示 $l-1$ 层上的聚合 i 属于 l 层上聚合 k 的程度。用像素位置、亮度值和色度值来描述像素特征。因此，像素 i 的特征定义为 $\boldsymbol{f}_i^0 = (\theta_p x_i/d, \theta_p y_i/d, \theta_q I_i, \theta_c \hat{R})$，表示所有不同类型的特征，$(x_i, y_i)$ 是像素的位置，I_i 为像素的亮度，d 表示图像宽度。θ_p、θ_q、θ_c 为正的权重值，可组合并反映不同特征的重要度。一般设置 $\theta_p = \theta_q = 1$，$\theta_c = 4$。记 $\boldsymbol{f}_s^{l-1}$ 为层 $l-1$ 的某种特定类型的特征，表示 $l-1$ 层上所有的 N_{l-1} 个节点，即 $\boldsymbol{f}_s^{l-1} = (f_{1s}^{l-1}, f_{2s}^{l-1}, \cdots, f_{N_{l-1}s}^{l-1})^{\mathrm{T}}$，而 $s = p, q, c$，表示某种特定的特征。层 l 的一种特征 $\boldsymbol{f}_s^l$ 可通过对 $l-1$ 层积分得到，有

$$\boldsymbol{f}_s^l = \boldsymbol{P}^{l-1} \boldsymbol{f}_s^{l-1} \tag{5-44}$$

式中，$\boldsymbol{P}^{l-1}$ 根据差值矩阵 $\boldsymbol{C}^{l-1}$ 计算得到，具体为 $\boldsymbol{P}_{ki}^{l-1} = \dfrac{\boldsymbol{C}_{ik}^{l-1}}{\sum_i \boldsymbol{C}_{ik}^{l-1}}$。

在一个特定的层 l，首先利用上一层的权重信息，并根据式（5-43）计算得到 ω_{mn}^l。然后，将其乘以 $\exp[-(\alpha_p D_{mn}^p + \alpha_q D_{mn}^q + \alpha_c D_{mn}^c)]$，以反映粗糙层的信息。$D_{mn}^s$ 是特征 f_{ms} 和 f_{ns} 间的马氏距离，α_s 是不同特征的权重，$s = p, q, c$。另外，$\boldsymbol{D}_{mn}^s = (\boldsymbol{f}_{ms} - \boldsymbol{f}_{ns})^{\mathrm{T}} \boldsymbol{\Lambda}_s (\boldsymbol{f}_{ms} - \boldsymbol{f}_{ns})$，其中对角矩阵 $\boldsymbol{\Lambda}_s$ 可被设定成特定的值来强调某些层的作用（在现实中，我们简单地将 $\boldsymbol{\Lambda}_s$ 设置成单位矩阵，即同等地对待金字塔结构中的每个层次）。$\boldsymbol{f}_{ms} = (f_{ms}^0, f_{ms}^1, \cdots, f_{ms}^l)'$ 为节点 m 在所有尺度上的某种特定特征，$\boldsymbol{f}_{ms}'$ 为 $\boldsymbol{f}_{ms}$ 的转置。处理结束后，一个完全的金字塔就构建完毕。

（3）高层连接。上述的图像金字塔构建是以自底向上的方式进行的。而高层的节点含有更多的信息，因此可以采用自顶向下的方式将高层信息结合到模型中，以提高本征图像分解的结果。在金字塔的最高层，选择几何支撑区域足够大的节点，计算这些节点的多尺度特征间的马氏距离，并依此建立这些节点间的联系［见图5-32(f)的第一行］。当 $\exp[-(\alpha_p D_{mn}^p + \alpha_q D_{mn}^q + \alpha_c D_{mn}^c)] > t_h$ 时，认为节点 m 和节点 n 具有相似的反射率值，并设置 $w_{mn}^l = 1$。t_h 是阈值，将其设为 0.95。根据以上描述，多尺度度量约束可定义为

$$F_r^M = \bar{r}' \bar{L} \bar{r} + \alpha_M \parallel C\bar{r} \parallel^2 \tag{5-45}$$

式中，$\bar{r} = (r_1, r_2, \cdots, r_l)'$ 为串联后的多尺度反射率，α_M 在实验中设成 1，有

$$\widetilde{\boldsymbol{L}} = \begin{pmatrix} \boldsymbol{L}^1 & & 0 \\ & \ddots & \\ 0 & & \boldsymbol{L}^l \end{pmatrix} \text{ 且 } \boldsymbol{C} = \begin{pmatrix} \boldsymbol{E} & -\boldsymbol{C}^1 & 0 & 0 \\ 0 & \vdots & \vdots & 0 \\ 0 & 0 & \boldsymbol{E} & -\boldsymbol{C}^l \end{pmatrix}$$

式中，$\boldsymbol{L}^l$ 为关联矩阵 $\boldsymbol{W}^l$（也称耦合矩阵）对应的拉普拉斯矩阵；$\boldsymbol{C}$ 为不同尺度间的连续性约束和稀疏约束矩阵，它实现反射率在不同尺度间的传播，以达到反射率在不同尺度间的一致性；$\boldsymbol{E}$ 为单位矩阵。算法通常选取一半的节点为代表性节点，因此 $\tilde{r}$ 的长度大约为 r 的两倍。整个过程如图5-32所示。

4）稀疏约束

由于现实场景中的图片通常是分段常数的，此处利用 3.2 节中的类 L_0 函数来约束反射率的变化是高频和稀疏的，即稀疏约束 $F_r^L(r)$ 可被定义成

$$F_r^L(r) = \phi(\partial_x r) + \phi(\partial_y r) \tag{5-46}$$

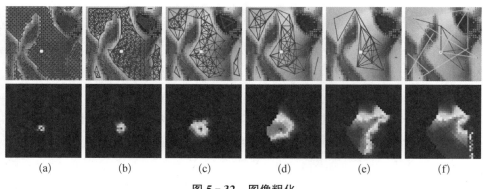

图 5 - 32   图像粗化

注：图中的点表示不同尺度上的节点，它们由若干连接线相连（如第一行所示），宽的线表示强的连接，而窄的线表示弱的连接。图中第一行的(a)～(f)为金字塔结构中对应的(2～7)层；第二行的(a)～(f)为第一行的白点对应的支撑集，颜色越深表示该像素对白色节点的贡献越大。第一行图(f)中的浅色连接线表示高层的连接，高层连接将具有相似反射率特性的远距离节点连接在一起。

式中，∂x 和 ∂y 分别为 x 方向和 y 方向的偏导算子。

5）光照约束

（1）光照连续性。在本征图像分解中经常假设光照图 S 是平滑的[58]。此处，对像素四邻域的差进行约束，对光照平滑假设进行建模，有

$$F_s(s) = \Sigma_{i \sim j}(s_i - s_j)^2 \tag{5-47}$$

式中，$i \sim j$ 为 4 邻域连接关系。

（2）光照绝对尺度。由于上述建模都是关于像素对之间的建模，即模型只考虑像素间的差，而不考虑像素的绝对反射率或者光照值。因此，反射率图与光照图存在全局上一个标量的不确定性。具体而言，得到一种分解结果：$I = s + r$，则对于任意的常数 a，$s+a$ 和 $r-a$ 都是满足模型的一种分解结果。为了解决这种不确定性，此处约束图像中亮度比较大的像素点的光照值接近1，考虑模型是构建在对数域上的，则该约束可写成

$$F_a(s) = \Sigma_{i \in B_a} s_i^2 \tag{5-48}$$

式中，B_a 为图像中亮度较大的像素集合。

2. 多尺度本征图像分解建模与优化

1）建模

由于模型建立在对数域内，光照分量 s 可表示成输入图像 I 与反射率 r 的差。因此，能量方程式(5-38)可写成如下关于 r 的形式：

$$F(\bar{r}) = r'L^r r + \bar{r}'\bar{L}\bar{r} + \alpha_M \parallel C\bar{r} \parallel^2 + \lambda_l[\phi(\partial_x r) + \phi(\partial_y r)] +$$

$$\lambda_s(I-r)'L(I-r)+\lambda_a\parallel D_a(I-r)\parallel^2 \tag{5-49}$$

式中，L^r 和 L 分别为式（5 - 40）中关联矩阵 W^r 对应的拉普拉斯矩阵和式（5 - 47）中的耦合关系对应的拉普拉斯矩阵。D_a 为对角矩阵，如果 $i\in B_a$，则 $D_a(i,i)=1$，其他情况为 0。

2）迭代最小化

由于能量方程式（5 - 49）包含非凸函数 $\phi(\partial_r)$，因此其关于 r 是非凸的。此处，将原优化问题分割成两个子问题，并采用交替优化的策略进行求解。与 5.3.1 节中的方法相同，将 ε 看成一个参数，将稀疏惩罚函数式（5 - 43）写成 $\phi(x;\varepsilon)=\min_v\{|v|^0+(x-v)^2/\varepsilon^2\}$，其中，当 $v\neq 0$ 时，$|v|^0=1$，其他条件下 $|v|^0=0$。引入辅助变量 $\boldsymbol\mu=(\boldsymbol\mu_x,\boldsymbol\mu_y)$，则稀疏约束项 $F_r^L(r)$ 可写成

$$F_r^L(r)=\min F_r^L(r,\boldsymbol\mu) \tag{5-50}$$

式中，$F_r^L(r,\boldsymbol\mu)=\{\parallel\boldsymbol\mu_x\parallel_0+\parallel\boldsymbol\mu_y\parallel_0+(\parallel\partial_x r-\boldsymbol\mu_x\parallel_2^2+\parallel\partial_y r-\boldsymbol\mu_y\parallel_2^2)/\varepsilon^2\}$。下面详细介绍优化能量方程式（5 - 49）的方法。

更新 $\boldsymbol\mu$：在式（5 - 49）中，只有 $F_r^L(r,\boldsymbol\mu)$ 是与 $\boldsymbol\mu$ 相关的。记 μ^i 为 μ 在像素 i 上的值，由于当 r 给定时，μ^i 之间并无联系，则该多元优化问题可分解成一系列单变量优化问题。每个 μ_x^i 可通过以下式子独立地进行估计：

$$\mu_x^i=\begin{cases}0, & |\partial_x r_i|\leqslant\varepsilon\\ \partial_x r_i, & \text{其他情况}\end{cases} \tag{5-51}$$

关于 μ_y^i 的结果是类似的。

更新 $\tilde r$：对于固定的 $\boldsymbol\mu$，式（5 - 49）关于 $\tilde r$ 是二次的，可直接利用共轭梯度法对其求解。但是，如前面所述，$\tilde r$ 的长度约为 r 的两倍，这将导致解法效率低下。相反，可以将多尺度度量直接约束到 r 上，以减少变量维度，提高求解效率。回顾在构建图像金字塔结构的过程中，高层的节点总是来自底层的代表性节点。这意味着，高层的节点可对应原始输入图片中的像素点。因此可以把多尺度的度量直接约束到反射率图上，减小求解方程组的规模，提高求解的效率。利用 Matlab 实现本节的求解算法，其在一台普通电脑［Intel Core（TM）i7 - 4790 CPU @ 3.6 GHz，16 G 内存］上大约需要 25 秒的时间将一张来自数据集[51]中的典型图片分解成其对应的光照图和反射率图。

3. 实验结果与讨论

本节评估基于多尺度度量本征图像分解算法的表现。首先，为了证明提出的多尺度度量约束方法的优势，我们比较了多尺度度量约束和不加多

尺度度量约束的分解结果。其次,评估提出的方法在 IIW[51] 数据集和 MIT 标准评测集[61] 上的表现。最后,将提出的本征图像分解方法应用于不同的任务中。

当在 IIW 数据集上进行实验时,采用 WHDR[51] 进行评估,即度量算法结果与人类判断不一致的比例来对算法进行量化评估。当在 MIT 标准评测集[61] 上进行实验时,采用由文献[61]中提出的 LMSE 来评估算法结果。在这两个数据集上进行评测时,已经指定的参数[如式(5-38)中的 λ_r 和 λ_a]都将保持不变。剩下的模型自由参数,如权重 λ_s 和 λ_l 以及用来决定式(5-40)中 ω_{ij}^r 的色度阈值 t_r,将根据不同设置进行选择。光照平滑项权重的选择范围为 $\lambda_s \in \{0.01,$ $0.1, 1, 10\}$,L_0 稀疏项权重的选择范围为 $\lambda_l \in \{0, 0.001, 0.1, 1\}$,色度阈值的选择范围为 $t_r \in \{0.005, 0.01, 1\}$。

为了与不同的方法进行公平的比较,在 MIT 标准评测集[61] 上,主要考虑在三种不同的参数选择方法下进行算法评估。这三种参数选择方法如下:弃一估计法、最佳参数法和一半训练一半测试。弃一估计法和最佳参数法与 5.3.1 节中的方法相同。当与 Barron 等[79] 的方法进行比较时,如文献[79]中描述的那样,利用一半图像做训练集,一半做测试集。IIW 数据集包含 5 230 张图片,当在该数据集上进行评测时,为了快速地进行参数选择,从数据集中随机选取 200 张图片作为选择参数的子集,并利用网格搜索方法在该子集上进行参数选择。利用选出的参数对剩余的 5 030 张图片进行分解。当在选择参数的子集上进行测试时,我们重新选取一个包含 200 张图片的小集合进行参数选择。为了防止过拟合的发生,这两个子集是没有交集的。

1) 多尺度度量约束

本节方法的一个重要特征就是关于图像反射率的多尺度度量约束。该约束利用多尺度的度量来反映不同尺度上反射率的差。方法基于图像内容,以自底向上的方式构建一个不规则的金字塔结构,并通过优化一个二次能量方程来实现不同尺度反射率的一致性。图 5-33~图 5-35 比较了有无反射率多尺度度量约束的不同结果。从图中可以看出,反射率多尺度度量约束可以有效减小彩色 Retinex 算法分解得到的反射率[见图(d)]中的光照残留,有利于维持反射率的整体结构并提升算法分解结果的质量[见图(f)]。在光照遮挡的边界或物体形状变化巨大的地方,光照的变化是剧烈的,这破坏了光照平滑假设。例如"纸张 2"样例(见图 5-33)就包含非平滑的光照,因为该样例包含多个不同方向的小面片。当不加反射率多尺度度量约束时,图 5-33(d)显示很多光照的高频变化都被误认为反射率的变化。而当引入反射率的多尺度度量约束后,小尺度上具有相似色度特性的相邻像素和大尺度上具有相似区域特性的远距离节点都被连接到一起,可有效减少反射率中的光照残留,得到全局更加一致的反射率图〔见图 5-33(f)〕。

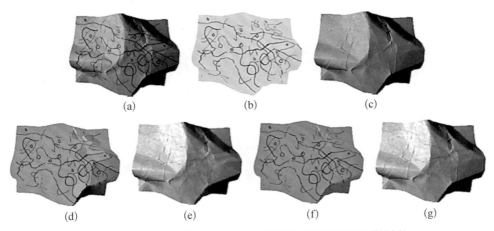

图 5-33 有无反射率多尺度度量约束的比较("纸张 2"样例)

(a)输入图片;(b)真实反射率图;(c)真实光照图;(d)无多尺度约束的反射率;(e)无多尺度约束的光照;(f)多尺度约束的反射率;(g)多尺度约束的光照图

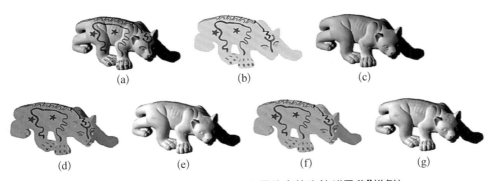

图 5-34 有无反射率多尺度度量约束的比较("黑豹"样例)

(a)输入图片;(b)真实反射率图;(c)真实光照图;(d)无多尺度约束的反射率;(e)无多尺度约束的光照;(f)多尺度约束的反射率;(g)多尺度约束的光照图

进一步,在标准评测集[61]和 IIW 数据集[51]上进行量化的比较。实验结果表明,利用最佳参数法进行参数选择,利用反射率多尺度度量约束可有效降低算法的 LMSE。没有利用反射率多尺度度量约束的平均 LMSE 为 0.028,而加上反射率多尺度度量约束后得到的平均 LMSE 为 0.023。如表 5-6 所示,在数据集[51]上的结果也是类似的,其中本节算法(NMMC)表示不加反射率多尺度度量

图 5 - 35　有无反射率多尺度度量约束的比较("乌龟"样例)

(a) 输入图片；(b) 真实反射率图；(c) 真实光照图；(d) 无多尺度约束的反射率；(e) 无多尺度约束的光照；(f) 多尺度约束的反射率；(g) 多尺度约束的光照图

约束的结果，其对应的 WHDR 为 24.3%，而加上反射率多尺度度量约束后得到的 WHDR 为 19.1%。

表 5 - 6　IIW 数据集上的量化比较

算　　法	平均 WHDR/%
本节的算法	19.1
本节的算法（NMMC）	24.3
Bell 等[51]的方法	21.1
Zhao 等[56]的方法	23.7
Retinex（灰度）	27.3
Retinex（彩色）	27.4
Shen 等[50]的方法	32.4
基线（常量 R）	36.6
基线（常量 S）	51.6

2）IIW 数据集

IIW 数据集是由 Bell 等[51]提出的一个评估室内场景本征图像分解的大规模评测集。这里将本节的方法与一些最新的本征图像分解算法在这个数据集上进行比较。首先是与最新方法在数值结果上的比较。依照文献[51]中的方法，先计算每张图片分解结果的 WHDR 值，然后计算整个数据集上 WHDR 的平均值。表 5－6 中列出了相关的数值比较结果。与其他的算法相比,本节方法在数据集上的平均 WHDR 最低,为 19.1%。这与视觉上的结果是相一致的(见图 5－36 和图 5－37)。需要注意的是,本节的方法并没有进行充分的训练,大部分的测试图片所用的参数是在一个只有 200 张图片的小集合上选择出来的。文献[51]是基于弃一估计方法进行参数选择的,即单张照片的参数是在 5 229 张图片的集合上选择出来的。

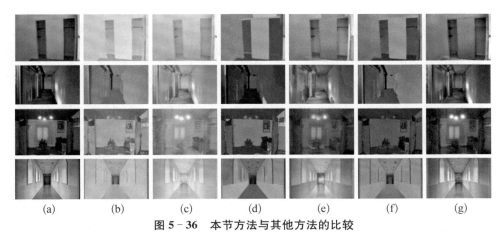

(a)   (b)   (c)   (d)   (e)   (f)   (g)

图 5－36　本节方法与其他方法的比较

(a) 单张输入图片;(b)(c) Zhao 等[56]的方法从单张图片分解得到的结果;(d)(e) Bell 等[51]的方法从单张图片分解得到的结果;(f)(g) 本节基于多尺度和稀疏约束的方法从单张图片分解得到的结果

Bell 等[51]的方法和 Zhao 等[56]的方法在现实场景的图片上表现良好(见表 5－6)。与这两种方法相比,本节方法得到的光照分量通常会更好。Bell 等[51]的方法得到的光照图,经常包含视觉上可见的假边,因为他们利用一个基于区域的类别标记策略进行反射率类别的选择,这将导致不同类别的交界处可能出现光照不连续的现象[见图 5－36(d)(e)]。

Zhao 等[56]的方法通过纹理分析,即认为局部邻域颜色的空间分布相同的像素具有相同的反射率,以此来减少未知数的个数,提高算法分解结果。而本节的方法基于图像内容构建一个不规则的金字塔结构,并根据多尺度的特征之间的相似性来度量像素反射率的相似度。因此,本节的方法可适用于不同的图像,并给出反射率相似度的合理判读。

3) MIT 本征图像数据集

本节进一步将方法在 MIT 本征图像数据集[61]上进行比较。该数据集包含 20 个测试图片,同时提供了测试图片对应的真实反射率和光照图。为了与

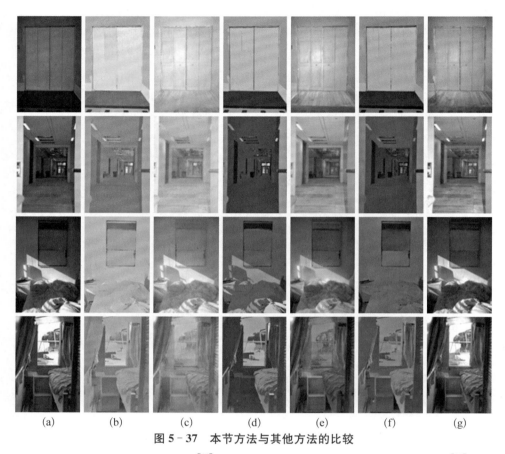

（a）　　　（b）　　　（c）　　　（d）　　　（e）　　　（f）　　　（g）

图 5 - 37　本节方法与其他方法的比较

（a）单张输入图片；（b）（c）Zhao 等[56]的方法从单张图片分解得到的结果；（d）（e）Bell 等[51]
的方法从单张图片分解得到的结果；（f）（g）本节基于多尺度和稀疏约束的方法从单张图片分
解得到的结果

Gehler 等[54]的方法和 Zhao 等[56]的方法进行公平的比较，此处，利用最佳参数
法进行参数选择，并评估算法在 20 张测试图片中的 16 张测试图片上的 LMSE
值。相应的比较结果列于表 5 - 7 中，为了清晰地进行比较，表中的 LMSE 值是
乘以 1 000 后的结果。虽然本节的方法是针对现实场景的统计特性而提出的，
但是实验结果显示，此方法在这个受控环境的数据集上同样表现良好。如
表 5 - 7 所示，本节的方法的平均 LMSE 为 0.023 41，低于 Gehler 等[54]的方法、
Zhao 等[56]的方法和彩色 Retinex 算法。当利用弃一估计法进行参数选择时，提
出的方法的评价 LMSE 为 0.023 4，同样低于 Gehler 等[54]的方法的 0.024 4 和
彩色 Retinex 算法的 0.029 49。

表 5-7　在 MIT 数据集上的量化比较

样 例	彩色 Retinex	Zhao 等[56]的方法	Gehler 等[54]的方法	本节的方法
盒子	12.59	5	11.58	4.71
杯子 1	7.17	10	5.90	4.55
杯子 2	11.36	5	12.20	12.68
鹿	41.67	45	36.90	39.01
恐龙	36.15	26	34.17	18.05
青蛙 1	64.80	51	50.71	49.25
青蛙 2	70.76	69	64.47	61.99
黑豹	10.50	6	7.01	2.05
纸张 1	3.74	8	0.94	1.27
纸张 2	4.12	5	1.54	1.78
浣熊毛皮	14.95	4	5.49	2.32
松鼠	69.54	74	57.17	63.70
太阳	2.88	2	1.93	2.45
茶包 1	31.31	42	24.32	41.25
茶包 2	22.46	17	22.30	18.61
乌龟	67.87	37	53.81	50.82
平均值	29.49	25.40	24.40	23.41

进一步,本节将提出的方法与 Barron 等[79]的进行比较。Barron 等[79]的方法将 20 个测试图片分成两半,一半用来训练,另一半用来测试,并通过计算所有测试图像 LMSE 的几何平均来进行比较。此处,利用与文献[79]相同的训练集和测试集进行公平的比较,即将数据集中的杯子 2、鹿、青蛙 2、纸张 2、梨、土豆、浣熊、太阳、茶包 1 和乌龟当成测试集,把剩下的图片当作训练集。本节提出的方法的算术平均 LMSE 为 0.025,几何平均 LMSE 为 0.013 4;Barron 等[79]的方法的算术平均 LMSE 为 0.024 7,几何平均 LMSE 为 0.012 5。从数值结果可以看出,本节提出的方法与 Barron 等[79]的方法的结果相近,而 Barron 等[79]的方法被认为当前在数据集[61]上最好的方法之一。

4) 室外场景图片

本节的方法是建立在单光源的假设之上,IIW 数据集大部分为室内场景,间接光照相对并不强烈。这里评估本节方法对室外场景的处理效果。室外场景通常带有很强的来自天空的间接光照。图 5-38 是本节方法与基于用户辅助方法[52]和 Tappen 等[53]的方法在一些室外场景图片上的比较。可以看出,即使单光源的假设不成立,本节提出的方法同样可以从单张输入图片得到令人满意的分解结果。同时,该方法与基于用户辅助方法的结果在视觉上是可比的。

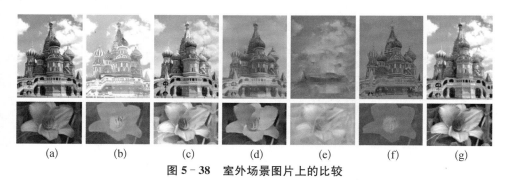

(a)　　　　　(b)　　　　　(c)　　　　　(d)　　　　　(e)　　　　　(f)　　　　　(g)

图 5-38　室外场景图片上的比较

(a) 单张输入图片;(b)(c) Bousseau 等[52]的方法从单张输入图片和用户交互得到的结果;
(d)(e) Tappen 等[53]的方法从单张图片得到的结果;(f)(g) 本节提出的基于多尺度度量分析和稀疏约束的方法从单张输入图片得到的结果

4. 本征图像分解应用

精确的本征图像分解可以有很多的应用,如材质编辑和颜色转移等。本征图像分解的一个直接应用就是图像反射率的编辑。如果不利用本征图像分解技术,反射率编辑是十分困难的。因为它需要考虑由物体表面几何变化和光照条件决定的图像光照变化。而简单的编辑结果可能会过度平坦且不真实[见图 5-39(b)]。因此,本节首先将图像分解成其对应的光照图和反射率图,并且只在反射率图上进行编辑。然后利用编辑后的反射率图和原始的光照图进行图像重建。如图 5-39(c)所示,这种方法可以保持原图物体的表面形状和光照条件,产生更真实的结果。

本征图像分解的另外一个应用是颜色转移。给定不同场景的一张参考图像,提出的本征图像分解方法可高效地将它的颜色与色调转移到原始图像上。首先,将原始图像和参考图像都进行本征图像分解,得到对应的反射率图和光照图;其次,利用直方图匹配算法将参考图像反射率上的颜色转移到原始图像的反射率上;最后,与原图的光照图相乘,得到最终的颜色转移结果图。如图 5-40 所示,其中图 5-40(c)为直接利用直方图匹配的结果,而图 5-40(d)为利用本征图像分解的结果。可以看出,用本征图像分解进行颜色转移可更好地保持原图的光照条件。

5. 小结

本节针对复杂的现实场景图片的本征图像分解问题,提出一种基于多尺度

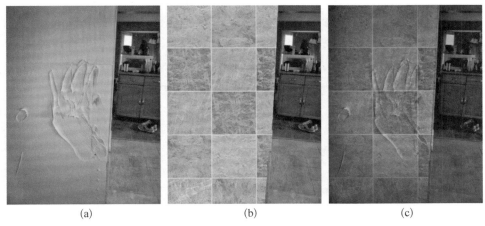

图 5 - 39　纹理替换

（a）原始图片；（b）简单编辑；（c）本节方法

图 5 - 40　颜色转移

（a）原始图片；（b）参考图；（c）直方图匹配；（d）本节方法

度量和稀疏约束的本征图像分解方法。该多尺度度量约束是建立在由图像粗化算法生成的多尺度结构之上。方法将小尺度上具有相似色度性质的相邻像素连接，也将粗尺度上具有相似区域性质的远距离节点相连。基于这种约束，构建本征图像分解模型，并提出了高效的能量优化算法。受益于图像的多尺度信息，算法在 IIW 数据集上超过了很多自动的本征图像分解方法。进一步，本章将本征图像分解算法应用于材质的编辑和图像的颜色转移中，得到了很好的结果。

　　本节提出的本征图像分解方法还存在一些缺点。首先，本节的模型是建立在一些理想的假设之上的。例如在模型的构建中，假设光源为单一白色光源，物体表面为平滑的。而在现实场景中，这些假设不一定成立。现实场景的光照条件很复杂，可能存在彩色光照，或者存在来自不同彩色表面的内部反射。后续可考虑将模型扩展到更复杂的光照环境。其次，在本节的方法中，阴影并没有被显式地考虑。硬阴影会引起像素亮度的剧烈变化，并可能被误认为由反射率变化引起。构建一个恰当的光照模型去更好地拟合图像的光照层分布将是后续工作的一个重要方向。最后,高层信息可以引入本征图像的建模中。判断两个像素的颜色是否相同,可以看成一个高层的计算机视觉任务。仅考虑如色度梯度或亮度梯度等低层特征,不足以提供足够的信息来得到精确的本征图像分解结果。将高层信息引入本征图像分解中,并以自顶向下的方式进行模型构建,也将是未来工作的一个方向。

5.4　本章小结

本章主要介绍和讨论了可视媒体大数据的结构分析技术。

在显著性提取方面,对已有的图像视频显著性检测算法进行总结,讲述了近年来的一些研究方法。在研究已有算法的基础上,提出基于粗粒度的贝叶斯模型显著性检测算法,该方法检测精确率高,通过对比正确率与召回率曲线,能得出本章算法相比以往算法有很大的改进提高。对于视频显著性检测,已经做了初步的调研,今后将考虑视频的特殊性,对之进行显著性研究。

在本征分解方面,首先,从单张图像提取其对应的反射率、光照等本征结构是个不适定的问题。针对图像反射率的稀疏特性,本章利用 L_0 范数来约束反射率梯度,使之是高频和稀疏的,以此提取反射率中的主要结构。基于该反射率稀疏先验,利用贝叶斯理论对本征图像分解进行概率建模,将本征图像分解问题转换成极大化后验概率问题。本章同时提出一个优化方法对从后验概率转换得到的能量进行最优化求解,由于 L_0 范数的不可微性,优化方法通过引入辅助变量,以交替迭代的方式不断地逼近最优解。在 MIT 标准评测集、合成数据集和大量现实图像上的结果显示,本章方法可显著提升经典 Retinex 方法的结果,达到国际先进水平。其次,针对现实场景图片复杂特性,在图像反射率稀疏性先验的基础上,本章利用多尺度度量构建图像反射率内部间的相互关系,对模型进行约束,实现稳定的求解。方法基于图像内容以自底向上的方式构建图像的不规则金字塔结构,将小尺度上具有相似色度特性的相邻像素相连,也构建大尺度上具有相似区域特性的远距离节点之间的相似度。最后,以自顶向下的方式将高层的信息引入模型。进一步,本章提出了模型的高效求解算法,算法一般在几次迭代后就收敛。在一些标准评测数据集和各种自然场景图像上的实验结果显示,本章的算法效率高,且在分解准确度上超过了当前的一些先进算法,达到了领先的水平。本章同时还将本征图像分解的结果应用于材质编辑和颜色转移等应用中,也得到了很好的结果。

参考文献

[1]　Itti L, Koch C, Niebur E. A model of saliency-based visual attention for rapid scene analysis[J]. IEEE Transactions on Pattern Analysis and Machine Intelligence, 1998, 20(11): 1254 – 1259.

[2]　Itti L, Koch C. Computational modelling of visual attention[J]. Nature Reviews Neuroscience, 2001, 2(3): 194 – 203.

[3]　Ma Y F, Zhang H J. Contrast-based image attention analysis by using fuzzy growing [C]//Proceedings of the Eleventh ACM International Conference on Multimedia, Berkeley, 2003.

[4]　Bruce N, Tsotsos J. Saliency based on information maximization[C]//International Conference on Neural Information Processing Systems, Vancouver, 2005.

[5]　Harel J, Koch C, Perona P. Graph-based visual saliency[C]//International Conference on Neural Information Processing Systems, Hong Kong, 2006.

[6]　Le Meur O, Le Callet P, Barba D, et al. A coherent computational approach to model bottom-up visual attention[J]. IEEE Transactions on Pattern Analysis and Machine Intelligence, 2006, 28(5): 802 – 817.

[7]　Kienzle W, Wichmann F A, Bernhard Schölkopf, et al. A nonparametric approach to bottom-up visual saliency [C]//International Conference on Neural Information Processing Systems, Hong Kong, 2006.

[8]　Hou X, Zhang L. Saliency detection: a spectral residual approach[C]//IEEE Conference on Computer Vision and Pattern Recognition, Minneaplis, 2007.

[9]　Guo C, Ma Q, Zhang L. Spatio-temporal saliency detection using phase spectrum of quaternion fourier transform[C]//IEEE Conference on Computer Vision and Pattern Recognition, Anchorage, 2008.

[10]　Achanta R, Hemami S, Estrada F, et al. Frequency-tuned salient region detection [C]//IEEE Conference on Computer Vision and Pattern Recognition, Miami, 2009.

[11]　Chen D, Han P, Wu C. Frequency spectrum modification: a new model for visual saliency detection[C]//7th International Symposium on Neural Networks, Shanghai, 2010.

[12]　Li J, Levine M D, An X, et al. Saliency detection based on frequency and spatial domain analysis[C]//Proceedings of the British Machine Vision Conference, Dundee, 2011.

[13]　Li J, Levine M D, An X, et al. Visual saliency based on scale-space analysis in the frequency domain [J]. IEEE Transactions on Pattern Analysis and Machine

Intelligence，2013，35(4)：996 - 1010.

[14] Liu T，Yuan Z，Sun J，et al. Learning to detect a salient object[J]. IEEE Transactions on Pattern Analysis and Machine Intelligence，2011，33(2)：353 - 367.

[15] Xie Y，Lu H，Yang M H. Bayesian saliency via low and mid level cues[J]. IEEE Transactions on Image Processing，2013，22(5)：1689 - 1698.

[16] Wang Q，Yuan Y，Yan P. Visual saliency by selective contrast[J]. IEEE Transactions on Circuits and Systems for Video Technology，2013，23(7)：1150 - 1155.

[17] Lang C，Feng J，Liu G，et al. Improving bottom-up saliency detection by looking into neighbors[J]. IEEE Transactions on Circuits and Systems for Video Technology，2013，23(6)：1016 - 1028.

[18] Liu Z，Zou W，Le Meur O. Saliency tree：a novel saliency detection framework[J]. IEEE Transactions on Image Processing，2013，23(5)：1937 - 1952.

[19] Lu S，Tan C，Lim J. Robust and efficient saliency modeling from image co-occurrence histograms[J]. IEEE Transactions on Pattern Analysis and Machine Intelligence，2014，36(1)：195 - 201.

[20] Zhou L，Fu K，Li Y，et al. Bayesian salient object detection based on saliency driven clustering[J]. Signal Processing：Image Communication，2014，29(3)：434 - 447.

[21] Wang W，Cai D，Xu X，et al. Visual saliency detection based on region descriptors and prior knowledge[J]. Signal Processing：Image Communication，2014，29 (3)：424 - 433.

[22] Roy S，Das S. Saliency detection in images using graph-based rarity，spatial compactness and background prior[C]//International Conference on Computer Vision Theory and Applications，Lisbon，2014.

[23] Gao H Y，Lam K M. From quaternion to octonion：feature-based image saliency detection[C]//2014 IEEE International Conference on Acoustics，Speech and Signal Processing (ICASSP)，Florence，2014.

[24] Chuang Y，Ling C，Gencai C，et al. Isophote based center-surround contrast computation for image saliency detection[J]. IEICE Transactions on Information and Systems，2014，97(1)：160 - 163.

[25] Xu L，Zeng L，Duan H，et al. Saliency detection in complex scenes[J]. EURASIP Journal on Image and Video Processing，2014，31：1 - 13.

[26] Cao X，Tao Z，Zhang B，et al. Self-adaptively weighted co-saliency detection via rank constraint[J]. IEEE Transactions on Image Processing，2014，23(9)：4175 - 4186.

[27] Kanan C，Tong M H，Zhang L，et al. SUN：top-down saliency using natural statistics [J]. Visual Cognition，2009，17(6 - 7)：979 - 1003.

[28] Yang J，Yang M H. Top-down visual saliency via joint CRF and dictionary learning

[C]//IEEE Conference on Computer Vision and Pattern Recognition （CVPR），Providence，2012.

[29] Qiu Y，Zhu J，Zhang R，et al. Top-down saliency by multi-scale contextual pooling [C]//13th Pacific-Rim Conference on Multimedia，Singapore，2012.

[30] Zhu J，Qiu Y，Zhang R，et al. Top-down saliency detection via contextual pooling[J]. Journal of Signal Processing Systems，2014，74(1)：33－46.

[31] Borji A. Boosting bottom-up and top-down visual features for saliency estimation[C]// IEEE Conference on Computer Vision and Pattern Recognition （CVPR），Providence，2012.

[32] Hua Y，Zhao Z，Tian H，et al. A probabilistic saliency model with memory guided top-down cues for free-viewing ［C］//2013 IEEE International Conference on Multimedia and Expo (ICME)，San Jose，2013.

[33] Zhu G，Wang Q，Yuan Y. Tag-saliency：combining bottom-up and top-down information for saliency detection[J]. Computer Vision and Image Understanding，2014，118：40－49.

[34] Van De Weijer J，Gevers T，Bagdanov A D. Boosting color saliency in image feature detection[J]. IEEE Transactions on Pattern Analysis and Machine Intelligence，2006，28(1)：150－156.

[35] Xie Y，Lu H. Visual saliency detection based on Bayesian model［C］//IEEE International Conference on Image Processing (ICIP)，Brussels，2011.

[36] Achanta R，Shaji A，Smith K，et al. Slic superpixels compared to state of the art superpixel methods ［J］. IEEE Transactions on Pattern Analysis & Machine Intelligence，2012，34(11)：2274－2282.

[37] Elhamifar E，Vidal R. Sparse subspace clustering[C]//IEEE Conference on Computer Vision and Pattern Recognition，Miami，2009.

[38] Achanta R，Estrada F，Wils P，et al. Salient region detection and segmentation[C]// International Conference on Computer Vision Systems，Santorini，2008.

[39] Yan Q，Xu L，Shi J，et al. Hierarchical saliency detection[C]//IEEE Conference on Computer Vision and Pattern Recognition (CVPR)，Portland，2013.

[40] Rudoy D，Goldman D B，Shechtman E，et al. Learning video saliency from human gaze using candidate selection[C]//IEEE Conference on Computer Vision and Pattern Recognition (CVPR)，Portland，2013.

[41] Rezazadegan Tavakoli H，Rahtu E，Heikkilä J. Spherical center-surround for video saliency detection using sparse sampling［C］//International Conference on Advanced Concepts for Intelligent Vision Systems，Poznan，2013.

[42] Zhong S，Liu Y，Ren F，et al. Video saliency detection via dynamic consistent spatio-

temporal attention modelling [C]//Twenty-Seventh AAAI Conference on Artificial Intelligence, Bellevue, 2013.

[43] Fang Y, Wang Z, Lin W. Video saliency incorporating spatiotemporal cues and uncertainty weighting [C]//2013 IEEE International Conference on Multimedia and Expo (ICME), San Jose, 2013.

[44] Huang C, Chang Y, Yang Z, et al. Video saliency map detection by dominant camera motion removal [J]. IEEE Transactions on Circuits and Systems for Video Technology, San Jose, 2014.

[45] Kim W, Kim C. Spatiotemporal saliency detection using textural contrast and its applications[J]. IEEE Transactions on Circuits and Systems for Video Technology, 2014, 24(4): 646 - 659.

[46] Kim W, Han J J. Video saliency detection using contrast of spatiotemporal directional coherence[J]. IEEE Signal Processing Letters, 2014, 21(10): 1250 - 1254.

[47] Fang Y, Lin W, Chen Z, et al. A video saliency detection model in compressed domain [J]. IEEE Transactions on Circuits and Systems for Video Technology, 2014, 24(1): 27 - 38.

[48] Wu B, Xu L. Integrating bottom-up and top-down visual stimulus for saliency detection in news video [J]. Multimedia Tools and Applications, 2014, 73: 1053 - 1075.

[49] Barrow H, Tenenbaum J. Recovering intrinsic scene characteristics from images[M]. New York: Academic Press, 1978: 3 - 26.

[50] Shen L, Yeo C. Intrinsic images decomposition using a local and global sparse representation of reflectance [C]//IEEE Conference on Computer Vision and Pattern Recognition (CVPR), Colorado Springs, 2011.

[51] Bell S, Bala K, Snavely N. Intrinsic images in the wild[J]. ACM Transactions on Graphics, 2014, 33(4): 1 - 12.

[52] Bousseau A, Paris S, Durand F. User-assisted intrinsic images[J]. ACM Transactions on Graphics, 2009, 28(5): 1 - 10.

[53] Tappen M, Freeman W, Adelson E. Recovering intrinsic images from a single image [J]. IEEE Transactions on Pattern Analysis and Machine Intelligence, 2005, 27(9): 1459 - 1472.

[54] Gehler P, Rother C, Kiefel M, et al. Recovering intrinsic images with a global sparsity prior on reflectance[C]//Conference on Advances in Neural Information Processing Systems 24, Vancouver, 2011.

[55] Shen L, Yeo C, Hua B S. Intrinsic image decomposition using a sparse representation of reflectance[J]. IEEE Transactions on Pattern Analysis and Machine Intelligence,

2013, 35(12): 2904 - 2915.

[56] Zhao Q, Tan P, Dai Q, et al. A closed-form solution to Retinex with nonlocal texture constraints[J]. IEEE Transactions on Pattern Analysis and Machine Intelligence, 2012, 34(7): 1437 - 1444.

[57] Shen L, Tan P, Lin S. Intrinsic image decomposition with non-local texture cues[C]// IEEE Conference on Computer Vision and Pattern Recognition, Anchorage, 2008.

[58] Land E H, McCann J J. Lightness and Retinex theory[J]. Journal of the Optical Society of America, 1971, 61(1): 1 - 11.

[59] Funt B V, Drew M S, Brockington M. Recovering shading from color im-ages[C]// Europear Conference on Computer Vision, Santa Margherita, 1992.

[60] Tappen M F, Adelson E H, Freeman W T. Estimating intrinsic component images using non-linear regression[C]//IEEE Conference on Computer Vision and Pattern Recognition, New York, 2006.

[61] Grosse R, Johnson M, Adelson E, et al. Ground truth dataset and baseline evalu-ations for intrinsic image algorithms[C]//IEEE 12th International Conference on Computer Vision, Kyoto, 2009.

[62] Omer I, Werman M. Color lines: image specific color representation[C]//IEEE Conference on Computer Vision and Pattern Recognition (CVPR), Washington, 2004.

[63] Serra M, Penacchio O, Benavente R, et al. Names and shades of color for intrinsic image estimation[C]//IEEE Conference on Computer Vision and Pattern Recognition (CVPR), Providence, 2012.

[64] Barron J T, Malik J. Color constancy, intrinsic images, and shape estimation[C]// Proceedings of the 12th European Conference on Computer Vision, Berlin, 2012.

[65] Jiang X, Schofield A, Wyatt J. Correlation-based intrinsic image extraction from a single image[C]//European Conference on Computer Vision, Hersonissos, 2010.

[66] Weiss Y. Deriving intrinsic images from image sequences[C]//International Conference on Computer Vision, Vancouver, 2001.

[67] Laffont P Y, Bousseau A, Paris S, et al. Coherent intrinsic images from photo collections[J]. ACM Transactions on Graphics, 2012, 31(6): 1.

[68] Laffont P, Bousseau A, Drettakis G. Rich intrinsic image decomposition of out-door scenes from multiple views[J]. IEEE Transactions on Visualization and Computer Graphics, 2013, 19(2): 210 - 224.

[69] Chen Q, Koltun V. A simple model for intrinsic image decomposition with depth cues [C]//International Conference on Computer Vision, Sydney, 2013.

[70] Barron J, Malik J. Intrinsic scene properties from a single rgb-d im-age[C]//IEEE Conference on Computer Vision and Pattern Recognition (CVPR), Portland, 2013.

[71] Lombardi S, Nishino K. Reflectance and natural illumination from a single image [C]//European Conference on Computer Vision, Florence, 2012.

[72] Bonneel N, Sunkavalli K, Tompkin J, et al. Interactive intrinsic video editing[J]. ACM Transactions on Graphics, 2014, 33(6): 1-10.

[73] Ye G, Garces E, Liu Y, et al. Intrinsic video and applications[J]. ACM Transactions on Graphics, 2014, 33(4): 1-11.

[74] Beigpour S, Serra M, van de Weijer J, et al. Intrinsic image evaluation on synthetic complex scenes[C]//20th IEEE International Conference on Image Processing (ICIP), Melbourne, 2013.

[75] Garces E, Munoz A, Lopez-moreno J, et al. Intrinsic images by clustering[J]. Computer Graphics Forum, 2012, 31: 1415-1424.

[76] Li C, Li F, Kao C Y, et al. Image segmentation with simultaneous illumination and reflectance estimation: an energy minimization approach[C]//IEEE International Conference on Computer Vision, Kyoto, 2009.

[77] Horn B K. Determining lightness from an image[J]. Computer Graphics and Image Processing, 1974, 3: 277-299.

[78] Blake A. Boundary conditions for lightness computation in Mondrian world[J]// Computer Vision, Graphics, and Image Processing, 1985, 32(3): 314-327.

[79] Barron J T, Malik J. Shape, illumination, and reflectance from shading[J]. IEEE Transactions on Pattern Analysis and Machine Intelligence, 2015, 37(8): 1670-1687.

[80] Finlayson G D, Hordley S D, Drew M S. Removing shadows from images using Retinex[C]//Color and Imaging Conference, Scottsdale, 2002.

[81] Finlayson G D, Hordley S D, Lu C, et al. On the removal of shadows from images [J]. IEEE Transactions on Pattern Analysis and Machine Intelligence, 2006, 28(1): 59-68.

[82] Xu L, Lu C, Xu Y, et al. Image smoothing via L_0 gradient minimization[J]. ACM Transactions on Graphics (TOG), 2011, 30(6): 174.

[83] Xu L, Zheng S, Jia J. Unnatural L_0 sparse representation for natural image deblurring [C]//IEEE Conference on Computer Vision and Pattern Recognition (CVPR), Portland, 2013.

[84] Comaniciu D, Meer P. Mean shift: a robust approach toward feature space analysis [J]. IEEE Transactions on Pattern Analysis and Machine Intelligence, 2002, 24(5): 603-619.

[85] Krahenbuhl P, Koltun V. Parameter learning and convergent inference for dense random fields[C]//International Conference on Machine Learning, Atlanta, 2013.

[86] Sharon E, Brandt A, Basri R. Segmentation and boundary detection using multiscale

intensity measurements[C]//IEEE International Conference on Computer Vision and Pattern Recognition，Kauai，2001.

[87]　Sharon E，Galun M，Sharon D，et al. Hierarchy and adaptivity in segmenting visual scenes[J]. Nature，2006，442(7104)：810－813.

6

人脸大数据的检测与配准技术

6.1 引言

　　近十年中,随着计算机硬件性能的爆炸式提高、互联网覆盖范围的扩张及其传输带宽的成倍增长,人们实际工作与生活中的可视媒体数据业务呈高速增长态势。可视媒体,即图片与视频,大量应用于工作和生活的方方面面。这是因为可视媒体信息直观、承载量大,在事件记录与还原、艺术创作呈现、信息表达与交互方面有着无可比拟的优势。借势于物联网技术与嵌入式技术的发展,可视媒体数据从手机、监控摄像头、各类门禁、家用摄像头等设备中大量产生,并被聚集到大至数据中心、小至家庭服务器中。在这样的大背景下,作为智能处理这些可视数据的核心技术,计算机视觉技术成为信息技术研究最重要的课题之一,在该领域的每一项进展都对可视媒体数据的高效处理与有效应用有重大意义。

　　计算机视觉技术,顾名思义,是一项使用计算机模拟人类视觉系统的技术。它的目标是使计算机能够自动地完成人类视觉系统可以完成的各项任务。具体来说,计算机视觉技术是要通过一系列合理的数学模型与方法,对数字图像、视频进行分析,从而获得高层次的语义信息。这些语义信息中,简单的有物体种类、位置、形状,复杂的有场景描述、事件检测、动作分析等。

　　在大量的可视媒体数据中,人脸数据是具有代表性且所占比重极高的一类数据,所以在计算机视觉技术中,人脸数据的分析与处理技术是一个非常重要的分支。人脸数据的分析与应用,对于智能服务、娱乐和公共安全等方面都有积极而深远的影响。它能有效降低相关企业的运营成本,提升用户体验,具有极高的研究价值与实用意义。

　　为了获得人脸数据中所蕴含的各类语义信息,需要经过一个处理流水线:从视频或图片中提取出人脸并进行必要的预处理,然后经过特征分析,最后从中提取出身份、年龄、性别等语义信息。这个流水线需要一系列的技术支撑。首先,要从视频或图片中提取出人脸,这需要获取人脸在图中的位置、大小等几何信息,并进行预处理,这需要额外关注人脸上各个部件的大小、相对位置、朝向等一些更详细的几何信息。其次,在特征分析中,需要从人脸图中获取与具体的语义分析任务相关的图像特征。最后,提取信息时,需要把问题转换成回归或分类这样的数学问题,并使用相应的数学方法进行求解。也就是说,人脸的提取与预处理是人脸数据分析与应用的基础技术,它使流水线的后续步骤能聚焦于人脸,同时后续步骤也与具体的分析任务有着较强的相关性。如何高效、准确地提取人脸,对于整个人脸数据的分析应用有本质的影响。

高效、准确地提取人脸,作为人脸数据分析的基础,又可以细分为两个步骤:① 确定人脸在图中的位置、大小等几何信息,这个步骤称为人脸检测;② 定位人脸上各个部件的大小、形状、相对位置、朝向等更详尽的几何信息,这个步骤称为人脸配准,也称作人脸对齐、人脸关键点定位、人脸关键点检测。图 6-1 展示了一个从图片中提取人脸的示例。首先,利用人脸检测,人脸的位置与大小被确定,如图 6-1(a)中的方框所示;其次,将此方框确定的图块送入人脸配准算法,就可以确定人脸中眼睛、鼻子、嘴巴等部件的具体位置,这些部件的位置信息由预先定义的具有语义的关键点表述,如图 6-1(b)中的小点所示;最后,依据这些关键点的位置和人脸语义分析的具体任务需求,对图像进行集合变换,人脸识别任务需要将人脸旋转到双眼处于同一水平线上的位置,并缩放到所需的大小,如图 6-1(c)所示。本章主要介绍人脸提取的这两大关键技术步骤。

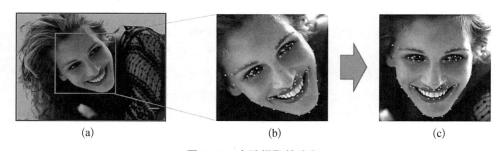

(a)   (b)   (c)

图 6-1 人脸提取的流程

(a) 人脸检测;(b) 人脸配准;(c) 集合变换

6.2 人脸检测

人脸检测是智能人脸处理中的重要步骤。人脸检测是指在原始输入图像中确定是否存在人脸、人脸的数量并将其区域标注出来的整个过程。得益于先验知识,人脸检测对人类来说非常快速、简单;然而它对于计算机来说有一定挑战,该技术的主要目的就是在降低计算量的前提下保证检测的召回率和准确率[1]。

人们从 20 世纪 70 年代就开始对人脸检测技术进行研究,那时的研究主要是为人脸识别做铺垫。因为早期的人脸识别对背景有较强的约束条件,所以人脸检测并没有成为一个独立的研究方向。后来随着人脸识别的应用越来越广,在复杂背景下的人脸检测需求越来越大,人脸检测也逐渐作为一个单独的研究方向发展起来。正因如此,人脸检测技术从早期的专注于正面人脸,演变到现在的背景更复杂、光照等条件更恶劣、人脸姿态更多变的非受控条件下的人脸检测。由于早期计算机的计算能力有限,研究主要集中于模板匹配、子空间等方法。在20世纪90年代,计算机得到了快速发展,计算能力越来越强,人脸检测方法也变得越来越多,并逐步趋向成熟。现在国内也有很多有名的科研院所从事人脸检测方向的研究,如清华大学、北京大学、上海交通大学、中国科学院自动化研究所等。其中,笔者所领衔的上海交通大学腾讯优图课题组也进行了人脸检测研究,在2014年11月,课题组的人脸检测技术在FDDB[2]评测数据集上达到世界领先水平(见图6-2)。

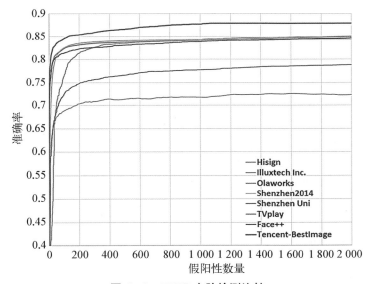

图 6-2　FDDB 人脸检测比较

目前的人脸检测算法已经可以准确地检测正面人脸图像,因此研究人员开始更多地关注非受控环境下的人脸检测。许多因素,如姿态变化、表情夸张、极端光照条件等,都会导致人脸图像视觉上的巨大改变,从而显著降低人脸检测的鲁棒性。具体而言,目前人脸检测技术的难点主要集中在以下几个方向。

1. 人脸角度姿态

在非受控环境下,由于摄像头在空间中部署位置不固定,采集到的图像中人脸的朝向角度很难保证是正面。侧脸、抬头或者低头等动作都会使得人脸区域信息残缺,增加算法检测的难度。

2. 人脸遮挡

在人流较密集或场地构成复杂的场景中,人脸区域会出现不同程度的遮挡。当前主流的人脸检测算法基本上都能够容忍较小面积的人脸遮挡,但如果出现面部主要部位(如五官等)缺失,大部分检测算法的准确率将大打折扣。

3. 面部表情

极端、夸张的表情在一定程度上会对人脸检测算法带来额外的干扰。例如,基于模板的人脸检测算法是对人脸五官、轮廓和纹理进行分析,根据人脸的先验知识构建大量匹配模板,然后通过逐一匹配的方式在待测图片中寻找人脸区域,而夸张的表情呈现将对人脸模型的匹配能力提出较大的考验。

4. 光照条件

不同光照环境会造成图像差异,大的光照变化,如阴阳脸,会严重影响人脸识别系统的准确性。对光照处理的现有工作大致可以分为两类:主动式和被动式。前者通过一些硬件设备,获取对光照不敏感的图片或 3D 信息;后者通过各种方法,减小或消除不同光照的影响,包括对光照进行建模来提取光照不变的特征、对图像进行光照平衡处理等。

综上所述,人脸检测的困难主要来自两个方面:① 杂乱背景中人脸视觉上的显著变化;② 人脸所有可能的位置和大小对应的解空间过大。前者要求人脸检测算法可以准确地解决二分类问题,而后者对应于时间效率要求。

6.2.1　人脸检测算法的分类

目前主流的人脸检测算法可以分为传统人脸检测算法和基于深度学习的人脸检测算法。其中,传统方法又可分为以下几类:基于先验知识的检测方法、基于模板匹配的检测方法和基于特征统计的检测方法。下面将展开阐述各个分类的人脸检测算法。

1. 传统人脸检测算法

1)基于先验知识的人脸检测方法

人们对人脸的普遍认知是基于皮肤颜色、轮廓以及五官的相对位置等外观,正是通过这些人脸的先验知识对人脸进行检测。基于先验知识的人脸检测方法是最早应用于人脸检测的方法之一,是一种从局部到整体的方法。其主要方式是寻找人脸的稳定特征,包括眼、口、鼻等。首先利用特征提取算法,获取人脸局部部件的不变特征;然后根据特征的组合,分析判断整体区域是否符合人脸的先验知识。基于先验知识的检测算法受限于依据人脸特征制定的检测规则,这些规则对于人类来说很容易理解,但是很多规则难以用计算机描述。此外,先验知识太少会导致误检,而过于严格则会导致漏检。故而此类算法只有在背景受约束、人脸图像对齐且正面的情况下能取得较好效果,在复杂背景下效果很差。

Yang 等[3]提出基于先验知识的人脸检测算法,根据人脸的灰度值来制定准则,并引入分块和尺度的思想,对图片进行分块降采样得到不同尺度的图像,对于不同尺度的图像采用不同的准则,其尺度的思想对后续的研究工作产生了积极的影响。同样,Kotropoulos 等[4]提出了一种基于灰度积分投影的人脸检测方法,通过判定人脸特征可能的区域来确定人脸区域。

除了人脸的灰度值以外,人脸的肤色、轮廓及边缘信息、器官(如眉、眼、鼻子、嘴巴等)位置结构等,都被用于人脸特征的提取。如 Chen 等[5]在 1995 年提出基于肤色、头发和面部纹理特征的人脸检测器;Dai 等[6]在 1996 年提出采用纹理特征进行人脸检测的方法;Yow 等[7]在 1997 年提出基于五官分布特征的人脸检测器;Sirohey[8]采用 Canny 算子检测图像边缘,然后将边缘信息拟合成人头部轮廓进行人脸检测;Elgammal 等[9]利用人脸肤色、轮廓和结构等特征进行启发式人脸定位;Phung 等[10]提出基于高斯模型的肤色检测方法用于人脸检测。由于眼和眉是脸部最突出、最稳定的特征,Han 等[11]提出基于形态学的方法定位人眼,并在此基础上进行人脸的进一步定位。Geng 等[12]基于人脸先验知识如五官、人脸轮廓形状等,在面部不同区域提取并组合局部特征,提出一种基于人脸局部特征的检测方法。Leung 等[13]提出基于局部特征检测器和任意图相匹配的概率算法,在复杂场景的应用中取得了比较高的检测率。

2)基于模板匹配的人脸检测方法

基于模板匹配的方法可以看作基于先验知识方法的一种特例。其思想为对人脸不变性特征如边缘、纹理、肤色等建立模板,通过计算目标模板与待检测图像之间的匹配相关度来确定是否为人脸。这类算法首先需要制定一些标准的人脸模板用于描述人脸和特征,模板分为预定模板和变形模板。顾名思义,预定模板方法是首先制作标准模板,这些模板在检测的过程中不再更新,检测图像与所有的标准模板进行相似性分析。在与某一模板相似性高的情况下,判断为人脸;否则,判断为非人脸。而变形模板是一种学习模板,根据检测区域的变换不断地更新,从而有更高的适用性和鲁棒性。

早在 20 世纪 60 年代,Sakai 等[14]就对人脸轮廓和五官线条进行建模,提出一种采用模板匹配来实现人脸检测的方法,但其模板局限于标准的正面人脸,当人脸姿态变化时,鲁棒性较差。20 世纪 90 年代,Crawl 等[15]对人脸的形状轮廓构建模板,采用 Sobel 算子提取人脸边界,对其加入一些约束后作为人脸模板使用。因为模板是预先设定好的,在目标动态变化时的适应性不强,所以 Yuille 等[16]提出了采用可变型模板的人脸检测方法。

梁路宏等[17]提出一种多关联匹配的人脸检测算法,该模板由一系列伸缩、旋转变换的双眼模板和人脸模板组成,首先根据双眼模板搜索出可能存在人脸的区域,进一步使用人脸模板匹配该区域人脸目标。近年来,随着三维技术的发展,三维人脸特征模板也被用于人脸检测技术[18]。

3) 基于特征统计的人脸检测方法

基于特征统计的方法将人工构造的特征与机器学习中的分类器算法如人工神经网络(artificial neural network,ANN)、支持向量机(support vector machine,SVM)和 AdaBoost 算法等相结合,使用大量的"人脸"与"非人脸"样本进行统计学习,训练与构造分类器,使人脸检测问题转化为基于统计的二分类问题,通过判断待测图像中某一区域能否通过分类器进行正确分类,达到人脸检测的目的。

人工神经网络是 20 世纪 80 年代兴起的一个研究热点,它建立了一个类似人脑神经的网络,并用相关的数学模型处理数据。采用人工神经网络方法进行人脸检测时,将对人脸这类复杂模式的统计隐含在神经网络的结构和参数之中,选取人脸样本和非人脸样本输入网络进行训练学习,经过训练后的网络便可以对人脸和非人脸进行辨别。Rowley 等[19]在 1998 年提出构建多层神经网络,基于人脸和非人脸样本构建二分类任务,完成待定区域的人脸检测算法。人工神经网络具有鲁棒性、较强的记忆能力和非线性映射等优点,但是其训练时间长,识别能力对样本的选取依赖性较大。

支持向量机是由 Vapnik[20]于 1995 年提出的一种基于统计学习的二分类模型,通过间隔最大化的学习策略对样本进行分类。针对支持向量机面临二次规划时计算量非常大的问题,Platt[21]提出了一种最优化采用顺序的方法来训练支持向量,取得较好效果。Osuna 等[22]将 SVM 方法应用到人脸检测中,并较好地解决了非人脸样本数量巨大的问题。

AdaBoost 方法采用了"三个臭皮匠顶个诸葛亮"的思想,最早由 Freund 等[23]提出。因为获得比较粗糙的分类规则比获得精确的分类规则容易很多,所以先通过学习获得一系列弱分类器,再将这些弱分类器组合起来构成一个强分类器。算法原理大致可以分为两个部分:一是基本算法部分,即弱分类器的选取过程;另一个是提升算法部分,即如何将弱分类器升级为强分类器[24]。Viola 等[25]提出特征的级联算法用于目标检测,Lienhart 等[26]使用 Haar-like 特征用于目标检测的算法,并提出了积分图和级联分类的思想。受此启发,Viola 等[27]

提出了 Haar-Like 小波特征和积分图方法进行人脸检测,并用 AdaBoost 训练出强分类器,称为 Viola-Jones 检测器,真正达到了实时检测,并有很高的准确率,使 AdaBoost 算法有效地用于人脸检测,也让人脸检测真正进入实用的阶段。其三个主要思想——积分图、AdaBoost 分类和级联结构,对后续的检测算法产生了深远的影响。

基于 Viola 等的工作,许多作者分别从特征与级联结构等方面对 Viola-Jones 检测器进行改进,充分挖掘了传统机器学习应对各种复杂情形的可能性。例如,Lienhart 等[26]用对角特征对 Haar 特征库进行了扩展;Yan 等[28]在 2008 年提出了 LAB 特征;Dollár 等[29]在 2009 年提出积分通道特征(integral channel feature,ICF);2014 年,Zhang 等[30]又提出了聚合通道特征(aggregated channel feature,ACF),大大提高了图像特征的表达能力。在级联结构上,2005 年 Bourdev 等[31]提出了软级联(soft cascade);此外,还有更复杂的链式 Boosting[32]和嵌套式 Boosting[33]等后续改进方法。

对于有重叠脸的检测方法,Viola 等也做了许多贡献,但是他们的方法只适用于正面的脸。随后的许多工作通过新的局部特征[34-35]、新的 Boosting 算法[36-37]和新的级联网络进一步提升了检测性能。然而 Viola-Jones 所提出的单模型不能处理不同姿势的人脸。一些学者[37-39]提出了有效的级联结构,即用多个模型来进行姿势不变性的人脸检测,增加了人脸关键点的标注,从而达到了更好的检测效果。但是,对于非受控的自然场景下的人脸图像,Viola-Jones 检测框架的性能显得力不从心,且很依赖经验。

2. 基于深度学习的人脸检测算法

1989 年,Lecun 等[40]提出了一个由 7 个层组成的网络 LeNet - 5。这是最早提出的卷积神经网络,对深度学习的发展具有里程碑式的意义。现代的神经网络多少都能看见 LeNet - 5 的影子。LeNet - 5 首先应用于 MNIST 手写数字集的识别,并取得了很好的效果,然后又应用于 CIFAR 自然图像集和 Image Net 数据集的分类任务[41-42],也取得了很好的效果。这说明卷积神经网络经过训练之后所提取的特征具有很好的表达能力,这种表达能力不局限于某一特定任务。在 2012 年的 ImageNet 大赛中,Krizhevsky 等[43]在图像分类任务中首次使用了卷积神经网络 AlexNet,并证实了多层卷积神经网络在大数据样本上的迭代训练效果远远优于传统算法。

之后随着卷积神经网络与深度学习迅速渗透到计算机视觉的各个领域,目标检测受到极大影响,并在近年来发展迅速。2014 年,R - CNN[44]网络结构的提出为深度学习做出了重大贡献。R - CNN 首次利用卷积神经网络提取的局部区域特征进行目标检测,把检测的问题转化为分类问题,并提出边框回归,用来对预测的目标窗口位置进行修正。这种算法相比于传统算法有着巨大的优势:一方面能够充分利用卷积神经网络提取到鲁棒的超完备特征;另一方面得益于提出的边框回归算法,能够在粗略选中目标的基础上更加精确地描述目标位置,在现有数据集上的检测率彻底超越人工特征检测器。然而,R-CNN 模型在计算特征时存在重复计算的问题,这使得该模型的效率很低,计算开销大。2015年,Fast R-CNN[45] 和 Faster R-CNN[46-47] 相继提出,对 R-CNN 目标检测的速度进行了优化。Fast R-CNN 以全图输入代替原来的候选窗口单独输入,极大地提升了检测速度,但是候选框的提取速度仍是整个检测任务速度的瓶颈。更进一步的 Faster R-CNN 则令候选窗口预测(region proposal network, RPN)与原 Fast R-CNN 分类(以及边框回归)网络共享卷积层及对应的特征图,极大地减少了计算量,提升了检测速度和准确度,形成了一种端到端的代表性框架。SSD 使用单一的神经网络来封装所有计算,在多分辨率的特征图上输出预测结果,实现了超过 Faster R-CNN 方法的性能[47]。为了提升检测速度,2016 年提出的 YOLO 模型[48] 再次把目标检测任务回到回归的方法上,把待检测图像作为输入,用卷积神经网络对目标的位置和类别置信度进行回归,而且检测的速度能够达到对视频图像的实时处理。

人脸检测可以视为目标检测的一种特例,因此,基于深度学习的目标检测方法同样能够迁移到人脸检测的任务中来,做一些简单的改进就能很容易地取得比传统检测方法更好的性能、更快的速度。如 Jiang 等[49] 将 Faster R-CNN 应用到人脸检测中,取得了优异效果。

2015 年的 Faceness Net[50] 另辟蹊径,分别检测头发、眼睛、鼻子、嘴巴和胡子这五个脸部构件,然后再进一步融合这些局部特征以检测人脸。这种方法可以对局部信息充分挖掘,极大增强了对遮挡的鲁棒性。同年,Cascade CNN 创造性地延续 VJ 检测器级联提升的思想,设计了级联神经网络结构,采用浅层小神经网络作为每一级替换人工特征分类器[51]。该方法结合了 CNN 强大的建模能力与传统方法的弱分类器自举思想,达到了在保证深度学习级别检测率的情况下又减少计算量的目的,为深度学习人脸检测在低端设备上的移植提供了可能性。基于该思想,2015 年的 Compact Cascade[52]、2016 年的 MTCNN[39] 以及 2017 年的 Inside Cascaded Contextual CNN[53] 都是对级联网络速度和精度等方面的改进。通过合理优化级联网络结构、提升训练过程、引入更多样本信息的方式,或进行适当的参数修订,对级联小网络这种特殊结构的研究成为人脸检测中一个具有潜力的研究方向。

Farfade 等[54]在 Viola-Jones 检测器的基础上,结合深度卷积神经网络,提出了一种多角度的人脸检测算法,有效地检测不同角度的人脸。此外,深度网络可以在人脸检测时,同时检测人脸的特征点和姿势等。Zhang 等[55]提出了将多任务的深度卷积神经网络同时用于检测脸部区、标记和姿势,但是在人脸区域检测阶段存在缺陷。在此基础上,Zhang 等[39]使用了一种级联卷积神经网络用于多任务的人脸检测,强化了人脸区域、标记和姿态的联系,在未增加过多计算量的情况下,多任务检测取得了不错的效果。

在对多尺度目标检测难题的研究上,Hu 等[56]通过融合图像金字塔和多尺度模板以及利用图像上下文信息训练,在小目标较多的困难测试集上取得了优秀成果。而 Hao 等[57]提出的尺度预测网络(scale proposal network,SPN)则形成另一种具有潜力的多尺度问题解决思路。

总之,传统的人脸检测,尤其是基于 AdaBoost 的方法,依然具有明显的速度优势。而基于深度学习的检测方法,利用卷积神经网络组合浅层特征形成高层抽象特征,具有很强的线性与非线性表达能力,性能表现优于传统检测算法。但是,大多深度学习算法需要使用海量数据,在高性能计算平台上迭代训练。同时,输出模型包含庞大的训练参数和计算量,难以在实际工程场景下广泛使用。因此,许多学者都在试图结合传统方法和深度学习。例如,Zhan 等[58]提出了结合 AdaBoost 和 CNN 的人脸检测方法。

6.2.2 常用的人脸检测公开数据集

为了验证人脸分析技术相关算法的有效性,各种人脸数据集被采集和发布,供算法训练和测试使用。近年来出现的人脸数据集呈现出训练样本和测试样本大量增加、复杂环境(如户外)下采集等特点。本节将介绍几个常用的人脸检测公开数据集。

1. CMU - MIT

CMU - MIT[59]是由卡内基梅隆大学和麻省理工学院一起收集的数据集,所有图片都是黑白的 GIF 格式。该数据集包含 180 幅图像,共 734 个人脸,包含 3 个正面人脸测试子集和 1 个旋转人脸测试子集。其中,正面人脸测试子集有 130 幅图像,共 511 个人脸;旋转人脸测试子集有 50 幅图像,共 223 个人脸。

这个数据集发布于 1999 年,是一个有些年头的数据集了。最新的检测算法往往需要稠密地选取相对复杂的特征,这在这个黑白而且分辨率不高的数据集上未必可行。

2. FDDB

FDDB(face detection data set and benchmark)人脸数据集[2,60]是马萨诸塞大学计算机科学系计算机视觉实验室于 2010 年发布的数据集,主要用于约束人脸检测研究。到目前为止,FDDB 数据集是全世界学者使用最多,也是最权威的人脸检测数据集之一。数据集中的照片是用不同相机在不用场景采集的,一共有 2 845 张图片,其中包含人脸数 5 171 个,并且采集的照片中,人脸分辨率、旋转角度、姿态和遮挡均有变化,同时包括灰度图和彩色图。标准的人脸标注区域为椭圆形。

这个数据集比较大,比较有挑战性。而且 Jain 等[2]提供了程序用来评估检测结果,所以在这个数据上面比较算法也相对公平。

3. AFW

AFW(annotated faces in the wild)人脸数据集[61]是使用 Flickr(雅虎旗下图片分享网站)图像建立的人脸图像库,包含 205 个图像,其中有 468 个标记的人脸,包含复杂的背景变化和人脸姿态变化等。每一个人脸都包含一个长方形边界框、6 个标记和相关的姿势角度。

该数据集是加州大学尔湾分校的 Zhu 等[61]在 CVPR2012 的文章上发布的。数据集虽然不大,但 Zhu 等[61]曾在其主页上给出过 2012 CVPR 的论文和程序以及训练好的模型。

4. MALF

MALF(multi-attribute labelled faces)人脸数据集[62-63]是一个大规模人脸数据集,是为了细粒度地评估野外环境中人脸检测模型而设计的数据集。该数据集发布于 2015 年,其数据主要来源于 Internet,包含 5 250 幅图像,共 11 931 个人脸,数据集分为两部分,包含 5 000 个用于评估的测试图像和 250 个用于微调算法和调整输出边界框样式的带注释的示例图像。

每一幅人脸图像都包含以下注释:

(1) 方形包围框。

(2) 偏航角、俯仰角和滚转角的姿态变化等级(小、中、大)。

(3) 对于小于 20×20 或极难识别的人脸标注"忽略"标志(共 838 个,约占 7%)。

(4) 其他面部属性:性别(女性、男性、未知)、是否戴眼镜、是否遮挡和表情是否夸张。

5. IJB - A

IJB - A(IARPA Janus Benchmark A)人脸数据集[64-65]由美国 NIST 发布于

2015 年,包含 24 327 幅图像,共 49 759 个人脸,可用于人脸检测和人脸识别,但需要邮箱申请相应账号并通过许可和批准才可以下载使用。

6. WIDER FACE

WIDER FACE[66-67] 是香港中文大学于 2016 年发布的一个人脸检测基准数据集,它提供更广泛的人脸数据。它包含 32 203 幅图像和 393 703 个人脸,在尺度、姿势、表达、装扮、光照等方面表现出了较大的变化。

WIDER FACE 指定了专门的训练集、验证集和测试集,WIDER FACE 是基于 61 个事件类别组织的,对于每一个事件类别,选取其中的 40% 作为训练集,10% 用于交叉验证(cross validation),50% 作为测试集。该数据集采用与 PASCAL VOC 数据集[68-69] 相同的指标,但与 MALF 数据集一样,对于测试图像并没有提供相应的背景边界框。

6.3 人脸配准

人脸配准,又称人脸对齐、人脸关键点定位,是一类算法,它们接受人脸图像块作为输入[如图 6-1(a)中矩形框中的图像块],然后输出一系列人脸关键点的坐标。其中,人脸关键点也称作人脸特征点,是指位于人脸上特定位置的有序序列,序列中的每一个元素依次对应预先定义的语义信息,例如第一个点对应左眼外眼角、第二个点对应右眼外眼角……通过对这些具有一定语义的关键点的坐标的解读,我们可以悉知人脸上眼睛、鼻子等部件的分布与相对位置,从而了解人脸内部细节的几何信息。由这些预先定义的语义信息组成的序列称作人脸关键点定义(facial landmark definition),它扮演着一种协议的角色,负责不同人脸配准算法的比较与后续人脸分析或处理算法沟通的任务。人脸关键点定义通常通过图片示意,只会在必要时附加文字说明,图 6-3 所示为一个人脸关键点定义的例子。

需要指出的是,在人脸关键点定义中,若无特殊说明,稀疏人脸关键点定义特指"人脸 5 点定义",即依次为左眼中心、右眼中心、鼻尖、左嘴角、右嘴角 5 个点。除了"人脸 5 点定义"外,其他常见的人脸关键点定义由于点数一般大于 20 个,所以统称为稠密人脸关键点定义。一般来说,人脸关键点定义中都会选取眼角、嘴角和脸轮廓等语义信息明确且图像特征相对明显的位置,关键点定义的合理性会直接关系到人脸配准算法本身的可行性。

人脸配准算法所要达到的目标一般可以概括为准、快、稳。准,即算法估计

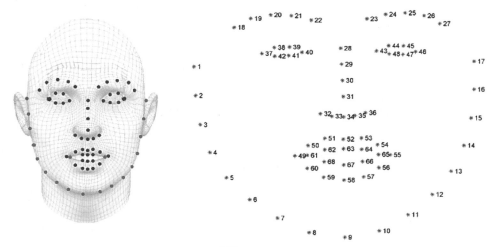

图 6-3 300-W[70]数据集的人脸特征点定义

的人脸关键点位置尽可能地接近真值,这是算法的既有追求;快,即算法要稳定维持足够低的处理耗时;稳,特指在视频人脸配准场景中,连续数帧的特征点定位结果具有连续性。

6.3.1 人脸配准算法的分类

人脸配准算法按照技术路线可以大致分为三类:传统的人脸配准算法、利用简单神经网络的人脸配准算法、利用深度卷积神经网络的人脸配准算法。传统的人脸配准算法一般通过手工构建较复杂的数学模型,并且利用手工定义的图像特征(如 HOG、Haar、SIFT 等)对人脸关键点位置进行估计。简单神经网络的人脸配准算法大多部分沿用了传统人脸配准算法的数学模型,但使用了简单神经网络提取的特征。而利用深度卷积神经网络的人脸配准算法则构建了层数不小于五层的卷积神经网络,自动地学习人脸特征点所需图像特征与回归模型。下面将展开阐述各类人脸配准算法。

1. 传统的人脸配准算法

传统的人脸配准算法可按照回归模型的特点分为两类:一类是基于回归的方法;另一类是基于模板匹配的方法。

1) 基于回归的人脸配准算法

基于回归的人脸配准算法所构建的模型的一般思路是先猜测特征点的位置作为初始值,然后根据输入图像所提取的特征,迭代优化特征点的估计位置。Cao 等[71]使用了级联的数个回归器从初始位置迭代式地回归人脸特征点的位置,其中每一级回归器由数百个蕨(fern)回归器组成(文献[71]的实验使用十级回归器,每级 500 个蕨回归器),回归器使用的特征为像素值之差,作差的位置是以特征点为原点的坐标系下通过训练选取的数个位置。基于 Cao 等[71]的回归模型框架,Ren 等[72]提出了名为"local binary feature"的特征,提升了特征的提取效率。类似地,Kazemi 等[73]也构建了一系列级联的回归树,以平均脸型作为初始位置,以图像特征为依据选取分支,最后通过叠加起始位置和所经过的所有树的节点上存储的偏移量得到最后的预测。Xiong 等[74]同样提出了回归框架,称为"supervised descent method"。利用这个回归框架,研究者使用 SIFT 或 HOG 特征从初始脸型迭代式地回归出最终的特征点位置。还有其他工作利用类 Haar 特征,训练了随机回归森林模型,森林中每棵树对关键点位置进行投票,从而得出特征点的最终位置。

2) 基于模板匹配的人脸配准算法

模板匹配的方法则是通过建立人脸的模板来匹配输入图像。具体来说,在人脸配准应用中,工作采用基于部件的模板匹配算法。Baltrusaitis 等[75]使用了有约束的局部模型(constrained local model,CLM)框架,初始化平均的特征点位置,通过在每个估计的特征点周围的图像块提取局部神经感受野(local neural field,LNF)特征,得到每个特征点周围的点分布响应图,进而优化特征点偏差基底(由训练得到)的组合参数。Zhu 等[61]则使用基于树结构的模型,将每个特征点对应于人脸上的相应部分,使用相应的模板进行匹配。人脸在不同视角、不同表情下的特征点的拓扑关系也相应地不同。通过优化模板的匹配程度和对应点的拓扑关系,可以得到最终的特征点定位结果。

2. 利用简单神经网络的人脸配准算法

通常,基于简单神经网络的人脸配准算法的大体框架都是参照某一种传统人脸配准算法的,它们最大的特点是将框架中的某一部分使用浅层神经网络代替。

例如,Shi 等[76]就是将回归器用单层神经网络实现。该工作的整体架构如图 6-4 所示,整个算法由 $T+1$ 层级联的回归器组成。第一

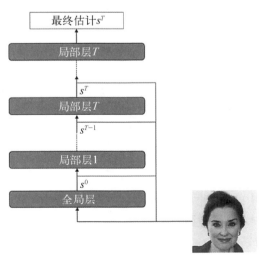

图 6-4 Shi 等[76]的算法框架

层为全局层,接受输入图像,输出粗略的关键点估计 $s^0 \in \mathbf{R}^{2P}$, P 为人脸配准点定义的点数。剩余的 T 层为局部层,负责在前一层结果的基础上回归一个调整量,调整量的逐层累加使得最初的 s^0 逐步逼近真实值。对于局部层 T,它接受输入图像并输出调整量 Δs^T,使得该层的输出 s^T 更加接近真值,表示为

$$s^T = s^{T-1} + \Delta s^T \tag{6-1}$$

其中,全局层和局部层分别可以表示为

$$s^0 = \boldsymbol{W}^0 \boldsymbol{\phi}^0 + \boldsymbol{b}^0 = \boldsymbol{W}^0 g(\boldsymbol{I}) + \boldsymbol{b}^0 \tag{6-2}$$

$$s^T = \Delta s^T + s^{T-1} = \boldsymbol{W}^T \boldsymbol{\phi}^T + s^{T-1} = \boldsymbol{W}^T h(\boldsymbol{I}, s^{T-1}) + s^{T-1} \tag{6-3}$$

在式(6-2)中,$\boldsymbol{\phi}^0 \in \mathbf{R}^{d_0}$ 为输入图像由函数 $g(\cdot)$ 提取的 d_0 维特征,$\boldsymbol{W}^0 \in \mathbf{R}^{2P \times d_0}$ 与 $\boldsymbol{b}^0 \in \mathbf{R}^{2P}$ 为全局层的全连接结构回归器的权重和偏置。局部层的总体结构与全局层相同,都是由一个特征提取函数与一个全连接结构的回归器嵌套而成,不同之处有两个方面:① 局部层回归器的偏置是前一层的输出,而非待定参数;② 特征提取函数 $h(\cdot)$ 同时接受输入图像和前一层的输出。具体来说,在局部层 T 的特征提取函数 $h(\cdot)$ 提取 s^{T-1} 所表示的 P 个关键点周围的局部特征,维度为 d_T,所以 $\boldsymbol{W}^T \in \mathbf{R}^{2P \times d_T}$。 在具体实现时,研究者使用 HOG 特征作为全局特征提取函数,使用了修改版的 SIFT 特征作为局部特征提取函数。可以看出,该工作遵循了"初始化大致位置,之后的每一级原图均作为输入参与运算,逐级迭代逼近关键点的真值"的框架。同样的框架在基于回归的传统人脸配准算法中已经被广泛采用。

这项工作真正出彩的地方在于使用了一个联合优化的方法,使得所有层可以联合调整,从而达到比逐层调整参数更好的效果。这个联合优化的方法便是之后在深度神经网络训练中广泛采用的后向传播算法(back-propagation algorithm)[77]。为了适配后向传播算法,研究者推导了所有层参数的求导过程。文中的实验显示,联合优化相比逐层优化,在保持甚至略微降低偏置误差(bias error)的基础上,明显降低了方误差(variance error),即算法对于不同的输入图片,其对关键点位置的预测表现得更加稳定。从联合优化的过程来看,该算法的架构与深度神经网络极其相似,但仍存在区别。最大的区别是即使把这个算法中的所有回归层堆叠起来看,它仍然只是全连接层的简单堆叠,而且前一层的输入是后一层的偏置,而非后一层的输入,最重要的是不存在非线性的激活函数,该结构的表达能力仅限于线性空间。就整个算法来说,其非线性能力全依赖特征提取函数提供,这就决定了该算法的效果和效率与传统人脸配准算法相比不

会有本质性的提升,它只能作为基于回归的传统人脸配准算法在初始化选取和回归器技术上的改良。不过,该工作在训练中使用了后向传播算法,引入了预训练、随机舍弃(dropout)等在后来深度神经网络中常用的训练技巧,仍然具有其独特的先进意义。

再如,Zhang 等[78]同样也是利用浅层神经网络对基于回归的传统人脸配准算法进行改良。这个算法的整体架构如图 6-5 所示。在这篇文章的题目中有两个关键词,蕴含着其改进的两个点:从粗糙到精细(coarse-to-fine)、自编码器网络(auto-encoder network)。

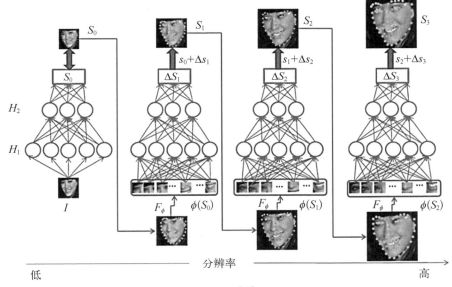

图 6-5 Zhang 等[78] 的算法框架

首先,从图 6-5 可以看出,该算法虽然仍由一个全局层和数个局部层组成,但是每个局部层在实现细节上不再相同——都是在前一层预测结果的周围提取局部特征。因为每一个局部层所输入的图片分辨率依次提高,相应提取的局部特征表示范围更小,因此保留细节越多。这个实现体现了"从粗糙到精细"这个关键词的含义。在此之前的工作中,虽然同样是迭代式的结构,但是每一级迭代所使用的特征尺度是基本一致的,最多只能在训练中对特征进行有限的选取。而该算法把不同分辨率的图像依次提供给迭代各级中的回归器,从而显式地为各级回归器指派不同任务,即逐渐精细地修正预测的关键点位置。这个设计体现了与雕刻中先用大的刻刀刨出大致形状,再用细的刻刀雕琢细节一样的道理。这可以减少各级回归器任务的重叠,提高它们发挥各自作用的效率,从而提高整个模型的表达效率。

其次,各层的回归器也不再是简单的单个全连接层,而是由数个全连接层构成的网络。这些已经是真正意义上的浅层神经网络,因为它已经在各隐层(hidden layer)的输出中添加了非线性激活函数,这使神经网络的表达能力取得跨越式提升。对于全局层,Zhang 等[78]使用了三个隐层接上一个输出层(output layer),即全局层输出 s^0 满足式

$$s^0 = f_4(f_3(f_2(f_1(\boldsymbol{x}))))$$

$$f_4(\boldsymbol{x}) = \boldsymbol{W}_{04}\boldsymbol{x} + \boldsymbol{b}_{04}$$

$$f_i(\boldsymbol{x}) = \sigma(\boldsymbol{W}_{0i}\boldsymbol{x} + \boldsymbol{b}_{0i}) \qquad i = 1, 2, 3 \qquad (6-4)$$

式中,$\boldsymbol{x}$ 为输入图像的所有像素展开成一列组成的向量;σ 是 sigmoid 函数。输入图像被缩放到 50×50 像素,三个隐层输出的向量维度依次是 1 600、900、400。对于局部层,Zhang 等[78]在前一层输出的关键点周围提取 SIFT 特征并串联成一个向量作为输入,并采用了与全局层相同的三隐层接输出层的结构,即

$$s^t = f_4^t(f_3^t(f_2^t(f_1^t(\phi(\boldsymbol{I}^t, \boldsymbol{s}^{t-1})))))$$

$$f_4^t(\boldsymbol{x}) = \boldsymbol{W}_{t4}\boldsymbol{x} + \boldsymbol{b}_{t4}$$

$$f_i^t(x) = \sigma(\boldsymbol{W}_{ti}\boldsymbol{x} + \boldsymbol{b}_{ti}) \qquad i = 1, 2, 3 \qquad (6-5)$$

式中,$\phi(\cdot)$ 表示 SIFT 特征提取函数;$\boldsymbol{I}^T$ 为对应局部层 T 分辨率的输入图像。三个隐层的输出维度依次为 1 296、784、400。在这篇工作中,Zhang 等[78]仅采用了逐层(即先训练全局层,然后训练局部层 1、局部层 2……)训练的方法,不过在预训练的时候采用了更先进的方法——自动编码器。可以注意到,Zhang 等[78]把每一层都称作层叠自动编码器网络(stacked auto-encoder network,SAN),这正是因为在预训练时,Zhang 等[78]逐隐层使用自动编码器的方法来取得了更好的初始权重。具体地,对于隐层 $f(\boldsymbol{x}) = \sigma(\boldsymbol{W}\boldsymbol{x} + \boldsymbol{b})$,使用自动编码器的方法来初始化,即

$$\{f^*, g^*\} = \arg \min_{f, g}\left[\| \boldsymbol{x} - g(f(\boldsymbol{x})) \|_2^2 + \alpha(\| \boldsymbol{W} \|_F^2 + \| \boldsymbol{W}' \|_F^2)\right]$$

$$(6-6)$$

式中,$\boldsymbol{x}$ 表示该隐层的输入,对应其前一个隐层的输出、输入图像的展开向量(对于全局层)或 SIFT 特征串联成的向量(对于局部层);$g(x) = \sigma(\boldsymbol{W}'\boldsymbol{x} + \boldsymbol{b}')$。这样的预训练能够在压缩特征的同时尽可能地保留信息,所以利用自动编码器进

行的预训练也是逐个隐层进行的。

可以说,这篇工作使用的训练方法已经非常接近深度神经网络的训练方法,使用了适当的预训练,加入权重衰减(weight decay),运用数据扩增等方法。但无论是全局框架,还是特征的提取,这个算法都没有摆脱传统框架的束缚,因此精度相对传统的人脸配准算法提升有限,并且运行效率仍然较低。迭代式回归的框架在可达到的精度上会有略微的优势,但是模型比较臃肿。由于采用了多隐层的全连接网络,模型臃肿这一点在这项工作上体现得特别明显。另外,采用SIFT 特征,使得这项工作的算法即使放在传统的人脸配准算法中也没有体现出明显的优势。这是因为采用人工设计的特征注定在信息表达上存在缺陷,从而导致算法整体的精度潜力受限,同时其运算效率明显较低,造成运算量增长,使得算法整体耗时明显增加。不过,这项工作"由粗糙到精细"的框架设计思路是非常值得借鉴的,在各种以级联模式为设计思路的框架下,这个思路都能为之提供不小的增长空间。此外,这篇工作在训练方面也算是神经网络的各种训练方法在人脸配准任务上的早期尝试。

3. 利用深度卷积神经网络的人脸配准算法

深度学习是近十年来人工智能领域取得的最重要的突破之一。由于它在特征学习、深度结构、提取全局特征和上下文信息方面的强大学习能力,在语音识别、计算机视觉、图像与视频分析等诸多领域都取得了巨大成功。最近出现了基于深度学习的人脸配准方法,在人脸特征点定位的准确性上比传统方法大大提升。例如,香港中文大学 Sun 等[79]首先采用级联的多个卷积网络来估计 5 个人脸关键点的位置,在每一层采用平均的估计结果,并且逐层改进特征点的位置估计。Zhang 等[78]通过使用级联自编码网络提升判别能力,以进行人脸配准。这些方法都使用了多层深度网络来估计人脸特征点的位置。

随着深度卷积神经网络在计算机视觉领域接连展现其巨大优势,很多尝试使用深度卷积神经网络解决人脸配准问题的工作被发表。这些工作按照着力点可以大致分为两类:其一,证明深度卷积神经网络在人脸配准任务中同样威力巨大,即对其的应用可以使人脸配准的精度取得跨越式提升;其二,在精度具有一定提升的前提下,使采用深度卷积神经网络的人脸配准算法在计算速度上相比传统算法更具竞争力。若按照技术路线细分,可以分为直接使用神经网络回归特征点坐标和使用神经网络回归特征点的热度图,后者通过对热度图的分析得到特征点坐标。

Bulat 等[80]的工作原本属于人脸配准任务的一种拓展,即 3D 人脸配准任务的算法。它不仅估计了人脸关键点在图片上的坐标,还试图确定每个特征点在三维世界中的深度。但是 Bulat 等[80]明确指出,为了降低任务难度,他将整个问题分解成两个子问题,即首先确定每个关键点的二维坐标,再估计它们的深度。整个算法框架如图 6-6 所示,其中虚线框标出的部分即为特征点二维坐标点估计的部分。

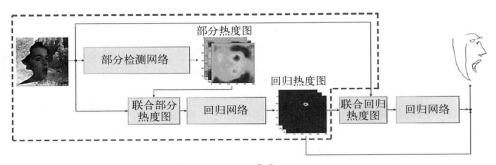

图 6-6 **Bulat 等[80]的算法框架**

从图 6-6 中可以看到,Bulat 等[80]在确定人脸关键点的二维坐标时,采用的是回归关键点的热度图的技术路线。在这个阶段,Bulat 等[80]再细分了两个阶段:① 确定每个关键点粗略的概率分布图;② 将这些分布图与原图联合分析,回归出更精确的热度图,从而得到关键点的位置。第一阶段的模型回归目标为 P 个二值图(P 为关键点个数),每个二值图中,对应关键点真值位置周围指定半径范围内的位置被设置为 1,其余位置被设置为 0。关于半径的具体设定值,Bulat 等[80]已在文中指出。这个阶段 Bulat 等[80]使用的网络是在 ResNet-152 结构[81]的基础上修改尾部得来的全卷积网络,然后使用 Sigmoid 激活函数接交叉熵损失函数(sigmoid cross entropy loss function)作为训练优化目标,来使网络逼近真值的二值图。第二阶段的模型接受原图和第一阶段的热度图作为输入,回归目标为更精确的 P 个关键点热度图。除以特征点位置真值为中心的一个二维高斯响应作为热度图真值外,其余部分为 0,高斯响应的方差同样在文中给出。这个阶段使用的网络是在"沙漏网络"(hourglass network)[82]基础上修改得到的全卷积网络,使用 L_2 损失函数作为优化目标。第二阶段输出的热度图和输入图像尺寸是一样的,通过找到热度图上数值最大的极大值点,就可以得到响应关键点的坐标。

这里,两个阶段所使用网络的基础结构都被证明有强大的表达能力,其中 ResNet 远远超出了其之前所有基础结构的深度[81],在图像分类任务上取得了巨大进步,而"沙漏网络"则已经应用在人体关键点检测任务上[82]。所以毫无疑问,这部分工作是使用深度卷积神经网络在人脸配准任务上精度取得跨越式提升的尝试。但是,这样的技术路线是与人脸配准的大部分应用场景相背离的。首先,回归热度图属于密集预测的问题,这类问题要求模型保留更多信息,然而热度图计算关键点坐标走了弯路,并且计算的精度只能达到像素级。从这个角度看,热度图这个技术路线潜力有限。其次,正是由于密集预测问题要求模型保留更多信息,基础模型需要提供更好的表达能力,这使得模型的复杂度极大地增加,而大部分应用场景中留给人脸配准算法的计算资源非常有限。例如,单是ResNet-152 的原始模型,在 PC(Intel i7 CPU)的一次前向计算时间至少为 50 毫秒,相比于文献[73]和[78],这样的运行时间是不可接受的。所以,密集预测型模型的引入,若所要完成的仅仅是人脸配准任务,就大材小用了。这样的模型更适合解决人脸部件分割这样的问题,并且仅适用高精度人脸三维重建等场景。

Sun 等[79]的技术路线则属于直接使用深度卷积神经网络回归特征点坐标。但需要指出的是,这篇工作的算法架构是由多个卷积神经网络级联而成的,呈三级级联结构,架构如图 6-7 所示。

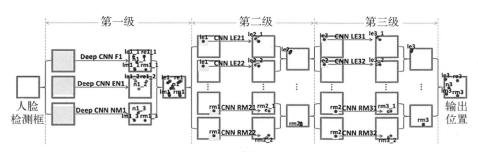

图 6-7　Sun 等[79]的算法框架

具体来说,整个算法包括 23 个卷积神经网络。第一级包含 3 个网络,分别记为 F1、EN1、NM1。首先,F1 接收人脸检测框所框出的图块作为输入(缩放至 39 39 像素并转换成灰度图),并输出 5 个特征点的坐标。相比于 F1,EN1 的输入图块去掉了最下方 839 像素的区域,且只回归双眼中心和鼻尖。NM1 的输入则是 F1 的输入去掉最上方 839 像素的区域,且只输出鼻尖和两嘴角的坐标。其次,三个网络的输出中,以相同特征点的输出求平均得到第一级的定位结果。第二级和第三级各包含 10 个网络,且这 20 个网络的结构全部相同。每一级网络的 10 个网络中,每 2 个网络对应 1 个特征点。每个网络的输入为以对应特征点在前一级所估计位置为中心的一个正方形小图块(缩放至 15×15 像素),输出为相对前一级估计位置的偏移量。最后,将每个特征点对应的 2 个网络输入的偏移量求平均后,叠加到前一级的估计值上,得到本级的输出。如图 6-7 所示,第三级网络所需要的调整比第二级更精细,所以其输入图块的范围也比第二级小。

关于网络结构,第一级的网络结构是 4 个卷积层与 3 个最大值池化层的相间排列,后接 2 个全连接层,卷积层的滤波器数依次为 20 个、40 个、60 个、80 个,全连接输出维度依次为 120 维和 10 维;第二、三级网络的结构是 2 组卷积层接最大池化层的组合,后接 2 个全连接层,卷积层的滤波器数依次是 20 个和 40 个,全连接层输出维度依次为 60 维和 2 维。其余参数也在论文中有详细叙述。

这项工作或许因为时间较早,还有几个比较奇特的地方。首先,第一级网络中使用的卷积层与现在常见结构的卷积层相比多出了一组参数,称为权重共享参数(weight sharing parameters)。这组参数包含两个量 p、q,表示卷积层的输入图被均分成 p 行和 q 列,每个分块卷积核的权重相互独立。而现在常见的卷积层则是一组卷积核的权重在全图通用的,相当于 $p=q=1$。从现在的经验看,这样的设置虽然增加了参数量,但并没有取得效果上的提升,实验设置和结论部分也没有对此做法提供支持。其次,文中卷积层的激活函数也比较罕见,是 tanh 函数后接取绝对值,池化层也额外有缩放(scale)参数和偏移(bias)参数,并后接 tanh 激活函数,这也与现在常见的网络设计不一样。从整体结构上看,该工作的算法的三级级联结构相对于迭代优化,流程已经有很大缩减,但实际上仍有缩减空间。再次,虽然具体到每个网络,它们的规模是非常小的,但是由于整个算法使用了多达 23 个卷积神经网络,整体计算开销依然很大,并且分散的小网络不利于通过提高计算密度来减少运行时间。在这里,第二、三级中每个特征点使用两个网络(输入相同、结构相同、权重不同)调整的设计也是比较冗余的。最后,框架的设计原因导致该算法只能应用在稀疏关键点定义的人脸配准场景,无法拓展到其他关键点定义下,这是最致命的缺陷。但是,值得肯定的是,这项工作是使用卷积神经网络进行人脸配准任务的较早尝试,从这项工作中学习到的经验还是十分有价值的。

正是由于上文所述的局限性,近年的基于深度卷积神经网络的工作开始采用更加直截了当的技术路线——使用神经网络回归人脸特征点的坐标,但不仅限于此。为了最大限度地简化算法流程,大家都不约而同地使用端到端学习(end-to-end learning)的卷积神经网络。端到端学习的网络即整个算法采用单个网络,其输入为原图片,其输出为人脸特征点坐标。其中,Zhang 等[83]的工作极富代表性,他们提出的算法是一个单流程(one-pass)端到端的卷积神经网络,网络的规模与深度控制在合理水平,兼顾了其表达能力和运算速度。它还有一个最大的特点是同时学习区分人脸的其他属性,并用以辅助人脸配准精度的提高。

其网络架构如图 6-8 所示,可以看到,输入的灰度人脸图像(缩放至 6 060

像素)依次经过 4 个卷积层、3 个最大池化层,最后经过一个全连接层后输出 256 维特征。网络输出的 256 维特征进一步用作特征点坐标回归以及属性分类的共同特征,可以看到最后的回归器和分类器都是线性分类器(即可以用全连接层实现)。其中,卷积层为浅灰色矩形框,并被标记为"$k_1 \times k_2 sd$, n", $k_1 \times k_2$ 为卷积核大小,d 为卷积操作的步长,n 表示卷积层的滤波器(filter)数。池化层为深灰色矩形框,并被标记为"$k_1 \times k_2 sd$, max",逗号前的参数与卷积层标记定义相同,max 表示池化的操作方法为取最大值。在图 6-8 中所回归的特征点坐标为稀疏特征点定义,但这并不表示该算法仅限于稀疏特征点定义的回归。在完成稀疏特征点定义的回归与多个属性分类的多任务联合学习之后,特征提取网络可以转接到全新的线性回归器上,在经过相对较少稠密特征点定义数据的调整后,进行该种定义的人脸特征点回归。

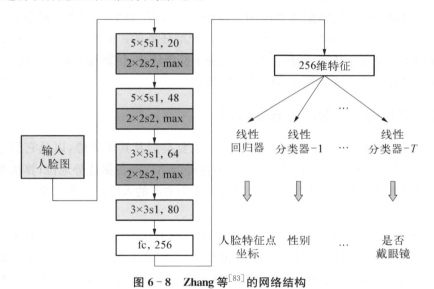

图 6-8 Zhang 等[83] 的网络结构

对于这样端对端学习的卷积神经网络,相对简单的网络结构虽然使得运算时间较短、可控,但也意味着训练难度的增加。Zhang 等[83]是为了在这个网络结构上达到好的训练效果才设计出这个训练框架的。首先,Zhang 等[83]在稀疏点定义上进行预训练。这个阶段的训练任务就如图 6-8 所示,训练样本经过神经网络提取特征后,同时用其回归特征点坐标和区分性别、是否戴眼镜等多个属性,并在这个过程中,发掘特征点坐标回归和各个属性区分之间的相关性,并动态地调整各个属性区分任务的学习权重。

这样设计主要有三个原因。其一,如前文所述,人脸特征点的数据标注成本高昂,数量少,所以其中标注成本最小的 5 点定义的数据量远大于其他稠密特征点定义的数据;输入大量的数据进行训练,可以使得神经网络的表达能力充分发挥,也使其鲁棒性更强。其二,多任务联合训练设计,是因为直观上看这些属性与人脸特征点的位置有关联性,即在属性确定的先验下,人脸特征点坐标的分布会存在更多限制;发掘属性区分与人脸特征点位置的关联性,对于提升人脸特征点定位效果有积极意义。其三,多任务联合训练可以迫使网络表达更丰富的信息,否则其提取的特征无法很好地同时完成这么多个任务,这对于预训练之后将神经网络的参数迁移到稠密特征点定义的回归任务,有降低迁移难度、提升回归精度的意义;同时,发掘任务之间的关联性,同样对提取的信息有萃取作用,从而有利于提升整个神经网络的信息提取能力。

Zhang 等[83]的实验结果表明,即使是单流程的卷积神经网络,在有限规模下也可以超过以往人脸配准算法的定位精度。所以,单个卷积神经网络是可以在保证运算效率的基础上很好地完成人脸配准任务的。同时,使用卷积神经网络有训练规模易于拓展、算法流程简单、易于部署优化、运算耗时稳定等优点,与传统人脸配准算法框架相比有明显的优势。

6.3.2 常用的人脸配准公开数据集

6.3.1 节介绍了人脸配准算法的三个主要类别及其优劣势,以及它们之间的联系,可以看出随着基于端对端学习的神经网络逐渐占据优势地位,算法对于数据的需求日益凸显。本节将会介绍以下几个主流的人脸配准数据集。

1. CelebA

CelebA(Large-Scale CelebFaces Attributes Dataset)[84-85]是香港中文大学多媒体实验室组建的大规模人脸数据集。它的图片来自 CelebFaces+数据集[86-87],包含 10 177 个世界各地知名人士的共 202 599 张人脸图片,即平均每人有约 20 张不同的图片。该数据集中的数据样例如图 6 - 9 所示。

图 6 - 9 CelebA[85-86]**数据集中的数据样例**

或许把 CelebA 放在此处介绍并不是十分合适,因为它是一个主要用作人脸属性识别的数据集,但它也包含人脸 5 点稀疏关键点标注。该数据集 2015 年公开原始图片和人脸 5 点及 40 个属性的标注以来,还先后公开了人脸对齐并裁剪后的图片及对应的人脸 5 点标注、每个人脸的包络框和人脸的身份信息。其中,40 个人脸属性均为二分类属性,如性别、是否秃头、是否卷发、是否戴项链、是否戴眼镜等。数据集的人脸覆盖了各个人种、年龄、性别的人脸,同时包含人脸的各种表情、姿态和角度,顾及了各种场景的背景、光照情况,其分布十分多样。同时,由于图片数据是"搜集"而来,非"采集"而来,以 JPG 格式储存,从仅有模糊面孔的低分辨率图片到可以看清眼镜细节的高清图片,有多种分辨率、拍摄质量和压缩等级。使用该数据集训练可以为算法覆盖足够广泛的输入情况。该数据集标注了人脸包络框、稀疏人脸关键点、二分类属性和身份信息,可以用于包括人脸检测、人脸配准、人脸属性识别、人脸识别等任务的训练。最重要的是,作者直接将数据集公开在云盘上供广大研究者下载,附带良好的说明文档、结构清晰的标注文件,所以 CelebA 数据集是人脸相关的计算机视觉任务的重要公开数据集。

2. AFLW

AFLW(Annotated Facial Landmarks in the Wild)[88-89] 人脸数据集是一个包括多姿态、多视角的大规模人脸数据集,而且每个人脸都被标注了 21 个特征点。此数据集从 Flickr 收集大量的面部图像,包括各种姿态、表情、光照、种族、年龄、性别等因素影响的图片。AFLW 人脸数据集包括 25 993 幅已手工标注的人脸图片,其中 59% 为女性,41% 为男性,大部分的图片都是彩色,只有少部分是灰色图片。该数据集非常适合用于人脸识别、人脸检测、人脸配准等方面的研究,具有很高的研究价值。该数据集需要申请账号才可以下载使用。

3. COFW

COFW(Caltech Occluded Faces in the Wild)人脸数据集[90-91] 是加州理工学院计算机视觉实验室组建的关于稠密人脸特征点定义的人脸配准数据集。该数据集是与文献[90]中的人脸配准算法一同提出的。该算法的最大特点就是除了回归人脸关键点的坐标位置外,还可以判断脸上每一个关键点在当前图片上是否是被遮挡(若被遮挡则隐式地根据可见的关键点估计其位置),所以 COFW 不仅给出了人脸关键点的位置标注,还给予了每个关键点是否被遮挡的标注。这个数据集内容上的特点是包含各种部分被遮挡的人脸图片,包括头发、手、眼镜、麦克风遮挡等日常照片中人脸被部分其他东西遮挡的情况。

加州理工学院计算机视觉实验室通过不同渠道搜集了 1 007 张人脸图片,并进行手工标注。如图 6 - 10 所示,数据集采用了 LFPW(Labeled Face Parts in the Wild)数据集[92-93]的 29 点定义,并加上了被遮挡状态的标注。为了增加训练数据,加州理工学院计算机视觉实验室额外加上了 LFPW 的 845 张原始图片,并为这些人脸也标注了被遮挡状态。在此基础上,数据集被划分为训练集和测试集。训练集包含 1 345 张图片(500 张由加州理工学院计算机视觉实验室收集,845 张来自 LFPW);测试集为加州理工学院计算机视觉实验室收集图片中剩下的 507 张。按照九宫格将人脸进行大致划分,对于加州理工学院计算机视觉实验室自搜集的数据,在 30% 以上的样本中双眼区域存在遮挡,在 23% 的样本中鼻梁、鼻尖和嘴巴区域存在遮挡,总体的平均遮挡率达到 23%;与之相对,来自 LFPW 的数据,总体遮挡率只有 2%。所以 COFW 是一个针对人脸被部分遮挡的情况的人脸配准数据集。

图 6 - 10　COFW[90][91]**数据集中的数据样例及标注**

4. 300 - W

300 - W 数据集[71]由伦敦帝国理工学院计算机系智能行为理解研究组(缩写为 IBUG)组建,用于挑战赛"300 Faces in-the-Wild Challenge"。该挑战赛分别于 2013 年、2014 年举办两次。该数据集主要是通过已有的数据集建立起来的,其中包括 LFPW[92-93]、AFW[61]、Helen[94-95]、XM2VTS[96]数据集。其数据集包含了不同的配置、组合,为了方便比较,避免混淆,我们参照文献[72]配置了300 - W 数据集。在该配置中,训练集共有 3 148 张人脸图片,分别来自 LFPW、Helen 以及 AFW 的训练集;测试集包含 689 张人脸图片,它们由 LFPW 和 Helen 的测试集以及 IBUG 研究组自行搜集的 135 张人脸图片组成。其中 IBUG 研究组搜集的 135 张图片称为挑战集(challenge set),余下的称为简单集(common set)。

图 6 - 11 展示了 300 - W 数据集中的示例,图 6 - 3 右侧即为该数据集的人脸关键点定义。定义一共包含 68 个点,其中人脸外轮廓有 17 个点,鼻子有 9 个点,双眼各有 6 个点,两个眉毛各有 5 个点,嘴巴(包含嘴唇内、外轮廓)有 20 个点。由于关键点定义不同,IBUG 研究组对来自其他数据集的人脸图片按照 68 点定义进行了重新标注。300 - W 目前已经成为人脸配准算法最重要的基准测

试集。主要原因有两点：① 300 - W 是稠密人脸关键点定义数据集中训练集图片数量最多的数据集；② 300 - W 的测试集难度适当，对目前主要人脸配准算法的评价区分度较高，同时官方提供评测脚本。

图 6 - 11　300 - W[70]数据集中的数据样例及标注

5. Helen

Helen 数据集是由伊利诺伊大学香槟分校电子与计算机工程系图像生成与处理组组建的专门针对人脸关键点定位的数据集。该数据集是与文献[94]中的半自动人脸配准算法一同发表的。这篇工作所着眼的方向是在容许少量用户交互的情况下，使得关键点定位尽可能精准，从而以少量操作实现人脸照片的精细编辑（如红眼去除、提亮唇色等）。所以这篇工作实际上提出了一个半自动的人脸关键点标注算法。基于这篇工作的内容，Helen 数据集所包含的图片均为高分辨率的人脸照片，并利用其算法进行了精细的标注。得益于该算法，数据集中的图片能够以高达 194 个关键点的定义进行精细标注。

图 6 - 12 是 Helen 数据集中的一些样例，可以看到在 Helen 数据集的人脸关键点定义中，人脸外轮廓包含 41 个关键点，鼻子轮廓包含 17 个关键点，嘴巴轮廓包含 56 个关键点（嘴唇的内外轮廓均被勾勒出来），两只眼睛、两个眉毛各有 20 个关键点。密集的关键点定义使其可以更细致地刻画人脸的表情。因此，该数据集如此密集的关键点定义成为颇具挑战性的原因。Helen 数据集的图片搜集自网站 Flickr，检索时使用关键词"肖像（portrait）"分别搭配"家庭""室外""婚礼"等各种关键词来保证数据的多样性；同时，使用人脸检测器挑选出人脸框大于 500 像素的人脸图片以保证足够的分辨率；最后，进行手工筛选，并经过半

自动标注得到共 2 330 张人脸图片。这些图片中 2 000 张被划为训练集,余下 330 张被划为测试集。

图 6 - 12　Helen 数据集[94-95]中的数据样例及标注

6.3.3　人脸配准算法举例

6.3.3.1　级联回归的多姿态人脸配准

人脸配准的挑战主要来自两方面:其一是人脸的复杂度十分之高,多变的面部表情和头部姿态给建模带来了极大的困难;其二是外部环境的影响,如图像的失焦和模糊、光照强度的剧烈变化、背景干扰等。相较于之前的算法,级联回归在速度和精度上都有了很大的提升,但它仍然存在一定的缺陷。因为级联回归是一种迭代更新的算法,需要提供人脸特征点的初始位置,所以这些初始点对最终配准的精度有较大的影响。大多现有的算法都忽略了如何设置更加准确的初始值,这使得它们无法应对一些复杂情况。

为了实现鲁棒的多姿态人脸配准,本节提出了一种改进的多姿态级联回归算法:先使用随机回归森林预测人脸特征点的初始位置,并在判断人脸姿态后使用特定的姿态相关的级联回归器进行迭代更新。多个数据集上的实验表明,本节算法在精度上取得了较明显的提升。

级联回归是一种迭代更新的算法,需要指定初始形状。初始化策略指如何设置待配准人脸的初始形状的策略。在现有的算法中,常见的初始化策略有两种:① 直接使用训练样本的平均形状;② 从训练样本中随机抽样若干个真实形状,然后对这些形状分别回归后聚类或取中值得到最后结果。这两种策略都有明显的缺点。首先,前者是对训练集中最常见的正面脸型的一个估计,会在很大程度上偏离侧脸和带有俯仰角度等的脸型,这使得后续的级联回归难度极大,因此精度不高。其次,后者通过多次随机化初始形状增加了出现较好的初始形状的概率,但完全随机使得结果很不稳定,耗时也随着尝试次数线性增长。因此,提出基于回归模型的初始形状的估计算法,可以很好地预测接近真实脸型的初始形状。

1)特征提取

主要使用 FDG 特征(first derivative of gaussian operator)[97]。FDG 是一种多方向的梯度算子,在指定方向角 θ 后,其计算式为

$$f(\boldsymbol{I}, \theta) = \boldsymbol{I} \cdot \frac{\partial G}{\partial \boldsymbol{n}} \tag{6-7}$$

式中,$\boldsymbol{I}$ 是输入图像;$\boldsymbol{n}$ 是单位向量,$\boldsymbol{n} = (\cos\theta, \sin\theta)$;$G$ 是二维高斯卷积核,$G = \exp\left(-\dfrac{x^2 + y^2}{\sigma^2}\right)$。

FDG 具有很强的抗噪声能力,并且能很好地保留图像的边缘信息,已经在人脸识别等领域发挥了作用。同时,它的计算速度很快,只需要进行卷积操作即可,相较于 Gabor 等其他的梯度特征,FDG 更适合人脸配准这类对实时性要求很高的算法[98]。对图像进行 FDG 卷积后的结果如图 6-13 所示。

图 6-13 FDG 卷积结果

2)初始形状估计

对于给定的一幅人脸图像 $\boldsymbol{I}$,其形状被定义为向量 $\boldsymbol{S} = \{x_1, y_1, \cdots, x_L, y_L\}$,其中 x, y 表示特征点的二维坐标,L 表示特征点的总数。训练集是由 n 幅标注了真实形状的人脸图像组成,记作 $\boldsymbol{\Phi} = \{(\boldsymbol{I}_i, \boldsymbol{S}_i)\}$,$i \in \{1, \cdots, n\}$。为了求得对 $\boldsymbol{S}_i$ 的一个较好估计 $\hat{\boldsymbol{S}}_i^0$,即第 i 个训练样本的初始形状,算法需要在 $\boldsymbol{\Phi}$ 上优化以下方程:

$$\min \sum_{i=1}^{n} \| \boldsymbol{S}_i - \hat{\boldsymbol{S}}_i^0 \|^2 \tag{6-8}$$

本节采用随机回归森林求解式(6-7),因为随机回归森林具有很强的泛化能力,在级联回归中也得到了广泛应用,使得初始形状估计算法可以被集成到很多现有的算法中。

随机回归森林包含若干独立的随机回归树,这些回归树都是二叉树,由若干

分裂节点和叶节点组成。每一个分裂节点包含待学习的参数 $\beta=(u，v，\theta，\tau)$。其中，u、v 表示人脸图像中的两个矩形区域[见图 6-14(a)]；τ 表示样本下落的阈值，判定函数[99]为

$$J(\boldsymbol{I}，\beta)=\begin{cases}1，&\dfrac{1}{|u|}\sum_{p\in u}f(\boldsymbol{I}，\theta)_p-\dfrac{1}{|v|}\sum_{p\in v}f(\boldsymbol{I}，\theta)_p<\tau\\0，&\text{其他}\end{cases}$$

$$(6-9)$$

式中，$J(\boldsymbol{I}，\beta)=1$ 代表样本被判定落入左子树；$f(\boldsymbol{I}，\theta)_p$ 表示对 $\boldsymbol{I}$ 在 θ 方向上提取 FDG 特征后 p 点的像素值。

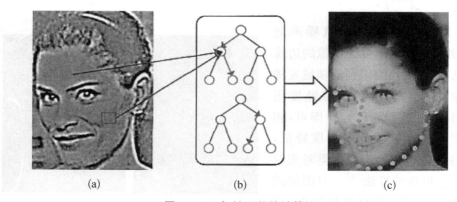

(a)　　　　　　　　　(b)　　　　　　　　　(c)

图 6-14　初始形状估计算法

(a) 提取区域特征；(b) 随机回归森林；(c) 预测初始形状

　　随机回归树的建立就是从根节点开始的分裂过程，每个节点在学习到最佳的分裂参数后会对落到其上的所有样本进行划分，直到某个节点无法再分裂或已达到树的最大高度，这些节点称为叶节点。叶节点将保存落在其上所有样本的平均形状作为输出。由于搜索空间很大，难以穷尽所有的分裂参数，因此采用随机化贪心策略搜索每一个分裂节点最佳的分裂参数，记作 β^*。$\boldsymbol{\Phi}$ 中的样本在经过分裂节点时会根据其 J 值被分入相应的子树中。用 $\boldsymbol{\Phi}'$ 表示所有落入当前要分裂节点的样本集，在随机产生多组候选 β 后，β^* 的计算式为

$$\beta^*=\arg\min_{\beta}\sum_{j\in\{0,1\}}\sum_{i\in\boldsymbol{\Phi}_j'}\|\boldsymbol{S}_i-\bar{\boldsymbol{S}}_j\|^2=\max_{\beta}\sum_{j\in\{0,1\}}|\boldsymbol{\Phi}_j'|\cdot\|\bar{\boldsymbol{S}}_j\|^2$$

$$(6-10)$$

式中，$\boldsymbol{\Phi}_j'$ 表示 $\boldsymbol{\Phi}'$ 中所有 $J(\boldsymbol{I}_i，\beta)=j$ 的样本集合；$\bar{\boldsymbol{S}}_j=\sum_{i\in\boldsymbol{\Phi}_j'}\boldsymbol{S}_i/|\boldsymbol{\Phi}_j'|$ 为这

些样本的平均形状。

在测试阶段,输入的图像将逐一通过随机回归森林中的所有回归树,记录其到达的所有叶节点。这些叶节点的输出形状会进行 K 均值聚类,聚类中心为最后输出的初始形状估计值。聚类时采用欧氏距离衡量形状之间的相似度。整个算法如图 6-14 所示。输入图像在每个分裂节点上根据计算出的判定函数值遍历回归树,最后到达所有叶节点后输出聚类得到最终结果。

3) 多姿态级联回归

人脸在姿态方面的多样性是人脸配准的主要难点之一。不同的姿态,如正脸、侧脸等配准的难度差别很大。现有的基于级联回归的算法大多没有区分不同姿态的脸型,即使用所有的训练样本训练出一个回归模型。显然,训练样本中包含了各种不同姿态,每一种姿态具有不同的分布,对它们进行独立的处理有利于提高配准精度。本节的初始化算法提供与真实脸型较接近的初始形状,而非盲目的平均形状或者随机形状。在回归之前通过初始形状预测人脸姿态,为多姿态级联回归提供了可能。

多姿态级联回归需要先对所有训练样本进行姿态划分。使用 K 均值方法对训练集进行聚类,设定距离度量为形状向量的欧氏距离。每个聚类中心代表一种姿态,所有属于这一类别的样本作为该种姿态的训练集,为它们建立独立的级联回归器。在测试阶段,输入的样本将先进行初始形状预测,然后判断初始形状所属的姿态类别,最后通过相应的级联回归器进行形状回归,得到配准结果。

级联回归器由多个串联的弱回归器组成。假设共有 T 个训练阶段,每个阶段学习出一个弱回归器 r^t,$t \in \{1, \cdots, T\}$。r 的学习仍然使用了随机回归森林,回归的目标方程为

$$r^t = \arg \min_r \sum_{i=1}^n \| \Delta \boldsymbol{S}_i^t - r(I_i, \hat{\boldsymbol{S}}_i^{t-1}) \|^2 \qquad (6-11)$$

式中,$\hat{\boldsymbol{S}}_i^{t-1}$ 是第 i 个样本在上一阶段的估计形状;$\Delta \boldsymbol{S}_i^t = \boldsymbol{S}_i - \hat{\boldsymbol{S}}_i^{t-1}$ 是其当前阶段的形状增量。$\hat{\boldsymbol{S}}_i^{t-1}$ 在第 t 个阶段学习完毕后被更新为

$$\hat{\boldsymbol{S}}_i^t = \hat{\boldsymbol{S}}_i^{t-1} + r^t(I_i, \hat{\boldsymbol{S}}_i^{t-1}) \qquad (6-12)$$

据此迭代学习出 $r^1, r^2, \cdots, r^T$ 后,每个样本的最终形状 $\hat{\boldsymbol{S}}_i$ 为

$$\hat{\boldsymbol{S}}_i = \hat{\boldsymbol{S}}_i^T = \hat{\boldsymbol{S}}_i^0 + \sum_{t=1}^T r^t(I_i, \hat{\boldsymbol{S}}_i^{t-1}) \qquad (6-13)$$

为了进一步提高多姿态级联回归的鲁棒性,在特征提取阶段继续使用 FDG

区域差值特征,计算方式见式(6-9)。现有算法大多采用像素差特征来索引特征点,即特征点周围两个像素点的亮度之差。显然,选取区域块包含了更多的信息。相比于单个的像素点,区域均值能有效地抑制光照强度变化和噪声等,从而提高特征的鲁棒性。由于在估计初始形状时已经对输入图像进行了 FDG 卷积,所以不会增加太多计算负担,可以保证算法的实时性。

相较于现有的级联回归配准算法,本节提出的多姿态级联回归对不同姿态的人脸采取分治法,通过使用初始形状估计算法产生的初始形状,先判断人脸的姿态类别,然后再使用针对这一类别的级联回归器更新初始形状。这样处理的优势有以下两点:① 训练样本中不同姿态的样本在训练阶段已经被分离并被单独训练,每一个级联回归器可以只负责具有同一属性的脸型,降低了学习难度,提升了模型处理单个姿态的能力;② 在检测前先预判脸形类别,可以利用脸部姿态这一重要先验,加强回归的目的性,减少估计值在回归阶段出现偏离实际脸型的情况,进一步提升模型处理复杂问题的能力。本节算法也存在一定的不足,在现有的数据集上,如果划分更多的姿态类别,会使得每个类别的训练样本减少,达不到很好的效果。收集更大的数据集可以有效解决这一问题。

4) 实验分析

对以下两个方面进行实验:① 验证初始形状估计算法的有效性;② 对比本节提出的多姿态级联回归算法和现有配准算法。主要使用 3 种人脸配准数据集:COFW、Helen 和 300-W。

(1) 评价指标。人脸配准最主要的评价指标是算法在测试集上估计形状与真实形状之间的归一化平均误差,其计算式为

$$e = \frac{1}{nL} \sum_{i=1}^{n} \sum_{k=1}^{L} \parallel \hat{\boldsymbol{S}}_i(k) - \boldsymbol{S}_i(k) \parallel / d_i \qquad (6-14)$$

式中,k 表示取某个形状的第 k 个关键点;d_i 表示第 i 个样本双眼瞳孔的欧氏距离。

(2) 实现细节。随机森林的训练对样本数量需求较大,因此本算法将所有的训练图像都进行了镜像翻转。用于估计初始形状的随机森林包括 100 棵独立训练的随机回归树,每棵树的最大高度设定为 10。为了贪心搜索树的最佳分裂参数,每个分裂节点将随机产生 500 个候选参数 $\beta = (u, v, \theta, \tau)$,其产生规则如下:① u、v 代表将提取 FDG 特征的两个脸部矩形区域,其长宽都服从 $(0, 0.3W)$ 的均匀分布,W 是当前样本的脸部宽度;② θ 代表随机产生的方向角,$\theta \in [0, \pi]$;③ τ 为随机产生的判定函数阈值,$\tau \in [\min, \max]$,min 和 max

分别为所有样本在 u、v 上 FDG 区域差的最小值和最大值。

在多姿态级联回归算法的实现上，目前使用了正脸、左侧脸、右侧脸 3 种姿态，即把训练样本分成 3 类，然后对每一类的样本分别建立独立的级联回归器。每个级联回归器训练 10 个阶段，每个阶段训练 500 棵随机回归树，树的最大高度设置为 5。在分裂节点时随机产生 500 个候选分裂参数，产生规则与初始形状估计算法相同。

（3）初始形状估计算法效果。初始形状预测算法的作用体现在以下方面：① 直接预测输入人脸的大致形状，为后续的级联回归提供较好的初始值，减小回归至局部最优的可能性；② 从初始形状判断人脸的姿态，并筛选出符合当前姿态的级联回归器，进一步提高配准精度。图 6-15 所示为初始形状估计算法的结果示例，可以看出，本节算法估计出的初始形状与真实形状已经较接近。

图 6-15 初始形状估计算法结果示例

ESR[71] 和 ERT[73] 是当前效果较好的基于级联回归的人脸配准算法，它们的初始化策略都是从训练样本中随机抽样若干形状，逐个回归后取中值作为最终结果。为了验证初始形状估计对级联回归有精度上的提升，ESR 和 ERT 中的初始化策略被替换为本算法。算法替换前后在 300-W 数据集上的误差对比结果如图 6-16 所示。

可以看出，本节的初始化算法能给现有的级联回归算法带来精度上的提升，同时结果也更加稳定。随机化的初始策略随着抽样次数的增加，误差在不断下降，但是运行时间呈线性增长。相比之下，由于本节算法产生的初始形状都与实际脸型较为相近，因此只需少量的初始形状即可取得较高的精度。为了算法的实时性和比较的公平性，在后续的多姿态配准实验中，本节算法将只使用一个初始形状。

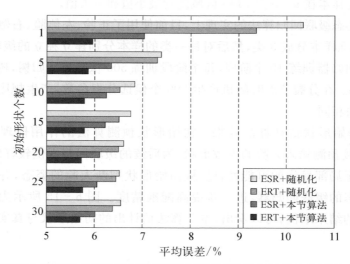

图6-16 本节初始化算法和随机初始算法在300-W数据上的精度对比

多姿态回归的前提是初始形状可以很好地用于判断人脸姿态。表6-1所示为用本节算法进行人脸姿态分类的结果。算法将先对300-W中的689幅测试图像进行初始形状估计,然后使用训练样本聚类产生的三个聚类中心对每个初始形状进行最近邻分类。可以看出,本节算法在姿态分类上具有较高的准确率与召回率。同时也可以观察到,样本中的确存在多种不同分布的姿态。因此,在级联回归之前获得关于姿态的先验对于鲁棒的人脸配准十分重要。

表6-1 姿态分类结果

姿　态	样本数量	准确率	召回率
左脸	201	0.98	0.90
正脸	317	0.88	0.98
右脸	171	0.98	0.87

(4)多姿态级联回归算法效果。表6-2展示了本节的多姿态配准算法在COFW、Helen和300-W数据集上与现有配准算法的误差对比结果。300-W按照样本的配准难度分为简单集、挑战集和全集三部分。挑战集包含了更复杂的脸型,在光照、姿态、表情上更具挑战性,因而是评价本节多姿态配准算法的重要依据。全集用于全面衡量算法的性能。

表 6-2　本算法和现有算法在多种数据集上的精度对比

算法	COFW	Helen	300-W		
			简单集	挑战集	全　集
CDM[100]	13.67	—	10.10	19.54	11.94
ESR[71]	11.20	5.70	5.28	17.00	7.58
RCPR[90]	8.50	6.50	6.18	17.26	8.35
SDM[74]	11.14	5.85	5.57	15.40	7.50
ERT[73]	—	4.90	—	—	6.40
LBF[72]	—	5.41	4.95	11.98	6.32
本节算法	6.01	4.69	4.35	11.42	5.74

从表 6-2 可以看出，与最好的现有方法相比，本节算法在 COFW、Helen 和
300-W 上的配准误差分别下降了 29.2%、13.3% 和 9.2%，证明了本节算法的
有效性和鲁棒性。但本节算法在挑战集上提升幅度不大，这是因为目前只考虑
了少数姿态的独立回归，而对俯仰角极大等更复杂的脸型还不能很好地处理。
在后续的工作中，应获取更多有代表性的样本来进一步提高算法的鲁棒性。本
节算法 C++ 实现在单核 i5-3450 3.10 GHz CPU 上的处理速度为 60 帧/s，可
以达到实时。本节算法的部分配准结果如图 6-17 所示。

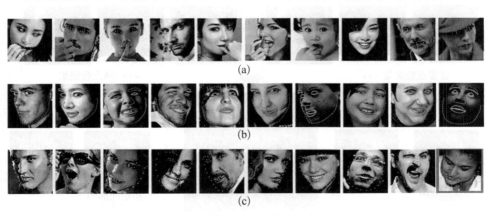

(a)

(b)

(c)

图 6-17　本节算法的配准结果示例（框内代表配准失败）

(a) COFW；(b) Helen；(c) 300-W

5）结论

为了实现更加鲁棒的人脸配准，本节提出了基于级联回归的多姿态人脸配

准算法。算法主要分为初始形状估计以及多姿态级联回归两部分。初始形状估计使用 FDG 区域特征学习随机回归森林优化估计形状,可以为后续的级联回归提供更加精准的初始值。多姿态级联回归先利用预估的初始形状判断人脸姿态,并选取相应的级联回归器迭代更新,以消除不同姿态样本之间的影响,提高配准精度。在具有代表性的 COFW、Helen、300 - W 数据集上的实验结果表明:本节的初始形状算法可以很好地提供与真实值较为接近的初始形状;与现有的配准算法比较,本节的多姿态配准算法精度更高,能处理更多复杂的脸型,且能达到实时的处理速度。在后续工作中,将通过优化特征提取等方式进一步提高初始形状估计算法的正确性,并继续研究划分更多姿态以应对更多复杂人脸配准问题。

6.3.3.2　基于显著点指导的人脸配准

我们的目标是通过应用显著点引导回归方法来完成人脸配准。对于显著点定位,首先使用级联形状回归模型。然后,利用显著点来搜索训练数据集中的相似形状人脸,并生成一个与输入面更相似的新的初始面部。算法的整体思想架构如图 6 - 18 所示。

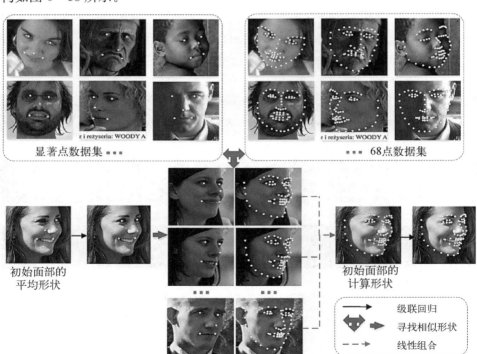

图 6 - 18　显著点指导的人脸配准算法的整体思想架构

　　表 6-3 中显示了 5 个显著地标定位和 68 个地标回归的结果,两者都应用相同的级联回归模型在 300-W 上进行训练和测试,可以看出显著点对齐比所有点配准更稳健和更准确。这是因为显著点是脸部最重要的定位点,即使在重度遮挡、大的姿势变化和不良照明下,也可以获得良好的性能。因此,显著点可用于产生更好的初始化以减少局部最优的发生。图 6-19 显示了 COFW 数据集上的 29 个特征点检测结果,并证明该方法在重度遮挡下是稳定的。

表 6-3　相同算法在只计算显著点和全部计算时的平均误差

数据集	ERT(68 点)	ERT(5 显著点)
300-W	6.4	4.39

图 6-19　COFW 数据集上的部分结果

　　1) 显著点检测

　　人脸中的显著点是眼睛中心、鼻尖和嘴角。这些点可以代表脸部最具特征的点,人类的第一直观总是先找到它们。已经有许多工作[61,79]成功地对这些显著点进行了精确的定位。例如 Sun 等[79]通过应用深度卷积网络完成了出色的工作,但是运行速度不够快。在本节中,我们使用线性级联回归模型来提高速度并同时保持高精度。

　　本节假设 S 表示人脸的形状位置。常用的线性回归公式是

$$S_{t+1} = S_t + r_t(I, S_t) \tag{6-15}$$

在每个阶段,通过求解以下优化问题来学习回归量 $r_t(I, S_t)$:

$$r_t = \arg\min_{r_t} \sum_{m=1}^{M} \| S_t^* - S_t - r_t \| \tag{6-16}$$

式中,r_t 代表第 t 个回归量;S_t 代表当前估计的形状;S_t^* 表示对应要回归的真实结果;M 代表数据的个数。梯度增强树算法[101]用于学习级联回归器 r_t,该算法使用平方误差损失之和。我们也使用与文献[102]相同的策略,即应用收缩因子 $0 < v < 1$ 来减少增量。这个因素在克服过拟合中起着非常重要的作用。

　　考虑到速度和稳健性,我们选择决策树算法来学习回归量。Dollár 等[103]成

功地使用决策树进行回归,这是后来研究人员解决许多回归任务的重要框架。在本节中,决策回归树是深度为 5 的二叉树。特征和阈值用于将训练数据分成 32 叶节点。对于每个回归树,通过最小化来自候选集的平方误差之和,并且使用贪婪搜索来选择最佳分裂节点。

每个分裂节点中的特征应该简单且有区别性,以使整个过程快速稳定。像素差特征是图像中不同像素的强度差异,很适合这种情况。通常,这两个像素的位置是随机的,本节尝试使用大量的候选特征,并且从中选择最佳的像素差特征。

2) 生成初始脸型

在显著点定位后,估计 5 个显著点的位置。然后根据估计的形状和训练形状之间的距离,从训练集中搜索相似的面部。对于 68 点和 194 点数据集,没有提供眼睛中心点位置,所以将眼睛轮廓上的点的平均值作为眼睛中心。

在本节中,相应显著点的曼哈顿距离之和用于搜索相似的面部。在所有点对齐的过程中,搜索几个最相似的面作为训练的初始化。全部点的训练过程与显著点回归训练过程相同。对于测试过程,新的初始脸型 S_i 通过这些相似脸型的线性组合来计算,且可表示为

$$S_i = \sum_{n=1}^{N} w_n S_n \qquad (6-17)$$

式中,N 是用于测试的所有相似面的数量;w_n 表示第 n 个相似脸型的权重;S_n 表示第 n 个相似面;S_i 表示第 i 个样本的初始脸型。计算这些相似面部的平均形状是最简单的方式,但是它不能提供最佳性能。那是因为面孔的相似程度彼此不同,面部越相似,相应的重量应该越大。为了解决这个问题,这些相似的面部根据相似性按降序排序,并应用有限的谐波序列数来计算重量,重量的计算式为

$$w_n = \frac{1}{n} + \frac{1}{n+1} + \cdots + \frac{1}{N} \qquad (6-18)$$

式(6-18)易于计算,且可以预先计算。对于测试阶段的单个图像,可以有效准确地搜索相似脸型。

3) 实验分析

在 COFW、300-W 和 Helen 这三个广泛使用的基准数据集上进行评估。这些数据集的人脸在姿势、表情、遮挡和照明方面各不相同。评价指标为均方误差和 CED 曲线。在表 6-4 中,将结果与最新方法进行比较。需要注意的是,并

不使用外部数据来训练本节的模型。可以看到,在 300 - W 全集和 COFW 集上,本节方法优于所有以前的方法。特别是在 COFW 集上,本节方法的结果甚至超过人类性能 12%。并且随着标记数量的增加,该方法也表现出良好的性能。然而,本节方法也受到第一步凸点定位的限制,如果该步的结果不够好,那么以后的所有点回归都会有初始化不良的情况,容易使最终结果陷入局部最优,导致较大的误差。

表 6 - 4　与其他先进方法的比较结果

方　法	COFW		300 - W(68 点)		Helen	
	29 点	简单集	挑战集	全　集	194 点	68 点
DRMF[104]	—	6.65	19.79	9.22		6.70
ESR[71]	11.2	5.28	17.00	7.58	5.7	—
RCPR[90]	8.5	6.18	17.26	8.35	6.50	5.93
SDM[74]	7.70	5.57	15.40	7.50	5.85	5.50
CFAN[78]	—	5.50	—	—	—	5.53
ERT[73]	—	—	—	6.40	4.90	—
LBF[72]	—	4.95	11.98	6.32	5.41	—
cGPRT[105]	—	4.46	10.85	5.71	**4.63**	—
CFSS[106]	—	4.73	9.98	5.76	4.74	4.63
人类[90]	5.6	—	—	—	3.3	—
TCDCN[107]	8.05	4.80	**8.60**	**5.54**	**4.63**	4.60
SPG	**4.88**	**4.40**	10.58	5.61	4.89	**4.42**

　　与其他级联回归方法相比,因为更好的初始化,本节方法更准确。图 6 - 20 显示了在 300 - W 数据集上将本方法与其他最新方法进行比较的部分结果,表明了该方法优于其他方法。图 6 - 21 展示了本节方法在 COFW、300 - W 和 Helen 数据集上的更多结果。

　　如表 6 - 5 所示,计算速度引用自相应的文献,并选择与最佳性能相对应的速度。请注意,本节忽略了 CFSS Practical,因为它是 Matlab 代码。此外,由于上述一些方法没有 29 个标记或 194 个标记的结果,所以不做比较。从 CED 曲线(见图 6 - 22)中也可以看出,本节的方法优于其他方法。

　　我们在单核电脑[Intel(R) Xeon(R) CPU E5 - 2630 V3@2.4GHz]上进行实验。在 300 - W(68 个标记)全集上,我们的方法达到约 260 帧/s。

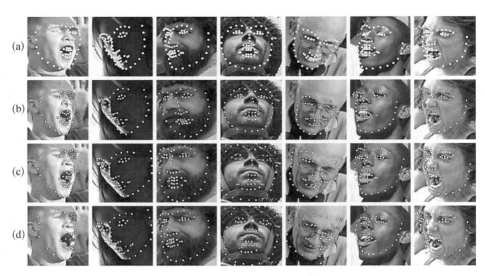

图 6 - 20　在 300 - W 数据集上与其他算法的结果展示

(a) 本节算法(SPG)；(b) CFAN；(c) LBF；(d) SDM

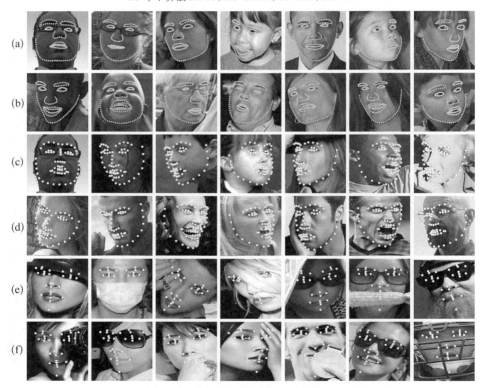

图 6 - 21　本节方法的一些其他实验结果

(a)(b) 在 Helen 数据集上得到的图像；(c)(d) 在 300 - W 数据集上的结果；(e)(f) 从 COFW 数据集得到的图像

表 6‐5 平均绝对误差和计算速度的结果

方 法	准 确 率	速度/(帧/s)
ERT[74]	6.42	1 000
LBF[73]	6.38	320
CFSS Practical[107]	5.93	—
cGPRT[106]	5.71	93
SPG	5.61	260

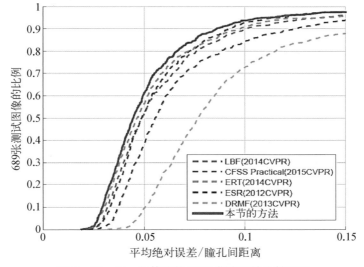

图 6‐22 与一些算法的 CED 曲线图的比较结果

4）结论

本节提出了一种显著点引导的人脸配准方法，使用显著点信息来指导所有点对齐。首先，使用快速准确的基于级联回归的框架来获得显著点位置。其次，通过利用显著点来计算相似性，搜索几个相似的面以生成回归模型的初始脸。最后，使用级联回归的方法来获得结果。实验结果表明，显著点定位可以有效地应对具有大遮挡的情况，它在不同的姿势、表情和照明中也很稳健。

6.3.3.3　基于卷积神经网络的高效人脸配准

本节中，不再赘述深度神经网络的理论原理，而是主要深入介绍提出的基于深度卷积神经网络的人脸配准算法。

1. 总体框架设计

在基于卷积神经网络设计人脸配准算法时,主要考虑了两点:流程简单与计算量可控。这两点考虑贯穿了算法设计的始终。人脸配准算法的流程如下:

(1)首先,根据人脸框对人脸图片进行预处理;

(2)其次,在处理好的图片上提取特征;

(3)最后,由特征回归出人脸关键点的坐标,并将坐标值映射回原图。

在预处理时,所需要的操作可能包括图片颜色空间转换和几何变换,这些操作应该尽可能少,特别是在移动嵌入式平台上。首先注意到,在处理视频的场景中,无论是最广泛使用的 H264 编码视频,还是摄像头捕捉的数据,其像素颜色是在 YUV 颜色空间下进行编码的;其次,图片几何变换的计算量可以由通道数、输出图片的宽与高、像素插值方法所决定的常数这三者的乘积计算得到,所以减少处理图片的通道数、减小图片尺寸都可以有效减少图片几何变换所需的计算量。

综合这两点因素,预处理算法直接采用灰度图片(单通道)输入,在几何变换后输出 112×112 像素的图块作为后续步骤的输入。其中,灰度图恰好可以在 YUV 颜色空间的彩图中的 Y 通道得到。而 112×112 这个尺寸的确定是基于两个原因:① 大部分在 ImageNet[108] 数据集上预训练的神经网络模型都是采用 224×224 的输入尺寸进行训练的,112 恰好是 224 的一半;② 在 112×112 像素的图块中,除去四周为防止人脸部分被裁出图块而预留的浮动空间,人脸的宽度约为 90 像素,已经接近可以分辨人脸细节的最小分辨率,如图 6‑23 所示。以上措施可以最大限度地减少预处理阶段的计算量。

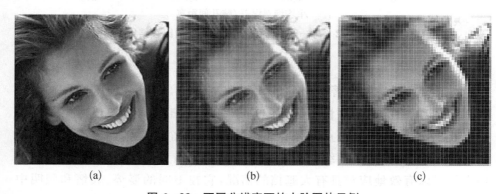

(a)   (b)   (c)

图 6‑23　不同分辨率下的人脸图片示例
(a) 原图分辨率;(b) 112×112 像素分辨率;(c) 56×56 像素分辨率

对于后面两个步骤,本着流程从简的宗旨,必然是采用类似文献[83]中单流程(one-pass)的方案。采取这样的方案意味着只对全图提取一次特征,只根据特征一次性回归所有关键点坐标。这相比文献[78]和[79]中的做法是完全不同的,除了全局提取特征外,文献还会根据中间结果重新在图片上提取局部特征,对关键点坐标进行级联优化。所以在特征提取步骤中,本节所借助的卷积神经网络需要直接在输入图全图上提取特征,并携带满足回归所有关键点坐标的信息。不过卷积神经网络之所以强大就是因为它能够针对任务自动学习高效的特征。剩下的问题就是通过结构设计,在保持效果的同时尽可能地缩减计算量。最后在关键点坐标回归的步骤中,与文献[83]类似,本节也采用单个全连接层作为回归器,激活函数为 $f(x)=x$。所以全连接层作为回归器本质上就是一个线性回归器,该步骤的设计也已经达到简化流程的目的。

在这样的设计下,整个人脸配准算法的效果好坏几乎完全依赖卷积神经网络所提取的特征是否高效、可靠。这样的设计其实一反直觉地合理,因为在总体框架上,算法效果只依赖单一组件,不会像文献[76]中除了优化各级回归器本身还要优化各级回归器的直接配合。文献[76]的作者所设计的回归器联合优化的算法,证明级联的回归器联合优化的最终效果优于回归器逐级训练;然而,在本节的算法框架下,因为算法效果仅仅依赖卷积神经网络的特征提取能力,所以不存在这样复杂的配合关系。仅有的回归器与卷积神经网络的配合,也自然而然地融入训练优化的过程中,我们无法直接评价卷积神经网络提取特征的好坏,只能通过回归器映射到特征点坐标后,才能进行评价。

2. 基于稠密连接网络的人脸配准网络架构

在设计网络架构时,考虑的限制有三个维度:模型运算量(挂钩单次运行时间)、模型体积和最终算法效果。其中,模型体积与部署环境限制、算法运行时内存占用部分相关,而算法最终效果在一定程度上取决于网络的"能力",即过于简单的网络结构的表达能力有可能不足以拟合所需特征的提取函数。

首先,模型体积是最容易确定的指标。一些主流的人脸配准算法模型的参数量如表 6-6 所示。可以看出,基于卷积神经网络的方法参数量要比其他类别的方法小一个数量级。所以,在设计网络结构时,参照其他基于卷积神经的算法,确定模型大小参数量控制在不超过 1 兆的规模。然而,如表 6-7 所列举的主流卷积神经网络模型,其参数量已经远远大于 1 兆。这些模型是针对诸如 ImageNet[108] 图片分类(高达 1 000 类)挑战赛这样的复杂任务而设计训练的,所以为人脸配准算法准备的卷积神经网络绝不可能照搬主流的模型设计,只能自行设计规模与该任务相适应的网络。

基于网络结构模型在 ImageNet 上进行图片分类任务训练取得的首位命中错误率均在 20% 与 22.5% 之间(DenseNet-121 与 ResNet-50 除外,它们的错误率分别为 25% 和 24%）。所以从表 6-7 的数据中可以发现,要达到类似的准确率,DenseNet 结构的模型参数量要明显小于 ResNet 与 Inception 系列,而 Inception 系列虽然效果占优,但是模型参数量上相比 ResNet 并没有明显优势。所以,DenseNet 的结构设计思路成为本节设计人脸配准的卷积神经网络的基本思路。

表 6-6 一些主流人脸配准算法模型的参数量估计

算　法	类　　别	模型参数量/个
ESR[71]	传统（基于回归）	2×10^7
Cascaded CNN[79]	基于卷积神经网络	1.3×10^6
CFAN[78]	基于简单神经网络	4.3×10^7
TCDCN[83]	基于卷积神经网络	3.17×10^5

表 6-7 部分主流卷积神经网络模型的参数量估计

神 经 网 络 结 构	模型参数量/个
DenseNet-121[109]	8×10^6
DenseNet-201[109]	2×10^7
Inception-Resnet-v2[110]	5.6×10^7
Inception-v4[110]	4.3×10^7
ResNet-50[81]	2.6×10^7
ResNet-101[81]	4.5×10^7
ResNet-152[81]	6×10^7

图 6-24 展示了 DenseNet-121 的整体架构。其中,输入尺寸为 224×224 像素的 RGB 三通道图像,网络主要分为 6 个阶段。第一阶段是一个 7×7 的大核卷积层与一个 3×3 的最大值池化层,对输入图像进行两次下采样,输出特征图数提高到 64;最后一个阶段为一个全局平均池化(即取每个特征图的平均值)和一个 1 000 维输出的全连接层,全连接层作为分类器。中间 4 个阶段为核心阶段,每个阶段由三部分组成——稠密连接模块(dense block)、特征组合层、池化下采样(第五阶段不含特征组合与下采样)。

如图 6-25 所示,稠密连接模块的结构参数包括卷积层组数 n、增长率 k、是否使用"瓶颈"、"瓶颈"率 η 以及"瓶颈"层、卷积层的结构模板(主要考虑滤波器数和是否加入偏置项)。特征组合层是由一个 1×1 的卷积层实现的,由压缩率

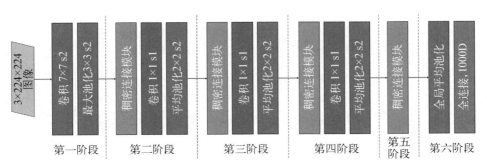

图 6-24　DenseNet-121 的网络架构

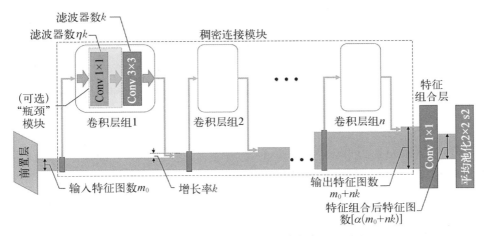

图 6-25　稠密连接模块的结构参数与工作流程

注：本图中，一个 Conv 的框图表示 BN-ReLU-Conv 的组合

决定其滤波器数量。最后使用步长为 2 的平均池化层对特征图进行下采样（即长、宽分别除以 2）。

所以以 DenseNet-121 的总体框架为蓝本，通过稠密连接模块的超参控制规模，本节设计了一款基于稠密连接网络的人脸配准卷积神经网络。由于输入图片尺寸缩减为 112×112，下采样次数可以减少一次，这里第一阶段的最大值池化层被移除，卷积层的卷积核尺寸被改为 5×5。这样的改动可以使后面稠密连接模块接受的特征图输入拥有更高分辨率。同时，人脸特征点回归任务是与特征图上的位置相关的，再削减一次降采样次数可以让回归器得到 $n_{\text{feature}} \times 2 \times 2$ 的特征图，显式地使其关注输入图各个子区域的信息，这有利于任务的训练。为此，第四阶段的稠密连接模块连同特征组合层、池化下采样被移除。注意，这样修改后,最后的全局池化层被改为核尺寸为 7、步长为 7 的平均池化层。

确定了整体网络框架(见图 6-26)后,需要确定各层的超参,从而确定具体的神经网络构造。首先,依据 DenseNet[109] 的经验,确定全局的压缩率 $\alpha=0.5$,"瓶颈"率 $\eta=4$。

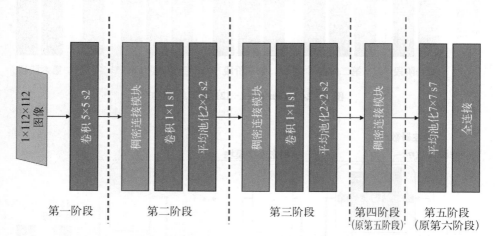

图 6-26 基于稠密连接模块的人脸配准网络总体架构(面向服务器)

其他超参根据以下思路确定。首先,参考文献[79]和[83],回归器接受的特征维度分别为 256 维与 120 维,考虑到后者仅定位稀疏关键点便需要 120 维特征,所以要回归稠密人脸关键点定义的关键点,本节网络输出的特征图也不会低于 100 个特征图。同时,考虑到每个特征图已经包含 4 维特征,为了限制回归器的复杂度,特征图数量也不能再扩大。综上,就近选取的目标特征图数量为128 个。

其次,根据阶段划分和降采样一次即加倍特征图数的设计经验[81,111],第一到第三阶段预计输出特征图数量分别为 16 个、32 个、64 个。同时,Dantone 等[99] 对于小尺寸图片分类数据集 CIFAR 设计的网络中,增长率最低至 $k=12$[112],考虑人脸配准算法对效率的要求以及基于稠密连接模块的网络深度不可能过浅的情况(文献[109]中最浅的实验网络为 40 层,相比之下文献[81]中最浅的实验网络为 18 层),设计本节网络增长率 $k=8$。

根据确定的全局超参各个阶段期望输出的特征图数量,各个稠密连接模块的卷积层组数量可以依次确定为 6 个、12 个、8 个,故将此网络结构命名为"dense_6_12_8_bc8"。表 6-8 给出了"dense_6_12_8_bc8"各个模块输出的特征图数。可以注意到,与 dense3 模块相比,dense2 模块的输入特征图数较少,却输出与之相同的特征图数。因此,dense3 的卷积层组数量仅为 dense2 的三分之二。如果按照这样的设计，一方面，dense3 模块特征图尺寸较小却得不到更多的输出通道数来承载信息；另一方面，dense2 在较大的特征图尺寸下进行了很多卷积层的运算，造成 dense2 模块过于肥大的情况。这两方面的不合理，可能导致网络前半部分提取了很多信息，但是后半部分却没有足够的承载力去传递、提炼。最终，网络前半部分花费的运算资源会白白浪费，回归器所得到的特征依然蕴含有限信息，回归效果也会打折扣。

因此，为了使得网络各部分的分量分配更合理，需要将降采样时通道数提升比率增加（原来为 2）。这样，随着降采样的进行，网络变"胖"的速度会更快。不过由于最终输出的通道数已经确定，这样的改动实际上是将前半部分变得更"瘦"。在数值上，当提升比率增加到 2.5 时，计算得到的通道数接近整数的卷积层组数所能配置的特征图数量。即提升比率为 2.5 时，各个阶段输出的特征图数量理论上应该为 8.192、20.48、51.2、128 个。在表 6-8 中，当 dense1、dense2、dense3 卷积层组数依次配置为 4、10、10 时，"dense_4_10_10_bc8"各个阶段输出的特征图数为 8、20、50 和 130 个。经过改进，网络的结构更加改善，总体的运算量也有明显下降。图 6-27 展示了"dense_4_10_10_bc8"与"dense_6_12_8_bc8"的运算量和各模块运算量占比的对比。可以看到使用前者的配置运算量仅为使用后者配置的 60% 左右，同时各模块占比在前者的配置下也更为合理。

表 6-8　两种网络配置下网络各模块输出特征图数

模　块	输入特征图的长和宽	dense_6_12_8_bc8 输出特征图数/个	dense_4_10_10_bc8 输出特征图数/个
conv_pre	112×112	16	8
dense1	56×56	64	40
trans1	56×56	32	20
dense2	28×28	128	100
trans2	28×28	64	50
dense3	14×14	128	130

最后，基于稠密连接网络的人脸配准网络"dense_4_10_10_bc8"结构设计如图 6-28 所示。经过统计，"dense_4_10_10_bc8"的模型参数个数约为 184 K，远远小于既定 1 兆的目标上限。

3. 着眼于移动嵌入式设备人脸配准网络架构

随着移动设备和嵌入式设备的广泛应用，在它们上面部署计算机视觉算法

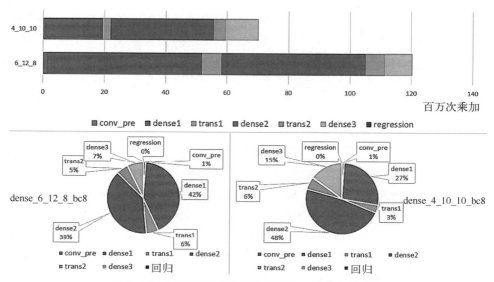

图 6 - 27 两种配置下的网络架构总运算量及其构成

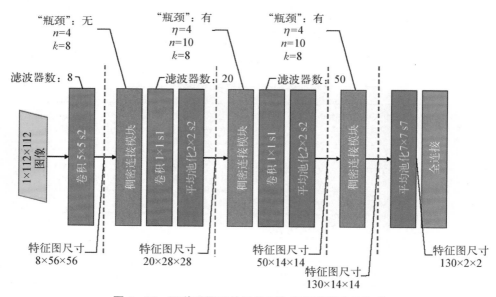

图 6 - 28 两种配置下的网络架构总运算量及其构成

的需求越来越大。这些设备上大多数配置的是 ARM 处理器，其运算性能并不像桌面和服务器的 CPU、GPU 那么强劲。那么，为了使得人脸配准算法在移动、嵌入式设备上依然能够做到以视频播放速度实时处理并保持低运算资源占比，"dense_4_10_10_bc8"是否足够呢？

从理论粗略分析，ARM 的 Cortex - A 系列 CPU 的典型运行频率为 2 GHz，利用 SIMD 指令集每周期单精度浮点数乘加吞吐量为 4，则其运算吞吐量为每毫秒 8 百万次乘加。由图 6 - 27 可知，"dense_4_10_10_bc8"总乘加次数约为 70 百万次乘加，在此假设下需要至少 9 毫秒才能完成。对于视频正常播放速度下每帧只有 30 毫秒时间的应用场景来说，人脸配准每张人脸高达 9 毫秒的耗时显然占比过高，况且 Cortex - A 系列 CPU 已经是 ARM 中以性能见长的系列。

所以，"dense_4_10_10_bc8"虽然在桌面、服务器已经足够快速，但在移动与嵌入式设备的严苛条件下，仍然略显臃肿。在前一段的理论分析中，实际运行的内存访问延迟等因素还未考虑在内（ARM 架构的系统中，内存访问的代价相比桌面计算机的 x86 架构还要高），那么实际上还需要把人脸配准的卷积神经网络运算量再降低一个数量级才行。

图 6 - 27 的分析指出，网络第二、第三阶段的稠密连接模块（即 dense1 与 dense2）计算量占整个卷积神经网络计算量的 80%，而加上它们之后的特征组合层（trans1 与 trans2）占用即高达 90%。同时注意到"dense_4_10_10_bc8"的总卷积层数已经高达 47 层，相比文献[79]与文献[83]中仅含 4 层卷积层的卷积神经网络，层数的增加着实十分夸张。事实上，ResNet[81]、DenseNet[109] 与 Inception 系列[110,113-115]等结构的提出是为了应对卷积神经网络层数增加导致的训练困难。那么，在网络层数相对较低的时候，传统的基于 VGG[111] 的卷积层堆叠设计并没有明显的劣势。所以在"dense_4_10_10_bc8"的基础上，本小节为适配移动与嵌入式设备适配的网络结构设计，会重新参考 VGG 的设计。

图 6 - 27 指出，稠密连接模块虽然在模型参数规模上有巨大优势，但当特征图分辨率较大的时候，它会为整个网络贡献惊人的运算量。固定全局压缩率时，为了在特征组合层压缩后仍保持相当数量的特征图，稠密连接模块需要把其输出特征图数堆到相当高的数量，这也会急剧提高其运算量。所以，首先针对特征图分辨率的问题，最大池化层被重新加入第一阶段，从而使后面卷积层的特征图尺寸在原来的基础上减半。同时，在特征图分辨率较高时，稠密连接模块的计算量膨胀过快，所以第二、第三阶段的稠密链接模块与特征组合层各自被替换成"VGG 模块"（即两个 3×3 的卷积层堆叠），池化层则替换成 VGG 系列网络中使用的最大池化层。

由于输入图像的分辨率接近文献[83]的 2 倍、文献[79]的 3 倍，适配移动与嵌入式网络的总卷积层数必须增加。为了保持总运算量增长不明显，该卷积神经网络势必更"瘦"，即每层的特征图数量更少。基于此设计目标，网络中卷积层的特征图数的增长不再依据降采样一次便将特征图数翻倍的规律。具体来说，

第一阶段卷积层输出 8 个,第二阶段每个卷积层输出 16 个,第三阶段每个卷积层输出 24 个特征图。第四阶段的稠密连接模块虽然得到保留,但是规模同样遭到削减。它只保留了 4 组卷积层组,同时由于特征图数较少而取消了"瓶颈",对表达能力相应的补偿只有将增长率由 8 提高到 12。在特征提取部分遭到整体巨大削弱的情况下,回归器需要得到相应的增强。在模型参数规模允许的情况下,回归器由单个全连接层实现的线性回归器升级为 3 个全连接层构成的非线性回归器,并且去掉了回归器前的池化层,两个隐层的输出维度均为128 维。

图 6 - 29 所示为适配移动与嵌入式环境的人脸配准卷积神经网络结构,命名为"dense_vg3"。可以看到以上设计成功将总计算量降了一个数量级至约6.7 百万次乘加。然而,它的模型规模却有明显增长,为 519 000 个。增长的原因是回归器前的池化层被移除,第一个全连接层直接接在 72×7×7 的输出阵列上,参数数量高达 452 000 个。所以,为了控制参数数量,基于人脸配准算法中,图像边缘包含的信息与人脸配准相关性较低的假设,在"dense_vg3"的前三阶段中,取消了卷积层的补边(padding)操作。如图 6 - 29 所示,取消补边操作后,第四阶段的输入、输出特征图分辨率降低到 4×4,从而成功将模型总参数量降低到 215 000 个。同时,取消补边后,网络整体的运算量进一步降低至 3.9 百万次

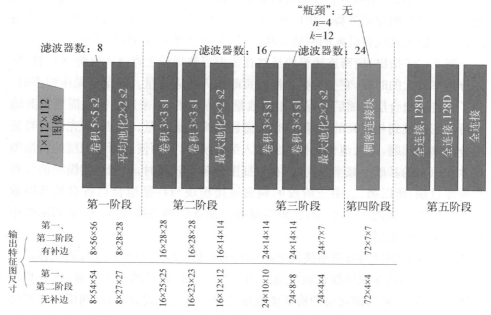

图 6 - 29 面向移动嵌入式设备的人脸配准网络架构及配置

乘加。

4. 总体训练流程

如前描述,主流稠密点定义的人脸配准的公开数据集(如 COFW、Helen、300-W)的共同特点就是样本数量较少,无法满足基于深度卷积神经网络的人脸配准算法的训练需求,所以对于人脸配准任务来说,深度卷积神经网络的预训练是必须的。然而,即使是"dense_4_10_10_bc8"这样的网络结构,也无法在大规模图片分类数据集 ImageNet 上取得可以接受的效果(即使在训练集上准确率仅仅接近 30%),所以无法确定使用 ImageNet 数据集进行预训练的效果。

不过对于人脸配准任务来说,还有一个数据集可以用于预训练——拥有稀疏人脸关键点标注的大型人脸数据集 CelebA。使用稀疏人脸关键点标注的数据集训练,一方面基于稀疏关键点定义的标注成本要远低于稠密关键点定义的标注,所以数据集规模明显大于上一段所说的数据集(CelebA 数据集的样本数达到 20 万);另一方面,稀疏人脸关键点定义下的关键点回归任务,在相关性上要远远高于其他存在大规模公开数据集的任务。对神经网络进行预训练,有利于提升训练效果,防止其在小规模数据集上过拟合,增强泛化性和稳定性。综上,"dense_4_10_10_bc8"与"dense_vg3"都会在 CelebA 上先进行预训练。

然而,限于人脸配准的公开数据集规模太小,即使进行了预训练,也难以避免一定程度上的过拟合。本节提出了一个新的训练方法用于人脸配准的卷积神经网络训练,不仅可以利用现有资源扩大训练集,还可以使得训练出的模型具有更好的泛化性能。用一句话总结,那就是让深度卷积神经网络同时学习回归不同稠密人脸关键点定义的关键点。通过同时在多种稠密点定义上进行训练,整个训练过程可以同时利用不同稠密人脸关键点定义的数据集,如 COFW 的 29 点定义、Helen 的 194 点定义、300-W 的 68 点定义,这样训练集的总样本数就获得了成倍的增长。

而要如何实现同时训练呢? 设现有不同点定义的训练集 S_1,S_2,$\cdots$,S_K,$S_k = \{(\boldsymbol{I}, \boldsymbol{x}) \mid \boldsymbol{x} \in \mathbf{R}^{2d_k}, \boldsymbol{I}$ 为图像$\}(k=1, \cdots, K)$,d_k 表示 S_k 对应的人脸关键点定义的点数。将整个卷积神经网络分为两部分表示:特征提取部分设为 $\boldsymbol{h} = f(\boldsymbol{I})$,回归器部分设为 $\boldsymbol{x} = R(\boldsymbol{h})$。 需要优化的损失函数为

$$\text{LOSS}(B_1, B_2, \cdots, B_k) = \sum_{k=1}^{K} \frac{\omega_k}{|B_k|} \sum_{(\boldsymbol{I}, \boldsymbol{x}) \in B_k} \frac{1}{2} \{\boldsymbol{x} - R_k[f(\boldsymbol{I})]\}^2 +$$
$$\text{正则项} \tag{6-19}$$

式中，$B_k \subset S_k$ 是从训练集 S_k 中采样出来的一个 Mini‐Batch；ω_k 为训练集 S_k 的训练权重。每个训练集的 Mini‐Batch 的大小、训练权重均为可调参数。但是，不同训练集的回归器 R_k，除了最后输出层的输出维度不同，网络结构是相同的。若这些回归器包含隐层，则对不同训练集的回归器共享隐层参数，如"dense_vg3"的回归器包含两个隐层，则这两个隐层的参数在不同训练集的回归器上共享。图 6‐30 展示了这个训练方法的框架。

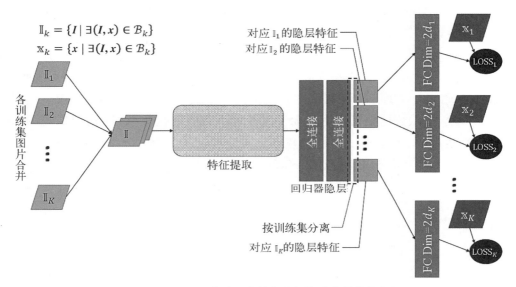

图 6‐30   用于人脸配准的多数据集联合训练的框架

这样的训练方法不仅仅成倍增大训练人脸配准模型的训练集大小，还可以让训练出来的模型更具泛化性和稳定性。这是因为无论是何种稠密人脸关键点定义，它们实际上都在试图描述相同的人脸结构。在训练中，不同的稠密人脸关键点定义之间的区别仅在最后一个全连接层，则卷积神经网络提取的特征、回归器中隐层的特征变换，都要同时适应不同的点定义。这样的训练过程可以诱导整个网络去学习描述人脸结构的通用要素，无论是卷积神经网络提取的特征，还是回归器隐层的变换，都能很好地适应各种点定义和各种人脸姿态。

对于多种稠密人脸关键点定义训练的有效性，本节通过安排一组对照试验来说明——使用相同的预训练模型，实验组使用多个数据集进行训练，而对照组仅使用单个数据集训练，实验的其他配置相同，最后将两组模型在同一测试集上对比效果。

5. 训练数据准备

本节中采用的训练数据集有 4 个,分别是公开数据集 COFW、Helen、300 - W 和非公开数据集 Youtu - FA - Train,它们的基本情况如表 6 - 9 所示。这四个数据集的人脸关键点定义点数各不相同:COFW 为 29 点,Helen 为 194 点,300 - W 为 68 点,Youtu - FA - Train 为 82 点。

表 6 - 9 运用的含稠密人脸特征点定义标注的数据集

数据集	训练集原始样本数	种类	样 本 类 型
COFW	1 345	公开	网络图片,包含各人种的图片,分辨率适中
Helen	2 000	公开	网络图片,包含各人种的图片,分辨率很高
300 - W	3 148	公开	网络图片,包含各人种的图片,分辨率适中或较高
Youtu - FA - Train	13 738	非公开	只有黄种人的图片,网络图片约占 30%,受控场景采集图片占 70%,分辨率都较高

可以看到,虽然将几个数据集组合可以将训练集规模扩展到之前所没有的规模,但是这个规模对于深度卷积神经网络的训练来说仍然属于较小的规模。因此,在这样的数据集上训练深度卷积神经网络模型,数据扩增是必不可少的。数据扩增是指根据已有的标注样本,自动地生成与之有一定差异的标注样本用于训练。对于深度卷积神经网络的训练来说,数据扩增可以通过对训练样本在一定范围进行随机几何变换、随机色彩偏移、添加随机噪声的方法实现。其中,几何变换包括旋转、缩放、平移、镜像;随机色彩偏移包括一定范围内的亮度、对比度调整和较小范围的色相偏移;添加随机噪声则需要注意噪声的强度。特别要说明的是,在人脸配准任务中进行数据扩增时,对图像的几何变换也要同时施加到标注的人脸特征点坐标上。数据扩增能够增强训练集数据的多样性,从而有利于增强模型的稳定性。

本节使用了随机几何变换和添加随机噪声两类数据扩增的方法。详细的数据扩增流程叙述如下,为了描述方便,记原始样本为图片 I 与人脸关键点坐标组成的向量 $x = (x_1, y_1, x_2, y_2, \cdots, x_d, y_d)$。

(1) 进行随机旋转,参数为 β,表示扩增的旋转角度在区间 $[-\beta, \beta]$ 内均匀随机选取。这一步操作记为 $(I^{(r)}, x^{(r)}) = \text{ROT}(I, x, \beta)$。

(2) 进行随机缩放和平移。依据式(6 - 20)取得旋转后人脸的包络框(正方形)。

$$\begin{cases} x_c = \dfrac{1}{2}(\min\{x_1^{(r)}, \cdots, x_d^{(r)}\} + \max\{x_1^{(r)}, \cdots, x_d^{(r)}\}) \\[2mm] y_c = \dfrac{1}{2}(\min\{y_1^{(r)}, \cdots, y_d^{(r)}\} + \max\{y_1^{(r)}, \cdots, y_d^{(r)}\}) \\[2mm] \alpha = \max\begin{cases} \max\{x_1^{(r)}, \cdots, x_d^{(r)}\} - \min\{x_1^{(r)}, \cdots, x_d^{(r)}\} \\[1mm] \max\{y_1^{(r)}, \cdots, y_d^{(r)}\} - \min\{y_1^{(r)}, \cdots, y_d^{(r)}\} \end{cases} \end{cases} \quad (6-20)$$

式中，x_c、y_c、α 依次表示包络框的中心坐标和边长。这一步有两个参数 $c_{\min}$ 与 $c_{\max}$，这两个参数的含义如图 6-31 所示。

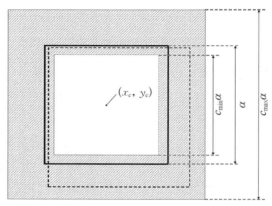

图 6-31 数据扩增的随机缩放和平移步骤中 $c_{\min}$ 与 $c_{\max}$ 参数的含义

在两个与包络框共中心(x_c, y_c)、边长分别为 $c_{\min}\alpha$ 与 $c_{\max}\alpha$ 的正方形所围成的环形区域中（见图 6-31 中阴影区域）随机选取一个正方形作为数据扩增，输出样本图像的边缘，以此裁剪图像。注意，随机选取的正方形需要满足两个条件：其四边均落在阴影区域内；内部边长为 $c_{\min}\alpha$ 的正方形被其包围。然后该随机选取的正方形所框出的图像内容缩放到卷积神经网络的输入尺寸后，被送入网络。这一步记为 $(\boldsymbol{I}^{(c)}, \boldsymbol{x}^{(c)}) = \mathrm{CROP}(\boldsymbol{I}^{(r)}, \boldsymbol{x}^{(r)}, c_{\min}, c_{\max})$，其中 $\boldsymbol{I}^{(c)}$ 的尺寸为 112×112。

（3）在已经缩放到卷积神经网络输入尺寸的图像上添加均匀随机噪声，随机区间为 $[-u_n I_{\max}, u_n I_{\max}]$。其中，$I_{\max}$ 表示像素值的最大值；u_n 为本步骤的参数。这一步记为 $\boldsymbol{I}_{\mathrm{noise}}^{(c)} = \boldsymbol{I}(c) + \boldsymbol{G}$，其中 $\boldsymbol{G} = [g_{ij}]_{112 \times 112}$，$g_{ij} \sim U[-u_n I_{\max}, u_n I_{\max}]$。

需要特别注意的是，实际训练中，数据扩增是实时进行的，即神经网络在训练过程中不断地枚举训练集中的样本组成 Mini-Batch，每个样本每次被枚举到的时候，便按照以上流程处理一次，产生扩增好的样本 $\boldsymbol{I}^{(c)}$、$\boldsymbol{I}_{\text{noise}}^{(c)}$ 与 $\boldsymbol{x}^{(c)}$。本节同时利用了 $\boldsymbol{I}^{(c)}$、$\boldsymbol{I}_{\text{noise}}^{(c)}$ 作为一个样本对进行训练。添加随机噪声前后，整个深度卷积神经网络对关键点坐标的回归应该是一致的。通过添加这个目标，可以减少模型对图像中像素值细微变化的敏感度，引导其更多关注图像中的几何结构信息。这样式(6-19)应该相应地修改为

$$
\begin{aligned}
\text{LOSS}(\boldsymbol{B}_1, \boldsymbol{B}_2, \cdots, \boldsymbol{B}_k) = \sum_{k=1}^{K} \frac{1}{|B_k|} \sum_{(\boldsymbol{I}, \boldsymbol{x}) \in B_k} \{ \boldsymbol{\omega}_{k1} \text{SL1} [\boldsymbol{x}^{(c)} - \\
\boldsymbol{R}_k(f(\boldsymbol{I}^{(c)}))] + \omega_{k1} \text{SL1} [\boldsymbol{x}^{(c)} - R_k(f(\boldsymbol{I}_{\text{noise}}^{(c)}))] + \\
\omega_{k2} \text{SL1} [R_k(f(\boldsymbol{I}_{\text{noise}}^{(c)})) - R_k(f(\boldsymbol{I}^{(c)}))] \} + \\
\text{正则项}
\end{aligned}
\tag{6-21}
$$

式中，训练权重 ω_k 拓展为 ω_{k1}、ω_{k2}，分别表示不同训练集上回归人脸关键点与降低对像素值微小变化敏感性两个训练目标的训练权重。SL1 表示"Smooth L1 Loss"[45]，是欧几里得损失函数的一个代替品，它的主要改进是当训练中预测值离目标较远时，防止回传梯度过大，对训练起到稳定作用。

6. 训练框架优化

在训练框架上，本节选择了 Caffe[116]。Caffe 是贾扬清于 2014 年领导开发的深度卷积神经网络框架，其发布之初主要用于支持计算机视觉方面的深度卷积神经网络的训练和测试。后来整个 Caffe 项目交由加州大学伯克利分校视觉与学习中心(Berkeley Vision and Learning Center)主导维护，并在 2016 年初由开发社区加入对循环神经网络的支持。目前，Caffe 已经发布了 1.0 版本，并处于维护状态。由于其在学术界的流行程度之高，Caffe 仍然是大多数工作者的首选工具，也是大多数工作的首选复现框架。

Caffe 是一款使用 C++开发的深度学习框架，支持用户一键切换 CPU 与 GPU 运行，支持多 GPU 以数据并行方式进行运算。同时，它支持模型预训练、导入预训练模型、训练断点记录与恢复。虽然主要是由 C++实现的深度学习库，Caffe 同时也提供了命令行工具、Python 接口和 Matlab 接口，方便在各种工作环境进行计算机视觉深度学习任务，满足规模化训练迭代、原型实验、性能测试等多方面需求。

图 6-32 展示了 Caffe 的设计架构，其中的单词均是 Caffe 中实际的模块名。Solver 负责整个训练迭代过程，包括进行参数更新、控制 Net 进行运算，属于控制单元。Net 是整个架构的中枢——与磁盘交互负责模型的序列化与存取；与层的实现库交互，从而调用其运算实现并获得结果；管理一部

分 Blob,负责中间数据的存储,维护层与层的连接关系。Blob 接受 Net 或具体某个层的指挥,负责数据、参数及其梯度的存储,CPU 与 GPU 的同步。Layers 表示所有层的具体实现。Caffe 的架构十分适合进行扩展和开发,因为它将整个训练流程分解成了相互几乎没有耦合的模块,通过对它们的交互协议的了解,可以很方便地对某个模块进行拓展和开发。接下来是本节针对人脸配准训练需求对 Caffe 所进行的优化改进,其代码均在开源代码网站上托管发布。

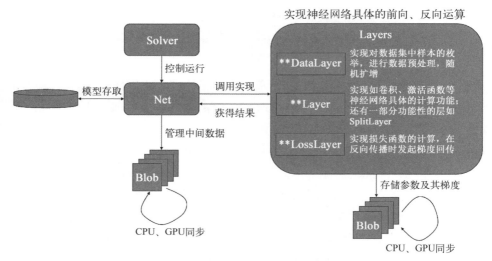

图 6-32　Caffe 的架构设计图

1) 针对数据扩增的优化

Caffe 原有的训练数据迭代模块(实现在后缀为 DataLayer 的模块中)不仅功能弱,而且性能不佳,虽然在较大型的深度卷积神经网络中并没有成为瓶颈,但是本节中所使用的卷积神经网络规模远小于用于 ImageNet 的大型图片分类网络,单次运算速度明显加快,Mini-Batch 的样本数也明显变大。

Caffe 常用的训练数据迭代模块有两个——DataLayer 和 ImageDataLayer。

DataLayer 的后端是 LevelDB 或 LMDB,这两种后端都是基于键值对实现的轻量级数据集。事先将裁好的图片(通常尺寸较小)存入数据集,DataLayer 可以按照顺序循环枚举数据集中的样本,经过预处理后输送给神经网络。这个模块的优点是能实现磁盘的连续、批量读取,因而磁盘负载较低,速度很快。但是,其缺点是数据的迭代形成明显的周期性,容易使随机梯度下降,算法优化效果不佳。

ImageDataLayer 的后端直接是系统的文件系统。通过事先给予 ImageDataLayer 一个包含图片路径和分类标注的列表,它可以按照列表中的路径载入图片,进行预处理,最后输送给神经网络。该模块的优点是能够在每次枚举完列表后,对列表中的样本进行一次"洗牌",从而使下一次枚举的样本顺序与本次不一样。然而,由于这个模块所需的样本图像直接以文件形式存储在操作系统的文件系统中,形成很多碎片,迭代时需要非连续地读取磁盘,造成文件系统压力和磁盘负载过大,成为训练速度的瓶颈。

同时,Caffe 的训练数据迭代模块还存在共有的问题——只支持单值标注,即每个样本只能有一个整数的标注,一般用于表示类别;数据预处理是在 CPU 上单线程运作的;数据扩增只支持镜面和随机平移。以上罗列的种种问题都不符合本节训练人脸配准的卷积神经网络所必须满足的功能。为此,本节自行实现了优化过的一整套数据预处理模块。

图 6-33 所示是优化后的人脸配准数据实时扩增的处理模块。处理模块将整个流程划分为三个阶段:第一阶段是将数据读入并进行反序列化;第二阶段是对每个样本生成数据扩增操作的几何变换矩阵,然后将样本组成 Mini-Batch;第三阶段是利用 GPU 对图片进行相应的几何变换,完成数据扩增和预处理并送入网络的下一层。

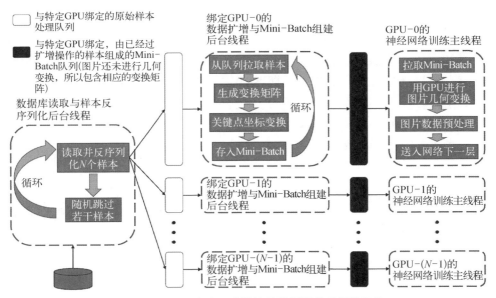

图 6-33　用于人脸配准训练的数据预处理模块架构

第一阶段用 LMDB 作为后端,使数据在磁盘上可以连续访问,保证数据的载入速度,但这样无法在每次枚举结束后对样本顺序进行"洗牌"。为了模拟样本以随机顺序进行枚举的情况,每次读取并反序列化一批样本(每个 GPU 对应一个样本)后,随机地跳过接下来的若干个样本,每次可以跳过的最大样本数可通过参数指定。一般随机跳过的样本数不会超过 GPU 的个数。本阶段的整个流程循环反复地运行在一个独立的后台线程内。本阶段每反序列化一批样本,便将它们分发到每个 GPU 单独对应的样本队列中,如图 6-33 中白色实线圆角框所示。

第二阶段每个 GPU 对应一个后台线程,该线程仅负责处理送入对应 GPU 样本。首先,本阶段的每个线程每次从对应 GPU 的样本队列中拉取一个样本,根据样本的标注,按照前述方法生成几何变换矩阵,并将标注的关键点进行相应变换;其次,样本图片、变换矩阵和变换好的关键点坐标被存入 Mini-Batch 中,直至存满;最后,存满的 Mini-Batch 被送进相应 GPU 对应的 Mini-Batch 队列中,如图 6-33 中黑色实线圆角框所示。

第三阶段是在每个 GPU 对应的训练主线程上进行的,因为该阶段使用 GPU 进行操作。本阶段每次从对应的 Mini-Batch 队列中拉取一个 Mini-Batch,首先将每个样本按照其变换矩阵进行变换,然后对变换结果的像素值进行预处理(即将像素值减去均值,再乘以一个缩放系数,均值和缩放系数均通过参数指定),最后将处理好的 Mini-Batch 送入网络的下一层。

这个数据预处理与扩增模块充分利用了 GPU 的并行处理能力,处理数据扩增和预处理过程中的像素操作,既能保持磁盘和 CPU 负载维持在较低的水平,又能避免数据枚举存在明显周期性的问题,同时还能进行高速的样本实时扩增,能够满足人脸配准的较小规模卷积神经网络的训练需求。

2) 针对稠密连接网络的训练优化

受限于 Caffe 的网络实现机制,如果直接使用 Caffe 的网络配置文件实现稠密连接模块,会极大地浪费显存。图 6-34 展示了使用 Caffe 的网络配置文件实现的一个包含 4 个卷积层组的稠密连接模块。仅对稠密连接模块的骨干部分进行统计,其前向过程所需要的存储空间正比于式(6-22)(已排除输入特征图本身占用的空间),即

$$\sum_{i=1}^{n} (m_0 + ik) = nm_0 + \frac{1}{2}k(n^2 + n) \tag{6-22}$$

式中符号的含义如图 6-25 所示。此外,如果选用"瓶颈"模块,每个卷积层组需

要额外的容量正比于 ηk 的中间存储空间。因此,虽然稠密连接模块在模型规模上具有优势,但是如果按照 Caffe 的实现方式,其中间数据消耗的空间同样巨大。式(6-22)中出现了卷积层组数 n 的二次项,意味着稠密连接模块的中间数据占用空间随着卷积层组数的平方增长。其实很容易可以联系到文献[117],稠密连接模块的前向过程中,输入特征图和每个卷积层组的特征图可以在同一个地方依次连续存储,这样每当一个卷积层组的输出结果被紧接着放置在其输入的后面,则下一个卷积层组就可以将它们直接作为一个整体输入进去,如图6-35所示。这样,主干部分的空间占用仅仅正比于 $m_0 + nk$。

但是,在反向传播时,问题就没有那么简单了。首先,如果按照 Caffe 的网络配置文件实现,骨干部分占用空间为前向的2倍,用于梯度的计算和整合,卷积层组内部则需要与前向过程相同的空间存储梯度。不过,利用文献[117]的方法,骨干部分的内存占用可以降低至正比于 $m_0 + nk$(但它仍是对应前向过程的两倍)。但是使用文献[117]的方法对前向和反向过程进行优化之后,会对卷积层组内部的反向传播带来问题。以不带有"瓶颈"模块的卷积层组为例(见图6-34),输入卷积层组的特征图并非直接进入卷积层,需要先经过拟标准化与缩放[114],然后经过 ReLU 激活函数,最后才进入卷积层。那么根据反向传播推导,在 3×3 卷积层进行反向传播的时候,对其参数求偏导需要知道该层输入特征图的值;同时在对缩放层的缩放参数求导时,也需要知道该层的输入值。依据图6-35以及缩放层的源代码,Caffe 实现时会在前向时保存这两个层输入的副本。也就是说,为了满足反向传播的计算需要,对于稠密连接模块的第 i 个层组,Caffe 会额外消耗正比于 $m_0 + (i-1)k$ 的空间用于保存前

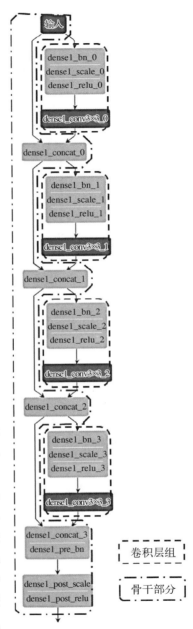

图6-34 用 Caffe 实现的稠密连接模块

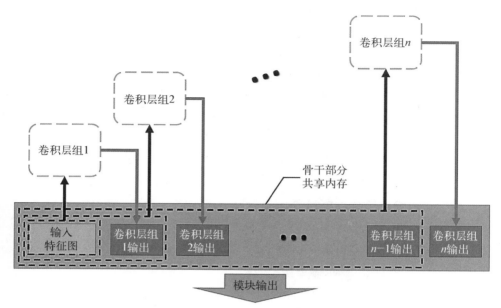

图 6 - 35　骨干部分共享空间的稠密连接模块实现

向计算的中间结果。这些额外空间的总和正比于式（6 - 22），实际占用量为前向传播时骨干部分优化前内存占用量的 2 倍。综上，即使运用了文献［117］的优化方法，整个稠密连接模块训练时的内存占用依然与卷积层组数的平方成正比。

　　首先，根据 Nvidia 公司的深度学习库 CUDNN 提供的接口，Batch - Normalization 与缩放的前向过程可以融合起来用一个接口实现（仅需要分配两个长度为特征图数的数组作为临时空间），反向过程也同样可以用一个接口实现。这样，通过调用 CUDNN 接口，实现相同的 Batch - Normalization 与缩放的功能，但不必为缩放的反向传播计算分配大量的临时空间。

　　其次，卷积层组内第一个卷积层的输入特征图同样是其反向传播计算所依赖的。并且如上文所述，保存它们的副本会造成稠密连接模块的数据内存占用正比于卷积层组数的平方，因而是必须解决的问题。卷积层组内第一个卷积层的输入与骨干部分存储的特征图仅有 Batch - Normalization、Scale 和 ReLU 三层间隔，且这三层均为时间成本极低的"逐元素"的操作。所以本节的解决方案的流程如图 6 - 36 所示。总的来说，该方案就是当卷积层组内第一个卷积层需要进行反向计算时，从骨干部分取得该卷积层组的输入，现场通过上述三层的前向计算取得该卷积层的输入特征图。

7. 实验结果

1) 评价指标

要准确、客观地评价人脸配准算法，需要建立一套完善的评价体系。本节将对学界中人脸配准算法常用的评价方法进行介绍。与评价其他任务的算法类似，人脸配准算法的评价同样建立在一个已有的标准测试集上。为了方便描述，定义如下符号，它们仅针对本节。

设 $T = \{I, B, X\}$ 为测试集，其人脸关键点定义是组建测试集时给定的。其中 $I = \{I_1, I_2, \cdots, I_n\}$ 为测试图片；$B = \{B_1, B_2, \cdots, B_n\}$，$B_i = (x_i, y_i, w_i, h_i)$ 为相应测试图片的初始人脸框（一般记录框的左上角坐标和其宽、高）；$X =$

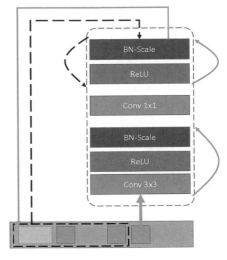

图 6-36　优化存储消耗的稠密连接模块卷积层组反向传播过程

$\{X_1, X_2, \cdots, X_n\}$ 为人脸关键点坐标的真值，对于 $i = 1, \cdots, n$，$X_i = (x_{i1}, y_{i1}, x_{i2}, y_{i2}, \cdots, x_{iP}, y_{iP})$，$P$ 为其人脸关键点定义的点数。为了测试算法人脸配准算法 f，需要在每一张测试图片上运行该算法，即

$$\hat{X}_i = f(I_i, B_i) \qquad i = 1, \cdots, n \qquad (6-23)$$

评价方法便是依据 X 与 $\{\hat{X}_1, \cdots, \hat{X}_n\}$ 的相互关系，给出对相应算法精度的评价。

（1）对单张测试图片的评价指标。对单张测试图片的评价指标，指的是算法 f 对特定测试图片 I_i 的配准结果的评价指标，有平均误差和均方根误差两种方法。这两种方法均是基于每个特征点的真值与算法 f 中相应估计值的欧几里得距离计算的。

① 平均误差。平均误差是每个特征点估计值与真值的欧几里得距离的均值，计算方法如下：

$$\text{MeanError}(f, i) = \frac{1}{P} \sum_{p=1}^{P} \sqrt{(\hat{x}_{ip} - x_{ip})^2 + (\hat{y}_{ip} - y_{ip})^2} \quad (6-24)$$

② 均方根误差。均方根误差（root-mean-square error，RMSE）是每个特征点估计值与真值的欧几里得距离的均方根，计算方法如下：

$$\text{RMSE}(f, i) = \sqrt{\frac{1}{P} \sum_{p=1}^{P} \left[(\hat{x}_{ip} - x_{ip})^2 + (\hat{y}_{ip} - y_{ip})^2 \right]} = \sqrt{\frac{1}{P} \parallel \hat{\boldsymbol{x}}_i - \boldsymbol{x}_i \parallel_2^2}$$

$$(6-25)$$

（2）对整个测试集的评价指标。

① 单数值指标。单数值指标指融合测试集中的每一张测试图片的评价指标，得到单一数值分数，作为评价算法精度的依据。融合算法非常简单，就是对所有测试图片的指标进行加权平均。这里权重的作用是"归一化"，即消除不同测试图片中人脸大小（单位为像素）差异造成的不公平性。根据前文，无论是平均误差还是均方根误差，单位都是像素，所以整个测试集的指标可以根据式（6-26）计算：

$$\text{Score}(f, \boldsymbol{T}) = \frac{1}{N} \sum_{i=1}^{N} \text{Norm}(i) \times \text{Score}(f, i) \qquad (6-26)$$

式中，Score 可以是平均误差或者均方根误差。Norm 也有两种常用的计算方法：其一是双眼间距的倒数；其二是关键点包络框长边的倒数。具体计算时，根据人脸特征点定义的实际情况，双眼间距取外眼角两点的间距（如 300-W）或者双眼中心的间距。在本节中，双眼间距是按照两个外眼角的距离计算的。单数值指标可以简单直观地反映算法之间的总体精度差异，便于在大量算法中进行比较。本节采用的单数值指标为平均误差（见式 6-24），配合使用双眼间距的倒数进行归一化（遵照 300-W 的测试协议）。

② 累计误差分布图。累积误差分布图（cumulative error distributions，CED）是一个曲线图，反映了算法在测试集中归一化误差的分布情况。在累计误差分布图上不仅可以获知算法的总体精度水平，还可以看出算法表现的稳定性、在极端情况下的表现等信息。该曲线图的横坐标是归一化后的单图评价指标（平局误差或均方根误差均可），设为 e；纵坐标为百分比，设为 C。曲线的定义如下：

$$C = \frac{1}{n} \mid \{ \boldsymbol{I}_i \in \mathbb{I} \mid \text{Norm}(i) \times \text{Score}(f, i) < e \} \mid \qquad (6-27)$$

在累计误差分布图中，图线越靠左，证明其总体精度越高；图线越陡峭，证明其在测试集表现越稳定，反之则越不稳定。

2）人脸配准卷积神经网络的训练

（1）多数据集联合训练。首先，无论是"dense_4_10_10_bc8"结构还是"dense_vg3"结构，网络都会首先使用 CelebA 数据集进行预训练，以下实验都是基于同样的预训练模型进行的。整个训练流程总共包含三条线路，如图 6-37 所示。深灰色的为主线路，主要负责输出本节提出的基于卷积神经网络的人脸配准算法的模型。浅灰色的为其中一个对照组的路线，主要目的是通过卷积神经网络训练中常用的抗过拟合手段——正则化的强度调整，说明人脸配准算法训练中的过拟合现象。白色的为另外一个对照组的路线，主要目的是通过与仅使用 300-W 数据集进行训练的模型进行对比，说明多数据集联合训练的有效性。需要指出的是，数据集 Youtu-FA-Train 由于样本数远大于另外三个数据集，在后面的步骤中才加入联合训练。Youtu-FA-Train 数据集在后面训练步骤的加入，可以用于说明另外两个问题：① 由于 Youtu-FA-Train 数据集的样本数远大于 300-W 数据集，它可以用于说明利用联合训练的方法，依据适当的人脸关键点定义构建的大型人脸配准数据集可以配合小规模的其他关键点定义数据集，训练出更具高精度和泛化性的相应关键点定义的人脸配准模型；② 由于 Youtu-FA-Train 数据集不同于其他三个公开数据集，主要是在受控环境下采集的人脸照片，虽然场景复杂度和实际涉及的人数不及公开数据集，但是包含了同一个人在不同拍摄条件、不同角度、不同表情下的照片，Youtu-FA-Train 数据集的加入，可以说明不同属性的数据集通过联合训练，可以使训练模型同时吸取各个数据集的优势数据特点。

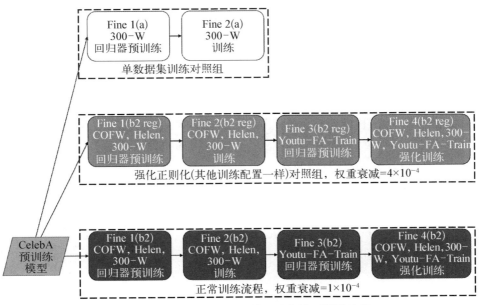

图 6-37　人脸配准的卷积神经网络模型训练流程

接下来将对图 6-37 中的四个步骤做具体介绍。

步骤 Fine 1 是根据将要进行训练的数据集的稠密人脸关键点定义,对回归器进行预训练(只预训练最后的输出全连接层)。除了最后的输出全连接层使用随机初始化外,整个网络均使用预训练模型中的权重进行初始化;同时,在训练的时候也只有输出全连接层会进行反向传播的计算和权重更新。进行这个步骤的原因是随机初始化最后的输出全连接层必将导致一开始损失函数值过大,进而使得反向传播中的梯度也较大,最终很可能对预训练模型中包含的信息造成破坏,使得预训练的意义丧失。

步骤 Fine 2 是在步骤 Fine 1 的基础上进行的。经过步骤 Fine 1 对输出全连接层的初步训练,损失函数的值已经处在一个相对合理的范围,可以用前边描述的方法对整个网络进行训练。训练中,学习率 α 随着训练迭代数增加按照式(6-28)衰减,其中 0 为基础学习率,其值是预训练起始学习率的 70%,计算式如下:

$$\alpha = \alpha_0 \left(1 - \frac{\text{iter}}{\text{iter}_{\max}}\right)^p \tag{6-28}$$

式中,$p=0.5$,迭代次数 iter 的最大值在白色路线中是 20 万次,在其他路线中是 60 万次。

步骤 Fine 3 是在步骤 Fine 2 最终产出的模型基础上,加入 Youtu-FA-Train 对应人脸关键点定义的回归器(只加入最后的输出全连接层,回归器的其他隐层和其他定义共享),然后使用与步骤 Fine 1 类似的方法对 Youtu-FA-Train 的回归器进行预训练,使这一个分支的损失函数值下降到一个合理的范围。

步骤 Fine 4 与步骤 Fine 2 类似,Youtu-FA-Train 的回归器预训练完成之后,对整个网络在四个数据集上同时进行训练。其中,在正常训练的流程(深灰色的路线)中,设置"dense_4_10_10_bc8"结构的迭代次数为 20 万次,"dense_vg3"结构则设置为 60 万次;而在强化正则项的路线(浅灰色)中,由于收敛速度较慢,迭代次数增加到 60 万次。

(2)用教师模式进行辅助训练。"dense_vg3"结构在复杂程度上远远低于"dense_4_10_10_bc8"结构,计算量也远小于后者,所以"dense_vg3"结构的卷积神经网络在训练难度上要明显大于"dense_4_10_10_bc8"结构。经过图 6-37 所示的正常训练,"dense_vg3"结构的训练效果要逊于"dense_4_10_10_bc8"结构。为了提升"dense_vg3"结构的训练效果,本节采取了进一步增加训练样本的措施。

　　而增加样本,是通过"教师模式"来实现的。由于"dense_4_10_10_bc8"的网络结构相对复杂,训练起来相对容易,所以训练产出的模型人脸配准精度较高。如图6-38所示,可以将"dense_4_10_10_bc8"结构的模型当作教师,自动地产生训练样本的人脸特征点标注,用于"dense_vg3"模型结构的训练。用于产生训练样本的数据集是经过自动筛选的 CelebA 数据集。通过这样的方式,"dense_vg3"结构的模型的训练数据得到再一次数量级的提升。实施时,本节是在正常训练流程(深灰色路线)步骤 Fine 4 的输出模型的基础上实施对"dense_vg3"结构的"教师模式"训练。

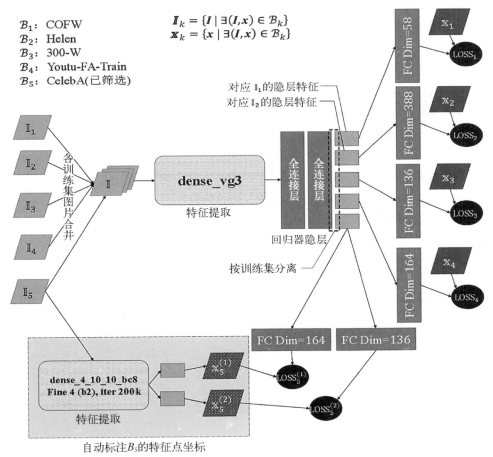

$$\mathbf{I}_k = \{\mathbf{I} \mid \exists (\mathbf{I}, \mathbf{x}) \in \mathcal{B}_k\}$$
$$\mathbf{x}_k = \{\mathbf{x} \mid \exists (\mathbf{I}, \mathbf{x}) \in \mathcal{B}_k\}$$

$\mathcal{B}_1$: COFW
$\mathcal{B}_2$: Helen
$\mathcal{B}_3$: 300-W
$\mathcal{B}_4$: Youtu-FA-Train
$\mathcal{B}_5$: CelebA(已筛选)

图6-38　使用教师模式辅助 dense_vg3 网络的模型训练

　　选用 CelebA 作为"教师模式"的数据集,主要是因为 Youtu-FA-Train 中只有黄种人的数据,可能会导致"dense_vg3"结构的模型更多地去拟合黄种人的情况("dense_4_10_10_bc8"结构由于更复杂,有更强的表达能力,同时适应多种情况);而 CelebA 拥有足够大量的数据,并且在人种、姿态、表情上分布比较均衡,使用它作为训练数据源有利于模型的泛化性。

最后再简述一下在 CelebA 中筛选样本的流程。在 CelebA 中筛选数据主要是为了防止其中侧脸角度过大、图片清晰度不够高的样本教师模型无法很好回归,进而对学生模型的训练产生不利影响。CelebA 数据集拥有 5 点关键点标注和人脸框标注。设 5 点坐标依次为 p_1,…,p_5,通过计算侧脸率 $\left\| \frac{1}{2}(p_1 + p_2) - \frac{1}{2}(p_4 + p_5) \right\|_2 \Big/ \left\| p_1 - p_2 \right\|_2$,并将侧脸率大于 1.7 的样本滤掉,即留下侧脸角度限制在一定范围内的样本。然后,根据人脸框的标注,可以将人脸框长边小于 84 像素的样本也滤去。

3) 实验中各个版本模型的纵向比较

本节罗列了上述模型训练的结果,并对其进行了相应的分析。首先,各个版本的模型在 300 - W 测试集上的测试结果已经罗列在表 6 - 10 中。

表 6 - 10　各训练步骤产出模型在 300 - W 测试集上的平均误差

模 型 版 本	平均误差/%		
	简单集	挑战集	全　集
Net_A_fine2_a_80k	4.29	8.83	5.18
Net_A_fine2_a_200k	3.82	8.87	4.81
Net_A_fine2_b2_200k	3.82	8.02	4.65
Net_A_fine2_b2_600k	3.84	8.15	4.68
Net_A_fine2_b2_reg_200k	3.76	7.91	4.57
Net_A_fine2_b2_reg_600k	3.83	8.10	4.66
Net_A_fine4_b2_200k	**3.76**	**7.21**	**4.44**
Net_A_fine4_b2_reg_200k	3.80	7.49	4.52
Net_A_fine4_b2_reg_600k	3.76	7.34	4.46
Net_B_fine2_b2_200k	4.13	8.29	4.95
Net_B_fine2_b2_600k	4.12	8.27	4.93
Net_B_fine4_b2_200k	4.04	8.10	4.84
Net_B_fine4_b2_600k	4.07	8.09	4.86
Net_B_teach1_400k	4.22	8.10	4.98

模 型 版 本	平均误差/%		
	简单集	挑战集	全 集
Net_B_teach1_600k	**4.01**	**7.71**	**4.74**
Net_B_teach1_712k	4.06	7.77	4.79
Net_B_teach1_832k	4.03	7.74	4.76

其中，Net A 指的是"dense_4_10_10_bc8"结构的网络，Net B 指的是"dense_vg3"结构的网络。模型的后缀编号可以参照图 6-37 的流程图建立对应关系，同时最后的数字表示迭代数，如"Net_A_fine2_b2_reg_600k"表示"dense_4_10_10_bc8"结构在强化正则项路线的 Fine 2 步骤中经过 60 万次迭代产出的模型。此外，表中后缀包含"teach1"的模型是使用"教师模式"进行训练产出的模型。多数据集联合训练的对比实验是在"dense_4_10_10_bc8"结构的网络上进行的。

首先，对比单数据集训练和多数据集联合训练的效果，两者在简单集上几乎没有区别（均为 3.82）；而在挑战集上，多数据集联合训练的评测指标以 0.81 的优势好于单数据集训练。这说明，多数据集训练对于较困难场景下的模型，效果有明显提升作用，从而得到结论，多数据集训练可以有效提升模型的泛化性和稳定性。

其次，在正常训练流程 Fine 2 步骤中，20 万次迭代的模型在挑战集上的效果要略微好于 60 万次迭代的模型。这从侧面说明了即使是 300-W、COFW 和 Helen 三个数据集的训练集叠加起来的规模，仍然会在训练过程中存在轻微的过拟合现象。为了说明这一点，需要查看在正则项强化路线的 Fine 2 步骤中产生的模型的效果——在强化了正则项以后，Fine 2 步骤的训练效果要好于不强化正则项的时候，在挑战集上取得了 0.1 的提升，在简单集上也取得了 0.06 的提升。然而，即使强化了正则项，60 万次迭代的模型效果依然略逊于 20 万次迭代的模型效果，所以强化正则项也没有完全将过拟合现象消除。

最后，在步骤 Fine 4 中，通过加入 Youtu-FA-Train 数据集进行联合训练，产出模型在挑战集的效果提升了多达 0.7。所以可以确认，即使人脸关键点定义不同，即使拍摄场景和涉及人员不够丰富，通过联合训练，模型还是从样本数量多、表情与姿态角度丰富的数据特点中取得明显的收益。如此明显的效果提升，说明当卷积神经网络表达能力足够时，联合训练的方式同样能够同时吸取不同数据集的优势数据特点。

"教师模式"训练产生的模型，评测效果列于表 6-10 的最后四行。与 40 万次迭代和 60 万次迭代的效果对比，可以发现在教师模式下训练，由于模型结构简单,而训练样本规模又提升了一个数量级,拟合难度大大增加。40 万次迭代模型的效果仅仅与 Fine 4 步骤的 60 万次迭代模型大致相当,甚至在简单集上还略微逊于后者。然而,"教师模式"训练的 60 万次迭代模型,不仅在简单集上保持了 Fine 4 步骤 60 万次迭代模型的精度,还在挑战集上精度提升了足足 0.39。在 60 万次迭代之后,学习率固定到初始学习率的 10%,训练到 71.2 万次迭代;然后再将学习率固定到初始学习率的 1%,训练到 83.2 万次迭代。在这个过程中,已经没有观察到训练的损失函数值的明显下降,因此后面两个迭代版本的模型的评测精度几乎与 60 万次迭代模型相同,是在预期之内的。

4) 算法效果的横向比较

在横向对比中,本节选取了表 6 - 10 中"Net_A_fine4_b2_200k"和"Net_B_teach1_600k"。其中"Net_B_teach1_600k"还额外在模拟人脸关键点跟踪场景下进行评测。在人脸关键点跟踪时,一般使用前一帧的人脸配准结果当作该帧的人脸位置初始化。这个初始化的过程包括依据人脸配准结果将双眼旋转到大致处在同一水平线的位置(即根据前一帧的配准结果将人脸旋转到滚转角接近 0 的情况)。因此,在人脸关键点跟踪时,除了初始帧,人脸配准算法几乎不会遇到滚转角较大的场景。所以在评测中,本节根据测试样本的关键点标注将其旋转到滚转角为 0 的位置,用于模拟人脸关键点跟踪的场景。

与本节比较的算法在 300 - W 测试集上的评测指标列于表 6 - 11 中。可以看到,即使是本节结构较为简单的"dense_vg3"网络的模型,在多数据集联合训练与"教师模式"辅助训练的帮助下,精度仍然明显好于最好的对比算法 TCDCN[83]。这进一步说明了多数据集联合训练与"教师模式"辅助训练,不仅极大地扩充了基于卷积神经网络的人脸配准算法的训练集规模,还有助于促使模型拟合通用的人脸描述子(descriptor),以适应不同的人脸关键点定义,从而提升模型的稳定性和泛化性。

表 6 - 11　本节算法及其他主要算法在 300 - W 测试集上的平均误差

算　　法	平均误差/%		
	简单集	挑战集	全　集
CDM[100]	10.10	19.54	11.94
DRMF[104]	6.65	19.79	9.22
RCPR[90]	6.18	17.26	8.35
GN - DPM[118]	5.78	—	—

（续表）

算　　法	平均误差/%		
	简单集	挑战集	全　集
CFAN[78]	5.50	16.78	7.69
ESR[71]	5.28	17.00	7.58
SDM[74]	5.57	15.40	7.50
ERT[73]	——	——	6.40
LBF[72]	4.95	11.98	6.32
CFSS[106]	4.73	9.98	5.76
TCDCN[83]	4.80	8.60	5.54
Net_A_fine4_b2_200k	**3.76**	**7.21**	**4.44**
Net_B_teach1_600k	**4.01**	**7.71**	**4.74**
Net_B_teach1_600k（模拟跟踪场景）	3.97	7.10	4.58

　　除了精度，人脸配准算法的效率也是重要的考察点。表6-12列出了本节算法与CFAN[78]、TCDCN[83]处理一张人脸的耗时比较。其中，本节的人脸配准算法评测是在移动设备上进行的，评测的设备有两个——iPhone 5s 和 MEIZU PRO 6 Plus。这两台设备的 CPU 性能处于当前市面上中端偏低的水平。在算法评测时，计入耗时的过程包括图片前处理、卷积神经网络前向计算和本节的后处理算法。可以看到，即使是在移动设备上运行，本节的人脸配准算法相比于另外两个算法仍有巨大的优势。

表6-12　本节人脸配准算法与其他人脸配准算法的耗时

算　　法	部　署　平　台	耗时/ms
CFAN[79]	PC (Intel Core i5)	30
TCDCN[84]	PC (Intel Core i5)	18
Net_B_teach1_600k	iPhone 5s (Apple A7)	6.4
Net_B_teach1_600k	MEIZU PRO 6 Plus (Exynos 8890)	4.7

　　此外，在表6-11中我们还注意到，相同的模型在模拟人脸关键点跟踪的场景下，精度还有进一步提升。这说明，输入人脸如果存在较大的滚转角，是会成为本节人脸配准算法应用中较难的场景的。这个现象也从侧面说明，在人脸关键点跟踪场景下，人脸配准算法所面对的样本多样性不如静态图片人脸配准场

景(即少了人脸滚转角的变化)。图 6‑39 展示了对于相同的人脸输入,是否将滚转角旋至 0 对人脸配准结果的影响。其中,第一排的结果是未将滚转角旋至 0;第二排的是已将滚转角旋至 0 的结果。

图 6‑39　是否将人脸滚转角旋至 0 对本节人脸配准结果的影响

(a) 未将滚转角旋至 0;(b) 已将滚转角旋至 0

结论:针对高精度、高处理速度的需求,在分析了主流的人脸配准算法后,确定了利用端对端卷积神经网络直接回归人脸特征点坐标的技术路线。该技术路线的最大优势有三个:一是可以尽最大可能压缩算法的图片前处理和结果后处理的流程;二是单卷积神经网络在设计阶段更容易掌握运算量、模型规模等参数,而不必考虑迭代优化架构中迭代轮数或级联架构中各级网络运算复杂度、参数数量权衡对算法全局带来的影响;三是端对端架构能减小训练的实施难度,减少训练中存在的变量。本节基于稠密连接模块和 VGG 网络结构,分别针对 x86 架构的服务器、桌面计算机以及主要为 ARM 架构的移动嵌入式设备训练了两种卷积神经网络结构,它们在模型规模上均明显小于现存的人脸配准算法,在输入的全局图像分辨率上也是在主要基于卷积神经网络的人脸配准算法中最高的。在分辨率上的优势使得本节的网络架构拥有回归更精准的人脸特征点坐标的潜力。针对 x86 架构的网络结构,运算复杂度约为最快的同类人脸配准算法的 4 倍,但是可以拥有明显更高的人脸配准精度;针对 ARM 架构的网络结构,运算复杂度仅为最快的同类人脸配准算法的 23%。

6.3.3.4　基于岭回归的视频人脸配准后处理算法

从直觉上来看,只要该算法足够精准和鲁棒,应该可以应对视频帧分辨率较低、存在部分压缩失真的情况,那么它在视频中的实际运用效果应该也不会差。但是实际上即使人脸配准算法在单张图片的配准任务中表现出了很高的精度,当运用到视频中时,人脸关键点的定位结果还是明显变差了。这是因为该算法依然是基于单张图片的,忽略了连续帧之间内容具有连续性的特点。这也是本节要解决的问题——如何让视频中的人脸配准结果在直观感受上与单张图片一样精准。

1. 现象分析

我们的定性实验存在一个现象:当在把人脸配准算法运用到视频中时,确实感受到它的精准度是相对较差的;但是如果我们把视频所包含的帧提取出来,逐帧观察配准的结果,我们发现其实对于每一帧,人脸配准确实将人脸关键点定位到足够精准的位置,正如在单张图片上进行人脸配准一样。在这组对比实验中,人脸配准算法的输入是一模一样的,但是我们观察的方式却是不一样的。因此,初步得到的结论是人脸配准算法本身并没有因为运用在视频中而出现本质性的精度下降(即使有少量精度下降也是由输入图的质量在视频中相对较低导致的),但是由于观察方式的不同,视频中的人脸配准算法精度在感官上是有下降的。

那么问题就变成了为什么基于单张图片的人脸配准算法在视频中运用时,会在感官上有精度下降,以及这与在视频中人脸配准结果不连续的问题存在什么联系。

如图 6 - 40 所示,人脸关键点真值的周围各自存在一小片区域,它们表示人脸配准算法可能将相应关键点定位到的区域。当只观察单张图片的人脸配准结果的时候,由于关键点的估计位置与真值位置确实相当接近,观察者会感觉关键点定位得相对精确。但是当连续观察视频中逐帧的配准结果时,关键点位置的变化过程会极大地吸引我们的注意力,这是因为我们的视觉对于运动、变化更加敏感。不巧的是,相邻帧之间关键点真值位置的增量与人脸配准算法的预测误差,它们的幅值(magnitude)是比较接近的,这样就导致关键点的增量会受到预测误差的极大影响,即关键点真值位置的增量与其估计位置的增量方向会经常性地存在区别。并且由于当人脸配准算法是相互独立地逐张处理图片时,每一帧配准结果的误差是相互独立的,这会导致关键点估计位置的增量方向经常且剧烈地改变。与之相反,关键点真值位置的增量通常在 10 帧的区间内不会有明

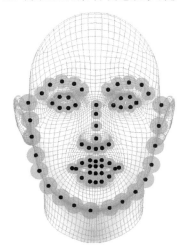

图 6 - 40 特征点估计值分布在真值周围

显的方向变化。这样估计值的轨迹显示出了明显的锯齿状，相对于真值的平滑轨迹，这显得相当突兀。图 6‑41 示意了这样的情况。

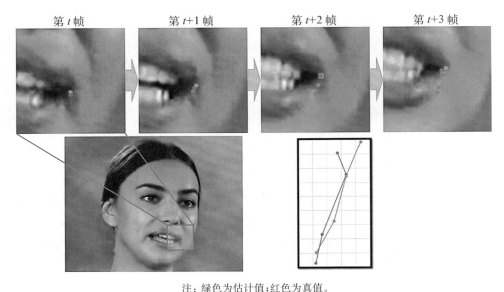

注：绿色为估计值；红色为真值。

图 6‑41 特征点真值轨迹与估计值的差异

所以，是帧间相互独立的随机误差导致视频中关键点预测位置的估计呈现明显的锯齿状，并吸引了观察者的极大关注。最终，这些原本比较微小的关键点位置估计误差的可感知程度急剧提高，从而使观察者感官上觉得视频中的人脸配准精确度没有在单张图片中这么高。

然而，虽然这个现象只是感官上的假象，但是它却实实在在地影响着实际场景中的用户体验，例如实时美妆的拍摄应用，所以它依然需要得到解决。而在人脸配准精度提高困难的前提下，解决问题的关键就在于如何把误差的可感知程度降低到单张图片人脸配准下的水平。综合上述分析，本节就得到了解决问题的思路——通过消除帧间误差的独立性，从而去除视频人脸配准误差的可感知程度骤增的条件，达到改善视频人脸配准的用户体验的目的。同时，这也就是解决视频中人脸配准结果不连续问题的根本原因。

虽然人脸配准的卷积神经网络（如"dense_vg3"）得到较低的关键点定位误差，但这样的人脸配准算法在视频中应用时，仍然会产生明显的锯齿状的关键点轨迹。因此，它运用在视频中时的定位误差仍然很容易被感知。根据图 6‑40 所表现的情况，本节假设对于任意关键点的坐标值（横坐标或纵坐标均可）的真

值与估计值满足

$$y = x + e \qquad (6-29)$$

式中，e，y，$x \in \mathbf{R}$ 依次表示坐标值的估计误差、坐标值的估计值和坐标值的真值。e 为独立的随机变量且 $e \sim N(0, s_1^2)$。设想在某个人脸视频中的连续三帧 f_1，f_2，f_3 相互独立地进行了人脸配准，在得到的特征点中存在某一个特征点，它在这三帧中的坐标真值为 (x_{t1}, x_{t2})，坐标估计值为 (y_{t1}, y_{t2})（其中 $t=1, 2, 3$），则我们可以导出坐标真值和坐标估计值的二阶增量满足

$$\Delta v = \Delta u + (e_{11} - 2e_{21} + e_{31}, e_{12} - 2e_{22} + e_{32}) = \Delta u + e^* \qquad (6-30)$$

式中，e_{1t}，e_{2t} 分别为 f_t 中该关键点的横坐标与纵坐标的估计误差（$t=1, 2, 3$）。$\Delta v \in \mathbf{R}^2$ 为坐标估计值的二阶增量，$\Delta u \in \mathbf{R}^2$ 为坐标真值的二阶增量。它们的定义为

$$\begin{cases} \Delta v = v_{32} - v_{21} = (y_{31} - y_{21}, y_{32} - y_{22}) - (y_{21} - y_{11}, y_{22} - y_{12}) \\ \Delta u = u_{32} - u_{21} = (x_{31} - x_{21}, x_{32} - x_{22}) - (x_{21} - x_{11}, x_{22} - x_{12}) \end{cases}$$
$$(6-31)$$

一般认为正常拍摄的视频中所记录的人脸的动作应该是自然连续的，因此 Δu 的幅值理应远小于坐标真值的一阶增量 u_{32}、u_{21} 的幅值。然而 u_{32}、u_{21} 的幅值与 $|e_{ti}|$（$i=1, 2; t=1, 2, 3$）的期望比较接近，从而由于 $|e_{ti}|$ 相互之间的独立性，而与 e^* 幅值的期望同样比较接近。这个推论是由关于相互独立的随机变量的期望运算定理保证的。所以，e^* 在 Δv 中起主导作用，从而使得 Δv 随着视频的推进随机且剧烈地跳动，最终导致坐标估计值的轨迹呈明显的锯齿状。图 6-42 示意了锯齿状轨迹产生的前因后果。

然而，如果 e_{it} 的标准差能够通过某种方法降至原来的 1/4，则坐标估计值的一阶增量 v_{21}、v_{32} 受到估计误差的干扰就可以极大减轻，最终使得坐标估计值轨迹

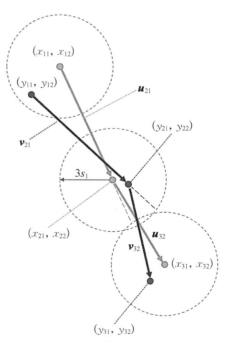

图 6-42 估计值的随机误差导致锯齿状轨迹的产生

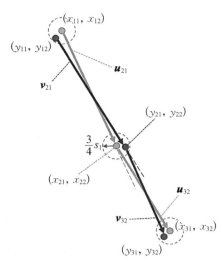

图 6-43 通过降低随机误差的标准差消除锯齿状轨迹

上的锯齿能够在很大程度上被消除。如图 6-43 中围绕坐标真值的虚线圆所示,当 e_{it} 的标准差被降低时,关键点可能出现的估计位置的范围明显缩小,从而坐标估计值的一阶增量相对真值的一阶增量的偏移也被限制在很小的范围,最终坐标估计值的轨迹也更接近真值的轨迹,因而更加平滑。

2. 问题建模

考虑在视频中进行人脸配准时,有 n 帧连续的视频帧 f_1,f_2,$\cdots$,f_n。考虑人脸配准结果中的某一点的某个坐标值(横坐标或纵坐标),设其在这 n 帧中的估计值为 y_1,y_2,$\cdots$,y_n,对应的真值为 x_1,x_2,$\cdots$,x_n。根据式(6-29),它们满足

$$y_i = x_i + e_i \qquad i = 1 \cdots n \qquad (6-32)$$

式中,$e = (e_1, e_2, \cdots, e_n) \sim N(0, s_1^2 \boldsymbol{I})$。从物理实验中常用的通过多次测量取平均值来减小测量中的随机误差的方法中得到启发,可以将 x_1,x_2,$\cdots$,x_{n-1} 看作是 $n-1$ 次对 x_n 的测量。这是基于连续的 n 帧 f_1,f_2,$\cdots$,f_n 的内容是连续变化的,进行比较相似的考虑。由此启发,我们可以设 x_n 满足

$$x_n = \sum_{i=1}^{n-1} q_i x_i + \gamma \qquad (6-33)$$

式中,q_1,q_2,$\cdots$,q_{n-1} 为待定的参数;γ 为该模型的系统偏差。系统偏差的存在是因为这些视频帧并不是完全一样的。然而,事实上,x_1,x_2,$\cdots$,x_{n-1} 是未知的,因此我们不可能使用式(6-33)直接对 x_n 进行估计。幸运的是,y_i 是 x_i 的无偏估计($i = 1, \cdots, n$),所以在不引入额外的系统偏差的情况下,式(6-33)中的 x_i 均可以相应地替换为 y_i,即

$$x_n = \sum_{i=1}^{n-1} q_i y_i + \gamma \qquad (6-34)$$

接下来很自然地可以知道模型的系统偏差应该被最小化,这样它才能符合实际的情况。所以再由式(6-34)出发,系统偏差可以利用最小化方误差的期望来尽可能地减小。优化过程如下:

$$q = \arg\min_q \mathrm{E}\Big[\big(x_n - \sum_{i=1}^{n-1} q_i y_i\big)^2\Big] \qquad (6-35)$$

式中，$q = (q_1, q_2, \cdots, q_{n-1})^{\mathrm{T}}$。所以根据式(6-34)，可以写出 x_n 的估计值为

$$\hat{x}_n = \sum_{i=1}^{n-1} q_i y_i = \sum_{i=1}^{n-1} q_i x_i + \sum_{i=1}^{n-1} q_i e_i \qquad (6-36)$$

因为 $e_1, e_2, \cdots, e_{n-1}$ 相互独立且期望为 0，可以由式(6-35)和式(6-36)推导得到

$$\begin{aligned}
q &= \arg\min_q \Big[\mathrm{Var}\big(\sum_{i=1}^{n-1} q_i x_i - x_n + \sum_{i=1}^{n-1} q_i e_i\big) + \\
&\quad \mathrm{E}^2\big(\sum_{i=1}^{n-1} q_i x_i - x_n + \sum_{i=1}^{n-1} q_i e_i\big)\Big] \\
&= \arg\min_q \Big[\mathrm{Var}\big(\sum_{i=1}^{n-1} q_i x_i - x_n\big) + \mathrm{Var}\big(\sum_{i=1}^{n-1} q_i e_i\big) + \\
&\quad \mathrm{E}^2\big(\sum_{i=1}^{n-1} q_i x_i - x_n\big)\Big] \\
&= \arg\min_q \Big\{\mathrm{E}\big[\big(\sum_{i=1}^{n-1} q_i x_i - x_n\big)^2\big] + s_1^2 \sum_{i=1}^{n-1} q_i^2\Big\} \qquad (6-37)
\end{aligned}$$

式中，列在前面的期望项是偏差(bias)的平方，而在后面的项是方差项(variance)。这两项之和在优化过程中可以被最小化。但是，这里没有额外的限制条件去保证式(6-37)的方差项一定小于 y_n（即对 x_n 的直接估计）的方差项。因此，不能保证由式(6-36)产生的估计值表现一定好于直接估计的估计值。

为了在式(6-35)上引入额外的限制，对 x_n 的直接估计值 y_n 也被纳入考虑范围。这样，我们就可以将式(6-33)的估计模型和直接估计值 y_n 融合在一起，即式(6-38)。并且，类似于式(6-34)，式(6-38)之中的 x_i 也可以在不引入额外系统偏差的情况下被替换为 y_i，即得到

$$x_n = \lambda \sum_{i=1}^{n-1} q_i x_i + (1-\lambda) y_n + \gamma' \qquad (6-38)$$

$$x_n = \lambda \sum_{i=1}^{n-1} q_i y_i + (1-\lambda) y_n + \gamma' \qquad (6-39)$$

同时，为了简便起见，通过参数替换，在不改变模型的情况下，式(6-39)可以被重写为

$$x_n = \sum_{i=1}^{n} p_i y_i + \gamma' \qquad (6-40)$$

参照前面的优化步骤，首先通过最小化方误差的期望来尽可能减小系统偏差，即

$$\boldsymbol{p} = \arg\min_p \mathrm{E}\Big[\big(x_n - \textstyle\sum_{i=1}^n p_i y_i\big)^2\Big] \qquad (6-41)$$

然后通过与式(6-37)相同的推导步骤,可以推导得到

$$\boldsymbol{p} = \arg\min_p \Big\{\mathrm{E}\Big[\big(x_n - \textstyle\sum_{i=1}^n p_i x_i\big)^2\Big] + s_1^2 \textstyle\sum_{i=1}^n p_i^2\Big\} \qquad (6-42)$$

式中 $\boldsymbol{p} = (p_1, p_2, \cdots, p_n)^{\mathrm{T}}$。可以证明式(6-42)的目标函数的最小值有一个已知的上界。然后,从这个已知的上界可以进一步证明式(6-40)的模型所产生的估计值的误差一定小于直接估计值 y_n 的误差。已知上界可以通过令 $\boldsymbol{p} = (0, 0, \cdots, 0, 1)^{\mathrm{T}}$ 得到,此时式(6-40)便退化到对 x_n 进行直接估计的情况。同时,通过将 $\boldsymbol{p} = (0, 0, \cdots, 0, 1)^{\mathrm{T}}$ 代入式(6-42)的目标函数,便可以得到其最小值的一个已知上界恰好是对 x_n 进行直接估计时的情况,即

$$\mathrm{E}\Big[\big(x_n - \textstyle\sum_{i=1}^n p_i x_i\big)^2\Big] + s_1^2 \textstyle\sum_{i=1}^n p_i^2 = 0 + s_1^2 \times 1 = s_1^2 \qquad (6-43)$$

然而,我们的目标并非必须将方误差的期望降到最低,因为在这个情况下的最优解并不会保证其估计的方差项相比于直接估计有明显下降。事实上,式(6-42)的目标函数是对式(6-40)的方误差期望的分解——其第一项是系统偏差的平方,是由模型的表达误差导致的;第二项是方差,是由估计中的随机误差导致的。我们的主要目标是减小方差,而系统偏差只是需要尽量避免引入。因此,式(6-40)的模型优化就变成了一个系统偏差与方差之间的权衡问题。因此,通过将式(6-42)中的 s_1^2 替换为超参 μ,我们得到最终的优化目标,即

$$\boldsymbol{p} = \arg\min_p \Big\{\mathrm{E}\Big[\big(x_n - \textstyle\sum_{i=1}^n p_i x_i\big)^2\Big] + \mu \textstyle\sum_{i=1}^n p_i^2\Big\} \qquad (6-44)$$

式(6-44)可以通过给超参 μ 指定不同的非负值来控制系统偏差与方差之间的权衡。但无论 μ 被指定为何值,最差的情况即是使式(6-40)的模型退化到直接估计的情况(即 $\hat{x}_n = y_n$),此时参数 $\boldsymbol{p} = (0, 0, \cdots, 0, 1)^{\mathrm{T}}$。对于给定 $\mu = \mu_0$,特别是当 $\mu_0 > s_1^2$ 时,式(6-44)更倾向于减小方差,则 $\boldsymbol{p} = (0, 0, \cdots, 0, 1)^{\mathrm{T}}$ 不可能是其最优解。综上,所以优化式(6-44)可以保证模型一定会优于直接估计下的情况。

3. 优化求解

虽然式(6-44)可以确定给出比直接估计更优的估计方法,但是却是一个不实际的方法。因为式(6-44)试图在已知 x_n 的情况下给出一个估计 x_n 的方法,这是多余的。因此,找到优化式(6-44)的方法需要另辟蹊径。

直观地考虑，由于 y_i 是 x_i 的无偏估计$(i=1, \cdots, n)$，我们设想是否可以通过优化式$(6-45)$来找出式$(6-44)$的一个近似最优解。

$$\boldsymbol{p} = \arg \min_{\boldsymbol{p}} \left\{ \mathrm{E}\left[\left(y_n - \sum_{i=1}^{n} p_i y_i\right)^2\right] + \mu \sum_{i=1}^{n} p_i^2 \right\} \qquad (6-45)$$

事实上确实可以这么做，因为可以证明 $\mathrm{E}\left[\left(y_n - \sum_{i=1}^{n} p_i y_i\right)^2\right]$ 是 $\mathrm{E}\left[\left(x_n - \sum_{i=1}^{n} p_i x_i\right)^2\right]$ 的一个上界。通过对式$(6-45)$的优化，式$(6-44)$的目标函数的函数值可能存在的区间被压缩，从而得到其近似最优解。接下来首先证明 $\mathrm{E}\left[\left(y_n - \sum_{i=1}^{n} p_i y_i\right)^2\right]$ 确实是 $\mathrm{E}\left[\left(x_n - \sum_{i=1}^{n} p_i x_i\right)^2\right]$ 的一个上界。首先利用式$(6-32)$的关系可以得到

$$\mathrm{E}\left[\left(y_n - \sum_{i=1}^{n} p_i y_i\right)^2\right]$$
$$= \mathrm{E}\left[\left(x_n - \sum_{i=1}^{n} p_i x_i + e_n - \sum_{i=1}^{n} p_i e_i\right)^2\right]$$
$$= \mathrm{Var}\left[x_n - \sum_{i=1}^{n} p_i x_i + e_n - \sum_{i=1}^{n} p_i e_i\right] +$$
$$\mathrm{E}^2\left[x_n - \sum_{i=1}^{n} p_i x_i + e_n - \sum_{i=1}^{n} p_i e_i\right] \qquad (6-46)$$

由于 $e_1, e_2, \cdots, e_n$ 均为零均值的随机变量且相互独立，同时也与 $x_n - \sum_{i=1}^{n} p_i x_i$ 相互独立，式$(6-46)$可以进一步推导，即

$$\mathrm{E}\left[\left(y_n - \sum_{i=1}^{n} p_i y_i\right)^2\right]$$
$$= \mathrm{Var}\left[x_n - \sum_{i=1}^{n} p_i x_i\right] + \mathrm{Var}\left[e_n - \sum_{i=1}^{n} p_i e_i\right] + \mathrm{E}^2\left[x_n - \sum_{i=1}^{n} p_i x_i\right]$$
$$= \mathrm{E}\left[\left(x_n - \sum_{i=1}^{n} p_i x_i\right)^2\right] + s_1^2\left[\sum_{i=1}^{n-1} p_i^2 + (p_n - 1)^2\right]$$
$$\geqslant \mathrm{E}\left[\left(x_n - \sum_{i=1}^{n} p_i x_i\right)^2\right] \qquad (6-47)$$

可知 $\mathrm{E}\left[\left(y_n - \sum_{i=1}^{n} p_i y_i\right)^2\right]$ 确实是 $\mathrm{E}\left[\left(x_n - \sum_{i=1}^{n} p_i x_i\right)^2\right]$ 的一个上界。

根据前边的定义，式$(6-40)$的模型是在给定人配准算法的关键点定义中的任意一点在视频的连续 n 帧中的任意坐标值（横坐标或纵坐标）之上定义的。所以，若其人脸关键点定义中包含 m 个点，则可以将它们看作模型的 $2m$ 个样本，可以用于优化模型。

通过对式$(6-45)$的观察，我们发现其目标函数恰好是一个岭回归（ridge regression）[119] 要优化的目标函数，其中对应的参数待定的函数为

$$y_n = \sum_{i=1}^{n} p_i y_i \qquad (6-48)$$

因此,式(6-45)可以依照以下步骤优化求解。首先,利用上述的 $2m$ 个样本对式(6-45)的目标函数进行估计,从而得到

$$\boldsymbol{p} = \arg\min_{\boldsymbol{p}} \{ (\boldsymbol{y} - \boldsymbol{Xp})^{\mathrm{T}} (\boldsymbol{y} - \boldsymbol{Xp}) + \mu \boldsymbol{p}^{\mathrm{T}} \boldsymbol{p} \} \tag{6-49}$$

然后,依据岭回归[119]求解的结论,则可以得到待定参数 $\hat{\boldsymbol{p}}$ 的解以及对视频帧 $\boldsymbol{f}_n$ 中人脸关键点的坐标估计值 $\hat{\boldsymbol{y}}$ 依次为

$$\hat{\boldsymbol{p}} = (\boldsymbol{X}^{\mathrm{T}} \boldsymbol{X} - \mu \boldsymbol{I}) \boldsymbol{X}^{\mathrm{T}} \boldsymbol{y} \tag{6-50}$$

$$\hat{\boldsymbol{y}} = \boldsymbol{X} (\boldsymbol{X}^{\mathrm{T}} \boldsymbol{X} - \mu \boldsymbol{I}) \boldsymbol{X}^{\mathrm{T}} \boldsymbol{y} \tag{6-51}$$

式中,$\boldsymbol{y}$ 和 $\boldsymbol{X}$ 的定义如下:

$$\boldsymbol{y} = (y_{n1}^{(1)}, y_{n2}^{(1)}, y_{n1}^{(2)}, y_{n2}^{(2)}, \cdots, y_{n1}^{(m)}, y_{n2}^{(m)})^{\mathrm{T}}$$

$$\boldsymbol{X} = \begin{bmatrix} y_{11}^{(1)} & y_{21}^{(1)} & \cdots & y_{n1}^{(1)} \\ y_{12}^{(1)} & y_{22}^{(1)} & \cdots & y_{n2}^{(1)} \\ y_{11}^{(2)} & y_{21}^{(2)} & \cdots & y_{n1}^{(2)} \\ y_{12}^{(2)} & y_{22}^{(2)} & \cdots & y_{n2}^{(1)} \\ \vdots & \vdots & \ddots & \vdots \\ y_{11}^{(m)} & y_{21}^{(m)} & \cdots & y_{n1}^{(m)} \\ y_{12}^{(m)} & y_{22}^{(m)} & \cdots & y_{n2}^{(m)} \end{bmatrix}$$

式中,$y_{i1}^{(j)}$ 与 $y_{i2}^{(j)}$ ($i=1, \cdots, n$; $j=1, \cdots, m$) 依次为视频帧 $\boldsymbol{f}_i$ 中对人脸关键点定义中第 j 个关键点的横坐标和纵坐标的直接估计值。

4. 实验结果

1) 视频中的人脸配准的评价指标

(1) 基于融合单帧评价结果的精度评价指标。这个指标是对单张图片下的人脸配准精度指标的拓展与延续。在这个指标中,一个视频被打散成许多独立的视频帧。每个视频帧作为独立的样本,人脸配准结果按照式(6-14)评价精度并进行归一化。然后,整个视频被当作一个测试集,按照式(6-26)的方法对每一帧的精度评价进行整合,从而得到整个视频的人脸配准精度评价。这个评价指标在不同视频间是具有可比性的,即对于一个视频测试集,通过对所有视频的人脸配准精度按照帧数加权平均取得整个视频测试集的人脸配准精度是可行的。这个指标直接体现了人脸配准算法在人脸特征点跟踪过程中的实际精度。

（2）基于二阶增量的连续性评价指标。视频中视频帧被连续播放所衍生出来的一系列特性，使得基于单图独立进行人脸配准的算法在感官上精度有明显下降。前面基于融合每个视频帧的人脸配准精度的评价指标也存在类似的问题——它无法评价在视频中人脸配准结果的连续性。所以这里提出的基于二阶增量的连续性评价指标是对融合单帧人脸配准精度的评价指标的补充。使用二阶增量为基础构建连续性评价指标，是基于人脸动作在正常拍摄的视频中是自然而连续的假设的。因为肌肉力量、速度的限制，人脸运动过程中各个特征点的速度不存在尖锐的改变。综上，人脸各个特征点的坐标的二阶增量（即加速度）的幅值应维持在较低的水平。对于给定的视频，假设包含 n 帧，第 i 帧的人脸配准结果为 $\boldsymbol{y}_i = (y_{i1}^{(1)}, y_{i2}^{(1)}, y_{i1}^{(2)}, y_{i2}^{(2)}, \cdots, y_{i1}^{(m)}, y_{i2}^{(m)})^{\mathrm{T}}$，视频的该指标的计算式为

$$\mathrm{Score}_{\mathrm{inc2}} = \frac{1}{m(n-2)} \sum_{i=2}^{n-1} \sum_{j=1}^{m} \sqrt{(y_{(i+1)1}^{(j)} - 2y_{i1}^{(j)} + y_{(i-1)1}^{(j)})^2 + (y_{(i+1)2}^{(j)} - 2y_{i2}^{(j)} + y_{(i-1)2}^{(j)})^2}$$

$$(6-52)$$

式中，m 为人脸关键点定义的点数。这个指标可以在人脸特征点运动缓慢时灵敏地评价人脸配准结果的连续性，但是它在人脸运动较快且比较复杂时不能很好地对连续性综合评价，在这样的情况下，它相对人脸配准的精度就显得没有那么重要了。综上，基于二阶增量的评价指标 $\mathrm{Score}_{\mathrm{inc2}}$ 仍然可以在所需的场景下发挥相应作用。

需要注意的是，该指标只在使用不同方法对同一视频中的同一人脸进行跟踪时具有可比性；对于不同视频或是不同人脸下计算出的该指标，相互比较没有意义。

2）实验结果

为了验证算法的有效性，在以下三个场景中进行实验（本节在提到使用卷积神经网络时，使用"dense_vg3"结构的卷积神经网络的"Net_B_teach1_600k"版本模型作为基础模型），实验数据为 $300-\mathrm{VW}^{[120]}$ 的测试集。

（1）场景 1：仅使用卷积神经网络在视频中进行人脸特征点跟踪。

（2）场景 2：在人脸特征点跟踪时，使用卷积神经网络对每一帧的输入图像及其镜像都进行人脸配准，将两者结果的平均值作为该帧的特征点跟踪结果。

（3）场景 3：在人脸特征点跟踪时，使用本节提出的后处理算法对人脸配准结果进行后处理，并将后处理的输出作为特征点跟踪的结果。

在场景 3 中，后处理算法考虑连续 5 帧的情况，超参 μ 被设置为 0.8、0.08、

0.008 和 0.000 8,分别进行实验。

首先,我们统计了每一个视频在不同场景下进行人脸特征点跟踪的平均误差,如表 6 - 13 和表 6 - 14 所示。数据显示,场景 2 在测试集的大部分视频中取得了最低的平均误差,而在 $\mu=0.000$ 8 和 $\mu=0.008$ 时,场景 3 的平均误差与场景 1 基本持平,或略微低于场景 1。然而当 $\mu=0.08$ 和 0.8 时,场景 3 的平均误差甚至高于场景 1。因此实验结果表明,在超参 μ 设置适当时,基于岭回归的后处理算法既不会消除误差,也不会引入额外的误差。

表 6 - 13 300 - VW 测试集中本节算法在 3 个测试场景的
特征点跟踪平均误差(单位:%)(类型 1)

	视频名	场景 1	场景 2	场景 3			
				$\mu=0.000\,8$	$\mu=0.008$	$\mu=0.08$	$\mu=0.8$
类型 1	114	3.366	3.370	3.361	3.358	3.380	3.403
	124	3.501	3.198	3.500	3.494	3.535	3.617
	125	2.756	2.795	2.751	2.761	2.826	2.875
	126	4.207	4.172	4.194	4.209	4.327	4.528
	150	3.338	3.200	3.331	3.331	3.386	3.463
	158	4.252	4.116	4.246	4.250	4.367	4.633
	401	7.312	6.574	7.371	7.370	7.409	7.741
	402	5.512	4.954	5.594	5.252	18.936	10.546
	505	2.968	2.758	2.969	2.995	3.272	4.287
	506	4.197	3.800	4.187	4.181	4.333	5.248
	507	2.705	2.335	2.704	2.721	2.960	3.925
	508	6.996	5.757	6.990	7.009	7.237	8.518
	509	4.642	4.410	4.634	4.642	4.761	6.033
	510	8.661	7.057	8.022	8.044	7.971	6.131
	511	2.654	2.367	2.651	2.670	2.935	3.489
	514	4.891	4.645	4.886	4.890	5.032	5.827
	515	4.849	4.529	4.844	4.846	4.960	5.618
	518	11.403	8.500	11.615	10.161	10.347	9.800
	519	2.590	2.409	2.584	2.609	2.874	3.609
	520	2.530	2.335	2.527	2.537	2.785	4.842

(续表)

视频名	场景 1	场景 2	场景 3			
			$\mu=0.0008$	$\mu=0.008$	$\mu=0.08$	$\mu=0.8$
521	3.081	2.921	3.081	3.103	3.315	5.466
522	6.529	6.289	6.523	6.526	6.643	7.575
524	2.740	2.569	2.736	2.767	3.038	3.510
525	3.586	3.461	3.581	3.596	3.814	4.654
537	4.514	4.339	4.512	4.526	4.741	5.414
538	3.363	3.235	3.384	3.401	3.673	4.339
540	3.178	2.867	3.179	3.195	3.486	5.124
541	3.185	2.759	3.184	3.197	3.438	5.265
546	3.827	3.513	3.822	3.824	3.976	4.782
547	5.114	4.667	5.087	5.095	5.304	6.320
548	5.435	5.049	5.414	5.393	5.536	6.841

(类型 1, 左侧)

表 6-14　300-VW 测试集中本节算法在 3 个测试场景的特征点跟踪平均误差(单位：%)(类型 2 和类型 3)

类型	视频名	场景 1	场景 2	场景 3			
				$\mu=0.0008$	$\mu=0.008$	$\mu=0.08$	$\mu=0.8$
类型 2	203	3.490	3.311	3.484	3.493	3.663	4.088
	208	3.111	2.989	3.109	3.111	3.250	3.566
	211	4.164	4.158	4.157	4.146	4.311	4.779
	212	3.614	3.708	3.613	3.634	3.875	4.550
	213	3.035	2.987	3.034	3.061	3.342	4.390
	214	3.752	3.855	3.749	3.761	3.921	4.241
	218	4.066	3.902	4.062	4.059	4.208	4.631
	224	2.800	2.643	2.799	2.816	2.959	3.164
	403	6.805	6.846	6.788	6.778	6.841	7.300
	404	4.564	4.451	4.557	4.544	4.603	4.873
	405	3.235	3.062	3.229	3.230	3.429	3.981
	406	3.587	3.621	3.579	3.565	3.640	4.007

类型	视频名	场景 1	场景 2	场景 3			
				$\mu=0.0008$	$\mu=0.008$	$\mu=0.08$	$\mu=0.8$
类型 2	407	3.404	3.284	3.399	3.368	3.471	4.494
	408	3.120	2.931	3.111	3.107	3.257	3.666
	409	4.380	4.398	4.366	4.337	4.393	4.890
	412	3.103	2.766	3.088	3.074	3.281	4.125
	550	4.737	4.242	4.740	4.753	4.897	5.706
	551	6.275	5.913	6.265	6.251	6.343	7.287
	553	4.517	5.586	4.519	5.852	4.737	7.248
类型 3	410	9.190	8.688	9.275	9.246	10.280	9.874
	411	75.537	17.916	30.470	45.043	30.457	29.516
	516	4.133	3.836	4.132	4.141	4.355	6.088
	517	4.321	3.675	4.313	4.305	4.425	5.026
	526	6.695	6.023	6.707	6.697	6.803	7.337
	528	4.842	4.374	4.840	4.851	5.010	5.856
	529	6.800	5.897	6.827	6.817	6.862	8.418
	530	6.261	5.220	6.243	6.245	6.364	7.416
	531	3.151	2.819	3.146	3.134	3.289	4.064
	533	7.949	8.169	7.847	7.839	7.864	9.191
	557	6.028	5.271	5.986	5.974	6.199	7.826
	558	2.725	2.689	2.724	2.743	3.003	3.758
	559	5.520	4.731	5.518	5.526	5.674	6.479
	562	6.876	6.051	6.852	6.858	6.930	7.807

然后再对在各个场景下人脸特征点跟踪结果的 $Score_{inc2}$ 进行统计,如表 6-15 和表 6-16 所示。可以看到,场景 2 的方法对于降低 $Score_{inc2}$ 具有一定帮助。但是场景 2 依然是每一帧独立进行人脸配准,而且它对于平均误差的降低幅度有限,所以仍然无法消除特征点轨迹的大部分锯齿。结合表 6-13 和表 6-15 分析,在场景 2 对平均误差降低幅度较多的视频中,可能场景 3 的 $Score_{inc2}$ 对于场景 2 来说显得不是那么有竞争力,这是因为后处理算法无法消除误差;但是在场景

2 对平均误差降低幅度有限的视频中,场景 3 的 $\text{Score}_{\text{inc2}}$ 就明显低于场景 2。考虑到场景 2 对每一帧的输入图像及其镜像都进行人脸配准,场景 2 相比于场景 1 需要两倍的耗时,而场景 3 相对于场景 1 增加的耗时几乎可以忽略。

表 6 - 15　300 - VW 测试集中本节算法在 3 个测试场景的
特征点跟踪的 $\text{Score}_{\text{inc2}}$(类型 1)

	视频名	标注真值	场景 1	场景 2	场景 3			
					$\mu=0.000\,8$	$\mu=0.008$	$\mu=0.08$	$\mu=0.8$
类型 1	114	0.698	0.572	0.396	0.284	0.191	0.147	0.142
	124	0.644	0.767	0.495	0.390	0.258	0.186	0.167
	125	0.759	0.670	0.470	0.380	0.284	0.201	0.174
	126	0.705	1.182	0.559	0.497	0.313	0.221	0.194
	150	0.481	0.337	0.296	0.208	0.156	0.122	0.112
	158	0.734	0.623	0.501	0.401	0.310	0.244	0.210
	401	1.326	1.869	1.322	1.523	1.127	0.764	0.462
	402	1.083	1.698	1.364	1.366	0.789	0.978	0.497
	505	0.949	1.222	1.044	1.058	0.916	0.754	0.549
	506	0.666	0.915	0.714	0.768	0.617	0.499	0.374
	507	0.847	1.016	0.908	0.907	0.789	0.642	0.490
	508	1.018	1.357	1.064	1.218	0.965	0.728	0.573
	509	1.812	2.683	2.330	2.552	2.267	1.911	1.521
	510	4.196	3.582	3.205	3.580	3.233	2.622	1.552
	511	0.600	0.678	0.538	0.513	0.403	0.294	0.232
	514	0.673	0.911	0.733	0.738	0.584	0.480	0.388
	515	0.556	0.827	0.682	0.643	0.497	0.368	0.278
	518	0.762	0.886	0.701	0.806	0.573	0.407	0.289
	519	0.686	0.870	0.746	0.759	0.620	0.468	0.363
	520	1.125	1.255	1.176	1.205	1.116	1.025	0.862
	521	1.494	1.654	1.559	1.603	1.520	1.426	1.269
	522	0.735	1.204	0.967	1.044	0.801	0.638	0.473
	524	1.117	1.350	1.204	1.168	0.953	0.647	0.430
	525	0.618	0.903	0.764	0.749	0.587	0.449	0.335

（续表）

视频名	标注真值	场景1	场景2	场景3			
				$\mu=0.0008$	$\mu=0.008$	$\mu=0.08$	$\mu=0.8$
537	0.692	0.872	0.665	0.675	0.515	0.380	0.295
538	0.839	0.990	0.810	0.809	0.640	0.466	0.376
540	0.876	1.148	0.959	1.032	0.883	0.738	0.586
541	0.907	1.163	0.990	1.061	0.925	0.809	0.659
546	0.461	0.565	0.493	0.484	0.405	0.338	0.274
547	1.401	1.759	1.475	1.631	1.391	1.113	0.789
548	1.470	1.853	1.448	1.683	1.454	1.130	0.805

（类型1）

**表 6 - 16 300 - VW 测试集中本节算法在 3 个测试场景的
特征点跟踪的 $Score_{inc2}$（类型 2 和类型 3）**

类型	视频名	标注真值	场景1	场景2	场景3			
					$\mu=0.0008$	$\mu=0.008$	$\mu=0.08$	$\mu=0.8$
	203	1.975	2.230	2.113	2.061	1.747	1.190	0.640
	208	0.810	1.100	0.873	0.883	0.653	0.458	0.360
	211	4.477	7.231	6.369	6.685	5.171	3.292	1.658
	212	1.324	1.514	1.262	1.202	0.880	0.635	0.493
	213	0.792	0.766	0.672	0.681	0.579	0.471	0.364
	214	1.795	2.589	1.949	2.081	1.476	0.980	0.691
	218	0.673	1.053	0.875	0.928	0.749	0.503	0.327
类型2	224	0.783	0.954	0.779	0.743	0.557	0.364	0.280
	403	1.430	2.838	2.057	2.371	1.692	1.192	0.892
	404	1.172	1.376	1.324	1.246	1.054	0.747	0.477
	405	1.297	1.343	1.164	1.166	0.987	0.723	0.512
	406	3.682	4.251	3.965	3.975	3.463	2.367	1.267
	407	1.062	1.619	1.347	1.463	1.151	0.846	0.602
	408	2.691	3.383	3.093	3.081	2.515	1.574	0.880
	409	1.556	2.706	2.062	2.394	1.817	1.273	0.895
	412	1.403	2.194	1.749	1.954	1.478	0.956	0.630

（续表）

类型	视频名	标注真值	场景1	场景2	场景3			
					$\mu=0.0008$	$\mu=0.008$	$\mu=0.08$	$\mu=0.8$
类型2	550	0.608	0.812	0.677	0.711	0.561	0.426	0.327
	551	1.128	1.929	1.467	1.751	1.468	1.049	0.691
	553	3.049	3.512	3.060	3.425	3.306	2.956	2.275
类型3	410	3.280	3.296	2.768	3.253	2.939	2.578	2.356
	411	2.573	5.731	3.264	4.126	3.919	2.838	2.023
	516	1.724	1.956	1.859	1.895	1.764	1.539	1.097
	517	0.491	0.698	0.573	0.601	0.453	0.314	0.216
	526	2.290	3.096	2.536	2.950	2.376	1.572	0.909
	528	0.806	0.824	0.752	0.756	0.652	0.522	0.357
	529	1.381	1.301	1.214	1.256	1.164	1.036	0.753
	530	0.961	0.942	0.870	0.892	0.798	0.659	0.464
	531	2.416	2.889	2.613	2.657	2.361	1.876	1.234
	533	1.128	1.180	0.941	1.052	0.844	0.654	0.469
	557	4.274	3.809	3.488	3.760	3.676	3.580	3.121
	558	0.805	0.922	0.818	0.781	0.644	0.493	0.383
	559	0.708	0.965	0.838	0.886	0.727	0.556	0.421
	562	0.934	1.177	1.013	1.116	0.942	0.782	0.608

　　实验结果说明，本节提出的基于岭回归的人脸配准后处理算法，以很低的计算代价极大地提升了视频中人脸特征点跟踪的连续性，很好地达到了算法的设计目标。这其中的原因是后处理算法发掘了连续数帧之间的帧间信息并加以利用。从结果上看，后处理算法利用帧间信息将人脸配准算法的随机误差转化为系统偏差，在全局平均误差基本不变的情况下，使得人脸关键点跟踪结果的轨迹更加平滑，最终在视频播放时提升了感官上人脸配准的精度。为了直观地展示后处理算法的效果，图6-44展示了300-VW测试集中名为"522"的视频中第43个关键点（点定义参考图6-3，该关键点为右眼的内眼角）从第900帧到1100帧的运动轨迹，对应的视频帧以10帧为间隔展示在图6-45中。可以看到，场景3的轨迹明显比场景1平滑，而场景2虽然消除了部分锯齿，但仍存在较多明显的锯齿状轨迹。

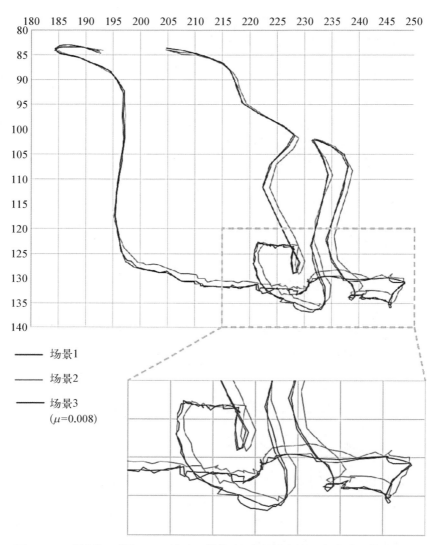

图 6‑44 视频"522"第 900 到 1 100 帧第 43 个关键点在三个测试场景中的轨迹

3) 结论

本小节针对视频中的人脸特征点跟踪结果欠缺连续性的问题,对其重要性进行了分析说明,并提出了一个基于岭回归的配准结果后处理算法,以最低的计算代价,在维持人脸特征点跟踪精度基本不变的情况下,提升了人脸配准结果的连续性。在实验中,该算法对于人脸配准结果的连续性提升可以通过肉眼观察直接感知到。同时,通过对实验数据进行适当的统计分

图 6‑45 视频"522"第 900 到 1 100 帧的内容(以 10 帧为间隔)

析,本节的实验表明该后处理算法确实对视频中人脸特征点跟踪结果的连续性有极大的改善。

6.3.3.5 基于深度学习的人脸动作单元检测和人脸配准

在计算机视觉和情感计算领域,人脸动作单元(action unit,AU)检测和人脸配准是两个重要的人脸分析任务。在大多数人脸相关的任务中,人脸配准通常被用于定位某些特殊的人脸位置(即特征点),来定义人脸形状和表情外观。AU 由人脸动作编码系统(facial action coding system,FACS)定义,指某些人脸位置上的肌肉动作,可以准确和客观地描述人脸表情。由于 AU 检测和人脸配准是相互关联的,将两个任务统一考虑可以相互促进。然而,现有的方法很少将两者联合解决。

最近的一些方法利用人脸特征点来提供更准确的 AU 位置,从而获得更好的 AU 检测性能。Li 等[121]提出一个基于深度学习的方法 EAC‑Net,利用人脸特征点来增强和裁剪感兴趣区域(region of interest,ROI),实现 AU 检测,然而,人脸配准被作为预处理来确定每个 AU 的 ROI,每个区域是固定的大小和注意力分布。Wu 等[122]利用级联的框架将两个任务结合起来,然而,该方法采用人工设计的特征而不是流行的深度学习方法,限制了其性能。

为了克服上述现有方法存在的缺陷,本节创新地提出基于深度学习的联合人脸动作单元检测和人脸配准框架 JAA－Net[123]，如图 6－46 所示。通过充分利用两个任务的关联性，实现高精度的人脸动作单元检测和人脸配准。JAA－Net 包括 4 个模块：分层多尺度区域学习、人脸配准、全局特征学习和自适应注意力学习。其中，自适应注意力学习为核心部分，包括 AU 注意力优化和局部 AU 特征学习两个子模块，自适应学得的注意力被用于提取与 AU 相关联的局部特征，从而提高每个 AU 的检测精度。

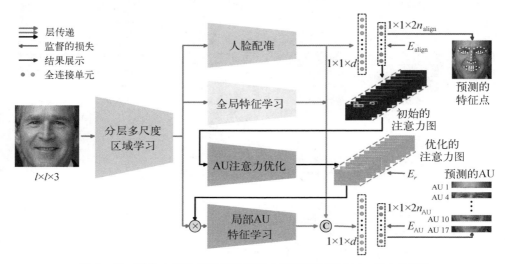

图 6－46　联合人脸动作单元检测和人脸配准框架 JAA－Net 的结构

具体地，经过相似变换预处理的人脸图像首先被输入 JAA－Net 网络中，然后分层多尺度区域学习模块提取多尺度的特征，被人脸配准和人脸动作单元检测共享。分层多尺度区域学习模块包括连续的两个分层多尺度区域层（hierarchical and multi-scale region layer，HMR），每个 HMR 由一个输入卷积层、三个栈式的不同尺度划分的局部卷积层组成，且紧跟着一个最大池化层，如图 6－47 所示。三个局部卷积层分别被均匀划分为 8×8 个、4×4 个、2×2 个子块，每个子块共享一个卷积核，不同子块的卷积核参数不同，第一个卷积层和三个局部卷积层输出的串联（concatenation）进行元素级相加。不同尺度的划分可以提取多尺度的局部特征，从而适应不同大小的 AU；分层的结构扩大了卷积核的感受野，可以提取更丰富的特征；残差结构的引入避免了梯度弥散（vanishing gradient）问题。

多尺度的局部特征输入人脸配准模块用于学习人脸配准特征，从而预测 49 个特征点的位置，人脸配准的损失（loss）为

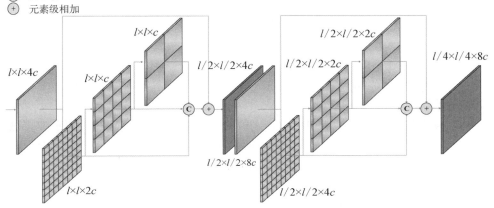

图 6-47　分层多尺度区域学习模块的结构

$$E_{\text{align}} = \frac{1}{2d_o^2} \sum_{j=1}^{n_{\text{align}}} \left[(y_{2j-1} - \hat{y}_{2j-1})^2 + (y_{2j} - \hat{y}_{2j})^2 \right] \qquad (6-53)$$

式中，$n_{\text{align}} = 49$ 为特征点的个数；y_{2j-1} 和 y_{2j} 分别表示第 j（$j = 1, \cdots, n_{\text{align}}$）个点真实的 x 坐标和 y 坐标；d_o 为双眼的真实瞳距（inter-ocular distance）。同时，多尺度的局部特征输入全局特征学习模块用于学习全局人脸特征。

接下来介绍自适应注意力学习模块，其结构如图 6-48 所示。由于人脸特

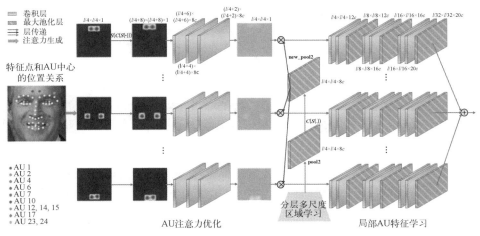

图 6-48　自适应注意力学习模块的结构

征点可以预定义每个 AU 中心的位置[121]，可以生成每个 AU 的初始注意力图（attention map）。具体地，每个 AU 有一个大小为 $l/4 \times l/4 \times 1$ 的初始注意力图，在注意力图上，该 AU 的 ROI 包含两个对称的子区域。第 i 个 AU 的子区域内第 k 个点的注意力权重为

$$v_{ik} = \max\left\{1 - \frac{d_{ik}\xi}{(l/4)\zeta}, 0\right\} \qquad i = 1, \cdots, n_{\mathrm{au}} \qquad (6-54)$$

式中，d_{ik} 指该点到 AU 子区域中心的曼哈顿距离；ζ 指子区域的宽度与注意力图的比值；ξ 是一个系数，$\xi \geqslant 0$；n_{au} 是 AU 的个数。本节提出一个运算 $C[S(M, \alpha), \beta]$ 来移除补边的影响，其中 $S(M, \alpha)$ 指对特征图 M 基于双线性插值以系数 α 进行缩放，$C(M, \beta)$ 指对特征图 M 围绕中心在保留宽度的 β 基础上进行裁剪。初始注意力图和多尺度特征 pool2 被施加 $C\{S[\cdot, (l/4+6)/(l/4)], (l/4)/(l/4+6)\}$，同时初始注意力图被进一步通过 $S[\cdot, (l/4+6)/(l/4)]$ 进行放大。pool2 经处理后得到"new_pool2"。每个初始注意力图通过 3 个卷积层后由第 4 个卷积层输出优化后的注意力图。在优化过程中引入如下约束：

$$E_r = -\sum_{i=1}^{n_{\mathrm{au}}} \sum_{k=1}^{n_{\mathrm{element}}} \left[v_{ik}\log\hat{v}_{ik} + (1-v_{ik})\log(1-\hat{v}_{ik})\right] \qquad (6-55)$$

式中，E_r 衡量注意力图的初始值和优化后的值之间的 sigmoid 交叉熵；$\hat{v}_{ik}$ 指第 i 个注意力图的第 k 个元素优化后的注意力权重值；$n_{\mathrm{element}} = l/4 \times l/4$ 是每个注意力图的元素个数。AU 注意力优化的结构的参数是通过学习 E_r 和 E_{au} 反向传播的梯度得到，其中 E_{au} 指 AU 检测的 loss。为了增强 AU 检测的监督，对 E_{au} 的梯度进行增强，得到如下的 loss：

$$\frac{\partial E_{\mathrm{au}}}{\partial \hat{V}_i} \leftarrow \lambda_3 \frac{\partial E_{\mathrm{au}}}{\partial \hat{V}_i} \qquad (6-56)$$

式中，$\hat{V}_i = \{\hat{v}_{ik}\}_{k=1}^{n_{\mathrm{element}}}$ 是增强系数。接下来，new_pool2 首先与每个优化后的注意力图进行元素级相乘，然后局部 AU 特征学习子模块进一步提取与 AU 相关联的局部特征，各个 AU 得到的局部特征被元素级相加，从而获得组合的局部特征。

最后将人脸配准特征、全局人脸特征和组合的局部特征串联起来，实现人脸 AU 检测，采用如下的加权多标签 softmax loss：

$$E_{\mathrm{softmax}} = -\frac{1}{n_{\mathrm{au}}} \sum_{i=1}^{n_{\mathrm{au}}} w_i[p_i\log\hat{p}_i + (1-p_i)\log(1-\hat{p}_i)] \qquad (6-57)$$

式中，p_i 表示第 i 个 AU 出现的真实概率，出现 1 而缺失则为 0；$\hat{p}_i$ 表示预测的概率。权重 $\omega_i = (1/r_i)/\sum_{i=1}^{n_{\mathrm{au}}} (1/r_i)$ 是用于克服数据不均衡的问题，其中 r_i 指在训练集中第 i 个 AU 出现的频率。为了克服某些 AU 很少出现的不足，进一步引入一个加权多标签 Dice 系数 loss：

$$E_{\mathrm{dice}} = \frac{1}{n_{\mathrm{au}}} \sum_{i=1}^{n_{\mathrm{au}}} \omega_i \frac{2p_i \hat{p}_i + \varepsilon}{p_i^2 + \hat{p}_i^2 + \varepsilon} \tag{6-58}$$

式中，ε 为平滑项。Dice 系数也称为 F1 - score：$F_1 = 2pr/(p+r)$，是最流行的 AU 检测度量标准，其中 p 和 r 分别表示精确率和召回率。得益于加权多标签 Dice 系数 loss，训练过程和度量标准之间的一致性被考虑进来。最后，AU 检测的 loss 被定义为

$$E_{\mathrm{au}} = E_{\mathrm{softmax}} + E_{\mathrm{dice}} \tag{6-59}$$

综上所述，联合学习人脸 AU 检测和人脸配准框架的整体 loss 为

$$E = E_{\mathrm{au}} + \lambda_1 E_{\mathrm{align}} + \lambda_2 E_r \tag{6-60}$$

式中，λ_1 和 λ_2 用于平衡 loss 项的相对重要性。

与现有技术相比，本节提出的 JAA - Net 具有以下优点：

（1）提出一个端到端的多任务深度学习框架，用于联合的人脸 AU 检测和人脸配准，充分利用两个任务之间的关联性来提高 AU 检测的性能。

（2）提出一个自适应注意力学习方法来优化每个 AU 的注意力图，从而提取每个 AU 的局部特征，提高 AU 检测的精度。

（3）提出一个分层多尺度区域学习方法，可以提取多尺度的局部特征，适应不同大小的 AU。

（4）引入一个加权多标签 Dice 系数 loss，从精确率和召回率两个角度优化 AU 检测。

6.4 本章小结

本章主要介绍了人脸大数据的检测与配准技术。在 6.1 节引言中，我们介绍了人脸检测与配准技术发展的渊源。在 6.2 节中，首先总结了国内外人脸检测相关研究的算法分类，并简要介绍了人脸检测算法常用的相关公开数据集。

在6.3节中,首先总结了国内外人脸配准研究相关算法及其分类,以及各类人脸配准算法的部分特点,并着重介绍了各类人脸配准算法中的代表性工作的原理,并分析了它们的优势和缺点;其次介绍了人脸配准算法相关的公开数据集,比较详尽地阐述了其组建方式、数据量、定义等;最后基于我们的研究成果,详细介绍了几种人脸配准算法。

参考文献

［1］ Davis J, Goadrich M. The relationship between precision-recall and ROC curves［C］// Proceedings of the International Conference on Machine Learning,Pittsburgh,2006.

［2］ Jain V, Learned-Miller E. FDDB:a benchmark for face detection in unconstrained settings［R］. Amherst:University of Massachusetts,2010.

［3］ Yang G, Huang T S. Human face detection in a complex background［J］. Pattern Recognition, 1994, 27(1):53-63.

［4］ Kotropoulos C, Pitas I. Rule-based face detection in frontal views［C］//IEEE International Conference on Acoustics, Speech, and Signal Processing,Munich,2002.

［5］ Chen Q, Wu H, Yachida M. Face detection by fuzzy pattern matching［C］// International Conference on Computer Vision,Cambridge,1995.

［6］ Dai Y, Nakano Y. Face-texture model based on SGLD and its application in face detection in a color scene［J］. Pattern Recognition, 1996, 29(6):1007-1017.

［7］ Yow K C, Cipolla R. Feature-based human face detection［J］. Image and Vision Computing, 1997, 15(9):713-735.

［8］ Sirohey S A. Human face segmentation and identification［R］. College Park:University of Maryland,1998.

［9］ Elgammal A, Lee C S. Separating style and content on a nonlinear manifold［C］// Proceedings of the 2004 IEEE Computer Society Conference on Computer Vision and Pattern Recognition,Washington,2004.

［10］ Phung S L, Bouzerdoum A, Chai D. Skin segmentation using color pixel classification:analysis and comparison［J］. IEEE Transactions on Pattern Analysis and Machine Intelligence, 2005, 27(1):148-154.

［11］ Han C C, Yu G J, Chen L H, et al. Fast face detection via morphology-based preprocessing［J］. Pattern Recognition, 1997, 33(10):1701-1712.

［12］ Geng C, Jiang X. Face recognition based on the multi-scale local image structures［J］. Pattern Recognition, 2011, 44(10-11):2565-2575.

［13］ Leung T K, Burl M C, Perona P. Finding faces in cluttered scenes using random labeled graph matching［C］//International Conference on Computer Vision,Boston,

1995.

[14] Sakai T, Nagao M, Fujibayashi S. Line extraction and pattern detection in a photograph[J]. Pattern Recognition, 1969, 1(3): 233-236.

[15] Craw I, Tock D, Bennett A. Finding face features[C]//European Conference on Computer Vision, Santa Margherita Ligure, 1992.

[16] Yuille A L, Hallinan P W, Cohen D S. Feature extraction from faces using deformable templates[J]. International Journal of Computer Vision, 1992, 8(2): 99-111.

[17] 梁路宏, 艾海舟, 何克忠, 等. 基于多关联模板匹配的人脸检测[J]. 软件学报, 2001, 12(1): 94-102.

[18] Taiebeh J, Askari A H. Implementation of a system for 3D face detection and recognition[J]. The Journal of Mathematics and Computer Science, 2012, 4(2): 139-152.

[19] Rowley H A, Baluja S, Kanade T. Neural network-based face detection[J]. IEEE Transactions on Pattern Analysis and Machine Intelligence, 1998, 20(1): 23-38.

[20] Vapnik V. The nature of statistical learning theory[M]. New York: Springer, 1999.

[21] Platt J C. Sequential minimal optimization: a fast algorithm for training support vector machines[J]. Microsoft Research, 1998, 3(1): 88-95.

[22] Osuna E, Freund R, Girosi F. Training support vector machines: an application to face detection[C]//IEEE Computer Society Conference on Computer Vision and Pattern Recognition, San Juan, 1997.

[23] Freund Y, Schapire R E. A decision-theoretic generalization of on-line learning and an application to boosting[J]. Journal of Computer and System Sciences, 1997, 55(1): 119-139.

[24] Felzenszwalb P F, Girshick R B, McAllester D, et al. Object detection with discriminatively trained part-based models[J]. IEEE Transactions on Pattern Analysis and Machine Intelligence, 2010, 32(9): 1627-1645.

[25] Viola P, Jones M. Rapid object detection using a boosted cascade of simple features[C]//IEEE Computer Society Conference on Computer Vision and Pattern Recognition, Kauai, 2001.

[26] Lienhart R, Maydt J. An extended set of haar-like features for rapid object detection[C]//IEEE International Conference on Image Processing, 2002.

[27] Viola P, Jones M. Robust real-time face detection[J]. International Journal of Computer Vision, 2004, 57(2): 137-154.

[28] Yan S, Shan S, Chen X, et al. Locally assembled binary (LAB) feature with feature-centric cascade for fast and accurate face detection[C]//IEEE International Conference on Computer Vision and Pattern Recognition, Anchorage, 2008.

[29] Dollár P, Tu Z, Perona P, et al. Integral channel features[C]//British Machine Vision Conference, London, 2009.

[30] Zhang S, Bauckhage C, Cremers A B. Informed haar-like features improve pedestrian detection[C]//IEEE Computer Society Conference Computer Vision and Pattern Recognition, Columbus, 2014.

[31] Bourdev L, Brandt J. Robust object detection via soft cascade[C]//IEEE Computer Society Conference on Computer Vision and Pattern Recognition, San Diego, 2005.

[32] Xiao R, Zhu L, Zhang H J. Boosting chain learning for object detection[C]//IEEE International Conference on Computer Vision, Nice, 2003.

[33] Wu B, Ai H Z, Huang C, et al. Fast rotation invariant multi-view face detection based on real adaboost[C]//IEEE International Conference on Automatic Face and Gesture Recognition, Seoul, 2004.

[34] Zhang L, Chu R, Xiang S, et al. Face detection based on multi-block LBP representation [C]//Proceedings of International Conference on Biometrics, Seoul, 2007.

[35] Yang B, Yan J, Lei Z, et al. Aggregate channel features for multi-view face detection [C]//IEEE International Joint Conference on Biometrics, Clearwater, 2014.

[36] Zhang C, Platt J C, Viola P A. Multiple instance boosting for object detection[J]. Neural Information Processing Systems, 2005, 74(10): 1769 - 1775.

[37] Huang C, Ai H, Li Y, et al. High-performance rotation invariant multi-view face detection[J]. IEEE Transactions on Pattern Analysis and Machine Intelligence, 2007, 29(4): 671 - 686.

[38] Li S Z, Zhu L, Zhang Z Q, et al. Statistical learning of multi-view face detection[C]// European Conference on Computer Vision, Copenhagen, 2002.

[39] Zhang K, Zhang Z, Li Z, et al. Joint face detection and alignment using multitask cascaded convolutional networks[J]. IEEE Signal Processing Letters, 2016, 23(10): 1499 - 1503.

[40] Lecun Y, Boser B, Denker J, et al. Backpropagation applied to handwritten zip code recognition[J]. Neural Computation, 2014, 1(4): 541 - 551.

[41] Yin F, Wang Q F, Zhang X Y, et al. ICDAR 2013 Chinese Handwriting Recognition Competition[C]//12th International Conference on Document Analysis and Recognition (ICDAR), Washington, 2013.

[42] Zeiler M D, Fergus R. Visualizing and understanding convolutional networks[C]// European Conference on Computer Vision, Zurich, 2014.

[43] Krizhevsky A, Sutskever I, Hinton G E. ImageNet classification with deep convolutional neural networks[C]//International Conference on Neural Information

Processing Systems, Lake Tahoe, 2012.

[44] Girshick R, Donahue J, Darrell T, et al. Rich feature hierarchies for accurate object detection and semantic segmentation[C]//Computer Vision and Pattern Recognition (CVPR), Columbus, 2014.

[45] Girshick R. Fast R-CNN[C]//IEEE International Conference on Computer Vision, Santiago, 2015.

[46] Ren S, He K, Girshick R, et al. Faster R-CNN: towards real-time object detection with region proposal networks[C]//International Conference on Neural Information Processing Systems, Montreal, 2015.

[47] Liu W, Anguelov D, Erhan D, et al. SSD: single shot multibox detector[C]// European Conference on Computer Vision, Amsterdam, 2016.

[48] Redmon J, Divvala S, Girshick R, et al. You only look once: unified, real-time object detection[C]//IEEE Computer Society Conference on Computer Vision and Pattern Recognition, Las Vegas, 2016.

[49] Jiang H, Learnedmiller E. Face detection with the faster R-CNN[C]//IEEE International Conference on Automatic Face and Gesture Recognition, Washington, 2017.

[50] Yang S, Luo P, Loy C C, et al. From facial parts responses to face detection: a deep learning approach [C]//IEEE International Conference on Computer Vision, Santiago, 2015.

[51] Li H, Lin Z, Shen X, et al. A convolutional neural network cascade for face detection [C]//IEEE Computer Society Conference on Computer Vision and Pattern Recognition, Boston, 2015.

[52] Kalinovskii I, Spitsyn V. Compact convolutional neural network cascade for face detection[R]. Ithaca: Cornell University, 2015.

[53] Zhang K, Zhang Z, Wang H, et al. Detecting faces using inside cascaded contextual CNN[C]//IEEE International Conference on Computer Vision, Venice, 2017.

[54] Farfade S S, Saberian M J, Li L J. Multi-view face detection using deep convolutional neural networks[C]//Proceedings of the 5th ACM on International Conference on Multimedia Retrieval, Shanghai, 2015.

[55] Zhang C, Zhang Z. Improving multiview face detection with multi-task deep convolutional neural networks [C]//IEEE Winter Conference on Applications of Computer Vision, Steamboat Springs, 2014.

[56] Hu P, Ramanan D. Finding tiny faces[C]//IEEE Computer Society Conference on Computer Vision and Pattern Recognition, Hondulu, 2017.

[57] Hao Z, Liu Y, Qin H, et al. Scale-aware face detection[C]//IEEE Computer Society

Conference on Computer Vision and Pattern Recognition，Hondulu，2017.

[58]　Zhan S，Tao Q Q，Li X H．Face detection using representation learning［J］．Neurocomputing，2016，187(6)：19－26.

[59]　Sung K K，Poggio T．Example-based learning for view-based human face detection［J］．IEEE Transactions on Pattern Analysis and Machine Intelligence，1999，20(1)：39－51.

[60]　University of Massachusetts．FDDB：face detection data set and benchmark［EB/OL］．http：//vis-www. cs. umass. edu/fddb/.

[61]　Zhu X，Ramanan D．Face detection，pose estimation，and landmark localization in the wild［C］//IEEE Computer Society Conference on Computer Vision and Pattern Recognition，Providence，2012.

[62]　Yang B，Yan J，Lei Z，et al．Fine-grained evaluation on face detection in the wild［C］//IEEE International Conference and Workshops on Automatic Face and Gesture Recognition，Ljubljana，2015.

[63]　Yan J J，Yang B，Lei Z，et al．MALF：multi-attribute labelled faces［EB/OL］．http：//www. cbsr. ia. ac. cn/faceevaluation/.

[64]　Klare B F，Klein B，Taborsky E，et al．Pushing the frontiers of unconstrained face detection and recognition：IARPA Janus Benchmark A［C］//Proceedings of the IEEE Conference on Computer Vision and Pattern Recognition，Boston，2015.

[65]　Information Technology Laboratory．IJB-A dataset request form［EB/OL］．(2015－09－08)．https：//www. nist. gov/itl/iad/image-group/ijb-dataset-request-form.

[66]　Yang S，Luo P，Chen C L，et al．Wider Face：a face detection benchmark［C］//IEEE Conference on Computer Vision and Pattern Recognition，Las Vegas，2016.

[67]　Yang S．Wider face：a face detection benchmark［EB/OL］．https：//shuoyang1213. me/WIDERFACE/.

[68]　Everingham M，van Gool L，Williams C K I，et al．The PASCAL visual object classes (VOC) challenge［J］．International Journal of Computer Vision，2010，88(2)：303－338.

[69]　Everingham M，van Gool L，Williams C．Visual Object Classes Challenge 2012［EB/OL］．http：//host. robots. ox. ac. uk：8080/pascal/VOC/voc2012/index. html.

[70]　Sagonas C，Antonakos E，Tzimiropoulos G，et al．300 Faces in-the-wild challenge：database and results［J］．Image and Vision Computing，2016，47：3－18.

[71]　Cao X，Wei Y，Wen F，et al．Face alignment by explicit shape regression［C］//IEEE Conference on Computer Vision and Pattern Recognition，Providence，2012.

[72]　Ren S，Cao X，Wei Y，et al．Face alignment at 3000 FPS via regressing local binary features［C］//IEEE Conference on Computer Vision and Pattern Recognition，

Columbus，2014.

[73] Kazemi V，Sullivan J. One millisecond face alignment with an ensemble of regression trees［C］//IEEE Conference on Computer Vision and Pattern Recognition，Columbus，2014.

[74] Xiong X，Torre F D L. Supervised descent method and its applications to face alignment［C］//IEEE Conference on Computer Vision and Pattern Recognition，Portland，2013.

[75] Baltrusaitis T，Robinson P，Morency L P. Constrained local neural fields for robust facial landmark detection in the wild［C］//IEEE International Conference on Computer Vision Workshops，Sydney，2013.

[76] Shi B，Bai X，Liu W，et al. Deep regression for face alignment［R］. Ithaca：Cornell University，2014.

[77] Rumelhart D E，Hinton G E，Williams R J. Learning representations by back-propagating errors［J］. Nature，1986，323(9)：533 - 536.

[78] Zhang J，Shan S，Kan M，et al. Coarse-to-fine auto-encoder networks (CFAN) for real-time face alignment［C］//European Conference on Computer Vision，Zurich，2014.

[79] Sun Y，Wang X，Tang X. Deep convolutional network cascade for facial point detection［C］//IEEE Conference on Computer Vision and Pattern Recognition，Portland，2013.

[80] Bulat A，Tzimiropoulos G. Two-stage convolutional part heatmap regression for the 1st 3D face alignment in the wild (3DFAW) challenge［C］//European Conference on Computer Vision，Amsterdam，2016.

[81] He K，Zhang X，Ren S，et al. Deep residual learning for image recognition［C］//The IEEE Conference on Computer Vision and Pattern Recognition (CVPR)，Las Vegas，2016.

[82] Newell A，Yang K，Deng J. Stacked hourglass networks for human pose estimation ［C］//European Conference on Computer Vision，Amsterdam，2016.

[83] Zhang Z，Luo P，Loy C C，et al. Learning deep representation for face alignment with auxiliary attributes ［J］. IEEE Transactions on Pattern Analysis and Machine Intelligence，2016，38(5)：918 - 930.

[84] Liu Z，Luo P，Wang X，et al. Deep learning face attributes in the wild［C］//IEEE International Conference on Computer Vision，Santiago，2015.

[85] Liu Z W，Luo P，Wang X Z，et al. Large-scale CelebFaces attributes dataset［EB/OL］. (2022 - 05 - 31). http：//mmlab. ie. cuhk. edu. hk/projects/CelebA. html.

[86] Sun Y，Wang X，Tang X. Hybrid deep learning for face verification［C］//IEEE

International Conference on Computer Vision, Sydney, 2013.

[87] Sun Y, Wang X, Tang X. Deep learning face representation from predicting 10000 classes[C]//Proceedings of the IEEE Conference on Computer Vision and Pattern Recognition, Columbus, 2014.

[88] Köstinger M, Wohlhart P, Roth P M, et al. Annotated facial landmarks in the wild: a large-scale, real-world database for facial landmark localization [C]//IEEE International Conference on Computer Vision Workshops on Benchmarking Facial Image Analysis Technologies, Sydney, 2012.

[89] Graz Unirersity of Technology. Institute of computer graphics and vision[EB/OL]. https://www. tugraz. at/institute/icg/research/team-bischof/lrs.

[90] Burgos-artizzu X P, Perona P, Dollár P. Robust face landmark estimation under occlusion[C]//IEEE International Conference on Computer Vision, Sydney, 2013.

[91] Xavier B A, Pietro P, Piotr D. Caltech occluded faces in the wild[EB/OL]. (2022 – 4 – 12). https://data. caltech. edu/records/bc0bf-nc666.

[92] Belhumeur P N, Jacobs D W, Kriegman D J, et al. Localizing parts of faces using a consensus of exemplars [C]//IEEE Conference on Computer Vision and Pattern Recognition, Colorado Springs, 2011.

[93] Kriegman-Belhumeur Vision Technologies. Labeled face parts in the wild (LFPW) dataset[EB/OL]. https://datasets. activeloop. ai/docs/ml/datasets/lfpw-dataset/.

[94] Le V, Brandt J, Bourdev L, et al. Interactive facial feature localization[C]//European Conference on Computer Vision, Florence, 2012.

[95] Le V. Helen dataset[EB/OL]. (2012 – 12 – 28). http://www. ifp. illinois. edu/~vuongle2/helen/.

[96] Messer K, Matas J, Kittler J, et al. XM2VTSDB: the extended M2VTS database [C]//Second International Conference on Audio and Video-based Biometric Person Authentication, Halmstad, 1999.

[97] Ding C, Choi J, Tao D, et al. Multi-directional multi-level dual-cross patterns for robust face recognition[J]. IEEE Transactions on Pattern Analysis and Machine Intelligence, 2016, 38(3): 518 – 531.

[98] Xie S, Shan S, Chen X, et al. Fusing local patterns of gabor magnitude and phase for face recognition [J]. IEEE Transactions on Image Processing. 2010, 19 (5): 1349 – 1361.

[99] Dantone M, Gall J, Fanelli G, et al. Real-time facial feature detection using conditional regression forests[C]//Proceedings of 2012 IEEE Conference on Computer Vision and Pattern Recognition, Providence, 2012.

[100] Yu X, Huang J, Zhang S, et al. Pose-free facial landmark fitting via optimized part

mixtures and cascaded deformable shape model [C]//The IEEE International Conference on Computer Vision (ICCV), Sydney, 2013.

[101] Friedman J H. Greedy function approximation: a gradient boosting machine[J]. Annals of Statistics, 2001, 29(5): 1189-1232.

[102] Ozuysal M, Calonder M, Lepetit V, et al. Fast key point recognition using random ferns[J]. IEEE Transactions on Pattern Analysis and Machine Intelligence, 2010, 32 (3): 448-461.

[103] Dollár P, Welinder P, Perona P. Cascaded pose regression[C]//IEEE Conference on Computer Vision and Pattern Recognition, San Francisco, 2010.

[104] Asthana A, Zafeiriou S, Cheng S, et al. Robust discriminative response map fitting with constrained local models[C]//IEEE Conference on Computer Vision and Pattern Recognition, Portland, 2013.

[105] Lee D, Park H, Chang D Y. Face alignment using cascade Gaussian process regression trees[C]//IEEE Conference on Computer Vision and Pattern Recognition, Boston, 2015.

[106] Zhu S, Li C, Chen C L, et al. Face alignment by coarse-to-fine shape searching[C]// IEEE Conference on Computer Vision and Pattern Recognition, Boston, 2015.

[107] Zhang Z, Luo P, Chen C L, et al. Facial landmark detection by deep multi-task learning[C]//European Conference on Computer Vision, Zurich, 2014.

[108] Russakovsky O, Deng J, Su H, et al. ImageNet large scale visual recognition challenge[J]. International Journal of Computer Vision, 2015, 115(3): 211-252.

[109] Huang G, Liu Z, Maaten L V D, et al. Densely connected convolutional networks [C]//IEEE Conference on Computer Vision and Pattern Recognition, Honolulu, 2017.

[110] Szegedy C, Ioffe S, Vanhoucke V, et al. Inception-v4, inception-resnet and the impact of residual connections on learning[C]//Proceedings of the Thirty-First AAAI Conference on Artificial Intelligence (AAAI-17), San Francisco, 2017.

[111] Simonyan K, Zisserman A. Very deep convolutional networks for large-scale image recognition[R]. Ithaca: Cornell University, 2014.

[112] Krizhevsky A, Hinton G. Learning multiple layers of features from tiny images[R]. Toronto: University of Toronto, 2009.

[113] Szegedy C, Liu W, Jia Y, et al. Going deeper with convolutions [C]//IEEE Conference on Computer Vision and Pattern Recognition, Boston, 2015.

[114] Ioffe S, Szegedy C. Batch normalization: accelerating deep network training by reducing internal covariate shift[C]//International Conference on Machine Learning, Lille, 2015.

[115] Szegedy C, Vanhoucke V, Ioffe S, et al. Rethinking the inception architecture for

computer vision[C]//IEEE Conference on Computer Vision and Pattern Recognition, New York, 2016.

[116] Jia Y, Shelhamer E, Donahue J, et al. Caffe: convolutional architecture for fast feature embedding[C]//Proceedings of the 22nd ACM International Conference on Multimedia, New York, 2014.

[117] Pleiss G, Chen D, Huang G, et al. Memory-efficient implementation of denseNets [R]. New York: Cornell University, 2017.

[118] Tzimiropoulos G, Pantic M. Gauss-newton deformable part models for face alignment in-the-wild[C]//IEEE Conference on Computer Vision and Pattern Recognition, Columbus, 2014.

[119] Hoerl A E, Kennard R W. Ridge regression: biased estimation for nonorthogonal problems[J]. Technometrics, 1970, 12(1): 55 - 67.

[120] Zafeiriou S, Tzimiropoulos G, Pantic M. The 300 videos in the wild (300-VW) facial landmark tracking in-the-wild challenge[C]//International Conference on Computer Vision Workshop, Santiago, 2015.

[121] Li W, Abtahi F, Zhu Z, et al. EAC-Net: a region-based deep enhancing and cropping approach for facial action unit detection[C]//IEEE International Conference on Automatic Face & Gesture Recognition, Washington, 2017.

[122] Wu Y, Ji Q. Constrained joint cascade regression framework for simultaneous facial action unit recognition and facial landmark detection[C]//IEEE Conference on Computer Vision and Pattern Recognition, Las Vegas, 2016.

[123] Shao Z, Liu Z, Cai J, et al. Deep adaptive attention for joint facial action unit detection and face alignment[C]//European Conference on Computer Vision, Munich, 2018.

7

人脸大数据的验证与识别技术

7.1　引言

随着互联网的迅速发展,信息安全面临着巨大的挑战,凸显出身份鉴定技术日益重要的地位。身份鉴定技术被广泛应用于金融、安保、司法、网络传输等领域。以互联网金融为例,随着互联网技术的蓬勃发展,互联网金融业正在国际间迅速崛起。在我国,互联网金融业务通过总行直线管理,依托互联网相关技术而不必设立分支银行,无须当面核实身份,从而极大地方便用户,实现全国乃至世界不受地域限制的金融业态。目前最广泛的身份鉴定方法主要包括标识物件(如钥匙、胸卡、工作证、身份证等)、特定知识(如密码、口令、暗语等)以及标识物件与特定知识相结合的形式(如银行卡＋口令、门禁卡＋密码等)。虽然密码、IC卡等技术已经非常成熟并被广泛使用,但其本质是针对个体增加了附加的区分性信息。这些信息容易丢失、被窃取和伪造。因此,在电子商务、互联网金融、人机交互、公共安全和网络传输等新领域,传统身份鉴定技术的可靠性和可用性都难以保证。

作为人固有的生理特征(如指纹、虹膜、面相、DNA、声音等)或行为特征(如笔迹、步态、击键习惯等),生物特征可以非常安全、快捷地应用于身份鉴定。在基于生物生理特征的识别技术当中,与指纹、虹膜等生物特征识别(biometric recognition)相比,人脸识别(face recognition)具有直接、友好、方便、非侵犯性、可交互性强等优点。除人脸识别之外,其他生物识别技术都需要用户的动作配合,如将手放在某些机器上进行指纹采集或者手型检测、站在相机前的指定位置进行虹膜验证等。此外,指纹、虹膜、DNA等生理识别技术的数据获取也较为棘手。比如,当用户手部或者手指的表皮遭到破坏时,相对应的技术便无法使用;虹膜识别技术则需要昂贵的设备,同时对身体移动较为敏感;声音识别容易受到周围噪声的影响;签字容易被修改甚至伪造等。相比于上述生物识别技术或者行为识别技术,人脸识别技术具有明显的优越性,因而它成为人们日常生活中最常用的身份鉴定手段。因此,人脸识别技术受到众多研究学者的关注,是当前计算机视觉和模式识别领域的研究热点之一。人脸识别技术作为一种基于生理特征的识别技术,是人们日常生活中最常用的身份鉴定手段。人脸识别除了最直接地应用于访问控制,如社交网络和金融支付的认证登录,还可以用于智能视频监控。近年来,随着城市化进程的加快和人民生活水平的提高,人们对日常生活安全性的要求日益提高,对监控系统功能的要求与日俱增。然而传统的摄像头一般只具有较为简单的记录和回放功能,很难保证及时发现和报警处理异常事件。因此,将人脸识别技术应用于视频监控,实现对异常目标的实时监测与识别,在城市化飞速发展的今天,具有广阔的应用前景。

人脸识别技术主要有如下两个任务:

(1)人脸验证(verification,1:1匹配):给定一个未知身份的人脸图片以及其声称的身份,确定该人脸是不是来自所声称的那个人。

(2)人脸识别(identification,1:N匹配):给定一个未知身份的人脸图片,通过将该图片与一个已知身份的数据集进行对比来决定其身份。

人脸识别技术在实际中的应用有很多,以下介绍几个主要的方面:

(1)安全。通过建筑大楼、机场/港口、ATM、边防检查,计算机/网络安全[1-2],多媒体工作站的授权[3]等。

(2)监控。监控大量的CCTV(closed circuit television)来寻找犯罪分子,一旦确定犯罪分子的位置,便会通知警方。比如,该程序被应用于2001年超级碗在佛罗里达的比赛中[4];再比如,美国有线电视新闻网(Cable News Network,CNN)报道,美国菲尼克斯的学校安装了两个摄像头,该摄像头与州和国家的性犯罪者、失踪儿童、绑架者数据集相连接[5]。

(3)一般身份验证。电子注册、银行业务、电子商务、新生儿确认、居民省份、护照、驾驶证、员工证件等。

(4)刑事司法系统。入案图片/预约系统、事后分析、取证等。

(5)图像数据集调查。搜索数据集中许可的司机、福利接受者、失踪儿童、移民等。

(6)"智能卡"应用。代替维护面部图片数据集,人脸打印可以存储在一张智能卡、条形码或者磁条中,通过匹配图片与存储的模板进行授权[6]。

(7)带有自适应人机交互的多媒体环境。作为情境感知系统的一部分,进行育幼或者养老中心的行为监督、识别用户并处理其需求等[7-8]。

(8)视频标注。标注视频中的人脸[9-10]。

(9)证人进行面部重建[11]。

除了这些主要应用外,人脸识别中一些潜在技术的变形还可以应用到性别分类[12-14]、表情识别[15-16]、面部特征识别和跟踪[17]等方面。这些应用具有各自的应用领域。比如,表情识别可以应用到医药领域的重症监护[18]中,而面部特征识别和跟踪可以用来跟踪机动车驾驶员的眼睛,从而确定其是否疲劳[19]及进行压力检测[20]。还可以将人脸识别与其他生物鉴别方法(如语音、虹膜、指纹、步态等)结合,从而提高这些鉴别方法的准确性[7,21-32]。

在人脸分析中,有五个关键因素影响其准确性:

(1)光照。皮肤反射性质和相机内部控制会引起光照变化。一些 2D 方法只能在适度的光照变化下得到较好的人脸识别结果,而当出现较大光照变化时,准确性便会显著地下降。

(2)姿态。由于姿态变化会造成投影变形和自我遮挡,因此会对鉴别的过程产生影响。尽管存在一些处理高达 32°头部旋转的方法,但当处理更大角度的旋转时,这些方法就不再可行了。

(3)表情。通常来说,人脸识别算法对普通的表情变化较为鲁棒,除非是特别夸张的表情(如吃惊等)。

(4)年龄。随着人年龄的增长,面部特征会以非线性的形式发生明显的变化。总的来说,这种变化要比姿态、表情等更难处理,且相关研究较少。

(5)遮挡。遮挡可对人脸识别带来很大的影响,尤其是遮挡部位处于人脸上半部分的情况下。

为克服这些因素对人脸识别造成的影响,先对相关工作背景进行简单的介绍。

光照问题:一天之内、天与天之间、室内与室外环境中的光线变化都非常显著。由于人脸的三维结构,直射光源会在面部产生很强的阴影,这些阴影会增强或减弱某些面部特征。基于 PCA 的人脸识别系统从实验和理论方面均表明,由光照导致的面部变化比不同人之间的面部变化更大。由于在计算机视觉中处理光照变化是一个核心问题,因此产生了大量的相关工作。Adini 等[33]研究了影响人脸识别表现的光照变化方式。为了对方法进行分级,Adini 等[33]定义了三类方法:① "shape from shading"方法,此类方法从一个或者多个视角来提取人脸的形状信息;② 基于表示的方法,此类方法试图寻找对于光照变化保持不变的人脸表示;③ 衍生方法,生成一个包含尽可能多的变化的广泛数据集。Adini 等[33]得出结论,任何一种实验技术(边缘映射、二维 Gabor 滤波、灰度图的一阶和二阶导数)都无法单独解决该问题。尽管如此,仍然有很多研究者努力尝试在非受控环境下取得更好的结果。文献[34]通过扩展边缘映射技术定义了新的方法,称为线段边缘图(line edge map)。该方法通过提取面部轮廓,结合成片段,然后组合成线。Gao 等[34]还修改了 Hausdorff 距离,以管理新的特征向量。实验结果证明,该方法在不同光照及姿态条件下的表现好于线性子空间法(特征脸),如文献[35]所示。然而,得益于最大化类间变化、最小化类内变化的能力,Fisherface 方法仍能保持其优越性。这表明,结合若干线性方法可以进一步提高识别的表现。文献[36]深入研究了当出现光照变化时线性方法的表现。Li

等[36]指出,结合 LDA 和奇异值分解(singular value decomposition,SVD)的表现优于所有其他方法,但是,混合方法计算的复杂度导致其对于通用人脸识别的适应性较为不足。因此,Li 等[36]建议结合 LDA 和 QR 分解,这种结合可以在达到相似表现的同时降低计算复杂度,因此成为大多数情况下的最优选择。另一方面,PCA 和 PCA+LDA(Fisherfaces)的表现最差。

文献[37]提出将人脸划分为若干个边缘重合的区域,然后计算同一人脸位置的所有部分组成的类的剩余空间(对该类进行 PCA 后,移除若干主要特征脸,由剩余的特征向量所组成的空间),最后应用独立成分分析(independent component analysis,ICA)。实验结果表明,剩余空间中的 PCA 成分与赋范空间中的相同,但 ICA 成分不同,这使算法的表现得以提高。此外,文献将人脸划分成若干区域,简化了光照变化的统计模型,使人脸识别对于这些变化更为鲁棒。在衍生方法方面,文献[38]探索了这样一个事实,即"包含各种光照条件但姿态固定的物体图像组成图像空间中的一个凸锥"。利用相同脸在不同条件下拍摄的少量图片,可以重建人脸的形状及反射率。反之,这种重建可以作为一个衍生模型,用来渲染或者合成新的光照和姿态条件下的人脸图片。然后对姿态空间进行采样,且对于每一个姿态,对应的光照锥与一个低维线性子空间近似,该子空间的基向量由衍生模型估算而来。该人脸识别算法将测试图片匹配到与其最近的光照锥(基于图片空间的欧几里得距离)对应的身份。

姿态变化:在很多人脸识别的场景中,测试(probe)图片与参考(gallery)图片的姿态往往是不同的。比如,参考图片可能是正面的面部照片,而测试图片则是位于房间墙角摄像头拍摄的 3/4 视图。根据测试图片的类型,可以将处理姿态变化的方法主要分为两类。一类是多角度人脸识别,此类方法是正面人脸识别的直接扩展,此类算法需要每一个人在每一个姿态下的参考图片。在跨姿态人脸识别中,构建算法时所关心的问题是识别新视角的人脸,即一个从未出现过的视角。而在另一类方法中,文献[39]为应对姿态变化的问题扩展了线性子空间,提出利用参数化线性子空间来表示参考集中的每一个人。Okada 等[39]研究了两个不同的线性模型:① LPCMAP 模型。这是一个参数化子空间模型,结合了由训练数据的主成分构建的线性子空间和线性变换矩阵,其中该矩阵可将训练数据的参数投影到子空间和它们对应的 3D 头部角度;② PPLS 模型。作为 LPCMAP 模型的扩展,PPLS 使用分段线性方法,即一组线性模型,每一个都提供连续性分析和合成映射,并利用插值使其可以推广至未知姿态。实验结果表明,该识别系统对每个坐标轴上 50°以内的 3D 头部姿态变化较为鲁棒。尽管数据量显著压缩,但 PPLS 系统的表现还是优于 LPCMAP 系统。PPLS 系统的一个缺点是已知身份的人相对较少,且采样中包含一些可以大幅提高表现的人造成分;另一个缺点是该识别系统使用了像素级特征点来表示面部形状和获取头部姿态信息,而在处于任意头部姿态的静态面部寻找特征点位置是一个病态问题。为了更加鲁棒和稳定地解决人脸识别中的姿态变化问题,文献[40]提出使用光场(light field)。光场是关于位置(三维)和方向(二维)的五维函数,详细描述了自由空间中的光线性质。特别需要指出的是,Gross 等[40]将 PCA 应用到不同人的面部光场集上,得到一组特征光场。因此,任意一张图片都对应光场中的一条曲线。实验结果表明,特征光场方法的表现优于标准特征脸算法和商业FaceIt 系统。

遮挡问题:基于外观的范式(如 PCA)的一个主要缺点是对于识别部分遮挡物体缺少鲁棒性。处理遮挡物体(如人脸)的一种方式是使用局部方法,通常来说,这类技术将人脸分成若干个部分,然后利用投票空间来寻找最佳匹配。然而,由于投票技术不考虑局部匹配的程度,因此容易对测试图片进行错误分类。为了解决该问题,文献[41]将每个人脸图片划分成 k 个不同的局部块,每个局部块利用针对局部误差问题的高斯分布(等价的混合高斯)进行建模。给定每个局部子空间的平均特征向量和协方差矩阵,匹配的概率可以直接由 k 个马氏距离的和给出。该方法与前面提到的局部 PCA 方法的不同之处在于它使用的是概率方法而不是投票空间。Martínez[41]研究了该方法所能够处理的遮挡的大小和能够成功确定被部分遮挡的人脸身份所需局部块的最小数量。实验表明,控制在人脸 1/6 以内的遮挡不会降低人脸识别准确率,甚至对于存在 1/3 遮挡的人脸,其鉴别准确率与未遮挡人脸也相差无几。但该方法只能够识别部分遮挡的人脸。而文献[42]所提出的方法利用自动关联(auto-associate)的神经网络,可以重建人脸的部分,同时还能检测人脸被遮挡的区域。首先,该方法在无遮挡图片上进行网络训练。在测试时,测试图片可以通过用召回的像素代替被遮挡区域来实现重建。训练数据集由 93 张 18×25 的 8 位图片组成,而测试图片包含像素级、矩形、太阳镜三种类型遮挡。实验结果显示,当遮挡达到人脸的 20%～30% 时,分类结果仍没有下降。但是,该方法面临最近邻方法的两个主要问题:① 新数据加入时需要重新训练系统;② 训练数据不易获取。

当训练数据和测试数据的年龄跨度比较大的时候,很多已有技术的表现会出现显著下降。而上面所提到的所有方法均没有考虑到年龄变化的问题。一些策略是尝试周期性地升级参考集(gallery)或者重新训练系统,但这种方式并不实用。此外,为使系统对年龄变化更加鲁棒,有些研究者提出模拟年龄变化过程。此类技术包括坐标变换(coordinate transformations)、面部复合(facial composites)、显著特征增强(exaggeration of 3D distinctive characteristics)等,但这些技术均没有在人脸识别框架下应用。Lanitis 等[43-44]提出了一个基于年龄函数的新方法,数据集中的每一个图片由一组参数 b 来描述,每一个类的最优年龄函数由其对应的参数 b 决定。该方法最大的优势在于利用基于类的不同年龄函数,使得该方法可以考虑一些有助于年龄变化的外部因素。Lanitis 等[43-44]在一个包含 12 个人的数据集上进行了测试,其中的 80 张图片组成数据集 A,另外 85 张组成数据集 B。实验中,在进行识别任务之前,要估计每个类的平均年龄。实验结果表明,当 A 为训练集、B 为测试集时,该方法较之前方法提升了 4%~8%;当 B 为训练集、A 为测试集时,该方法提升了 12%~15%。然而,提高人脸识别对于年龄变化的鲁棒性仍然是一个具有挑战性的问题。

总之,在人脸相关技术的研究中,人脸识别与验证等技术一直是国内外研究的重点和热点,但仍然存在一些具有挑战性的问题,亟须通过理论和技术创新,进一步提高人脸识别与验证技术的准确率和鲁棒性。

7.2　研究现状

随着安全意识的增强,人们对保证资产安全、保护隐私、用户友好系统的需求越来越强烈。尽管存在较为可靠的生物身份识别方法,比如指纹分析、视网膜或者虹膜扫描,但这些方法需要参与者足够的配合,而基于面部分析的身份识别系统通常更为高效,且无须参与者的特殊配合。近年来,得益于互联网技术的进步和社交网络的飞速发展,人物数据占据了图像大数据中的大多数,且处于相对活跃状态,因此亟须自动、高效和鲁棒的人脸智能分析技术来处理海量的人脸图像。在此背景下,人脸验证技术成为人脸分析中的一个重要分支。人脸验证,用来决定"你是否是你声称的那个人",吸引了来自图像检索、视频监控等领域学者的关注。尽管已经有很多工作投入人脸验证,并且已取得了重要进展,但由于人脸在不同光照、表情、姿态以及遮挡下的类内变化的影响,人脸验证仍然是一个很具挑战性的问题,尤其是当照片来自非受控条件,如视频监控、网络等[45-49]。近年来,研究者提出了很多模型来解决人脸验证问题,最高准确率也在不断地被刷新。下面我们将对一些代表性的人脸验证算法进行介绍。

在早期的人脸验证算法中,有研究者提出使用特征脸。文献[50]在 1991 年提出了一个检测和识别人脸的方法,描述了一个有效、接近实时的人脸识别系统。该系统先检测出人脸,然后通过与已知身份的人脸比较来进行识别。该方法将人脸识别看作一个二维识别问题,利用人脸通常是竖直状态这样一个事实,将人脸表示成一个二维特征视图的集合。将人脸图像映射到一个能够将面部变化最优编码的特征空间("人脸空间"),该空间就称为"特征脸",即人脸集合的特征向量;受信息理论的启发,该方法只是利用一个小的图像特征集合来近似数据集中所有的人脸,而无须与眼睛、耳朵和鼻子的特征分别对应。该框架以无监督学习识别陌生人脸的方式,为起步阶段的人脸识别提供了一个较为实用可行的办法。但由于当时人脸相关技术发展的局限性,该方法对于人脸姿态、噪声、遮挡等的鲁棒性较低,同时对不同数据集的扩展性也很低。

2007 年,Nowak 等[51]提出了一个学习相似性度量的算法,用来比较两个从未见过的图片。用来学习度量的图像数据对都带有"相同人"或者"不同人"的标签,这种标签与身份标签相比更容易获取。数据对的差值通过描述极度随机的二叉树来得到一个向量量化,相似性度量则是从这些量化差值向量中学得。极度随机的二叉树的特点是学习快速、鲁棒(得益于随机二叉树包含的冗余信息),并且是一个很好的选择聚类器。此外,该二叉树可以高效地结合不同的特征类型(SIFT 和几何结构)。概括来讲,该方法分为三步:第一步为检测,找到图像中的局部区域;第二步是用随机二叉树量化数据对局部区域的差值;第三步是计算两张图像的全局相似性。

2009 年是人脸验证方法发展非常迅速的一年,研究者提出了很多新的方法。Taigman 等[52]提出了一个称为 one-shot 的相似性度量,它加速了人脸识别系统的表现。给定两个图像 I_1 和 I_2,one-shot-similarity(OSS)旨在利用一个背景采样集来学习一个对应的判别模型。首先学习一个能够区分 I_1 与背景采样集的模型;其次应用该模型对数据对中另一个图像进行分类得到分数;最后对 I_2 重复上述两个步骤,并将两次的分数进行平均,得到最终的 OSS 分数。与文献[51]相同,该方法也不需要训练样本的标签。该方法使用了四种特征:SIFT、LBP、3 - patch LBP 和 4 - patch LBP,用 ITML[53]对每个特征分别计算一个OSS,然后利用线性支持向量机(support vector machine,SVM)给出最后的结果。文献[54]提出了两个鲁棒距离度量学习方法:一个是逻辑距离判别方法(logistic distance machine learning,LDML),用来从标签数据对(含有"相同类"或"不同类"标签)集合中学习度量;另一个是 k 最近邻方法(method of k nearest neigbor,MkNN),计算两张图像属于同一类的概率。需要注意的是,LDML 只需要数据对标签,而 MkNN 需要每个数据的标签。MkNN 分类器虽然概念上较为简单,但由于其需要从一个大的带标签数据集中寻找最近邻,因此在实际应用中计算量很大。文献[55]为人脸验证提供了两种方法:① 属性分类,即利用训练的二值分类器来识别面部视觉特性（如性别、种族和年龄）；② 直喻（simile）分类，即去除属性分类中要求的手动标记，学习目标图片与具体参考人的面部或者面部区域的相似性。这两种方法都无须配准，但都可以给出紧凑的面部视觉描述，且对自然条件下的人脸图像有效。该方法中所使用的低维特征包含 RGB 和 HSV 颜色空间的图像密度、边缘幅度和梯度方向。文献[56]提出了一个可扩展的人脸匹配算法，该方法可以处理人脸的几个并发、非受控因素（如姿态、表情、光照、像素以及尺度和未配准问题等），将多区域视觉变量概率直方图作为人脸特征，利用正则化距离函数计算两张脸的直方图距离。此外，Sanderson 等[56]还提出了一个快速直方图近似方法，大幅度降低了计算量，同时基本保证了原有的判别力。

2010 年，Cao 等[57]提出了一个基于学习的人脸描述子，将面部微结构进行编码。与一些著名的手动特征提取方法（如 SIFT、LBP 等）不同，该方法利用无监督学习从训练数据中学习得到一个编码器，自动达到较好的判断力与不变性之间的平衡。实验结果表明，基于学习的描述子具有紧致、高判别力和易提取等优点。

人脸验证技术在 2011 年同样取得了很多突破。文献[58]提出了余弦相似度（cosine similarity metric learning，CSML）。CSML 是一个非常高效的学习算法，在 LFW 数据集上的人脸验证达到了当时的最高水平，目前仍然被广泛使用。文献[59]针对显著类内变化对人脸识别精度的影响，提出了一个"关联-预测"（associate-predict，AP）模型。该模型建立在一个额外的通用身份数据集上，其中每一个身份对应多张含有较大变化的人脸图像。当给定两张姿态、表情等相差较大的人脸（如一张正面人脸图像和一张非正面人脸图像）时，该方法首先将给定的一张人脸与通用身份数据集建立关联，然后利用关联人脸来预测与另一张给定人脸姿态、表情等相近的人脸外观，或者预测两张给定人脸属于同一个人的概率。这两种方法分别称作"外观预测"和"概率预测"。文献[60]提出了一个基于局部自适应回归核（locally adaptive regression kernel，LARK）[61]的人脸描述子，该描述子基于中心像素和其局部邻域内像素的"信号感应距离"来得到度量自相似性。随后，通过将 PCA 和 Logistic 函数应用到 LARK 特征上，得到一个二值形式的人脸特征表示。与 LBP、TPLBP、SIFT 等特征不同，LARK 特征无须量化，因此，相对于这些特征来说，可以传达更多的信息。此外，使用基于 OSS[62]的 SVM 后，验证准确率得到提高，在 LFW 数据集上达到了当时的先进水平。

2012 年，Chen 等[63]对经典贝叶斯人脸识别方法重新进行了研究，并提出了一个新的联合公式。经典贝叶斯方法是对两张人脸外观的差值进行建模的一种方法,后经研究者发现,这种差值公式可能会降低类间的可分性,因此 Chen 等[63]提出对两张人脸联合建模,对人脸表示添加一个合适的先验。具体来说,就是将人脸特征表示成身份信息部分和类内变化部分的和,并假设这两部分满足独立的高斯分布。实验结果表明,联合贝叶斯优于当时很多人脸验证方法,达到了领先水平。此外,在应用中,联合贝叶斯的效率较高,实用性更好。

文献[64]为马氏度量学习提供了一个特征值优化框架,称为 DML‑eig。Ying 等[64]还将此优化公式扩展到 LMNN 和最大边际矩阵分解。此外,Ying 等[64]还提出了一个求解度量学习问题的高效一阶算法。文献[65]提出了一个人脸特征表示,称为局部量化模式(local quantized patterns, LQP)。LQP 是局部模式特征(local pattern features, LPF)的泛化,利用向量量化和查找表,使局部模式特征拥有更多的像素和更高的量化水平,同时保证计算简单和减少计算效率的损失。LQP 不仅在有挑战性的人脸数据集上超越了其他特征表示,而且在强度空间和方向空间上(通过应用梯度或者 Gabor 滤波得到)也能达到同等水平的效果,因此本质上对光照变化非常鲁棒。

针对马氏距离学习中高维特征所带来的困难,文献[66]提出了一个整体度量学习方法,该方法由稀疏块对角度量和联合度量学习两个步骤组成。前者通过选取有效特征组得到高度稀疏块对角度量,后者则通过进一步探索被选特征组间的关联来得到准确低秩的度量。该算法的人脸验证和检索准确率都达到了先进水平,同时对于特征维度的增长和数据量的增加有很好的可扩展性。文献[67]用深度学习取代手动选择特征(如 SIFT、LBP 等),以获得额外的补充信息。Huang 等[66]提出了局部卷积受限波尔兹曼机(restricted boltzmann machine, RBM),它是对卷积 RBM 的扩展,适用于对象类的整体结构,可以扩展应用到高清图片,并且对于少量的配准差错鲁棒。Huang 等[66]还提出将深度学习应用到人脸 LBP 表示,而不是直接应用到人脸像素表示,这样做可以学到额外的特征表示,该特征表示拥有手动选择特征图像描述子的高阶统计。该方法表明,随机滤波不仅在单层模型上表现优异(与先验工作保持一致,如文献[68]),在获取多层网络时学习滤波也是非常必要的,并且使得网络参数的选择更为鲁棒。文献[69]使用高阶局部差分统计作为特征表示并应用到纹理分类和人脸分析。事实证明,与人脸全局结构的模型相比,小区域的像素模式分布更具判别性。基于此,Sharma 等[69]提出使用局部非二值像素模式的高阶统计作为人脸特征表示。这样做的优点在于用户无须具体给出空间(像素模式)的量化值,也无须考虑去除空间中的低实用率部分,将此具有表达力的图像表示与 SVM 结合使用,可以在纹理分类和人脸分析上达到先进水平。文献[70]提出了一个利用参考集进行人脸验证的方法,该集合中图像所属类与测试集相互排斥。参考集的使用有两种方式:一是身份保护(identity-preserving)人脸配准,在变脸的过程中,减少由姿态和表情导致的类内变化,同时保持因身份导致的类间变化;二是利用步骤一配准过的图像学习多个身份分类器,用每两个人的人脸图像训练一个分类器。为了强调二值特性,这些分类器被称为"Tom-vs-Peter"分类器。用这些分类器计算目标图像与多个人的图像的判别分数,并作为目标图像的特征。该方法在LFW 数据集上达到先进水平。

2013 年,为应对带标签训练数据稀少的挑战,文献[71]提出了迁移学习方法(transfer learning,TL),将包含大量数据的源域(source-domain)与数据量有限的目标域(target domain)相结合,生成分类器。该分类器的效果与用有足够多数据目标域生成的分类器效果不相上下。利用简单通用的贝叶斯模型,该方法将 KL-散度正则项与鲁棒似然函数结合,通过 EM 算法求解,便可以得到一个可扩展的应用。Cao 等[72]提出的 SUB-SML,从鲁棒性和判别性两个角度来考虑。在鲁棒性方面,为了去除噪声,一个最常用的方式为 PCA,为了降低显著类内变化的影响,Cao 等[72]进一步将特征脸映射到类内子空间;在判别性方面,在将特征映射到类内子空间后,需要考虑的是利用相似性度量来增加判别性,即将相似数据对与不相似数据对区分开来的性质。SUB-SML 是一个无约束人脸验证相似性度量学习的正则化框架,它通过结合类内变化鲁棒性和类间判别性来构建目标函数,得到凸显的最终优化问题,这就保证了全局最优解的存在。

Chen 等[73]对高维特征的表现进行了研究。首先,利用人脸配准方法进行稠密的人脸定位并基于五点定位(眼睛、鼻子和嘴角)对相似性变化进行修正;其次,以定位点(landmark)为中心取多个尺度的图像块,将每个图像块划分成多个网格,在每个网格上进行编码得到一个描述子,如图 7-1 所示;最后,将所有描述子连接起来形成最终的高维特征。

文献[74]所提出的基于 Fisher 向量(fisher vector,FV)的人脸表示中,首先提取稠密的 SIFT 特征,然后利用特征集进行 FV 编码,得到一个高维向量表示。具体来说,就是训练多个带有对角协方差矩阵的高斯混合模型(gaussian mixture model,GMM),如图 7-2 所示。对于任意一个人脸图像对应的稠密 SIFT 特征,计算所有 GMM 的一阶和二阶差分值,并连接成一个向量,即为编码后的 FV。文献[75]提出了一个混合卷积网络(ConvNet-RBM)模型,用来进行自然环境下人脸验证,如图 7-3 所示。该工作的一个关键贡献是利用混合深度

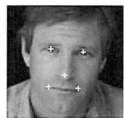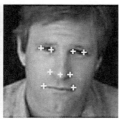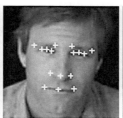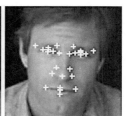

(a)

(b)

图 7 - 1　高维特征中使用配准点示意图以及多尺度表示[73]

（a）5、9、16、24 人脸配准点示意图；（b）不同尺度下相同配准点附近的特征表示

网络,从人脸数据对的原始像素直接学习关联视觉特征。模型中的深度总卷积网模仿原始视觉皮质,从滤波后的两张人脸图像上提取局部关联视觉特征,该关联特征经过多层处理后得到高层和全局特征。为了达到鲁棒的效果并且能够从不同方面描述人脸相似性,Sun 等[75]构建了多个卷积网络。顶层 RBM 从补充高层特征进行推测,该特征是利用不同的二层平均池化结构的卷积网络提取的。该模型在 LFW 数据集上的人脸验证准确率非常高。

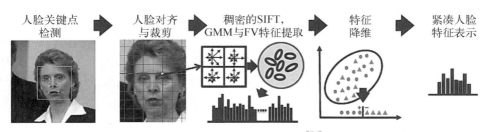

图 7 - 2　Fisher 方法概览[74]

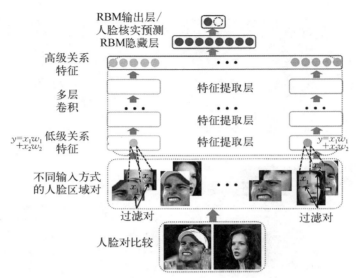

图 7 - 3　混合卷积网络(ConvNet - RBM)模型[75]

注：图中箭头为向前传播方向。

2014 年,深度学习在人脸验证领域的发展达到了一个高峰。Sun 等[76-77] 提出了两个基于深度学习的人脸验证方法。文献[76]利用深度学习为人脸验证学习一种高层次的特征表示,称为深度隐藏身份特征(deep hidden identity features,DeepID),特征提取过程如图 7 - 4 所示。Sun 等[76]从 60 个图像块(包含 10 个区域、3 个尺度和 RGB 或者灰度通道)来提取特征。每个神经网络将一个人脸块作为输入,在底层网络中提出其浅层特征,特征数量随着特征提取级联而逐渐降低,但越来越整体化,最后在最顶层得到高阶的特征。在级联的最后得到高度压缩的 160 维 DeepID 特征,该特征包含丰富的身份信息,因此可以直接预测更多的身份类(如 10 000 类)。利用从最后一个隐层得到的特征学习网络,对训练人脸关于其身份进行分类。特征卷积结构如图 7 - 5 所示。DeepID 可以由多类(multi-class)人脸鉴别任务通过高效学习得出,同时对于其他任务(如人脸验证)同样适用。DeepID 特征可以很好地推广到与训练集中不存在的人对应的人脸图像上,并在 LFW 数据集上达到接近人类水平的准确率。

文献[77]作为文献[76]的改进,加入了人脸鉴别和验证信号的监督信息,可以学得能够降低类内变化和扩大类间变化的特征,如图 7 - 6 所示。该特征称作深度鉴别-验证特征(deep IDentification-verification features,DeepID2),通过特别设计的卷积网络学习而来。人脸鉴别任务通过拉大不同身份的 DeepID2

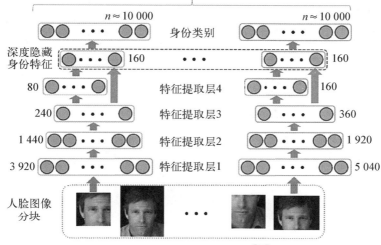

图 7-4　特征提取过程说明[76]

注：箭头代表向前传播方向。每层的卷积网所包含的神经元个数标记在每层的旁边。DeepID 特征由每个神经网最后的隐层给出，并用来预测含有大量身份的集合。特征的数量随着特征提取级联持续减少，直到 DeepID 层。

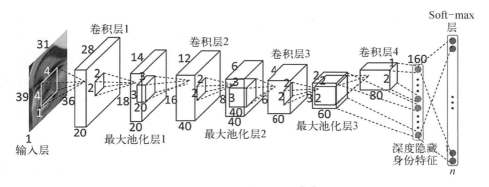

图 7-5　卷积神经网结构[76]

注：立方体的长、宽、高分别代表映射的数量和对应输入、卷积及池化层的每个映射的维度。内部的小立方体和正方形代表三维卷积核的大小和卷积及最大池化层的二维池化区域。

特征的距离来增加类间变化，人脸验证任务通过拉近相同身份的 DeepID2 特征的距离来减少类内变化，这两个任务对于人脸识别都是至关重要的。

从这些人脸验证工作中可以看出，得益于训练数据量的增长、特征鲁棒性的增强、计算机硬件水平的提升、度量学习算法以及深度学习的提出和发展，人脸验证算法已经达到了很高的水平，甚至在一些数据集上的表现超越了人类，为人

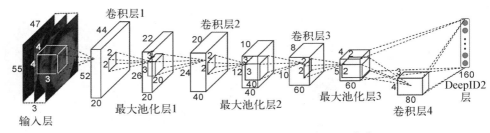

图 7 - 6　提取 **DeepID2** 的卷积神经网络结构[77]

脸验证技术的实际应用打下了坚实基础。尽管如此,若要满足一些行业(如金融、安防等领域)对验证准确率和可靠性的超高要求,人脸验证技术还有很长的路要走。比如,如何较好地克服非受控环境下光照、表情、遮挡、年龄等因素对准确率的影响,都有待研究。

7.3　基于 Sigmoid 函数的非线性人脸验证

解决人脸验证问题主要有两个步骤:提取特征和建立分类模型。第一步提取特征的方法有很多,如 SIFT[78]、LBP[79]、Gabor[80]、高维 LBP[73] 等,本节选取高维 LBP 作为特征表示。高维 LBP 以稠密的特征点(landmark)为中心提取多尺度的 LBP 特征,然后将这些 LBP 特征向量连接起来,形成最终的高维 LBP 特征。由于高维 LBP 特征的维度太高(超过 100 k),因此在提取特征后,使用 PCA 对其降维到一个可行的范围,以便于接下来的学习过程。在本节中,我们主要集中在第二个步骤,建立分类模型。其中的关键问题是如何构建一个相似性度量。近年来,涌现出很多人脸验证方法[54,63,72,81-88],其中一个非常著名的类别是基于度量学习的人脸验证方法。此类验证方法可以概括如下:给定一个人脸对的特征向量及它们对应的身份标签,需要判定给定的两张人脸是否属于同一个人。给定一个训练集,算法设计的目标是学习一个相似性度量函数,使得当输入数据对来自同一个人时的函数值较大,反之则值较小。显然,问题的关键是度量形式的选择。Bellet 等[89]将度量分成了如下三类:

(1) 线性度量[81,84,90],如马氏距离。此类度量通常为凸的,较易优化,存在全局最优解且不易过拟合。但线性度量的表达能力有限,无法体现数据中的非线性结构。

(2) 非线性度量[82,85-86],如卡方距离。该类度量可以体现数据的非线性变化,但通常是非凸的,因此可能导致局部最优。本章中我们所提出的度量属于此类,同时我们构建的优化问题是凸的,这就保证了全局最优解。

(3) 局部度量[84,87-88],此类度量通常被用来处理复杂问题,如异构数据。但是,此类度量与全局度量相比,要学习更多的参数,所以更容易导致过拟合问题。

正如前面所提到的,度量学习通常集中在马氏距离[54,81,90]。马氏距离的定义如下:$(\boldsymbol{x}_1-\boldsymbol{x}_2)^{\mathrm{T}}\boldsymbol{M}(\boldsymbol{x}_1-\boldsymbol{x}_2)$,其中 $\boldsymbol{x}_1$ 和 $\boldsymbol{x}_2$ 为待判断的数据对特征,$\boldsymbol{M}$ 为半正定矩阵。该函数在很多机器学习算法中展现了很好的泛化能力。然而,Guillaumin 等[54]主张的基于马氏距离的度量学习对于人脸验证来说是不够的,原因在于其作为线性度量无法完全体现问题的本质多样性。近年来,有一类相似性学习在人脸验证中得到了成功的应用,该类方法旨在学习一个非线性度量,或者余弦相似性。Cao 等[72]提出将距离函数与相似性函数相结合,这种结合既考虑了对类内的显著变化的鲁棒性,又考虑了对类间变化的判别力。在本章中,我们所提出的度量方法属于非线性度量的范畴。本节考虑结合距离和相似度量,并引入 Sigmoid 函数。Sigmoid 函数在分类领域应用很广泛,如 Logistic 回归[91]。在 LFW 数据集的受限设定(restricted setting)下,本章方法准确率为88.1%,超越了一些传统度量学习方法(如 ITML、SVM、马氏距离等)。在非受限设定(unrestricted setting)下,准确率达到了 94%,超过了目前高水平的浅层度量学习方法(如 KISSME[83]、JointBayesian[63]等)。

7.3.1 相关工作

近年来,人脸验证领域涌现出很多优秀的方法。下面我们将介绍几个有代表性的方法:KISSME[83]、SUB-SML[72]、联合贝叶斯(joint Bayesian)[63]、高斯脸(Gaussian face)。

1. KISSME

Kostinger 等[83]从统计推理的角度,提出从等值约束学习距离度量,并将该方法称为 KISS 法则,即"保持简单和直接(keep it simple and straightforward)"。该方法分别为正样本对和负样本对考虑两个独立的生成过程。不相似性定义为属于其中一个或者另一个的合理性。从数值推导的角度来说,相似与否可以由似然比检验获取。因此,可以利用如下值来检验数据对不相似假设 H_0 与相似性假设 H_1:

$$\delta(x_i, x_j) = \log\left[\frac{p(x_i, x_j \mid H_0)}{p(x_i, x_j \mid H_1)}\right] \qquad (7-1)$$

$\delta(x_i, x_j)$ 值大,意味着不相似假设 H_0 成立;否则,如果 H_0 被否定,则数据对相似。为了与特征空间中的实际位置独立,Kostinger 等[83] 提出在数据对差值 $(x_{ij} = x_i - x_j)$ 空间中解决问题。易知,该空间均值为零,且可将式(7-1)重写为

$$\delta(x_i, x_j) = \log\left[\frac{p(x_{ij} \mid H_0)}{p(x_{ij} \mid H_1)}\right] = \log\left[\frac{f(x_{ij} \mid \theta_0)}{f(x_{ij} \mid \theta_1)}\right] \qquad (7-2)$$

式中,$f(x_{ij} \mid \theta_1)$ 是一个概率密度分布函数,数据对 (i, j) 相似 $(y_{ij} = 1)$ 的假设 H_1 对应的参数为 θ_1,不相似 $(y_{ij} = 0)$ 的假设 H_0 对应的参数为 θ_0。假设差值空间符合高斯结构,则可写为

$$\delta(x_i, x_y) = \log\left[\frac{\dfrac{1}{\sqrt{2\pi \left|\sum_{y_{ij}=0}\right|}} \exp\left(\dfrac{-1}{2\boldsymbol{x}_{ij}^{\mathrm{T}} \sum_{y_{ij}=0}^{-1} \boldsymbol{x}_{ij}}\right)}{\dfrac{1}{\sqrt{2\pi \left|\sum_{y_{ij}=1}\right|}} \exp\left(\dfrac{-1}{2\boldsymbol{x}_{ij}^{\mathrm{T}} \sum_{y_{ij}=1}^{-1} \boldsymbol{x}_{ij}}\right)}\right] = \log\left[\frac{f(\boldsymbol{x}_{ij} \mid \theta_0)}{f(\boldsymbol{x}_{ij} \mid \theta_1)}\right]$$

$$(7-3)$$

其中

$$\sum\nolimits_{y_{ij}=1} = \sum_{y_{ij}=1}(\boldsymbol{x}_i - \boldsymbol{x}_j)(\boldsymbol{x}_i - \boldsymbol{x}_j)^{\mathrm{T}} \qquad (7-4)$$

$$\sum\nolimits_{y_{ij}=0} = \sum_{y_{ij}=0}(\boldsymbol{x}_i - \boldsymbol{x}_j)(\boldsymbol{x}_i - \boldsymbol{x}_j)^{\mathrm{T}} \qquad (7-5)$$

数据对间差值 x_{ij} 是对称的。因此有 $\theta_0 = \left(0, \sum_{y_{ij}=0}\right)$,$\theta_1 = \left(0, \sum_{y_{ij}=1}\right)$。最大化高斯似然估计等价于以最小二乘法的方式最小化到均值的马氏距离,这使得我们可以分别对两个独立的数据对集选取相关的方向。对式(7-3)变形,得到

$$\delta(\boldsymbol{x}_i, \boldsymbol{x}_j) = \boldsymbol{x}_{ij}^{\mathrm{T}} \sum\nolimits_{y_{ij}=1}^{-1} \boldsymbol{x}_{ij} + \log\left(\left|\sum\nolimits_{y_{ij}=1}\right|\right) - $$
$$\boldsymbol{x}_{ij}^{\mathrm{T}} \sum\nolimits_{y_{ij}=0}^{-1} \boldsymbol{x}_{ij} - \log\left(\left|\sum\nolimits_{y_{ij}=0}\right|\right) \qquad (7-6)$$

进一步,省略常数项,得到

$$\delta(\boldsymbol{x}_i, \boldsymbol{x}_j) = x_{ij}^{\mathrm{T}}\left(\sum\nolimits_{y_{ij}=1}^{-1} - \sum\nolimits_{y_{ij}=0}^{-1}\right)\boldsymbol{x}_{ij} \qquad (7-7)$$

最后得到了一个反映对数似然比检验的马氏度量,有如下形式:

$$d_M^2(\boldsymbol{x}_i, \boldsymbol{x}_j) = (\boldsymbol{x}_i - \boldsymbol{x}_j)^{\mathrm{T}} \boldsymbol{M}(\boldsymbol{x}_i - \boldsymbol{x}_j) \tag{7-8}$$

式中,$\boldsymbol{M}$ 是通过将 $\left(\sum_{y_{ij}=1}^{-1} - \sum_{y_{ij}=0}^{-1}\right)$ 映射到半正定矩阵锥后得到的。

与已经存在的大部分方法相比,KISSME 不依赖于复杂的优化,省去了大量复杂的迭代。因此,KISSME 可以在计算速度上比其他方法快几个数量级,同时能在效果上保持竞争力。

2. SUB - SML

Cao 等[71]提出的 SUB - SML,从鲁棒性和判别性两个角度来考虑。

(1) 鲁棒性。人脸验证中一个有挑战的问题是如何保持相似性度量对于噪声和显著类内变化的鲁棒性。其中,去除噪声的一个最常用方式是 PCA,PCA 计算矩阵 $\boldsymbol{C} = \sum_{i=1}^{n} (\boldsymbol{x}_i - \boldsymbol{m})(\boldsymbol{x}_i - \boldsymbol{m})^{\mathrm{T}} \in \mathbf{R}^{p \times p}$ 的最大 d 个特征值对应的特征向量,其中 m 为 $\{x_i\}_{i=1}^{n}$ 的平均值。经过 PCA 降维的人脸通常称为特征脸。

为了降低显著类内变化的影响,Cao 等[71]进一步将 d 维特征脸映射到类内子空间。具体地,令类内协方差矩阵定义为

$$\boldsymbol{C}_S = \sum_{(i, j) \in s} (\boldsymbol{x}_i - \boldsymbol{x}_j)(\boldsymbol{x}_i - \boldsymbol{x}_j)^{\mathrm{T}} \tag{7-9}$$

记 $\boldsymbol{\Lambda} = (\lambda_1, \cdots, \lambda_k)$,$\boldsymbol{V} = \{v_1, \cdots, v_k\}$ 分别为 C_S 的 k 个最大特征值和其对应的特征向量。特征脸到 $k(k \leqslant d)$ 维类内子空间的映射定义如下白化过程:

$$\tilde{x} = \mathrm{diag}\left(\lambda_1^{-\frac{1}{2}}, \cdots, \lambda_k^{-\frac{1}{2}}\right) \boldsymbol{V}^{\mathrm{T}} \boldsymbol{x} \tag{7-10}$$

注意,上式对特征进行了加权,权重为特征值倒数的二次根,这意味着对较大特征值对应的特征向量进行了乘法,以降低类内特征的变化。Cao 等[72]只考虑了 $k = d$ 这种特殊情况。在这种情况下,如果 $\boldsymbol{C}_S$ 是可逆的且记

$$\boldsymbol{L}_S = \boldsymbol{V} \mathrm{diag}\left(\lambda_1^{-\frac{1}{2}}, \cdots, \lambda_d^{-\frac{1}{2}}\right) \tag{7-11}$$

那么 $\boldsymbol{C}_S = \boldsymbol{L}_S \boldsymbol{L}_S^{\mathrm{T}}$ 且式(7 - 10)变为 $\tilde{x} = \boldsymbol{L}_S^{-1} x$。

(2) 判别性。将特征映射到类内子空间后,需要考虑的是利用相似性度量来增加判别性,即利用将相似数据对与不相似数据对区分开来的性质。受余弦相似度和马氏距离的启发,Cao 等[71]提出了一个衡量数据对 $(\tilde{\boldsymbol{x}}_i, \tilde{\boldsymbol{x}}_j)$ 的通用相似性度量 $f_{(\boldsymbol{M}, \boldsymbol{G})}$:

$$f_{(\boldsymbol{M}, \boldsymbol{G})}(\tilde{\boldsymbol{x}}_i, \tilde{\boldsymbol{x}}_j) = s_G(\tilde{\boldsymbol{x}}_i, \tilde{\boldsymbol{x}}_j) - d_M(\tilde{\boldsymbol{x}}_i, \tilde{\boldsymbol{x}}_j) \tag{7-12}$$

式中, $s_G(\tilde{x}_i, \tilde{x}_j) = \tilde{x}_i^T G \tilde{x}_j$。 显然, $f_{(M, G)}$ 关于 M 和 G 是线性和凸的。

记 $P = S \bigcup D$ 为数据对约束的索引集。如果图片 $\tilde{x}_i$ 与 $\tilde{x}_j$ 相似(即两张人脸属于同一个人),那么定义其对应的二值输出为 $y_{ij} = 1$,否则 $y_{ij} = 0$。基于此,Cao 等[71]给出了如下的岭损失函数:

$$\varepsilon_{\varepsilon mp}(M, G) = \sum_{(i, j) \in P} [1 - y_{ij} f_{(M, G)}(\tilde{x}_i, \tilde{x}_j)]_+ \qquad (7-13)$$

最小化上式会促使 $f_{(M, G)}$ 更好地区分相似数据对和不相似数据对。

学习 SUB - SML 度量的优化问题形式如下:

$$\min_{M, G \in \mathbb{S}^d} \varepsilon_{\varepsilon mp}(M, G) + \frac{\gamma}{2}(\| M - I \|_F^2 + \| G - I \|_F^2) \qquad (7-14)$$

其中

$$\varepsilon_{\varepsilon mp}(M, G) = \sum_{(i, j) \in P} [1 - y_{ij} f_{(M, G)}(x_i, x_j)]_+ \qquad (7-15)$$

该优化问题的求解方法为梯度下降算法,在此不再赘述。

SUB - SML 是一个无约束人脸验证相似性度量学习的正则化框架,它通过结合类内变化鲁棒性和类间判别性来构建目标函数。这样得到的最终优化问题是凸的,这就保证了全局最优解的存在。

3. 联合贝叶斯

联合贝叶斯由 Chen 等[63]提出,将人脸表示成两个独立的高斯变量:

$$x = \mu + \varepsilon \qquad (7-16)$$

式中, x 为人脸减掉平均脸后的特征; μ 代表身份信息; ε 代表人脸变化(如光照、姿态和表情)。这里,隐变量 μ 和 ε 分别服从高斯分布 $N(0, S_\mu)$ 和 $N(0, S_\varepsilon)$,其中 S_μ 和 S_ε 为未知的协方差矩阵。为简洁起见,将上面的表示和假设称为人脸先验。

给定上述先验,无论在什么假设条件下, x_1 和 x_2 的联合分布仍然符合均值为 0 的高斯分布。基于线性等式(7 - 16)和 μ、ε 的无关性假设,两张人脸 x_1、x_2 的协方差为

$$\text{cov}(x_i, x_j) = \text{cov}(\mu_i, \mu_j) + \text{cov}(\varepsilon_i, \varepsilon_j) \qquad (i, j) \in \{1, 2\}$$
$$(7-17)$$

在 H_I 假设下,数据对的身份变量 μ_1、μ_2 是相同的,它们的类内变化变量 ε_1、ε_2 是相互独立的。利用式(7 - 17),通过推导可以得出分布 $P(x_1, x_2 | H_I)$ 的协方差矩阵:

$$\sum_I = \begin{pmatrix} \boldsymbol{S}_\mu + \boldsymbol{S}_\varepsilon & \boldsymbol{S}_\mu \\ \boldsymbol{S}_\mu & \boldsymbol{S}_\mu + \boldsymbol{S}_\varepsilon \end{pmatrix} \tag{7-18}$$

在 H_E 假设下,数据对的身份变量和类内变化变量都是相对独立的。因此,分布 $P(x_1, x_2 | H_E)$ 的协方差矩阵可以表示为

$$\sum_E = \begin{pmatrix} \boldsymbol{S}_\mu + \boldsymbol{S}_\varepsilon & \boldsymbol{0} \\ \boldsymbol{0} & \boldsymbol{S}_\mu + \boldsymbol{S}_\varepsilon \end{pmatrix} \tag{7-19}$$

利用上述两个条件联合分布,通过一些简单的数学推导,可以得到准确的对数似然比 $\gamma(x_1, x_2)$:

$$\gamma(x_1, x_2) = \log \frac{P(\boldsymbol{x}_1, \boldsymbol{x}_2 | H_I)}{P(\boldsymbol{x}_1, \boldsymbol{x}_2 | H_I)} = \boldsymbol{x}_1^{\mathrm{T}} \boldsymbol{A} \boldsymbol{x}_1 + \boldsymbol{x}_2^{\mathrm{T}} \boldsymbol{A} \boldsymbol{x}_2 - 2\boldsymbol{x}_1^{\mathrm{T}} \boldsymbol{G} \boldsymbol{x}_2$$

$$\tag{7-20}$$

其中

$$\boldsymbol{A} = (\boldsymbol{S}_\mu + \boldsymbol{S}_\varepsilon)^{-1} - (\boldsymbol{F} + \boldsymbol{G}) \tag{7-21}$$

$$\begin{pmatrix} \boldsymbol{F} + \boldsymbol{G} & \boldsymbol{G} \\ \boldsymbol{G} & \boldsymbol{F} + \boldsymbol{G} \end{pmatrix} = \begin{pmatrix} \boldsymbol{S}_\mu + \boldsymbol{S}_\varepsilon & \boldsymbol{S}_\mu \\ \boldsymbol{S}_\varepsilon & \boldsymbol{S}_\mu + \boldsymbol{S}_\varepsilon \end{pmatrix}^{-1} \tag{7-22}$$

注意,简单起见,式(7-20)中省略了常数项。该对数似然比度量有如下几个有意思的性质:

(1) 矩阵 $\boldsymbol{A}$ 和 $\boldsymbol{G}$ 都是半负定矩阵。

(2) 如果 $\boldsymbol{A} = \boldsymbol{G}$,那么对数似然比取负后将退化为马氏距离。

(3) 该对数似然比度量对于特征的任何满秩线性变换保持不变。

该方法利用 EM 算法来求解 $\boldsymbol{S}_\mu$ 和 $\boldsymbol{S}_\varepsilon$。 实验表明,联合贝叶斯表现优于贝叶斯脸和很多其他监督学习方法。

4. 高斯脸(Gaussian face)

Lu 等[92] 提出了判别高斯过程隐性变量模型(discriminative Gaussian process latent variable model,DGPLVM),称作高斯脸(Gaussian face)。该方法利用多源数据集进行训练,从而提高了人脸验证在未知域上的泛化能力。该模型可以自动地适应复杂的数据分布,因此可以更好地捕捉不同域内人脸内在的复杂变化。此外,为了加强方法的判别力,Lu 等[92] 还将核 Fisher 判别分析(KFDA)引入 DGPLVM。下面对该方法进行简要介绍。

高斯过程隐式变量模型(GPLVM)可以解释为一个将低维隐式空间映射到

高维数据集的高斯过程。记 $\boldsymbol{X}$ 为输入矩阵，$\boldsymbol{Z} = [z_1, \cdots, z_N]^{\mathrm{T}}$ 的每一行对应 $\boldsymbol{X}$ 在隐式空间中的位置。给定高斯过程的协方差函数 k，隐式位置的似然估计为

$$p(\boldsymbol{X} \mid \boldsymbol{Z}, \theta) = \frac{1}{\sqrt{(2\pi)^{ND} \mid \boldsymbol{K} \mid^D}} \exp\left[-\frac{1}{2} tr(\boldsymbol{K}^- \boldsymbol{XX}^{\mathrm{T}})\right] \qquad (7-23)$$

式中，$K_{ij} = k(z_i, z_j)$。

KFDA 是线性判别方法的核化形式，它在特征空间寻找由核定义的一个方向，该方向通过最大化类间方差与类内方差的比得到，映射到该方向上的投影可以尽可能地区分正负样本对。令 $[z_1, \cdots, z_{N_+}]$ 代表正样本集合，$[z_{N_++1}, \cdots, z_N]$ 为负样本集合，其中 $N_- = N - N_+$。令 K 为核矩阵，那么在特征空间中，$[\phi_K(z_1), \cdots, \phi_K(z_{N_+})]$ 和 $[\phi_K(z_{N_++1}), \cdots, \phi_K(z_N)]$ 分别代表正负样本集。KFDA 的优化准则是最大化类间差分与类内差分的比，有

$$\mathcal{K}(\omega, K) = \frac{[\omega^{\mathrm{T}}(\mu_K^+ - \mu_K^-)]^2}{\omega^{\mathrm{T}}(\sum_K^+ + \sum_K^- + \lambda I_N)\omega} \qquad (7-24)$$

式中，λ 是大于零的正则系数，$\mu_K^+ = \frac{1}{N_+}\sum_{i=1}^{N_+}\phi_K(z_i)$，$\mu_K^- = \frac{1}{N_-}\sum_{i=N_++1}^{N_+}\boldsymbol{\phi}_K(z_i)$，$\sum_K^+ = \frac{1}{N_+}\sum_{i=1}^{N_+}[\boldsymbol{\phi}_K(z_i) - \mu_K^+][\phi_K(z_i) - \mu_K^+]^{\mathrm{T}}$，$\sum_K^- = \frac{1}{N_-}\sum_{i=N_++1}^{N}[\boldsymbol{\phi}_K(z_i) - \boldsymbol{\mu}_K^-][\phi_K(z_i) - \boldsymbol{\mu}_K^-]^{\mathrm{T}}$。最大化上式等价于

$$\mathcal{J}^* = \frac{1}{\lambda}[\alpha^{\mathrm{T}}K\alpha - \alpha^{\mathrm{T}}KA(\lambda I_n + AK\alpha)^{-1}AK\alpha] \qquad (7-25)$$

式中，$A = \mathrm{diag}\left(\frac{I_{N_+} - \frac{1}{N_+}1_{N_+}1_{N_+}^{\mathrm{T}}}{\sqrt{N_+}}, \frac{I_{N_-} - \frac{1}{N_-}1_{N_-}1_{N_-}^{\mathrm{T}}}{\sqrt{N_-}}\right)$，$\alpha = \left[\frac{1_{N_+}^{\mathrm{T}}}{N_+}, \frac{1_{N_-}^{\mathrm{T}}}{N_-}\right]$。因此，DGPLVM 中的关于隐式位置的先验概率为

$$p(Z) = \frac{1}{\mathcal{Z}_b}\exp\left(-\frac{1}{\delta^2}\mathcal{J}^*\right) \qquad (7-26)$$

式中，$\mathcal{Z}_b$ 为正则化常数；δ 代表全局缩放参数。

接下来便可以给出高斯脸模型。假设有 S 个源域的数据集 $[X_1, \cdots, X_S]$ 和一个目标域数据集 X_T，那么学习 DGPLVM 等价于优化

$$p(Z_i, \theta \mid X_i) = \frac{1}{\mathcal{Z}_b}p(X_i \mid Z_i, \theta)p(Z_i)p(\theta) \qquad (7-27)$$

如图 7-7 所示,高斯脸模型有两个应用[92],其中一个是二值分类器,对原特征计算得到的相似性向量进行分类,得到最终的二值结果;另一个应用是特征提取器,对原特征应用高斯脸模型,得到新的更具判别力的高维特征。

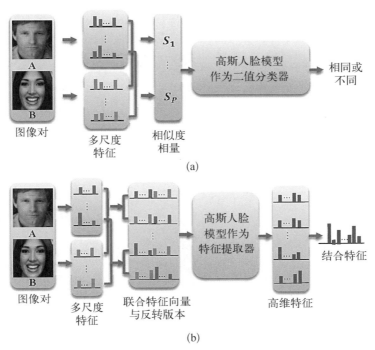

(a)

(b)

图 7-7 高斯脸模型的两个应用[92]

(a) 二值分类器;(b) 特征提取器

7.3.2 算法思想

1. Sigmoid 函数

Sigmoid 函数有 S 形的曲线,如图 7-8 所示。其表达式如下:

$$S_0(x) = \frac{1}{1 + e^{-x}} \qquad (7-28)$$

该函数是平滑单调的。因为它将整个实坐标系映射到有限区间(0,1),故被称作"压缩函数"。Sigmoid 函数的对数(logistic sigmoid 函数)为

$$L(x) = \log\left(\frac{1}{1 + e^{-nx}}\right) \qquad (7-29)$$

该函数在分类算法中起着非常重要的作用,对应的曲线如图 7 - 9 所示,是可微且单调递增的。更重要的是,该函数是凸的,从而保证了全局最优。此外,它还具有闭合形式的导数:

$$S(x) = \frac{n\,\mathrm{e}^{-nx}}{1 + \mathrm{e}^{-nx}} \qquad (7 - 30)$$

从图 7 - 8 中我们可以看出,n 越大,曲线在 $x = 0$ 附近越陡。

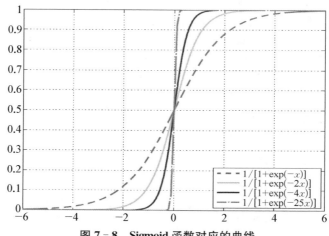

图 7 - 8　Sigmoid 函数对应的曲线

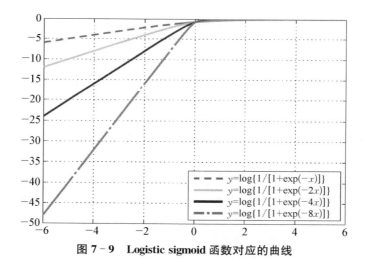

图 7 - 9　Logistic sigmoid 函数对应的曲线

2. 度量函数

本节考虑构造一个度量函数,使其对类间数据具有判别性的同时,对类内变化更为鲁棒。我们将内积作为度量函数的重要组成部分,同时结合马氏距离度量,得到 $x^{\mathrm{T}}Gy-(x-y)^{\mathrm{T}}M(x+y)$。接下来,我们将该函数嵌入 Sigmoid 函数中,得到度量函数的最终形式:

$$f_{M,G}(x,y)=\frac{1}{1+\mathrm{e}^{-n[x^{\mathrm{T}}Gy-(x-y)^{\mathrm{T}}M(x+y)]}} \qquad (7-31)$$

下面我们对该度量函数各组成部分的作用进行具体介绍:

(1) 内积项 $x^{\mathrm{T}}Gy$。Chen 等[63]在联合贝叶斯中提出,大部分的判别信息存在于交叉内积项 $x^{\mathrm{T}}Gy$。受其启发,我们在度量函数中引入该内积项,以增加类间数据的判别性。

(2) 距离项 $(x-y)^{\mathrm{T}}M(x+y)$。马氏距离是人脸识别领域最普遍、最经典的线性距离函数。马氏距离有如下优点:① 它是尺度无关的;② 标准化数据和中心化数据(即原始数据与均值之差)计算出的两点之间的马氏距离相同;③ 马氏距离还可以排除变量之间的相关性的干扰。

(3) Sigmoid 函数。如图 7-8 所示,Sigmoid 函数将整个实坐标系映射到有限区间 $(0,1)$,并且在 x 轴 0 点的邻域内斜率比其他可行区域大。观察发现,由 $x^{\mathrm{T}}Gy-(x-y)^{\mathrm{T}}M(x+y)$ 计算出的人脸相似度数值均包含在一个 0 的小邻域内。因此,将 Sigmoid 函数应用到 $x^{\mathrm{T}}Gy-(x-y)^{\mathrm{T}}M(x+y)$ 可以增大其可分度,有助于通过度量学习得到更具判别力的相似度函数,从而提高人脸验证的准确率。此外,Sigmoid 函数的对数是单调凸函数,如图 $(7-9)$ 所示,这一重要性质保证了接下来的优化问题的凸性,从而保证了全局最优解。给定两张输入图片,其对应的二值标签如下:

$$l_{ij}=\begin{cases} 1, & (x_i,x_j)\in\mathcal{P} \\ -1, & (x_i,x_j)\in\mathcal{D} \end{cases} \qquad (7-32)$$

我们需要做的就是从训练数据中学习得到矩阵参数 M 和 G,使得当 $l_{ij}=1$ 时,$f_{(M,G)}(x_i,x_j)$ 尽可能大;当 $l_{ij}=-1$ 时,$f_{(M,G)}(x_i,x_j)$ 尽可能小。

3. 大边界解法

为求解上一节中所构造度量函数中的矩阵参数,我们提出如下的能量函数:

$$O(M,G)=R(M,G)+\frac{\gamma}{2}(\|M-I\|_{\mathrm{F}}^2+\|G-I\|_{\mathrm{F}}^2) \qquad (7-33)$$

其中

$$R(\boldsymbol{M}, \boldsymbol{G}) = \sum_{(i, j) \in \mathcal{P}} \{1 - y_{ij} \log[f_{\boldsymbol{M}, \boldsymbol{G}}(\boldsymbol{x}_i, \boldsymbol{x}_j)]\}_+ \tag{7-34}$$

在构造能量函数时,我们用 sigmoid 函数的对数代替 Sigmoid 函数,有如下两个原因:① Sigmoid 函数非凸,可能会导致局部最优,但 sigmoid 函数的对数是凸且单调增的,从而保证了全局最优解;② 度量函数得到的相似度值可能会过小,使用对数函数可以将其映射到一个更加合理的范围。

对于正数据对(即 $l_{ij} = 1$),式(7-34)右侧变为

$$\{1 - \log[f_{\boldsymbol{M}, \boldsymbol{G}}(\boldsymbol{x}_i, \mid \boldsymbol{x}_j)]\}_+ \tag{7-35}$$

最 小 化 该 式 等 价 于 最 大 化 $\log[f_{(\boldsymbol{M}, \boldsymbol{G})}(\boldsymbol{x}_i, \boldsymbol{x}_j)]$,也 就 意 味 着 最 大 化 $f_{\boldsymbol{M}, \boldsymbol{G}}(\boldsymbol{x}_i, \boldsymbol{x}_j)$。

对于负数据对(即 $l_{ij} = -1$),上式变为

$$\{1 + \log[f_{\boldsymbol{M}, \boldsymbol{G}}(\boldsymbol{x}_i, \boldsymbol{x}_j)]\}_+ \tag{7-36}$$

同理,最小化该式意味着最小化相似度值。为了避免负数据对的相似度值 $f_{\boldsymbol{M}, \boldsymbol{G}}(\boldsymbol{x}_i, \boldsymbol{x}_j)$ 小于 $1/e$,导致对能量函数贡献为负,我们选择函数 $(z)_+$ 来阻止 $f_{\boldsymbol{M}, \boldsymbol{G}}(\boldsymbol{x}_i, \boldsymbol{x}_j)$ 变得过小。该函数将所有小于 $1/e$ 的负数据对相似度值映射到 $1/e$。

注意式(7-33)由两项组成:第一项旨在将同标签人脸拉近,使不同标签的人脸尽可能远离;第二项为正则项,用来防止类内子空间过度扭曲,进而保留对类内变化的鲁棒性。参数 γ 为正,用来平衡这两项。通过引入松弛算子 ξ_{ij},求解式(7-33)的优化问题可表示如下:

$$\min_{\boldsymbol{M}, \boldsymbol{G}} \sum_{(i, j) \in \mathcal{P}} \xi_{ij} + \frac{\gamma}{2} (\|\boldsymbol{M} - \boldsymbol{I}\|_F^2 + \|\boldsymbol{G} - \boldsymbol{I}\|_F^2) \tag{7-37}$$

s. t. $\quad l_{ij} \log[f_{\boldsymbol{M}, \boldsymbol{G}}(\boldsymbol{x}_i, \boldsymbol{x}_j)] \geqslant 1 - \xi_{ij}, \; \xi_{ij} \geqslant 0, \; \forall (i, j) \in \mathcal{P}$

注意 $\boldsymbol{x}^{\mathrm{T}} \boldsymbol{G} \boldsymbol{y} - (\boldsymbol{x} - \boldsymbol{y})^{\mathrm{T}} \boldsymbol{M} (\boldsymbol{x} + \boldsymbol{y})$ 是凸的,且 Logistic sigmoid 函数是单调凸的,因此 $\log[f_{\boldsymbol{M}, \boldsymbol{G}}(\boldsymbol{x}_i, \boldsymbol{x}_j)]$ 也是凸的。结合正则项的凸性质,我们可以得到上述优化问题的凸性,该性质可以保证优化问题的解收敛到全局最优。

根据矩阵空间中内积和 F-范数的定义,我们有

$$\begin{aligned}
&(\boldsymbol{x}_i - \boldsymbol{x}_j)^{\mathrm{T}} \boldsymbol{M} (\boldsymbol{x}_i - \boldsymbol{x}_j) - x_i^{\mathrm{T}} \boldsymbol{G} x_j \\
&= Tr[\boldsymbol{M}(\boldsymbol{x}_i - \boldsymbol{x}_j)(\boldsymbol{x}_i - \boldsymbol{x}_j)^{\mathrm{T}}] - Tr(\boldsymbol{G} x_i \boldsymbol{x}_j^{\mathrm{T}}) \\
&= \langle \boldsymbol{M}, (\boldsymbol{x}_i - \boldsymbol{x}_j)(\boldsymbol{x}_i - \boldsymbol{x}_j)^{\mathrm{T}} \rangle - \langle \boldsymbol{G}, \boldsymbol{x}_i \boldsymbol{x}_j^{\mathrm{T}} \rangle \\
&= \langle \boldsymbol{\zeta} + \boldsymbol{\eta}, g(\boldsymbol{x}_i, \boldsymbol{x}_j) \rangle
\end{aligned} \tag{7-38}$$

式中，$\boldsymbol{\zeta} = \begin{pmatrix} \mathrm{vec}(\boldsymbol{M} - \boldsymbol{I}) \\ \mathrm{vec}(\boldsymbol{G} - \boldsymbol{I}) \end{pmatrix}$；$\boldsymbol{\eta} = \begin{pmatrix} \mathrm{vec}(\boldsymbol{I}) \\ \mathrm{vec}(\boldsymbol{I}) \end{pmatrix}$；$g(\boldsymbol{x}_i, \boldsymbol{x}_j) = \begin{pmatrix} \mathrm{vec}[(\boldsymbol{x}_i - \boldsymbol{x}_j)(\boldsymbol{x}_i - \boldsymbol{x}_j)^{\mathrm{T}}] \\ - \mathrm{vec}(\boldsymbol{x}_i \boldsymbol{x}_j^{\mathrm{T}}) \end{pmatrix}$。

因此，我们的度量函数可以表示为

$$f_{\boldsymbol{M}, \boldsymbol{G}}(\boldsymbol{x}_i, \boldsymbol{x}_j) = \frac{1}{1 + \mathrm{e}^{-n\langle \boldsymbol{\zeta} + \boldsymbol{\eta}, \, g(x_i, \, x_j)\rangle}} \qquad (7-39)$$

正则项表示为 $<\boldsymbol{\zeta}, \boldsymbol{\zeta}>$。通过上述一系列的变换，优化问题可以表示为

$$\min_{M, \, G} \sum_{(i, \, j) \in \mathscr{P}} \xi_{ij} + \frac{\gamma}{2} <\boldsymbol{\zeta}, \boldsymbol{\zeta}> \qquad (7-40)$$

$$\mathrm{s.\,t.} \qquad l_{ij} \log\left(\frac{1}{1 + \mathrm{e}^{-n\langle \zeta + \eta, \, g(x_i, \, x_j)\rangle}}\right) \geqslant 1 - \xi_{ij}, \ \xi_{ij} \geqslant 0, \ \forall (i, \, j) \in P$$

现在，利用随机梯度下降法[93]，便可以对上述优化问题进行求解，这里不再详细介绍。

7.3.3　实验结果

本节将在 LFW 数据集上进行实验，来检验所提方法在人脸验证中的表现。

1. LFW 数据集

LFW 数据集包含 5 749 个名人的 13 233 张人脸图片，其中 1 680 人有两幅及以上的图像，4 069 人只有一幅图像。图像为 250×250 大小的 JPEG 格式。绝大多数为彩色图，少数为灰度图。我们利用 Viola - Jones 检测器对数据样本进行检测，得到大部分的人脸图像，然后将其裁剪为目标尺寸，有少部分样本从 False positive 中手动筛选获得。这些图片包含有姿态、光照、表情、种族、年龄、性别等的变化，完全在非受控条件下拍摄，因此，对人脸验证来说，LFW 通常被认为是一个很有挑战性的数据集。LFW 包含两个 View。View1 用来进行模型选择、训练和验证；View2 用来测试，是结果评定的标准。所有的模型参数均只能在 View1 中调节，而在 View2 中保持不变。

2. 高维 LBP

我们使用高维 LBP 作为人脸特征描述。Chen[73] 提出基于稠密关键点的多尺度 LBP 提取方法。这种方法可以排除一些没必要的区域特征，这些没用的特征可能会影响识别效果。

　　首先,利用人脸配准方法进行稠密的人脸定位并基于五点定位(眼睛、鼻子和嘴角)对相似性变化进行修正。其次,以定位点为中心取多个尺度的图像块,将每个图像块划分成多个网格,在每个网格上进行编码,得到一个描述子。最后,将所有描述子连接起来形成最终的高维特征。在上述的过程中,有两个因素值得注意:

　　(1) 稠密的特征点高维特征是基于准确稠密的面部特征点,这就得益于人脸配准技术的长足进步[94-95]。利用采样或者回归技术,当今的人脸配准方法可以输出自然条件下人脸图片准确稠密的特征点。为了得到相对高的准确率和可靠性,我们选择人脸内部的特征点共 27 个。

　　(2) 多尺度如图 7-1 所示,首先建立一个关于正则化(基于五点的相似性变换)人脸图像的金字塔。其次在金字塔的每一层的每一个特征点截取固定大小的图像块,每一个图像块被划分为 4×4 的网格,利用某些局部描述子来描述每个网格,最后将这些描述子连接起来,形成高维特征。

　　接下来,我们介绍一下特征维度对人脸验证准确率的影响[73]。我们使用 LFW 标准数据集,严格遵从其非受限协定的要求[96]。对比 5 个不同的局部特征表述:LBP[79]、SIFT[78]、HOG[97]、Gabor[80] 和 LE[57]。当特征维度由 1 k 提升到 100 k 时,准确率有 6%～7% 的提升。在该实验中,特征的提升是通过将特征点个数由 5 增加到 27,将尺度由 1 增加到 5 得到的。

　　3. 白化 PCA

　　首先介绍一下降维的必要性,主要有如下几点:① 多重共线性会影响解空间的稳定性,可能会导致结果的不连贯;② 高维空间的稀疏性,在 1 维空间中的正态分布有 68% 的值落于正负标准差之间,而在 10 维空间上只有 0.02%;③ 冗余的变量不利于查找规律的有效建立;④ 仅在变量层面上分析可能会忽略变量之间的潜在联系。

　　PCA 是一种常用的数据分析方法,它利用线性变换,将原始数据转换为一组各维度线性无关的表示,用来提取数据中的主要特征分量,常用来对高维数据进行降维。我们首先计算训练数据的协方差矩阵,有

$$\sum = \frac{1}{m} \sum_{i=1}^{m} \boldsymbol{x}_i \boldsymbol{x}_i^{\mathrm{T}} \tag{7-41}$$

式中,输入数据已经均值化。然后对协方差矩阵进行特征值分解,选取前 d 个大的特征值对应特征向量作为投影方向。在得到训练数据的协方差矩阵之后,应用 SVD 对其进行奇异值分解,对应的 $\boldsymbol{U}$ 矩阵中的每一个列向量就是输入数据新的方向向量,较大特征值对应的特征向量代表的是主方向。用 $\boldsymbol{U}^{\mathrm{T}} \boldsymbol{x}$ 得到

的就是降维后的样本值：

$$x_{\text{rot}} = U^{\text{T}} x = \begin{pmatrix} u_1^{\text{T}} x \\ u_2^{\text{T}} x \end{pmatrix} \tag{7-42}$$

白化能消除数据之间的相关联度，通常用来对算法进行预处理。比如当训练样本为图片时，因其相邻像素值具有一定的关联性，造成了信息冗余。此时，可使用白化操作去相关。PCA 白化是指利用 PCA 将数据 x 降维为如式 (7-42)所示形式，其中每一维是独立的，这时只需要将 x_{rot} 中的每一维都除以标准差(λ)，使得每一维的方差为 1，即方差相等。公式为

$$x_{\text{PCAWhite}, i} = \frac{x_{\text{rot}, i}}{\sqrt{\lambda_i}} \tag{7-43}$$

4. LDA

线性判别式分析(linear discriminant analysis，LDA)[98]是模式识别中的经典算法。LDA 的目标是抽取分类信息和压缩特征空间维度，为此，须将高维模式样本投影至最佳鉴别矢量空间，保证模式样本在新的子空间有最大的类间距离和最小的类内距离，即模式在该空间中有最佳的可分离性。

从数学上来讲，针对来自不同类的全部样本，定义如下两个度量：① 类内散布矩阵，如式(7-44)所示，其中 x_i^j 为第 j 类的第 i 个样本，μ_j 为类 j 中所有样本的均值，c 为类别数，N_j 为类 j 中所有样本的个数；② 类间散布矩阵，如式 (7-45)所示，其中 μ 代表所有样本的均值：

$$S_w = \sum_{j=1}^{c} \sum_{i=1}^{N_j} (x_i^j - \mu_j)(x_i^j - \mu_j)^{\text{T}} \tag{7-44}$$

$$S_b = \sum_{j=1}^{c} (\mu_j - \mu)(\mu_j - \mu)^{\text{T}} \tag{7-45}$$

LDA 可以最大化比值 $\det(S_b)/\det(S_w)$。使用此比值的优势在于如果 S_w 是非奇异矩阵，那么当投影矩阵 W 的列向量为 $S_w^{-1}S_b$ 的特征向量时，该比值最大(证明见文献[99])。需要注意：① $S_w^{-1}S_b$ 最多有 $c-1$ 个特征值，因此 LDA 降维后的特征维度不超过 $c-1$；② 为了使 S_w 非奇异，需要至少 $t+c$ 个训练样本，其中 t 为降维之前的特征维度。此外，与 PCA 不同的是，LDA 要求训练数据包含标签信息，因此在 LFW 受限条件下，无法使用 LDA 降维。

5. 实验协议

LFW 数据集为监督学习提供了两种训练范式：图片的受限设定和非受限

设定。在图片受限设定下,只给定二值标签("匹配"与"不匹配");而在非受限设定下,我们可以在训练过程中使用训练样本的标签,进而能够直接或间接地生成更多的训练正负数据对,同时还可以引入 LDA 降维,进一步提升人脸验证的准确率。

将数据集分为 10 部分,用于交叉验证实验。每个部分含有相同个数的正负样本对,527×609 个类别,对应的人脸图片数为 1 016×1 783 个,确保每个部分包含的类别互不相同,相互独立。

1) 受限条件下实验结果

在图片受限设定条件下,标签信息是不可见的。代替标签的是每个部分提供 300 个正数据对、300 个负数据对,即只提供了"匹配"或"不匹配"的二值标签。没有标签信息,就无法获得更多的训练数据对。正负样本对的例子分别如图 7 - 10 和图 7 - 11 所示。

$S=0.080\ 2$ $S=0.913\ 1$ $S=0.139\ 4$

图 7 - 10　本节方法计算出的一些正样本对的相似性分数

首先,我们将比较本章所提方法与传统度量学习方法。公平起见,所有方法都用相同的特征。如表 7 - 1 所示,新方法的准确率为 88.1%,超过 SVM、马氏距离、ITML 等传统度量学习方法,但稍低于 KISSME,ROC 曲线如图 7 - 12 所示。

$S=1.192\ 3\times10^{-30}$　　　　$S=1.767\ 8\times10^{-34}$　　　　$S=6.499\ 5\times10^{-42}$

图 7－11　本节方法计算出的一些负样本对的相似性分数

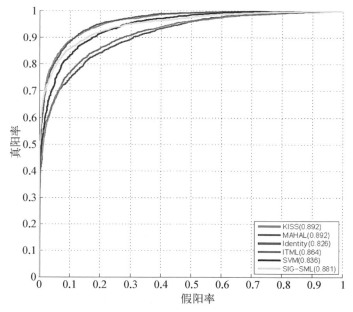

图 7－12　在 LFW 受限设定下，SIG－SML 和一些著名方法的 ROC 曲线

表 7 - 1　在 LFW 受限设定下，SIG - SML 方法与一些著名度量学习方法在使用相同特征情况下的结果对比

方　　法	准 确 率
KISSME	0.892
MAHAL	0.892
ITML	0.864
SVM	0.836
Identity	0.826
SIG - SML	0.881

然后，我们验证了 SIG - SML 的有效性。我们分别对 SIG - SML、SIG - SL、SIG - ML 进行了试验。记

$$f_1 = (\boldsymbol{x}_i - \boldsymbol{x}_j)^\mathrm{T} \boldsymbol{M} (\boldsymbol{x}_i - \boldsymbol{x}_j), \ f_2 = \boldsymbol{x}_i^\mathrm{T} \boldsymbol{G} \boldsymbol{x}_j \qquad (7 - 46)$$

进而分别得到其对应的优化问题：

（1）SIG - ML：

$$\min_\zeta \sum_{(i, j) \in \mathcal{P}} \xi_{ij} + \frac{\gamma}{2} < \zeta, \zeta > \qquad (7 - 47)$$

s. t.　　$l_{ij} \log [f_1(x_i, x_j)] \geqslant 1 - \xi_{ij}, \xi_{ij} \geqslant 0, \ \forall (i, j) \in \mathcal{P}$

（2）SIG - SL：

$$\min_\zeta \sum_{(i, j) \in \mathcal{P}} \xi_{ij} + \frac{\gamma}{2} < \zeta, \zeta > \qquad (7 - 48)$$

s. t.　　$l_{ij} \log [f_2(x_i, x_j)] \geqslant 1 - \xi_{ij}, \xi_{ij} \geqslant 0, \ \forall (i, j) \in \mathcal{P}$

如表 7 - 2 所示，作为基准，PCA 表示直接用欧氏距离计算的相似度。可以看到，SIG - SL 的结果在所有维度上均与 PCA 相近，SIG - ML 在 PCA 的基础上提升了 1%～3%，而 SIG - SML 进一步提升到 88.1%。从实验结果来看，距离度量在度量函数中起着很重要的作用，同时也验证了 SIG - SML 相较于只有距离度量或者相似性度量的有效性。

表 7 - 2 在 LFW 受限设定下,SIG‐SML 方法与 SIG‐ML 和 SIG‐SL 在
不同 PCA 维度下的准确率结果对比

方　法	维　度		
	100	200	300
PCA	0.826	0.844	0.858
SIG‐SL	0.826	0.846	0.851
SIG‐ML	0.860	0.866	0.869
SIG‐SML	0.868	0.871	0.881

表 7 - 3 和图 7 - 13 给出了在 LFW 数据集下受限设定下的一下结果,SIG -
SML 的表现优于大部分方法,但低于 SUB‐SML。SUB‐SML 计算了三种特
征以及对应特征平方根的准确率,并在由这六个准确率构成的向量上训练 SVM
来得到最终准确率。而我们的方法只使用了一种特征表示。此外,在计算速度
上,SIG‐SML 要明显优于 SUB‐SML。

表 7 - 3 在 LFW 受限设定下,SIG‐SML 方法与一些公开
发表方法[100]的结果对比

方　法	$\hat{u}$
LDML,漏斗状[54]	0.792 7±0.006 0
Hybrid,对齐的[52]	0.839 8±0.003 5
HTBI 特征,对齐的[101]	0.868 3±0.003 4
LBP+CSML,对齐的[102]	0.855 7±0.005 2
CSML+SVM,对齐的[102]	0.880 0±0.003 7
DML‐eig SIFT,漏斗状[64]	0.812 7±0.023 0
Single LE+整体的[57]	0.812 2±0.005 1
SUB‐SML,结合的、漏斗状、对齐的[72]	0.897 3±0.003 8
SIG‐SML	0.880 7±0.008 4

2) 非受限条件下实验结果

在非受限设定条件下,图片的身份信息是可用的。因此,在该协议中,可以
尽可能多地构造数据对。此外,有了身份信息,在 PCA 之后使用了 LDA 对特征
进行进一步的降维。在实验中,我们将 SIG‐SML 与欧氏距离、ITML、马氏距
离、SVM、SUB‐SML、KISSME 及联合贝叶斯进行了对比,与受限条件一样,所

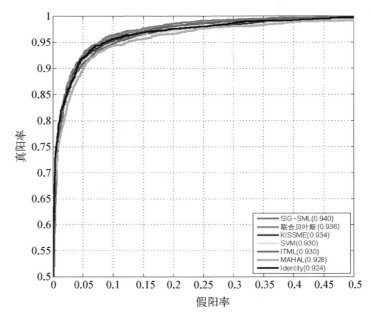

图 7 - 13　SIG - SML 与一些先进方法在非受限条件下的准确率对比
（每个部分 1 500 个数据对）

有的方面使用相同的特征和维度。

　　表 7 - 4 给出了上述方法在非受限环境下的结果。SIG - SML 的验证准确率超出所有方法，达到了 94%。此外，表 7 - 5 所示为 SIG - SL、SIG - ML 和 SIG - SML 分别在每个部分包含 1 000、1 500、2 500 个数据对时的表现，对应的 ROC 曲线如图 7 - 14 所示。SIG - SL 和 SIG - ML 的最高准确率均为 92.5%，比 SIG - SML 低 1.5%。在该实验中，1.5% 的提升意味着相较于 SIG - ML 和 SIG - SL，SIG - SML 成功预测的数据对数量多了 90 对。从上述对比可以看出，相似性函数与距离函数结合的表现要优于单独使用其中任意一种。其原因在于，该结合使得我们的方法在保持类间差别性的同时，增加了对类内变化的不变性。表 7 - 6 给出了在 LFW 非受限条件下发表的一些结果，可见我们的方法超越了表中所有方法，达到了最佳水平。

　　接下来，讨论每个部分所包含数据对个数及倾斜因子 n 对模型的影响：

　　（1）数据对个数。如表 7 - 5 所示，当数据对个数增加 1 500 时，准确率最高，继续增加反而导致准确率下降，其原因可能是太多的训练数据导致模型过拟合。因此，选取一个合适的数据量非常重要，过低或过高都会导致准确率的降低。

（2）倾斜因子。如图 7 - 15 所示，我们给出了倾斜因子对准确率的影响。

表 7 - 4 在 LFW 非受限设定下，SIG - SML 方法与著名度量学习方法的结果对比

方　　法	准　确　率
Identity	0.924
ITML	0.930
MAHAL	0.928
SVM	0.931
SUB - SML	0.924
KISSME	0.936
联合贝叶斯	0.937
SIG - SML	0.940

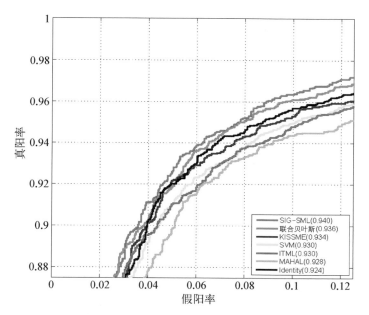

图 7 - 14　图 7 - 13 中 ROC 曲线的放大

从该曲线可以看出，我们的方法较联合贝叶斯有一定提升

表 7 - 5　在 LFW 非受限条件下,SIG‐SML、SIG‐ML 和
SIG‐SL 的准确率结果对比

方　　法	数 据 对 个 数		
	1 000	1 500	2 500
LDA	0.924	0.934	0.934
SIG‐SL	0.925	0.924	0.924
SIG‐ML	0.925	0.924	0.925
SIG‐SML	0.933	0.940	0.938

表 7 - 6　在 LFW 非受限设定下,SIG‐SML 方法与一些公开
发表方法[100] 的结果对比

方　　法	$\hat{u}$
LDML‐MkNN,漏斗状[54]	0.875 0±0.004 0
Combined multishot,对齐的[52]	0.895 0±0.005 1
LBP multishot,对齐的[52]	0.851 7±0.006 1
LBP PLDA,对齐的[58]	0.873 3±0.005 5
combined PLDA,漏斗状,对齐的[58]	0.900 7±0.005 1
combined Joint Bayesian[63]	0.909 0±0.014 8
high‐dim LBP[73]	0.931 8±0.010 7
Fisher vector faces[74]	0.930 3±0.010 5
Sub‐SML[72]	0.907 5±0.006 4
VMRS[103]	0.920 5±0.004 5
ConvNet‐RBM[75]	0.917 5±0.004 8
SIG‐SML	**0.940 3±0.013 6**

7.3.4　总结与讨论

　　在本节中,具体介绍了新提出的人脸验证方法 SIG‐SML。我们使用了
Sigmoid 函数,同时结合马氏距离函数与双线性相似性函数,形成最终的度量函
数。Sigmoid 函数的一个重要性质是它将整个坐标轴压缩到(0, 1)区间,使相似
性度量的分数保持在[0, 1]。同时,我们用于求解度量函数参数的优化问题是
凸的,解可以收敛到全局最优,保证了解的稳定性。实验结果表明,这样一个度

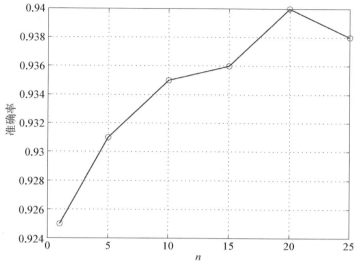

图 7 - 15　人脸验证准确率与参数 n 的关系

量函数同时具备了对类内数据的不变性和类间数据的判别性。在 LFW 上的准确率超越了欧氏距离、ITML、马氏距离、SVM、SUB - SML、KISSME 及联合贝叶斯等主流方法，达到了最佳水平。同时，我们还证明了结合马氏距离函数与双线性相似性函数的方法比使用其他方法都更加有效。

7.4　本征年龄无关人脸识别方法 EARC

　　人脸，作为重要的视觉线索，在人与人的实际交往中传达着重要的非语言信息。因此，人们期待着现代智能系统能够准确识别和解释人脸。经过过去几十年的研究，人脸相关研究已经有了很大突破，在多媒体交流、人机交互、安全控制及监控领域都有了很多实际的应用。

　　在人脸分析中，影响识别准确率的关键因素有四个：姿态、光照、表情、年龄。近年来，得益于人脸检测、配准及深度特征的使用，人脸验证方法在处理姿态、光照、表情变化时已经非常鲁棒，甚至在 LFW 数据集上超越了人类的表现，如图 7 - 16 所示。然而在 LFW 数据集中，虽然包含很大的姿态、表情、光照变化，但人脸图片的年龄跨度并不大。当处理年龄跨度较大的人脸图片时，现有的一些人脸验证方法面临着很大的挑战，而挑战的主要原因在于年龄变化所引起的明显的面部变化，如图 7 - 17 所示。年龄无关人脸识别与验证有很多应用，比如,通过匹配儿童时期与成年时期人脸图片来寻找失踪多年的儿童,或者检查同一个人是否在不同年份政府文件中出现。然而,该问题在人脸识别的实际应用中仍然非常具有挑战性,主要挑战之一是随着人脸的老化过程,人脸外表会出现显著的变化。

图 7-16　由姿态、光照、表情所引起的人脸类内变化

图 7-17　数据集 CACD[104] 中的人脸样本

注:每一列对应一个人在 2004 年、2008 年和 2013 年的人脸图片。

　　通过对已有年龄无关人脸识别方法的观察,我们发现如下三个问题:① 参考集规模很大,原因在于其要涵盖不同的年龄、性别、种族等,这会导致编码特征的信息冗余,影响人脸识别的结果;② 计算量过大,无法充分利用所有的训练数据;③ 在稀疏编码中,只使用了局部约束来保证光滑性,而未考虑全局约束的作用。针对以上问题,本章将从升级参考集的角度,提出一个新的方法,本征年龄参考集编码方法(eigen-aging reference coding, EARC)。该方法的创新点如下:

　　(1)将 PCA 应用到训练个体,在保证覆盖样本多样性的同时,去除冗余,使得本征年龄参考集更高效,减少训练量。

(2) 与之前方法比,参考集包含的特征个数以及最终的编码特征维度都大幅下降。

(3) 提出了对编码特征的局部约束和全局约束,从而保证了编码结果能有一个更为合理的分布结果,进而提升了稀疏编码的表现。

该方法在年龄无关人脸识别与验证上均达到了当前的先进水平。

接下来将对方法进行具体介绍。

7.4.1 相关工作

近几年涌现出很多年龄相关的人脸分析工作,其中大部分工作集中在年龄估计[105-111]及年龄演化模拟[44,112-115]这两个方面。尽管人脸识别工作已经有了巨大的突破,但关于年龄无关人脸识别的工作并不是很多[112,116-120],距离实际应用还有很长的路要走。我们将分如下三类来介绍年龄相关的人脸分析工作:① 年龄估计;② 年龄演化模拟;③ 跨年龄人脸识别。

1. 年龄估计

通过面部图片进行年龄估计的方法大致可以分为三类:① 人体测量学模型[109]。此类方法基于颅面进行理论和面部皮肤皱纹分析,较适用于年龄估计,比如,将人脸图片分为四类:婴儿、青少年、中年和老年;② 年龄演化模式子空间[106,121]。为应对因收集困难导致的数据不完备,年龄演化模式子空间(aging pattern subspace,AGES)通过学习一个子空间来建立年龄演化人脸序列,即一个从未见过的人脸的老化模式是由子空间的投影决定的。该投影使重建人脸误差最小,而该图片在老化模式中的位置也就决定了该人脸的年龄。此类方法可以用来应对因数据不完备所引起的困难;③ 年龄回归[44,122]。在回归中,面部特征是通过一个基于外观的形状-纹理模型提取的,一张输入人脸图片可由一系列模型拟合参数来表示。因为每个测试图片都会被标记一个从连续年龄跨度中选取的具体年龄,故此类方法可应用到精确年龄估计。

2. 年龄演化模拟

现有年龄演化方法主要分为两种:儿童成长和成人老化。对于儿童成长模型,最突出的影响因素是面部轮廓的变化。大部分研究者采用了关键点变换或统计参数。文献[44]利用学得的年龄变换来描述年龄演化对面部外观的影响,并在实验中表明该方法可以给出陌生图片较为准确的年龄估计;该文章还通过考虑不同人老化方式不同以及人的生活方式的影响来提升结果。文献[123]对传统变形技术进行了修正,并应用到人脸老化处理。对于成年人老化的问题,既要研究外观变化又要研究轮廓变化。在图形学中,人们为模拟人脸颅骨、肌肉、皮肤的老化过程建立了物理模型。文献[124]利用人脸特征的框架,提出了人脸某一区域的年龄演化原型。文献[125]描述了一个在三维人脸动画和皮肤老化中估计具有表达力的皱纹的方法。文献[126]基于人脸肌肉模型提出一个年龄演化模型,然后通过年龄子空间中某一目标年龄的纹理变化来估计年龄演化。

3. 跨年龄人脸识别

目前在跨年龄人脸识别方面的工作不多,下面我们将介绍几个结果较好的方法。Gong 等[120]在 HFA 中提出,解决年龄问题的关键是将由年龄引起的面部变化与稳定的个人相关特征分离开来。因此,为处理这个问题,他们提出了一个概率模型,该模型包含两个隐式变量:年龄无关的身份变量和受年龄演化影响的年龄变量,观察到的外观可以看作这两种变量对应成分的组合。文献[120]提出一个新的特征,称为最大熵特征描述(maximum entropy feature descriptor, MEFD),该特征将人脸图片的微观结构表示成一组离散最大熵形式的编码。同时,该文章还提出了一个称为身份因子分析的匹配方法,该方法用来估计两张人脸属于同一个人的概率,大幅提升了跨年龄人脸识别的准确率。

最近,针对年龄无关人脸识别问题,还涌现了一些深度学习方法[119,127-132]。文献[119]为年龄无关人脸验证提出了一个新的深度卷积模型,可以同时学习特征、距离度量和阈值。该方法还介绍了两种克服内存不足和计算复杂的技巧。文献[128]探索了一个预训练的深度卷积网络(DCNN),该网络由用于人脸识别的数据集训练得到,并针对年龄无关人脸识别问题对该网络进行微调。此外,Bianco[128]还提出了一个数据集 LAG,该数据集由自然环境下的、包含较大年龄差距的人脸图片组成。文献[129]提出使用 VGG 深度学习方法来寻找对年龄变化鲁棒的特征。文献[130]提出了一个新颖的相似性度量方法,对已有模型进行了改进。首先,将传统的线性映射扩展为仿射变换;其次,利用数据驱动,将仿射马氏距离与余弦相似性相结合;最后,作者利用卷积神经网络将相似性度量与特征表示相结合,从而得到一个端对端的模型优化方法。

7.4.2 算法思想

如前所述,参考集所含数据量过大,容易造成信息冗余,受特征脸(eigenface)[133]的启发,我们将利用 PCA 来减少参考集中特征的个数,选出更具代表性的若干特征用作参考集,从而降低编码特征的维度,进而大大降低整个编码过程的计算量。下面我们将对算法进行具体介绍。

1. 特征脸

特征脸(eigenface)的思想是把人脸从像素空间变换到另一个空间,在另一个空间中做相似性的计算。特征脸选择的空间变换方法是主成分分析(PCA)。它广泛地应用于预处理中,以消去样本特征维度之间的相关性。特征脸方法利用 PCA 得到人脸分布的主要成分,具体实现方式是对训练集中所有人脸图像的协方差矩阵进行本征值分解,得到对应的本征向量,这些本征向量(特征向量)就是"特征脸"。每个特征向量或者特征脸相当于捕捉或者描述人脸之间的一种变化或者特性。这就意味着每个人脸都可以表示为这些特征脸的线性组合。实际上,空间变换就等同于进行基变换,原始像素空间的基就是原始基,经过 PCA 后空间就是以每一个特征脸或者特征向量为基,在这个空间(或者坐标轴)下,每个人脸就是一个点,这个点的坐标就是这个人脸在每个特征基下的投影坐标。受此启发,我们将相同方法应用到参考集,以提高参考集的表达力。

2. 训练本征年龄参考集

我们将使用特征脸算法[133]对参考集描述子进行选择。记 $z_i^{(j)}$ 为第 i 个人在第 j 年的人脸特征,m 为年龄跨度。令

$$\hat{z}_i = [z_i^{(1)\mathrm{T}}, \cdots, z_i^{(m)\mathrm{T}}]^\mathrm{T} \in \mathbf{R}^{m\times d} \tag{7-49}$$

接下来,将 PCA 应用到所有 n 个人对应的 $\hat{z}_i = [\hat{z}_1, \cdots, \hat{z}_n]$ 上,其对应的平均值和差值为

$$\hat{m} = \frac{1}{n}\sum_{i=1}^{n}\hat{z}_i, \ d_i = \hat{z}_i - \hat{m} \tag{7-50}$$

记 $D = [d_1, \cdots, d_n]$,那么 $\hat{z}$ 对应的协方差矩阵为 $D^\mathrm{T}D$,计算得到其对应的第 i 个特征值和相应的特征向量分别为 λ_i 和 μ_i。我们取 PCA 的维度为 p,即我们选取前 p 个大的特征值及其对应的特征向量,那么 D 对应每一个特征向量的本征年龄向量为

$$e_l = \frac{1}{\mathrm{sqrt}(\lambda_l)}D\mu_l \qquad l = 1, \cdots, p \tag{7-51}$$

现在我们重新将 e_l 分解为 $[e_l^{(1)\mathrm{T}}, \cdots, e_l^{(m)\mathrm{T}}]^\mathrm{T}$,$e_l^{(i)}$ 对应参考集中第 l 个人的特征在第 i 年的部分,记 $E^{(k)} = [e_1^{(k)}, e_2^{(k)}, \cdots, e_p^{(k)}]$。我们得到了本征年龄参考集 $E = [E^{(1)}, \cdots, E^{(m)}]$。

3. 特征编码

(1) 特征向量编码。利用上面得到的本征参考集,将测试数据编码成一

个 p 维向量,如图 7 - 18 所示。由于参考集包含不同年龄段的图片,因此我们可以将每个局部特征转变成一个年龄无关的表示。这样,同一个人不同年龄段的两张图片在新的参考空间中便会具有相似性,进而有助于我们的方法在跨年龄人脸识别中取得较高的准确率。在该步骤中,用参考集 E 对向量 w 进行编码,进而得到新的特征 $A = [\boldsymbol{\alpha}^{(1)}, \cdots, \boldsymbol{\alpha}^{(m)}]$。 为求解 A,我们构造如下优化问题:

$$\min_{A} \sum_{j=1}^{m} \left[\|(\boldsymbol{\omega} - E^{(j)}\boldsymbol{\alpha}^{(j)})\|^2 + \lambda_1 \|\boldsymbol{\alpha}^{(j)}\| \right] + \lambda_2 (\|LA^{\mathrm{T}}\|^2 - \|BA^{\mathrm{T}}\|^2)$$

$$(7 - 52)$$

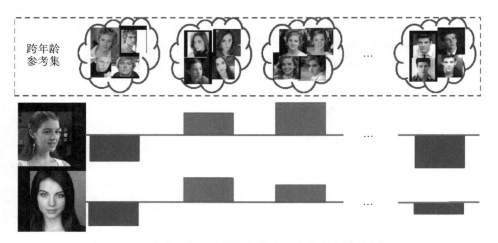

图 7 - 18 上方的每一个图片组代表一个参考人的所有图片

注:在本节的编码阶段,我们选取 n 个人做成参考集,然后利用该参考集将测试数据编码为一个 n 维向量。由于参考集包含不同年龄段的图片,因此我们可以将每个局部特征转变成一个年龄无关表示。这样,同一个人不同年龄段的两张图片在新的参考空间中便会具有相似性。

式中包含最小二乘问题和三个正则项。第一个正则项为 Tinkhonov 正则项,使 $\boldsymbol{\alpha}^{(j)}$ 满足稀疏性条件。第二个正则项是为了满足这样一个时间约束:如果一个人与参考集中一个人第 j 年的人脸相似,那么他很可能与这个人的第 $j-1$ 和 $j+1$ 年的人脸相似。因此,光滑算子 $L \in \mathbf{R}^{(m-2) \times m}$ 有如下定义:

$$L = \begin{pmatrix} 1 & -2 & 1 & 0 & \cdots & 0 \\ 0 & 1 & -2 & 1 & \cdots & 0 \\ 0 & 0 & \ddots & \ddots & \ddots & \vdots \\ 0 & 0 & \cdots & 1 & -2 & 1 \end{pmatrix}$$

$$(7 - 53)$$

第三个正则项为一个边界约束。我们假设年龄所引起的人脸变化是一个接近线性的过程,那么,如果给定人脸的编码特征中,对应参考集中第 j 个人的编码值为 $[\boldsymbol{\alpha}_j^{(1)}, \cdots, \boldsymbol{\alpha}_j^{(i)}, \cdots, \boldsymbol{\alpha}_j^{(m)}]$。不失一般性,我们令对应年龄 i_0 的值 $\boldsymbol{\alpha}_j^{(i0)}$ 最大,那么 j 两边的年龄(如果存在)对应的编码值应该以 $\boldsymbol{\alpha}_j^{(i0)}$ 为准依次递减,这就意味着一个好的编码特征分布应该只有一个极值,而包含多个极值的分布则被视为是不理想的。图 7 - 19(a)~(c)给出了符合上述要求的几种分布,而图 7 - 19(d)则是不符合的一种分布形式。

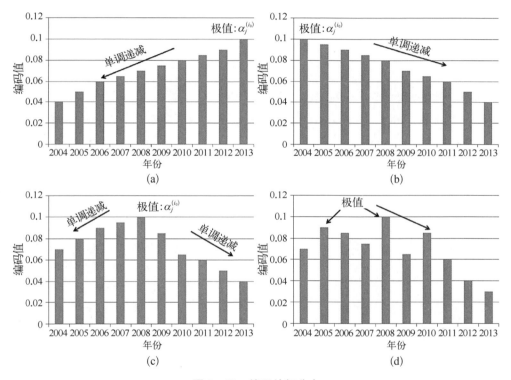

图 7 - 19 编码特征分布

(a) 编码分布随年份减少单调递减;(b) 编码分布随年份增加单调递减;(c) 编码分布在极值两端单调递减;(d) 编码不存在单调分布,存在多个极值点

此外,由于我们观察到极值点大多数情况下出现在边界上,故只需最大化两个边界年龄对应的编码值。因此,我们定义 $\boldsymbol{B}$ 为

$$\boldsymbol{B} = [1, 0, \cdots, 0, -1] \tag{7-54}$$

在求解优化问题(7 - 54)之前,我们先引入几个符号。记

$$W = \begin{bmatrix} \boldsymbol{E}^{(1)} & 0 & \cdots & 0 \\ 0 & \boldsymbol{E}^{(2)} & \ddots & 0 \\ \vdots & \ddots & \ddots & \vdots \\ 0 & 0 & \cdots & \boldsymbol{E}^{(m)} \end{bmatrix} \qquad (7-55)$$

$$\hat{\boldsymbol{L}} = \begin{bmatrix} \boldsymbol{I} & -2\boldsymbol{I} & \boldsymbol{I} & 0 & \cdots & 0 & 0 & 0 \\ 0 & \boldsymbol{I} & -2\boldsymbol{I} & 0 & \cdots & 0 & 0 & 0 \\ \vdots & \ddots & \ddots & \ddots & \cdots & 0 & 0 & 0 \\ \vdots & \ddots & \ddots & \ddots & \ddots & 0 & 0 & 0 \\ 0 & 0 & 0 & 0 & \cdots & \boldsymbol{I} & -2\boldsymbol{I} & \boldsymbol{I} \end{bmatrix} \qquad (7-56)$$

$$\hat{\boldsymbol{B}} = [\boldsymbol{I}, 0, \cdots, -\boldsymbol{I}] \qquad (7-57)$$

我们有 $W \in \mathbf{R}^{md \times mp}$，$\hat{L} \in \mathbf{R}^{(m-2)p \times mp}$，$\hat{B} \in \mathbf{R}^{p \times mp}$，$\hat{\boldsymbol{\alpha}} = \{\boldsymbol{\alpha}^{(1)\mathrm{T}}, \boldsymbol{\alpha}^{(2)\mathrm{T}}, \cdots, \boldsymbol{\alpha}^{(m)\mathrm{T}}\}^{\mathrm{T}} \in \mathbf{R}^{mp}$ 和 $\hat{w} = \{w^{\mathrm{T}}, w^{\mathrm{T}}, \cdots, w^{\mathrm{T}}\} \in \mathbf{R}^{md}$。那么，式(7-54)可以表示为

$$\min_{\hat{\alpha}} \| \hat{w} - W\hat{\alpha} \|^2 + \lambda_1 \| \hat{\alpha} \| + \lambda_2 (\| \hat{L}\hat{\alpha} \|^2 - \| \hat{B}\hat{\alpha} \|^2) \qquad (7-58)$$

现在可以看到，该优化问题很容易求解，其闭合形式的解为

$$\hat{\boldsymbol{\alpha}} = (W^{\mathrm{T}}W + \lambda_1 \boldsymbol{I} + \lambda_2 (\hat{\boldsymbol{L}}^{\mathrm{T}}\hat{\boldsymbol{L}} - \hat{\boldsymbol{B}}^{\mathrm{T}}\hat{\boldsymbol{B}}))^{-1}W^{\mathrm{T}}\hat{w} \qquad (7-59)$$

（2）整合描述子。受文献[134]启发，我们使用池化对不同年的描述子进行整合，有

$$\boldsymbol{\alpha}_i = \max = (\boldsymbol{\alpha}_i^{(1)}, \boldsymbol{\alpha}_i^{(2)}, \cdots, \boldsymbol{\alpha}_i^{(m)}), \ \forall i \qquad (7-60)$$

通过池化，一张人脸只要对参考集中某个人在任意一年有一个大的响应，那么最终的特征表示就对这个人有大的响应。特征编码步骤结束后，我们使用余弦函数来计算两张人脸编码特征的相似度。

7.4.3 实验结果

1. CACD 数据集和 CACD - VS 数据集

为了将本章方法与其他先进水平的年龄无关人脸识别方法对比，我们对数据集 CACD 及其子集 CACD - VS 进行了实验，以检验本章方法的有效性。这里记不包含全局约束的本节方法为 EARC，包含全局约束的本节方法为 EARC - D。

（1）CACD。CACD 是利用谷歌图片搜索收集的数据集，包含了 2 000 个人的 163 446 张人脸图片，年龄跨度为 10 年，在此时间段内面部的改变如图 7 - 17

所示。CACD 是目前公共可用的最大规模数据集,其他常用数据集的对比如表 7 - 7 所示,不同年龄段图片分布情况对比如表 7 - 8 所示。在实验中数据的具体划分如图 7 - 20 所示。但要注意,该数据集包含一定的噪声。被标记为同一个人的图片可能存在少数图片并不属于这个人;有些人在 2004 年到 2010 年期间图片不多,因此可能会出现年份标记错误的情况。根据文献[134]中的设定,在 CACD 中手动挑选出一个包含 200 人的子集,去除其中包含的噪声,然后进一步将该子集分成两部分,其中一部分包含 80 人,用来做算法的参数选择,另外 120 人用来做测试。未经手动挑选的 1 800 人也分成两部分,其中 600 人用来计算 PCA 子空间,另外 1 200 人组成参考集。

表 7 - 7 一些常用人脸数集对比

数据集	图片数	人 数	图片数/人数	年龄信息	年龄跨度
LFW[96]	13 233	5 749	2.3	无	—
Pubfig[55]	58 797	200	293.9	无	—
FG - NET	1 002	82	12.2	有	0～45 岁
MORPH[135]	55 134	13 618	4.1	有	0～5 岁
CARC[104]	163 446	2 000	81.7	有	0～10 岁

注: 年龄跨度代表数据集中同一个人的所有图片的最大年龄差。

表 7 - 8 一些常用人脸数据集中不同年龄段内图片分布情况对比

数据集	年 龄						
	0～10 岁	10～20 岁	20～30 岁	30～40 岁	40～50 岁	50～60 岁	60 岁以上
FG - NET	411	319	143	69	39	14	7
MORPH[135]	0	7 469	16 325	15 357	12 050	3 593	340
CARC[104]	0	7 057	39 069	43 104	40 344	30 960	2 912

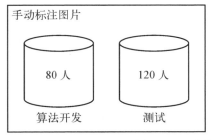
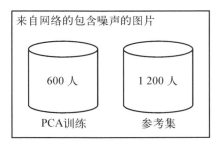

图 7 - 20 实验数据的具体划分

（2）CACD－VS。CACD－VS 是 CACD 数据集中用于进行人脸验证试验的子集，它包含 2 000 个正样本对，2 000 个负样本对。这些数据都是通过人工标注的，仔细查看了图片内容及对应的网络信息。为了在此数据集上进行人脸验证实验，我们将 CACD－VS 分成 10 个文件夹，每个文件夹包含 200 个正样本对，200 个负样本对，不同文件夹所包含的人是互不相同的。我们在这 10 个文件夹上重复进行 10 次试验，取其平均结果。在每次试验时，我们用其中 1 个文件夹做测试，用另外 9 个文件夹做训练。

2. 高维 LBP 特征和 VGG 深度特征

本章所使用的高维 LBP 特征在 7.3 节中已经做过详细介绍，这里不再赘述。

除了使用高维 LBP 特征外，我们还使用了文献［136］中介绍的深度特征提取模型来提取深度特征。为了应对数据不足的问题，我们首先在传统的 VGG 数据集上进行模型训练。该数据集包含 2 622 个不同人的 260 万张人脸图片。VGG 模型的结构如图 7－21 所示。该模型由 11 个块组成，每个块包含一个线性算子和一个或多个非线性算子，如 ReLU 或者最大池化，其中，前八个块被称作卷积的，原因在于其线性算子由若干个线性滤波组成，最后三个块则被称作全连接。前两个 FC 层的输出维度是 4 096，最后一个 FC 层的输出维度 $N=2$ 622 或 $L=1$ 024，这取决于优化过程中所使用的损失函数是 N 类预测还是 L 维度量嵌入。

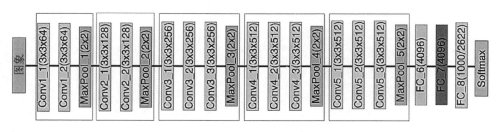

图 7－21　VGG 深度卷积网络结构

注：前两个全连接层输出的维度为 4 096，最后一个全连接层输出的维度 $N=2$ 622 或 $L=1$ 024，这取决于优化过程使用的损失函数。

3. 参数选择

为了确定模型中的参数，我们使用 80 个人对应的人脸图片来学习模型的参数。这些参数包括特征维度、正则项系数 $\{\lambda_1, \lambda_2, \beta\}$ 和本征脸的个数。我们用 2004—2006 年的图片作为参考集（gallery set），用 2013 年的图片作为测试集（query set）。我们之所以不使用 2007—2013 年的图片作为测试集来选取模型参数,是因为参考集与测试集之间的年龄跨度较大时,选取的参数对于跨年龄人脸问题更有意义。

(1) 我们首先对原高维 LBP 特征进行 PCA 降维,以降低运算量,同时去除冗余。每一个特征点(landmark)对应的原特征维度为 4 720,我们尝试将其分别降维到 100~1 500 后发现,将原始特征降维到 1 000 时结果最优。

(2) 为了学习正则化参数 λ_1,λ_2 和 β,我们分别尝试了从 10^{-6} 到 10^6 的 13 个不同数量级,表 7 - 9 分别对方法 EARC 和 EARC - D 给出了对应的最优参数选择。

表 7 - 9   EARC 与 EARC - D 对应的最优参数选择

方　　法	λ_1	λ_2	B
EARC	10^0	10^1	——
EARC - D	10^{-2}	10^4	10^{-1}

(3) 为了选择合适数量的本征人脸,我们首先用 600 个人对应的人脸数据来训练和选择本征人脸的组成部分,在尝试了 10 到 100 之后,70 个本征脸给出了最优结果;然后,我们对参与训练的人数为 600、800、1 000、1 200 分别进行了试验,对应的最优本征脸个数分别为 70、60、60、50,识别准确率曲线如图 7 - 22 所示。由此结果可以看出,随着训练人数的增加,本征脸的最佳个数呈下降趋势。因此,我们在实验中选择将 1 200 人用于训练,并选取 50 个本征脸用作编码参考集。这样,我们在获得最高准确率的同时还可获得最低的运算消耗。与

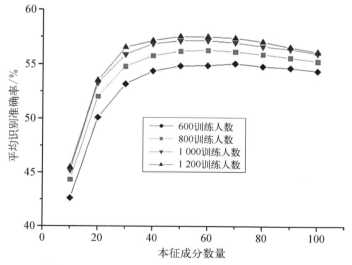

图 7 - 22   对应于不同训练人数和本征成分个数的年龄无关人脸识别准确率

之相比,CARC 受限于其昂贵的运算消耗,无法利用所有 1 200 人用于训练。

4. 在 CACD 上的实验结果

我们将本章方法与 CARC、HFA 进行了比较,结果如图 7 - 23 所示。表 7 - 10 给出了各方法在不同时间段的准确率。本章方法在 2004—2006 年时间段对应子集的准确率为 58.2%,在 2007—2009 年时间段对应子集的准确率为 60.0%,在 2010—2012 年时间段对应子集的准确率为 65.6%。EARC 在三个时间段上的表现均超过了 CARC 等代表性年龄无关人脸识别方法。

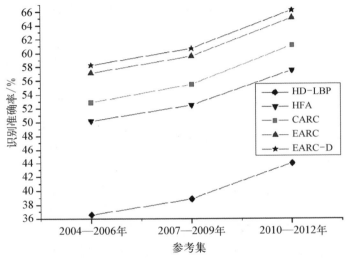

图 7 - 23　本章方法与其他年龄无关人脸识别方法的准确率对比

表 7 - 10　EARC 与目前最高水平年龄无关人脸识别方法在
CACD 数据集上的平均准确率(MAP)对比

方　　法	平均准确率/%		
	2004—2006 年	2007—2009 年	2010—2012 年
HD - LBP[103]	36.6	38.9	44.0
HFA[118]	50.2	52.0	57.5
CARC[134] + HD - LBP	52.9	55.5	61.1
EARC + HD - LBP	57.3	60.1	65.0
CARC + VGG	61.7	65.1	71.6
EARC + VGG	65.8	69.0	74.7
EARC - D + VGG	**66.2**	**69.6**	**75.3**

5. 在 CACD - VS 上的实验结果

表 7 - 11 给出了 EARC 和对比方法在 CACD - VS 上的人脸验证表现，EARC - D 在高维 LBP 特征上的人脸验证准确率为 91.2%，超过人工选择准确率的平均水平，低于人工选择的投票准确率；在 VGG 深度特征上的准确率达到 95.1%，同时超过人工选择的平均和投票准确率。

表 7 - 11　CACD 数据集上，EARC 与若干年龄无关人脸验证方法准确率对比

方　　法	验证准确率/%
HD - LBP[73]	81.6
HFA[118]	84.4
CARC[104]	87.6
Zhai 等[132]	89.5
EARC＋HD - LBP	90.6
EARC - D＋HD - LBP	91.2
EARC＋VGG	94.6
EARC - D＋VGG	**95.1**
人工选择，平均[104]	85.7
人工选择，投票[104]	94.2

从图 7 - 24 可以看出 EARC 和 CARC 的区别，为了容易理解，我们使用原始图片。如图所示，基于所有人的参考集包含了太多的噪声和冗余，而我们提出的基于本征成分的参考集则更具代表性，也更清晰。CARC 的参考集包含几百个人，而 EARC 只使用了包含几十个本征人脸的参考集，但结果优于 CARC。在图 7 - 24(b) 中，我们展示了第 1、3、5、20 和 100 个的特征脸，该排序是根据其对应特征值的大小得到的。我们发现，对应特征值越大的本征人脸包含的结构性信息越多，而对应特征值较小的本征人脸包含更多的噪声。因此，如果我们使用过多的本征人脸，会使结果变差。

6. 计算复杂度

EARC 除了在结果上比以往方法有较大提升外，还通过编码维度的降低大幅提升了计算速度。在现实中的人脸识别系统里，通常包含大规模的数据，计算昂贵的方法缺乏实际应用的竞争力，这就对方法的效率提出了更高的要求。与 CARC 方法相比，我们只用了其参考集特征数量的 1/12，这就意味着计算效率的大幅提升。为了量化衡量 EARC 的计算效率，我们从 10 000 中检索 100 张人

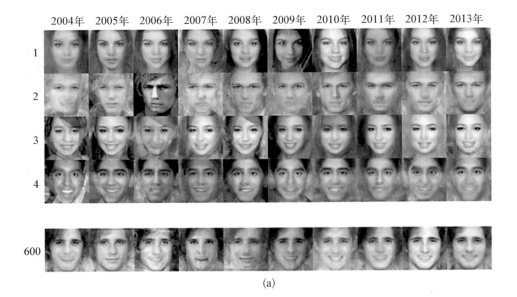

(a)

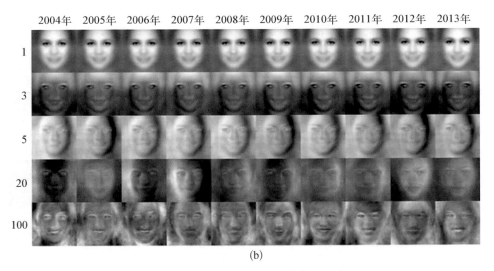

(b)

图 7 - 24　EARC 和 CARC 的本征人脸

（a）基于每个人的跨年龄参考集；（b）基于特征脸的本征参考集

注：图中每行左边的数字表示对应本征脸的秩。

脸图片，表 7 - 12 给出了 CARC 与 EARC 在编码特征维度以及计算时间的对比。我们的所有实验是在电脑［Intel（R）Core（TM）i7 - 4720HQ CPU @ 2.60GHz，16.0 GB RAM 和 Matlab R2013a］上完成的。

表 7 - 12 EARC - D、EARC 与 CARC 的编码特征维度与对应的计算时间对比

方　　法	编码特征总维度	运行时间/ms
CARC[134]	9 600	9 237
EARC	800	1 352
EARC - D	800	1 347

7.4.4　总结与讨论

在本节中,我们主要提出了一个基于本征人脸成分的参考集,用以将人脸编码到一个年龄无关空间。由于参考集要涵盖不同的年龄、性别、种族等,因此避免不了使参考集规模较大、噪声较多。这会导致编码特征的信息冗余,影响人脸识别的准确率,同时还会严重影响模型的运行速度。为应对这一问题,我们受特征脸启发,提出基于本征人脸的参考集,使得人脸编码在提高人脸识别准确率的同时,将运算时间降低到未升级参考集时的 1/12。此外,我们还在编码过程中加入局部约束和全局约束,以得到对年龄更加鲁棒的编码特征。

7.5　基于鲁棒特征编码的年龄无关人脸识别方法 FMEM

在 7.4 节中,我们提出对参考集进行升级,使得年龄无关人脸识别方法在提升算法准确率的同时大幅降低运算复杂度。在本节中,我们将从另外一个角度入手,继续对年龄无关人脸识别进行研究。

在本节中,基于"如果两个人年轻时候长相相似,那么他们在变老的过程中,长相仍然相似"的假设,我们提出了一个鲁棒的特征编码方法(feature mapping and encoding method,FMEM),找到表现能力强的特征,使其对年龄变化鲁棒的同时,保持对类间差异的判别力。为了克服人脸老化过程引起的较大类内变化,我们使用参考集作为训练数据,学习一个映射矩阵 M,将原始特征映射到一个年龄无关的特征空间。为了学习矩阵 M,我们首先将参考集中的每个人按年龄平均分成若干组,计算每个组的特征平均值,这样做的目的是降低数据集噪声对结果的影响;其次,基于"同一个人明显的面部变化通常由大的年龄跨度引起"这一事实,我们约束同一类不同年龄段的特征在新的空间中尽可能相近;然后利用学习得到的矩阵 M,将原始特征映射到新的空间,在该空间中,人脸特征对年龄变化较为鲁棒;最后在特征空间学习步骤,我们利用参考集对映射后特征进行

编码,在编码过程中,我们考虑使用一个时间约束(局部约束)和一个边界约束(全局约束),以得到最终的年龄无关人脸特征。

为了验证本章方法的有效性,我们在数据集 CACD 和 MORPH 上进行了实验。此外,我们还在 CACD‐VS 上检验了该方法在人脸验证方面的效果。实验结果表明,我们方法在 CACD 和 CACD‐VS 上的表现超越了已有的浅层结果,达到最佳水平;在 MORPH 数据集上与已经公布的最好结果持平。此外,为了检验方法的通用性,我们还对深度特征进行了实验。实验结果表明,与 CARC 对深度特征产生负面影响不同,本节的方法在"深度特征＋余弦距离"的基础上提升了若干个百分点,同时,在人脸验证数据集 CACD‐VS 上的准确率超过了人工结合投票的准确率。

7.5.1　算法思想

本节提出的跨年龄人脸识别方法如图 7‐25 所示。该方法主要分为两个步骤:特征提取与降维、鲁棒特征映射及特征编码。下面我们将一一介绍我们的方法及创新点。

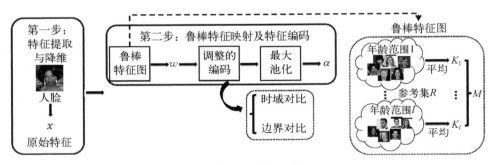

图 7‐25　方法概述

1. 鲁棒特征映射

本节我们将集中寻找一个对类内变化鲁棒的特征映射 M。跨年龄人脸识别的主要挑战之一就是保证特征对噪声和类内较大年龄变化的鲁棒性。因此,我们考虑寻找一个合适的特征来应对这个问题,通过研究整个年龄跨度上的类内相似度来加强特征的鲁棒性。

给定参考集中的第 i 个人,将参考集中所有与其对应的特征记为 $X^{(i)}$。此外,我们将年龄跨度记为 T,并将其平分成 l 个区域 $[T_1, \cdots, T_l]$。不失一般性,假设 $X^{(i)}$ 已经按时间顺序排列,那么我们可以将其分成 $[X_1^{(i)}, \cdots, X_l^{(i)}]$,其中 $X_t^{(i)}$ 为 $X^{(i)}$ 中与年龄段 T_t 相对应的特征(见图 7‐26),$t=1,2,\cdots,l$。记

$\boldsymbol{y}_t^{(i)}$ 为 $\boldsymbol{X}_t^{(i)}$ 所包含特征的平均值,进而得到一个人在所有年龄段的平均特征 $\boldsymbol{Y}^{(i)} = [\boldsymbol{y}_1^{(i)}, \cdots, \boldsymbol{y}_l^{(i)}]$。计算每一个年龄段 $\boldsymbol{T}_t$ 对应的特征平均值的目的有两个:去除噪声和节省计算时间。为降低年龄变化带来的影响,本章学习一个矩阵 $\boldsymbol{M} \in \mathbf{R}^{d_0 \times d}$,使得 $\boldsymbol{Y}^{(i)}$ 中的平均特征经过 $\boldsymbol{M}$ 的映射以后尽可能地相近。这里 d_0 是要学习的鲁棒特征空间的特征维度,d 是原始特征的维度。记 $\boldsymbol{Y}_t = [\boldsymbol{y}_t^{(1)}, \cdots, \boldsymbol{y}_t^{(n)}]$,其中 n 是参考集中的人数,我们提出如下优化问题来求解映射矩阵 $\boldsymbol{M}$:

$$\min \sum_{t=1}^{l-1} \sum_{s=t+1}^{l} \parallel \boldsymbol{M}(\boldsymbol{Y}_t - \boldsymbol{Y}_s) \parallel_F^2 + \sigma \parallel \boldsymbol{M} - \boldsymbol{I}_0 \parallel_F^2 \qquad (7-61)$$

年龄区间1　　　　　年龄区间2　　　　　年龄区间3

图 7 - 26　3 个不同年龄区间

式中,第一项用来约束同一人不同年龄段的特征尽可能地相似。矩阵 $\boldsymbol{I}_0$ 与 $\boldsymbol{M}$ 有相同的维度,主对角线元素为 1,其他为 0。求解该约束问题,我们得到闭合形式的解:

$$\boldsymbol{M} = \Big[\sum_{t=1}^{l-1} \sum_{s=t+1}^{l} (\boldsymbol{Y}_t - \boldsymbol{Y}_s)(\boldsymbol{Y}_t - \boldsymbol{Y}_s)^{\mathrm{T}} + \sigma \boldsymbol{I} \Big]^{-1} \sigma \boldsymbol{I}_0 \qquad (7-62)$$

从式(7-62)可以看出,我们只需一个线性映射将特征映射到对年龄比较鲁棒的空间,因此可扩展性比较强。

　　求得矩阵 $\boldsymbol{M}$ 以后,将所有原始特征映射到该年龄无关人脸特征空间,效果如图 7-27 所示。图 7-27(a)是原始特征空间,通过特征映射后得到的特征空间如图 7-27(b)所示,类内特征的距离明显缩小。

　　2. 特征编码

　　编码的目的是进一步增加图 7-27(b)所示特征对年龄变化的鲁棒性,以达到图 7-27(c)所示的结果(理想情况)。本节的特征编码过程与 7.4 节相似,使

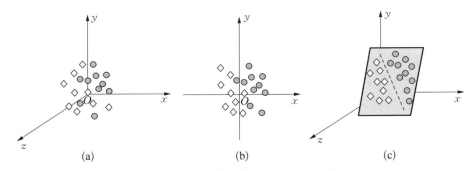

图 7 - 27　本节鲁棒特征编码示意图

(a) 两类人脸的原始特征,每类包含特征对应的不同年龄段;(b) 特征映射到一个对年龄比较鲁棒的特征子空间;(c) 经过编码步骤后得到的对年龄变化更为鲁棒的编码特征

用一个时间约束(局部约束)和一个边界约束(全局约束),以得到最终的年龄无关人脸特征。

记 w 为任意一个关键点经过鲁棒特征映射后的向量,第 i 个人第 j 年在该关键点的表示为

$$\mathbf{Z}_i^{(j)} = \frac{i}{N_{i,j}} \sum_{\substack{\mathrm{iden}(w)=i,\\ \mathrm{year}(w)=j}} w \qquad i=1,\cdots,n,\quad j=1,\cdots,m \qquad (7-63)$$

式中,n 是参考集人数;m 是整个年份跨度所包含的年数;p 是关键点的个数;$\mathbf{Z}_i^{(j)}$ 通过对同一个人同一年的所有特征做平均来求得;$N_{i,j}$ 是这些特征的数量。求平均值是为了移除数据中的一些噪声。然后,参考集中 n 个人在第 j 年的描述子可以表示为 $\mathbf{Z}^{(j)} = [\mathbf{Z}_1^{(j)},\cdots,\mathbf{Z}_n^{(j)}]$,所有 n 个人在所有 m 年的描述子 $\mathbf{Z} = [\mathbf{Z}^{(1)},\cdots,\mathbf{Z}^{(m)}]$。

接下来利用与 7.4 节中相同的方法进行特征编码和整合描述子,这里不再赘述。

3. 方法的变形

在本节中,为了模型求解的简洁与高效,我们将原方法的两个关键步骤:鲁棒特征映射步骤和稀疏编码中的优化问题,整合成一个优化问题,表示为

$$\min_{\mathbf{M},\mathbf{A}} \sum_{j=1}^m \left[\| \mathbf{M}(w - \mathbf{Z}^{(j)}\boldsymbol{\alpha}^{(j)}) \|^2 + \lambda_1 \| \boldsymbol{\alpha}^{(j)} \|^2 \right] + \lambda_2 (\| \mathbf{LA}^\mathrm{T} \|^2 + \| \mathbf{BA}^\mathrm{T} \|^2)$$

$$+ \lambda_3 \left[\sum_{t=1}^{n_0-1} \sum_{s=t+1}^{n_0} \| \mathbf{M}(\mathbf{Y}_t - \mathbf{Y}_s) \|_F^2 + \delta \| \mathbf{M} - \mathbf{I}_0 \|_F^2 \right], \forall k \qquad (7-64)$$

式中所有符号均与原方法相同。这样,我们只需求解上述优化问题。利用上一

节中的符号 $\boldsymbol{W}$,$\hat{\boldsymbol{L}}$,$\hat{\boldsymbol{\alpha}}$,$\hat{\boldsymbol{\omega}}$,并令

$$\hat{M} = \begin{bmatrix} M & 0 & \cdots & 0 \\ \vdots & M & \ddots & \vdots \\ \vdots & \vdots & \ddots & \vdots \\ \vdots & \vdots & \ddots & \vdots \\ 0 & 0 & \cdots & M \end{bmatrix} \qquad (7-65)$$

我们可将式(7-64)变形为

$$\min_{\hat{M},\hat{A}} [\parallel \hat{\boldsymbol{M}} (\hat{\boldsymbol{w}} - \boldsymbol{W}\boldsymbol{\alpha}^{(j)}) \parallel^2 + \lambda_1 \parallel \hat{\boldsymbol{\alpha}} \parallel^2] + \lambda_2 (\parallel \hat{\boldsymbol{L}}\hat{\boldsymbol{\alpha}} \parallel^2 - \parallel \hat{\boldsymbol{B}}\hat{\boldsymbol{\alpha}} \parallel^2)$$

$$+ \lambda_3 \Big[\sum_{t=1}^{n_0-1} \sum_{s=t+1}^{n_0} \parallel \boldsymbol{M}(\boldsymbol{Y}_t - \boldsymbol{Y}_s) \parallel_F^2 + \delta \parallel \boldsymbol{M} - \boldsymbol{I}_0 \parallel_F^2 \Big], \ \forall k \qquad (7-66)$$

然后,我们只需求解式(7-66)来得到 $\hat{\boldsymbol{\alpha}}$ 和 $\boldsymbol{M}$。

我们将目标函数(7-66)分成两个子问题:固定矩阵 $\boldsymbol{M}$ 后更新 $\hat{\boldsymbol{\alpha}}$ 和固定 $\hat{\boldsymbol{\alpha}}$ 后更新矩阵 $\boldsymbol{M}$。 首先固定 M,得到第一个子问题的解:

$$\hat{\boldsymbol{\alpha}} = [\boldsymbol{W}^T \hat{\boldsymbol{M}}^T \hat{\boldsymbol{M}} \boldsymbol{W} + \lambda_1 \boldsymbol{I} + \lambda_2 (\hat{\boldsymbol{L}}^T \hat{\boldsymbol{L}} - \hat{\boldsymbol{B}}^T \hat{\boldsymbol{B}})]^{-1} \boldsymbol{W}^T \hat{\boldsymbol{M}}^T \hat{\boldsymbol{M}} \hat{\boldsymbol{w}} \qquad (7-67)$$

然后将 $\hat{\boldsymbol{\alpha}}$ 带入式(7-66),得到关于矩阵 $\boldsymbol{M}$ 的 L_2-正则化最小二乘问题。容易求得矩阵 $\boldsymbol{M}$:

$$\boldsymbol{M} = \lambda_3 \delta \Big\{ \sum_{j=1}^{m} (\boldsymbol{w} - \boldsymbol{Z}^{(j)} \boldsymbol{\alpha}^{(j)}) (\boldsymbol{w} - \boldsymbol{Z}^{(j)} \boldsymbol{\alpha}^{(j)})^T +$$

$$\lambda_3 \Big[\sum_{t=1}^{n_0-1} \sum_{s=t+1}^{n_0} (\boldsymbol{Y}_t - \boldsymbol{Y}_s)(\boldsymbol{Y}_t - \boldsymbol{Y}_s)^T + \delta \boldsymbol{I} \Big] \Big\}^{-1}, \ \forall k \qquad (7-68)$$

重复求解这两个子问题,直至满足终止条件。接下来的整合描述子步骤与原方法相同。

7.5.2 实验结果

1. 在数据集 CACD 上的实验结果

为了检验本小节所提出的方法在数据集 CACD 上的表现,我们将其与已发表结果最好的几个方法如 CARC[134]、HFA[118] 和 HD-LBP[103] 进行比较。

1)参数选择

(1)高维 LBP 特征。在算法中,我们需要决定的参数包含 PCA 维度 d、σ、λ_1、λ_2、鲁棒空间维度 d_0 和用作参考的人数 K。在选择 d 时,我们尝试了 $d=100$ 到 $d=1\,500$,当 $d=1\,200$ 时,准确率达到最高;至于 $(\sigma, \lambda_1, \lambda_2)$,当其等于

$(10，10\,000，1)$时结果最佳；此外，K 的取值为 800，d_0 的取值为 $1\,000$。

（2）VGG 深度特征。我们所使用的 VGG 深度特征的维度是 $4\,096$。$(\lambda_1，\lambda_2，\sigma)$在等于$(5，100，100)$时取得最优结果。此外，$d_0$ 的取值与深度特征的维度相同。需要注意的是，在使用深度特征时不再进行 PCA 降维。我们通常在使用浅层特征时应用 PCA 降维来去除一些冗余信息，但在深度特征上并非如此，降维只会降低特征的表现力。表 7-13 证明了我们的观点。

表 7-13 应用 PCA 降维对本章方法使用深度特征效果的平均准确率

PCA 维数	平均准确率/%		
	2004—2006 年	2007—2009 年	2010—2012 年
300	65.4	68.5	74.1
500	66.4	69.4	75.0
1 000	65.7	69.0	74.8
2 000	63.4	67.0	73.0
3 000	60.6	64.1	70.4
无 PCA	**68.1**	**71.5**	**76.7**

2）方法比较

在实验中，将平均准确率（MAP）作为算法评价度量。我们在三个不同的子集上进行试验，这三个子集分别包含 2004—2006 年，2007—2009 年，2010—2012 年三个时间段的图片。我们对比了本章方法、CARC[134]、HFA[118] 和 HD-LBP[103] 跨年龄人脸识别方法在数据集 CACD 上的表现，结果如表 7-14 所示。

表 7-14 本章方法与目前最高水平年龄无关人脸识别方法在 CACD
数据集上的平均准确率（MAP）对比

方 法	平均准确率/%		
	2004—2006 年	2007—2009 年	2010—2012 年
HD-LBP[103]	36.6	38.9	44.0
HFA[118]	50.2	52.0	57.5
CARC+HD-LBP[134]	52.9	55.5	61.1
EARC+HD-LBP	56.9	59.5	64.6
EARC-D+HD-LBP	57.3	60.1	65.0
FMEM+HD-LBP	**57.9**	**60.7**	**65.7**
FMEM 变形+HD-LBP	56.0	58.8	64.0

本章方法在 2004—2006 年时间段对应子集的准确率为 57.5%,在 2007—2009 年时间段对应子集的准确率为 60.3%,在 2010—2012 年时间段对应子集的准确率为 65.2%。可以看到,我们方法的准确率在 CARC 的基础上提升了超过 4%,如图 7-28 所示。

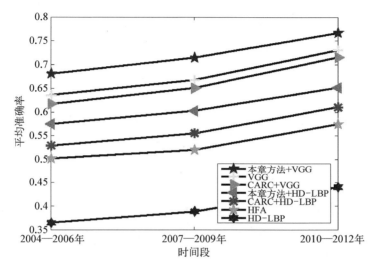

图 7-28 年龄无关人脸识别方法在 CACD 数据集上不同时间段的平均准确率(MAP)对比

此外,如表 7-15 所示,直接使用 VGG 特征计算余弦相似度得到的准确率高于 CARC+VGG,这说明 CARC 非但不能充分利用特征的深度信息,还对其效果产生了负面影响。而本章方法在所有年龄段,相较于 VGG 都有 4% 左右的提升,而相较于 CARC+VGG 更是提高了 6% 左右。这说明,本章方法对于浅层和深度特征都有较强的鲁棒性。

表 7-15 VGG only、CARC+VGG,EARC+VGG 和本章方法+VGG 的 MAP 对比结果

方　　法	平均准确率/%		
	2004—2006 年	2007—2009 年	2010—2012 年
VGG only	63.6	66.8	73.1
CARC+VGG	61.7	65.1	71.6
EARC+VGG	65.8	69.0	74.7
EARC-D+VGG	66.2	69.6	75.3
FMEM+VGG	**68.1**	**71.5**	**76.7**

2. 在数据集 MORPH 上的实验结果

在本节中,我们将比较 Gong 等[120]、Li 等[119]、CARC[134]、HFA[117-118]、Park 等[114]的方法和本章方法在 MORPH 数据集上的表现。

1) MORPH 数据集

MORPH Album 2[135]是一个纵向的人脸数据集,它包含大年龄跨度、多类别数目的大量人脸图片(见图 7-29),表 7-16 给出了 MORPH 数据集的年龄分布。科研版本的 MORPH Album 2 包含 13 000 人的 55 000 多张人脸图片,年龄跨度从 2003 到 2007 年。在此数据集上,我们从 10 000 个人中随机选择两张图片,每个人对应两张年龄跨度最大的图片,其中年龄较小的图片用来组成参考集(gallery set),年龄较大的用来作测试集(probe set),另外选择 600 人的人脸图片用作参考集,剩余 2 400 人则用来计算 PCA 子空间。为了更好地理解 MORPH 数据集,我们还对图片的种族和性别进行了分析,图 7-30 给出了数据集 CACD 的性别和种族分布对比。可以看到,MORPH 数据集包含更多男性,

图 7-29　MORPH 数据集中的样本

注:图中每一列图片为同一个人在不同年龄的人脸图片。

表 7-16　MORPH 数据集的年龄分布情况[135]

类　　别	人数/人			
	18～29 岁	30～39 岁	40～49 岁	50 岁以上
全部	951	445	126	32
男性	776	366	105	32
女性	175	79	21	0

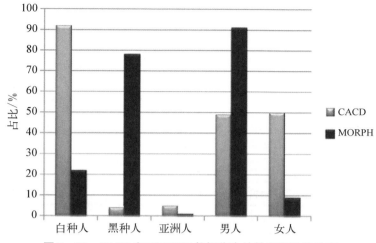

图 7 - 30 CACD 和 MORPH 数据集中的性别和种族分布

而 CACD 中男性与女性的数量相差无几。MORPH 数据集中的大多数是黑人，而 CACD 包含的大部分是白人。

2）参数选择

在 MORPH 数据集上的实验中，我们的方法有如下几个参数：PCA 的维度 d_1、(σ, λ_1)、鲁棒空间的维度 d_0 以及参考集的人数 n。需要注意的是，由于每个人只选取了时间跨度最大的两张图片，因此跨度公式（7 - 52）是不成立的，故 λ_2 是不存在的。在实验中，我们选取 $d_1 = 100$；通过尝试 $\lambda_1 = \{0.01, 0.1, 1, 10, 100\}$，$\sigma = \{1, 10, 20, 30, 50, 100\}$ 后，最终选定 $\lambda_1 = 1$，$\sigma = 20$。此外，我们发现当 $d_0 = 200$ 时，实验结果最好。

3）方法比较

我们将本节方法与目前 MORPH 数据集上发表的效果最好的几种方法进行对比，如表 7 - 17 所示。本章方法的准确率为 94.3%，与 Gong 等[120] 的结果相匹敌，但 Gong 等[120] 使用了三种特征（MEFA＋MLBP＋SIFT），而我们只使用了高维 LBP 一种特征。

表 7 - 17 本章方法与当前高水平方法的年龄无关人脸识别最高准确率对比

方 法	最高准确率/%
Park 等[114]	79.8
Li 等[117]	83.9

（续表）

方　　法	最高准确率/%
Li 等[137]	87.1
HFA[118]	91.1
CARC[104]	92.8
Li 等[119]	93.6
Gong 等[120]（MEFA）	93.8
FMEM	94.3
Gong 等[120]（组合特征）	**94.5**

此外，我们使用的数据集为科研版本的 MORPH Album 2 数据集，其中包含 13 000 个人的 55 000 张照片，而 Gong 等[120] 使用的数据集为扩展版的 MORPH Album 2 数据集，其中包含 20 000 个人的 78 000 张图片，因此其数据量较我们有很大的优势。即便这样，如果只是用其文中提出的特征 MEFA，准确率仍低于本章的方法。在与其他方法的对比中，本章方法也体现了较大的优势，比如比 CARC[134] 提升了 3.6%，比 HFA 提高了 6.8%。

3. 在 CACD‐VS 上的人脸验证实验结果

我们比较了高维 LBP[73]、HFA[118]、CARC[134] 和本章方法在 CACD‐VS 上的人脸验证结果。实验中所用参数与在 CACD 上所用参数完全一致。实验对比结果如表 7‐18 所示。本章方法的验证准确率为 91.2%，与其他方法相比有了明显提高。此外，我们与手动识别准确率进行了对比，本章方法在使用高维 LBP 特征时，比手动识别准确率的平均值高出 5.5%，比手动识别并利用多人投票后的准确率低 3%，如表 7‐19 所示。而当应用本章方法到深度特征上时，准确率达到 95.9%，超出手动识别平均准确率 10.2%，超出"手动识别＋投票"方法 1.7%，ROC 曲线如图 7‐31 所示。CACD‐VS 的正负样本对示例及其对应的余弦距离如图 7‐32 所示。

表 7‐18　CACD‐VS 数据集上，若干年龄无关人脸验证准确率对比

方　　法	验证准确率%
HD‐LBP[72]	81.6
HFA[118]	84.4
CARC[104]	87.6

（续表）

方　　法	验证准确率%
Zhai 等[132]	89.5
EARC＋HD－LBP	90.6
EARC－D＋HD－LBP	91.2
EARC＋VGG	94.6
EARC－D＋VGG	95.1
FMEM＋HD－LBP	91.2
FMEM＋VGG	**95.9**
人工选择,平均[104]	85.7
人工选择,投票[104]	94.2

表 7－19　手动人脸验证中投票人数对准确率对影响

方　　法	1	3	5	9
准确率/%	82.3	89.8	92.0	**94.2**

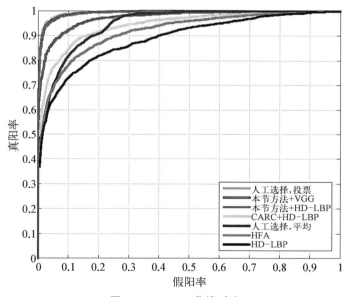

图 7－31　ROC 曲线对比

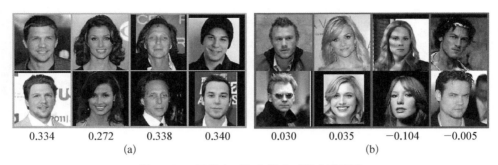

图 7 - 32　正样本对和负样本对的余弦距离

（a）正样本对；（b）负样本对

7.5.3　总结与讨论

在本节中，我们提出了一个鲁棒特征编码算法。该方法旨在寻找一个表达力较强同时对年龄变化鲁棒的特征。我们通过对人脸在整个年龄跨度上的相似性来学习一个跨年龄人脸子空间，使其对年龄引起的面部特征比较鲁棒。接下来，我们利用参考集的人脸表征对学得的鲁棒特征进行编码，加入局部约束和全局约束，得到最终的年龄无关人脸特征。为检验所得特征的有效性，我们分别在CACD 数据集、MORPH 数据集以及 CACD - VS 上进行了实验。实验结果表明，本章方法在 CACD 上的人脸识别准确率以及在 CACD - VS 上的人脸验证准确率均超越目前公布的最好结果。在 MORPH 数据上，本章方法在特征、数据量均不如文献[120]的情况下，准确率与其基本持平。此外，为了检验方法的通用性，我们还对深度特征进行了实验。实验结果表明，与 CARC 对深度特征产生负面影响不同，本章方法在"深度特征＋余弦距离"的基础上提升了若干个百分点。同时，在人脸验证数据集 CACD - VS 上的准确率超过了人工结合投票的准确率。

本章方法 EARC 与 FMEM 是两个思路不同的方法。FMEM 是学习一个鲁棒映射，将所有特征映射到一个年龄无关空间中，再进行后续的编码操作；而EARC 则是集中于参考集的改进，去除参考集中的噪声和冗余信息，然后利用改进后的参考集进行编码操作。从实验结果来看，两个方法在准确率方面相差不大，FMEM 相较于 EARC 在数据集 CACD 和 CACD - VS 上的表现略胜一筹；从计算速度上来看，EARC 要明显优于 FMEM。

7.6 本章小结

为应对姿态、光照、表情以及年龄演化因素对人脸验证与识别技术的影响，本章在已有的工作基础上提高人脸识别与验证算法的鲁棒性，使其适应各种复杂环境，进而具有更加广泛的应用。

首先，在人脸验证方面，基于使类内数据对相似性尽可能大、类间数据对相似性尽可能小的想法，我们提出人脸验证方法 SIG - SML。我们结合马氏距离函数与双线性相似性函数，将其嵌入 Sigmoid 函数，形成最终的度量函数。Sigmoid 函数的一个重要性质是它将整个坐标轴压缩到 $(0, 1)$ 区间，使相似性度量的分数保持在 $[0, 1]$。同时，我们用于求解度量函数参数的优化问题是凸的，解收敛到全局最优，保证了解的稳定性。实验结果表明，这样一个度量函数同时具备对类内数据的不变性和类间数据的判别性。在 LFW 上的准确率超越了欧氏距离、ITML、马氏距离、SVM、SUB - SML、KISSME 及联合贝叶斯等主流方法，达到了最佳水平。同时，我们还证明了结合马氏距离函数与双线性相似性函数比使用其中任意一种方法都更加有效。

在跨年龄人脸识别方面，针对年龄无关人脸识别中的参考集编码所遇到的问题，如参考集包含数据过多、计算量过大问题以及在稀疏编码中缺少全局约束等，提出了本征年龄参考集编码方法 EARC 和 EARC - D。参考集所含数据量过大，容易造成信息冗余，因此，提出训练本征年龄参考集，利用特征脸（eigenface）算法和 PCA 来减少参考集中特征的个数，选出更具代表性的若干个特征用作参考集，从而降低编码特征的维度，进而大大降低整个编码过程的计算量。得到本征参考集后，利用其对输入特征进行参考集编码，编码过程同样使用我们所提出的修正特征编码算法，进而得到最终的编码特征。实验结果表明，EARC 达到浅层特征人脸识别的最佳水平，同时在深度特征上的表现也超过现有年龄无关人脸识别准确率，达到较高水平。

基于"如果两个人年轻时候长相相似，那么他们在变老的过程中长相仍然相似"的假设，提出了一个鲁棒特征编码方法 FMEM，找到表现能力强的特征，使其对年龄变化鲁棒的同时，保持对类间差异的判别力。为了克服人脸老化过程引起的大的类内变化，将参考集作为训练数据，学习一个映射矩阵，将原始特征映射到一个年龄无关的特征空间。为了学习矩阵 M，我们将参考集中的每个人按年龄平均分成若干个组，计算每个组的特征平均值；然后，基于"同一个人明显的面部变化通常由大的年龄跨度引起"这一事实,我们约束同一类不同年龄段的特征在新的空间中尽可能相近;接下来,利用学习得到的矩阵 M 将原始特征映射到新的空间,在该空间中,人脸特征对年龄变化较为鲁棒。紧接着特征空间学习步骤,我们利用参考集对映射后特征进行编码,以得到最终的年龄无关人脸特征。为了验证方法的有效性,我们在数据集 CACD 和 MORPH 上进行了实验。此外,我们还在 CACD－VS 上检验了方法在人脸验证方面的效果。实验结果表明,本章方法在 CACD 和 CACD－VS 上的表现超越了已有浅层方法,达到较高水平,同时在 MORPH 数据集上达到最好结果。为了检验方法的通用性,我们还将方法应用到深度特征上,与 CARC 导致深度特征识别准确率下降不同,本章方法将深度特征的准确率又提升了若干个百分点,验证了方法对不同特征的鲁棒性。此外,在 CACD－VS 数据集上,我们的方法结合深度特征的准确率超过了人工结合投票的准确率。

在人脸验证方面,针对光照、表情、姿态、遮挡等所引起的类内变化给验证带来的挑战,虽然本章提出的方法具有一定的鲁棒性,也达到了较高的准确率,但若要在复杂的自然环境下达到更高的准确率以符合金融等行业的高要求,还有很长的路要走。在接下来的研究中,我们探索将线性项、常数项与马氏距离、双线性项相结合,线性项和常数项将为决策函数增加更多的信息,进而提升人脸验证的准确率。此外,我们在图片人脸验证的同时,还将进一步探索低质量的视频应用场景下的人脸验证,利用视频中人脸时空关联特性,优化人脸识别方法,提高视频中的人脸验证效率。

在年龄无关人脸识别方面,虽然我们的方法在已有方法的基础上有了较大的提升,并且超过了人为投票的准确率,但还有一定的提升空间。因此,如何进一步提高方法对年龄演化的鲁棒性成为未来工作的主要目标。在接下来的工作中,我们考虑丰富用于跨年龄人脸研究的数据集,利用深度学习训练出鲁棒的跨年龄人脸识别模型,联合传统的子空间学习方法,利用深度学习的非线性变换和语义含义,降低年龄变化的影响,提高人脸识别和验证鲁棒性;推动人脸技术在银行支付、智能视频监控中的应用。

总之,人脸识别与验证等技术一直是国内外研究的重点和热点。我们要突破原有的技术瓶颈,通过理论和技术创新,进一步提高人脸识别与验证技术的准确率和鲁棒性。

参考文献

[1]　Kim K. Intelligent immigration control system by using passport recognition and face

verification[C]//International Symposium on Neural Networks, Chongqing, 2005.

[2] Liu J N, Wang M, Feng B. iBotGuard: an internet-based intelligent robot security system using invariant face recognition against intruder[J]. IEEE Transactions on Systems, Man, and Cybernetics, Part C (Applications and Reviews), 2005, 35(1): 97 - 105.

[3] Moon H. Biometrics person authentication using projection-based face recognition system in verification scenario [C]//First International Conference on Biometric Authentication, Honkong, 2004.

[4] Woodward J D. Super Bowl surveillance: facing up to biometrics[R]. Santa Monica: RAND, 2001.

[5] CNN. Education school face scanner to search for sex offenders[N]. Phoenix: The Associated Press, 2003.

[6] Phillips P J, Moon H, Rizvi S A, et al. The FERET evaluation methodology for face recognition algorithms [J]. IEEE Transactions on Pattern Analysis and Machine Intelligence, 2000, 22(10): 1090 - 1104.

[7] Choudhury T, Clarkson B, Jebara T, et al. Multimodal person recognition using unconstrained audio and video[C]//Proceedings of International Conference on Audio- and Video-Based Person Authentication, Halmstad, 1999.

[8] Wijaya S L, Savvides M, Kumar B V. Illumination-tolerant face verification of low bit-rate JPEG2000 wavelet images with advanced correlation filters for handheld devices [J]. Applied optics, 2005, 44(5): 655 - 665.

[9] Acosta E, Torres L, Albiol A, et al. An automatic face detection and recognition system for video indexing applications[C]//Acoustics, Speech, and Signal Processing (ICASSP), Singapore city, 2002.

[10] Lee J H, Kim W Y. Video summarization and retrieval system using face recognition and MPEG - 7 descriptors [C]//International Conference on Image and Video Retrieval, Dublin, 2004.

[11] Tredoux C, Rosenthal Y, da Costa L, et al. Face reconstruction using a configural, eigenface-based composite system[J]. SARMAC Ⅲ, 1999, 4.

[12] Poggio B, Brunelli R, Poggio T. HyberBF networks for gender classification[C]//DARPA Image Understanding Workshop, Detroit, 1992.

[13] Moghaddam B, Yang M H. Learning gender with support faces [J]. IEEE Transactions on Pattern Analysis and Machine Intelligence, 2002, 24(5): 707 - 711.

[14] Balci K, Atalay V. PCA for gender estimation: which eigenvectors contribute? [C]//International Conference on Pattern Recognition, Quebec City, 2002.

[15] Shinohara Y, Otsuf N. Facial expression recognition using fisher weight maps[C]//

Automatic Face and Gesture Recognition, Seoul, 2004.

[16] Colmenarez A, Frey B, Huang T S. A probabilistic framework for embedded face and facial expression recognition[C]//IEEE Computer Society Conference on Computer Vision and Pattern Recognition, Fort Collins, 1999.

[17] Bourel F, Chibelushi C C, Low A A. Robust facial feature tracking[C]//International Conference on Image Processing, Atlanta, 2000.

[18] Morik K, Brockhausen P, Joachims T. Combining statistical learning with a knowledge-based approach: a case study in intensive care monitoring[C]//The Sixteenth International Conference on Machine Learning, San Francisco, 1999.

[19] Singh S, Papanikolopoulos N P. Monitoring driver fatigue using facial analysis techniques[C]//International Conference on Intelligent Transportation Systems, Tokyo, 1999.

[20] Metaxas D, Venkataraman S, Vogler C. Image-based stress recognition using a model-based dynamic face tracking system[C]//International Conference on Computational Science, Cracow, 2004.

[21] Yao Y F, Jing X Y, Wong H S. Face and palm print feature level fusion for single sample biometrics recognition[J]. Neurocomputing, 2007, 70(7): 1582 - 1586.

[22] Vajaria H, Islam T, Mohanty P, et al. Evaluation and analysis of a face and voice outdoor multi-biometric system[J]. Pattern Recognition Letters, 2007, 28(12): 1572 - 1580.

[23] Bouchaffra D, Amira A. Structural hidden Markov models for biometrics: fusion of face and fingerprint[J]. Pattern Recognition, 2008, 41(3): 852 - 867.

[24] Zhou X, Bhanu B. Feature fusion of side face and gait for video-based human identification[J]. Pattern Recognition, 2008, 41(3): 778 - 795.

[25] Ben-Yacoub S, Luttin J, Jonsson K, et al. Audio-visual person verification[C]//IEEE Computer Society Conference on Computer Vision and Pattern Recognition, Fort Collins, 1999.

[26] Chellappa R, Roy-Chowdhury A K, Kale A. Human identification using gait and face [C]//IEEE Computer Society Conference on Computer Vision and Pattern Recognition, Minneapolis, 2007.

[27] Chang K, Bowyer K W, Sarkar S, et al. Comparison and combination of ear and face images in appearance-based biometrics[J]. IEEE Transactions on Pattern Analysis and Machine Intelligence, 2003, 25(9): 1160 - 1165.

[28] Melin P, Castillo O. Human recognition using face, fingerprint and voice[M]// Hybrid intelligent systems for pattern recognition using soft computing. Berlin: Springer, 2005: 241 - 256.

[29] Jain A K, Nandakumar K, Lu X, et al. Integrating faces, fingerprints, and soft biometric traits for user recognition [C]//International Workshop on Biometric Authentication, Pagne, 2004.

[30] Viswanathan M, Beigi H S, Tritschler A, et al. Information access using speech, speaker and face recognition[C]//IEEE International Conference on Multimedia and Exposition, New York, 2000.

[31] Brunelli R, Falavigna D. Person identification using multiple cues [J]. IEEE transactions on pattern analysis and machine intelligence, 1995, 17(10): 955 - 966.

[32] Rahman M M, Hartley R, Ishikawa S. A passive and multimodal biometric system for personal identification[C]//International Conference on Visualization, Imaging, and Image Processing, Marbella, 2005.

[33] Adini Y, Moses Y, Ullman S. Face recognition: the problem of compensating for changes in illumination direction[J]. IEEE Transactions on Pattern Analysis and Machine Intelligence, 1997, 19(7): 721 - 732.

[34] Gao Y, Leung M K. Face recognition using line edge map[J]. IEEE Transactions on Pattern Analysis and Machine Intelligence, 2002, 24(6): 764 - 779.

[35] Belhumeur P N, Hespanha J P, Kriegman D J. Eigenfaces vs. fisherfaces: recognition using class specific linear projection[J]. IEEE Transactions on Pattern Analysis and Machine Intelligence, 1997, 19(7): 711 - 720.

[36] Li Q, Ye J, Kambhamettu C. Linear projection methods in face recognition under unconstrained illuminations: a comparative study [C]//IEEE Computer Society Conference on Computer Vision and Pattern Recognition, Washington, 2004.

[37] Kim T K, Kim H, Hwang W, et al. Independent component analysis in a facial local residue space [C]//IEEE Computer Society Conference on Computer Vision and Pattern Recognition, Madison, 2003.

[38] Georghiades A S, Belhumeur P N, Kriegman D J. From few to many: illumination cone models for face recognition under variable lighting and pose [J]. IEEE Transactions on Pattern Analysis and Machine Intelligence, 2001, 23(6): 643 - 660.

[39] Okada K, von der Malsburg C. Pose-invariant face recognition with parametric linear subspaces [C]//Fifth IEEE International Conference on Automatic Face Gesture Recognition, Washington, 2002.

[40] Gross R, Matthews I, Baker S. Eigen light-fields and face recognition across pose [C]//Fifth IEEE International Conference on Automatic Face and Gesture Recognition, Washington, 2002.

[41] Martínez A M. Recognizing imprecisely localized, partially occluded, and expression variant faces from a single sample per class[J]. IEEE Transactions on Pattern Analysis

and Machine Intelligence，2002（6）：748 - 763.

[42] Kurita T，Pic M，Takahashi T. Recognition and detection of occluded faces by a neural network classifier with recursive data reconstruction［C］//IEEE Conference on Advanced Video and Signal Based Surveillance，Miami，2003.

[43] Lanitis A，Taylor C J. Robust face recognition using automatic age normalization ［C］//10th Mediterranean Electrotechnical Conference，Lemesos，2000.

[44] Lanitis A，Taylor C J，Cootes T F. Toward automatic simulation of aging effects on face images［J］. IEEE Transactions on Pattern Analysis and Machine Intelligence，2002，24(4)：442 - 455.

[45] Swami M S S K R，Karuppiah M. Optimal feature extraction using greedy approach for random image components and subspace approach in face recognition[J]. Journal of Computer Science and Technology，2013，28(2)：322 - 328.

[46] Li Y，Meng L，Feng J，et al. Downsampling sparse representation and discriminant information aided occluded face recognition［J］. Science China Information Sciences，2014，57(3)：1 - 8.

[47] Wang Z，Miao Z，Wu Q J，et al. Low-resolution face recognition：a review［J］. The Visual Computer，2014，30(4)：359 - 386.

[48] Singh C，Walia E，Mittal N. Robust two-stage face recognition approach using global and local features[J]. The Visual Computer，2012，28(11)：1085 - 1098.

[49] Vieira T F，Bottino A，Laurentini A，et al. Detecting siblings in image pairs[J]. The Visual Computer，2014，30(12)：1333 - 1345.

[50] Turk M A，Pentland A P. Face recognition using eigenfaces［C］//IEEE Society Conference on Computer Vision and Pattern Recognition，Mani，1991.

[51] Nowak E，Jurie F. Learning visual similarity measures for comparing never seen objects ［C］//IEEE Conference on Computer Vision and Pattern Recognition，Minneapolis，2007.

[52] Taigman Y，Wolf L，Hassner T，et al. Multiple one-shots for utilizing class label information[C]//The British Machine Vision Conference，London，2009.

[53] Davis J V，Kulis B，Jain P，et al. Information-theoretic metric learning［C］// Proceedings of the 24th International Conference on Machine Learning，Corvalis，2007.

[54] Guillaumin M，Verbeek J，Schmid C. Is that you? Metric learning approaches for face identification[C]//IEEE 12th International Conference on Computer Vision，Kyoto，2009.

[55] Kumar N，Berg A C，Belhumeur P N，et al. Attribute and simile classifiers for face verification[C]//IEEE 12th International Conference on Computer Vision，Kyoto，

2009.

[56] Sanderson C, Lovell B C. Multi-region probabilistic histograms for robust and scalable identity inference[C]//International Conference on Biometrics, Alghero, 2009.

[57] Cao Z, Yin Q, Tang X, et al. Face recognition with learning-based descriptor[C]// IEEE Conference on Computer Vision and Pattern Recognition (CVPR), San Francisco, 2010.

[58] Prince S, Li P, Fu Y, et al. Probabilistic models for inference about identity[J]. IEEE Transactions on Pattern Analysis and Machine Intelligence, 2012, 34(1): 144-157.

[59] Yin Q, Tang X, Sun J. An associate-predict model for face recognition[C]//Computer Vision and Pattern Recognition (CVPR), Colorado Springs, 2011.

[60] Seo H J, Milanfar P. Face verification using the lark representation[J]. IEEE Transactions on Information Forensics and Security, 2011, 6(4): 1275-1286.

[61] Seo H J, Milanfar P. Training-free, generic object detection using locally adaptive regression kernels [J]. IEEE Transactions on Pattern Analysis and Machine Intelligence, 2010, 32(9): 1688-1704.

[62] Boyd S, Vandenberghe L. Convex optimization [M]. Cambridge: Cambridge University Press, 2004.

[63] Chen D, Cao X, Wang L, et al. Bayesian face revisited: a joint formulation[C]// European Conference on Computer Vision, Florence, 2012.

[64] Ying Y, Li P. Distance metric learning with eigenvalue optimization[J]. Journal of Machine Learning Research, 2012, 13: 1-26.

[65] Hussain S U, Napoléon T, Jurie F. Face recognition using local quantized patterns [C]//British Machive Vision Conference, Surrey, 2012.

[66] Huang C, Zhu S, Yu K. Large scale strongly supervised ensemble metric learning, with applications to face verification and retrieval[D]. New York: Cornell University, 2012.

[67] Huang G B, Lee H, Learned-Miller E. Learning hierarchical representations for face verification with convolutional deep belief networks[C]//Computer Vision and Pattern Recognition (CVPR), Providence, 2012.

[68] Jarrett K, Kavukcuoglu K, Lecun Y, et al. What is the best multi-stage architecture for object recognition? [C]//IEEE 12th International Conference on Computer Vision, Kyoto, 2009.

[69] Sharma G, Ulhussain S, Jurie F. Local higher-order statistics (LHS) for texture categorization and facial analysis[C]//European Conference on Computer Vision, Florence, 2012.

[70] Berg T, Belhumeur P N. Tom-vs-pete classifiers and identity-preserving alignment for

face verification[C]//The British Machine Vision Conference, Surrey, 2012.

[71] Cao X, Wipf D, Wen F, et al. A practical transfer learning algorithm for face verification[C]//Proceedings of the IEEE International Conference on Computer Vision, Sydney, 2013.

[72] Cao Q, Ying Y, Li P. Similarity metric learning for face recognition[C]//Proceedings of the IEEE International Conference on Computer Vision, Sydney, 2013.

[73] Chen D, Cao X, Wen F, et al. Blessing of dimensionality: high-dimensional feature and its efficient compression for face verification[C]//Proceedings of the IEEE Conference on Computer Vision and Pattern Recognition, Portland, 2013.

[74] Simonyan K, Parkhi O M, Vedaldi A, et al. Fisher vector faces in the wild[C]//The British Machine Vision Conference, Bristol, 2013.

[75] Sun Y, Wang X, Tang X. Hybrid deep learning for face verification[C]//Proceedings of the IEEE International Conference on Computer Vision, Sydney, 2013.

[76] Sun Y, Wang X, Tang X. Deep learning face representation from predicting 10000 classes[C]//Proceedings of the IEEE Conference on Computer Vision and Pattern Recognition, Columbus, 2014.

[77] Sun Y, Chen Y, Wang X, et al. Deep learning face representation by joint identification-verification[C]//Neural Information Processing Systems Conference, Montreal, 2014.

[78] Lowe D G. Distinctive image features from scale-invariant keypoints[J]. International Journal of Computer Vision, 2004, 60(2): 91-110.

[79] Ahonen T, Hadid A, Pietikainen M. Face description with local binary patterns: application to face recognition[J]. IEEE Transactions on Pattern Analysis and Machine Intelligence, 2006, 28(12): 2037-2041.

[80] Liu C, Wechsler H. Gabor feature based classification using the enhanced fisher linear discriminant model for face recognition[J]. IEEE Transactions on Image Processing, 2002, 11(4): 467-476.

[81] Goldberger J, Hinton G E, Roweis S T, et al. Neighbourhood components analysis [C]//Proceedings of the 17th International Conference on Neural Information Processing Systems, Sydney, 2004.

[82] Shalev-Shwartz S, Singer Y, Ng A Y. Online and batch learning of pseudometrics [C]//Proceedings of the Twenty-First Iinternational Conference on Machine Learning, Banff, 2004.

[83] Koestinger M, Hirzer M, Wohlhart P, et al. Large scale metric learning from equivalence constraints [C]//IEEE Conference on Computer Vision and Pattern Recognition, Providence, 2012.

[84] Weinberger K Q, Saul L K. Distance metric learning for large margin nearest neighbor classification[J]. Journal of Machine Learning Research, 2009, 10: 207 - 244.

[85] Hoi S C, Liu W, Lyu M R, et al. Learning distance metrics with contextual constraints for image retrieval[C]//IEEE Computer Society Conference on Computer Vision and Pattern Recognition, New York, 2006.

[86] Torresani L, Lee K C. Large margin component analysis[C]//Advances in Neural Information Processing Systems, Vancouver, 2006.

[87] Noh Y K, Zhang B T, Lee D D. Generative local metric learning for nearest neighbor classification [C]//Advances in Neural Information Processing Systems, Vanconver, 2010.

[88] Weinberger K Q, Saul L K. Fast solvers and efficient implementations for distance metric learning[C]//Proceedings of the 25th International Conference on Machine Learning, Helsinki, 2008.

[89] Bellet A, Habrard A, Sebban M. A survey on metric learning for feature vectors and structured data[R]. Ithaca: Cornell University, 2013.

[90] Qi G J, Tang J, Zha Z J, et al. An efficient sparse metric learning in high-dimensional space via l_1-penalized log-determinant regularization[C]//Proceedings of the 26th Annual International Conference on Machine Learning, Montreal, 2009.

[91] Hosmer D W, Lemeshow S. Introduction to the logistic regression model[M]// Applied Logistic Regression. 2nd ed. New York: John Wiley & Sons, 2000: 1 - 30.

[92] Lu C, Tang X. Surpassing human-level face verification performance on LFW with GaussianFace[C]//Twenty-Ninth AAAI Conference on Artificial Intelligence, Austin, 2015.

[93] Shalev-Shwartz S, Singer Y, Srebro N, et al. Pegasos: primal estimated subgradient solver for SVM[J]. Mathematical Programming, 2011, 127(1): 3 - 30.

[94] Belhumeur P N, Jacobs D W, Kriegman D J, et al. Localizing parts of faces using a consensus of exemplars[J]. IEEE Transactions on Pattern Analysis and Machine Intelligence, 2013, 35(12): 2930 - 2940.

[95] Cao X, Wei Y, Wen F, et al. Face alignment by explicit shape regression[J]. International Journal of Computer Vision, 2014, 107(2): 177 - 190.

[96] Huang G B, Ramesh M, Berg T, et al. Labeled faces in the wild: a database for studying face recognition in unconstrained environments[R]. Amherst: University of Massachusetts, 2007.

[97] Dalal N, Triggs B. Histograms of oriented gradients for human detection[C]//IEEE Computer Society Conference on Computer Vision and Pattern Recognition, San Diego, 2005.

[98] Fukunaga K. Introduction to statistical pattern recognition[M]. Pittsburgh: Academic Press, 2013.

[99] Fisher R A. The statistical utilization of multiple measurements[J]. Annals of Eugenics, 1938, 8(4): 376 - 386.

[100] LFW. Labeled Faces in the Wild results[EB/OL]. (2020 - 06 - 01). http://vis-www. cs. umass. edu/lfw/results. html.

[101] Cox D, Pinto N. Beyond simple features: a large-scale feature search approach to unconstrained face recognition[C]//IEEE International Conference on Automatic Face & Gesture Recognition, Santa Barbara, 2011.

[102] Nguyen H V, Bai L. Cosine similarity metric learning for face verification[C]//Asian Conference on Computer Vision, Queenstown, 2010.

[103] Barkan O, Weill J, Wolf L, et al. Fast high dimensional vector multiplication face recognition[C]//Proceedings of the IEEE International Conference on Computer Vision, Sydney, 2013.

[104] Chen B C, Chen C S, Hsu W H. Cross-age reference coding for age-invariant face recognition and retrieval[C]//European Conference on Computer Vision, Zurich, 2014.

[105] Fu Y, Huang T S. Human age estimation with regression on discriminative aging manifold[J]. IEEE Transactions on Multimedia, 2008, 10(4): 578 - 584.

[106] Geng X, Zhou Z H, Smith-Miles K. Automatic age estimation based on facial aging patterns[J]. IEEE Transactions on Pattern Analysis and Machine Intelligence, 2007, 29(12): 2234 - 2240.

[107] Guo G, Fu Y, Dyer C R, et al. Image-based human age estimation by manifold learning and locally adjusted robust regression[J]. IEEE Transactions on Image Processing, 2008, 17(7): 1178 - 1188.

[108] Zhou S K, Georgescu B, Zhou X S, et al. Image based regression using boosting method[C]//Tenth IEEE International Conference on Computer Vision Volume 1, Beijing, 2005.

[109] Kwon Y H, da Vitoria Lobo N. Age classification from facial images[J]. Computer Vision and Image Understanding, 1999, 74(1): 1 - 21.

[110] Montillo A, Ling H. Age regression from faces using random forests[C]//16th IEEE International Conference on Image Processing (ICIP), Cairo, 2009.

[111] Ramanathan N, Chellappa R. Face verification across age progression[J]. IEEE Transactions on Image Processing, 2006, 15(11): 3349 - 3361.

[112] Suo J, Zhu S C, Shan S, et al. A compositional and dynamic model for face aging[J]. IEEE Transactions on Pattern Analysis and Machine Intelligence, 2010, 32 (3):

385 - 401.

[113] Suo J, Chen X, Shan S, et al. Learning long term face aging patterns from partially dense aging databases[C]//IEEE 12th International Conference on Computer Vision, Kyoto, 2009.

[114] Park U, Tong Y, Jain A K. Age-invariant face recognition[J]. IEEE Transactions on Pattern Analysis and Machine Intelligence, 2010, 32(5): 947 - 954.

[115] Tsumura N, Ojima N, Sato K, et al. Image-based skin color and texture analysis/synthesis by extracting hemoglobin and melanin information in the skin[J]. ACM Transactions on Graphics (TOG), 2003, 22(3): 770 - 779.

[116] Ling H, Soatto S, Ramanathan N, et al. Face verification across age progression using discriminative methods[J]. IEEE Transactions on Information Forensics and security, 2010, 5(1): 82 - 91.

[117] Li Z, Park U, Jain A K. A discriminative model for age invariant face recognition [J]. IEEE Transactions on Information Forensics and Security, 2011, 6(3): 1028 - 1037.

[118] Gong D, Li Z, Lin D, et al. Hidden factor analysis for age invariant face recognition [C]//Proceedings of the IEEE International Conference on Computer Vision, Sydney, 2013.

[119] Li Y, Wang G, Lin L, et al. A deep joint learning approach for age invariant face verification[C]//CCF Chinese Conference on Computer Vision, Xi'an, 2015.

[120] Gong D, Li Z, Tao D, et al. A maximum entropy feature descriptor for age invariant face recognition[C]//Proceedings of the IEEE Conference on Computer Vision and Pattern Recognition, Boston, 2015.

[121] Geng X, Zhou Z H, Zhang Y, et al. Learning from facial aging patterns for automatic age estimation [C]//Proceedings of the 14th ACM international conference on Multimedia, Santa Barbara, 2006.

[122] Yan S, Wang H, Huang T S, et al. Ranking with uncertain labels[C]//IEEE International Conference on Multimedia and Expo, Beijing, 2007.

[123] Leta F R, Conci A, Pamplona D, et al. Manipulating facial appearance through age parameters[C]//Proceedings of Ninth Brazilian Symposium on Computer Graphics and Image Processing, Campos do Jordao, 1996.

[124] Berg A C, Justo S C. Aging of orbicularis muscle in virtual human faces[C]//Proceedings on Seventh International Conference on Information Visualization, London, 2003.

[125] Wu Y, Thalmann N M, Thalmann D. A dynamic wrinkle model in facial animation and skin ageing[J]. The Journal of Visualization and Computer Animation, 1995, 6

(4): 195 - 205.

[126] Shihfeng D, Tu C H, Chuang C Y, et al. Aging simulation using facial muscle model [C]//International Conference on Machine Learning and Cybernetics, Xi'an, 2012.

[127] Liu L, Xiong C, Zhang H, et al. Deep aging face verification with large gaps[J]. IEEE Transactions on Multimedia, 2016, 18(1): 64 - 75.

[128] Bianco S. Large age-gap face verification by feature injection in deep networks[J]. Pattern Recognition Letters, 2017, 90: 36 - 42.

[129] El Khiyari H, Wechsler H. Face recognition across time lapse using convolutional neural networks[J]. Journal of Information Security, 2016, 7(3): 141.

[130] Lin L, Wang G, Zuo W, et al. Cross-domain visual matching via generalized similarity measure and feature learning[J]. IEEE Transactions on Pattern Analysis and Machine Intelligence, 2016, 36(9): 35 - 39.

[131] Lu J, Liong V E, Wang G, et al. Joint feature learning for face recognition[J]. IEEE Transactions on Information Forensics and Security, 2015, 10(7): 1371 - 1383.

[132] Zhai H, Liu C, Dong H, et al. Face verification across aging based on deep convolutional networks and local binary patterns[C]//International Conference on Intelligent Science and Big Data Engineering, Suzhou, 2015.

[133] Heseltine T, Pears N, Austin J. Evaluation of image pre-processing techniques for eigenface based face recognition [C]//Proceeding of the Second International Conference on Image and Graphics, Singapore city, 2002.

[134] Chen B C, Chen C S, Hsu W H. Face recognition and retrieval using cross-age reference coding with cross-age celebrity dataset [J]. IEEE Transactions on Multimedia, 2015, 17(6): 804 - 815.

[135] Ricanek K, Tesafaye T. Morph: a longitudinal image database of normal adult ageprogression[C]//7th International Conference on Automatic Face and Gesture Recognition, Southampton, 2006.

[136] Parkhi O M, Vedaldi A, Zisserman A, et al. Deep face recognition [C]//The British Machine Vision Conference, Swansea, 2015.

[137] Li Z, Gong D, Li X, et al. Learning compact feature descriptor and adaptive matching framework for face recognition [J]. IEEE Transactions on Image Processing, 2015, 24(9): 2736 - 2745.

8

可视媒体大数据的智能
服务系统

8.1 引言

随着移动互联网、云计算和社交网络等信息技术及其应用的飞速发展，以图像、视频、三维运动与图形数据为主体的可视媒体规模迅猛增长，腾讯、谷歌等互联网企业"疯狂积累"可视媒体数据，其规模远超 PB 级，庞大而复杂的数据给现有的多媒体分析与处理带来了极大挑战。目前，可视媒体大数据的智能生成、深度处理、传播共享和高效利用，已经成为多媒体领域契合重大社会需求的研究热点，其研究对推动国家信息化建设和文化传媒产业的发展具有重大意义。

上海交通大学联合腾讯、中兴通讯等企业实现产学研协同创新，针对可视媒体大数据规模庞大、结构多样、来源广泛、动态更新等特点，重点研究可视媒体的智能生成与处理技术，着力实现复杂数据重建、动画智能生成、可视媒体素材智能编辑与处理、智能服务与应用四个方面的理论创新与技术突破，不断推动可视媒体智能处理技术在 QQ、微信、易迅等互联网业务中应用，获得腾讯重大技术突破奖，取得了巨大的经济和社会效益。课题组历经十年系统研究，从复杂数据智能重建、动画智能生成、可视媒体素材智能编辑与处理等关键技术研发，汇聚到可视媒体大数据的智能服务与应用，取得了一系列的创新技术及重大应用成果：

（1）提出了保持特征的复杂数据智能清洗与增强方法；研发了基于径向基函数（RBF）高精度的几何重建方法；针对物体表面材质复杂光照特性，提出了基于图像建模的高度真实感绘制方法。

（2）提出了数据驱动的真实感人体建模和基于运动捕获数据的人体运动控制与合成方法，同时面向动画创作全过程，在构建大型动画素材库的基础上，研发了交互式高效动画创作技术与系统。

（3）基于网络海量图像/视频的语义分析和结构特征提取，提出了颜色编辑、高效分割与合成、显著度提取等创新性技术；同时针对大数据应用，提出了定制式可视媒体大数据智能压缩方法和大数据人脸图像智能分析方法。

（4）面向可视媒体大数据的智能服务与应用，将上述创新技术应用于腾讯、欧姆龙等企业，取得一系列成果：研发了全球用户规模最大的图像大数据智能压缩服务平台（图片规模超 1 200 亿 GB，QQ 活跃用户超 8 亿人）；国内首创的基于人脸图像分析、推荐、挖掘的大数据整体闭环技术体系以及处理规模高达 800 亿的人脸计算平台；获得的直接和间接经济效益达 7 亿元。

8.2   大数据智能服务平台

8.2.1   研究背景

可视媒体数据规模迅猛增长,给现有的多媒体内容生成、分析与处理带来了极大挑战。因此,从整体视角展望多媒体的内容生成与处理、可视媒体大数据的智能生成、深度处理、传播共享和高效利用,已经成为多媒体领域契合重大社会需求和国家发展战略的研究热点,对推动国家信息化建设和文化传媒产业的发展,具有重大理论研究与应用意义。

8.2.2   详细研究内容

面向数字内容产业和文化传媒产业的重大技术与应用需求,本节从可视媒体大数据具有的内容复杂、结构多样、来源广泛、动态更新的特点出发,以可视媒体大数据的智能生成与处理作为研究核心,从数据内容的智能生成到其智能处理,融会贯通,实现了三维数据的智能重建、动画数据的智能生成、图像/视频素材的智能编辑处理等可视媒体核心技术的创新与突破,奠定研究的理论基础。在此基础上,上海交通大学与腾讯、欧姆龙、微软等行业标杆企业紧密合作,汇聚到可视媒体大数据的智能服务与应用,依托大数据的云处理平台解决智能服务与应用的技术瓶颈,共同推进新技术、新方法在企业产品研发与生产中的深入应用,取得了一系列的创新技术及重大应用成果,产生了重大社会效益和经济价值。从可视媒体内容分析与智能处理的整体视角出发,总体框架如图 8-1 所示。

1. 三维复杂数据的智能重建

作为可视媒体数据的重要类型,三维图形数据(如几何、材质和光照数据等)主要用来描述和呈现丰富生动的真实场景。复杂数据重建一直是可视媒体智能生成中的研究热点之一,其核心内容包括数据预处理、图形建模及高度真实感绘制等。我们研究了复杂数据智能清洗与增强、高精度扫描数据重建、高度真实感建模与绘制等关键技术,已经取得了许多相关的研究成果。

1)保持特征的复杂几何数据智能清洗与增强

针对复杂网格数据的去噪问题,分析最小平方估计与拉普拉斯光顺算法之间以及网格光顺算法与 M-估计器之间的关联,通过保持 Susan 邻域结构特征

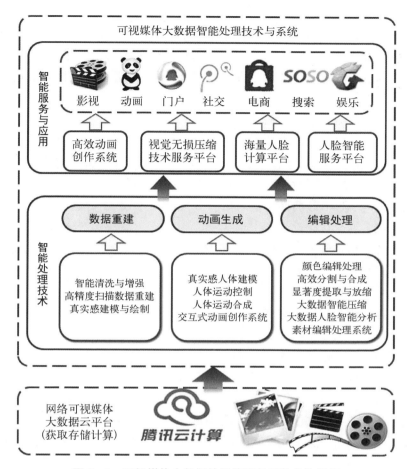

图 8-1 可视媒体大数据的智能服务系统总体框架

实现 3D 复杂网格模型的去噪处理。新方法能够将不连续特征与噪声区分,使得在光顺噪声模型中,复杂网格模型的尖锐特征被有效保持。

为了保持网格平滑过程中的几何特征,通过估计网格模型主曲率和顶点显著度,并且计算加权的局部曲率,同时利用加权二次贝塞尔曲面和最小二乘法拟合每个顶点,调节拟合面参数获取新顶点位置信息,实现复杂网格模型平滑过程中的特征保持。

对于图像/视频大数据的高效增强,我们通过锐度特征表示、基于相似度的梯度调节、梯度域重建等关键技术,在增强锐度的同时维持边缘特征,解决传统方法中的噪声、不真实细节、不连贯放大等问题,同时借助云计算平台,高效实现海量图像数据的锐化增强。

2）基于 RBF 插值与多分辨率表示的扫描数据重建

简单、低代价、快速是三维几何形状测量方法追求的目标，我们用投影仪将条状结构光投影到被测物体上并利用数码相机记录场景图像序列，条状结构光在物体上的变形反映了物体的三维信息，同时通过时空边界查找方法定位条纹的边界。该方法克服了相互辉映以及高光的不利影响，具有很高的鲁棒性，并且对被测物体的材质和纹理无限制。

针对 CT 扫描和三维测量获得的复杂数据，我们利用径向基函数（RBF）构建局部化的隐函数插值/拟合方法，解决相邻局部的 RBF 插值面片间的光滑拼接问题，并通过基于多分辨率表示的 3D 数据三角剖分简化方法，重建被测量物体的表面。与 NURBS 曲面插值与拟合等方法相比较，本方法的几何形状与简化率均实现了综合优化。

面向海量扫描数据的重建，我们将网格划分、优化与多分辨率层次模型结合起来，利用等值线的数据重构与建模方法，实现多分支复杂曲面的网格优化连接与多分辨率表示模型，获得重建曲面能量极小的优化方法；同时结合多分辨率模型提出海量扫描数据的法向估算方法，通过快速绘制及网格简化进一步提升建模与绘制的效率。

3）基于图像的高光物体高度真实感建模与绘制

纹理的高效生成是真实感图形建模与绘制的基础，针对周期性纹理提出基于基元分布的纹理分析与合成方法，我们利用样本纹理中基元间的分布进行纹理合成。该方法关键在于建立基元之间的相邻关系，通过重组已分割且单个独立的基元产生新的纹理；另外，对结构显著的纹理，利用结构特征描述实现纹理合成。

相机的标定与配准是基于图像建模的关键步骤，我们针对相机自标定中的特征点匹配和平移运动，提出由 SIFT 描述符、三个颜色不变性分量和全局分量构成的特征点描述符框架，解决了特征点匹配中各类特征的失配问题，并使用特征点的椭圆邻域而不是圆邻域来构建框架的各个分量，从而使得物体识别与配准框架对仿射变换具有不变性。

为了提高平面物体（如 CD 封面、书本、报纸等）的匹配质量与效率，我们通过参考特征点选择和结构映射，对特征点全局结构进行改进，通过全局结构的引入大幅度提升了匹配算法的效率；我们针对扫描线动态规划的立体匹配中容易出现明显条纹的问题，利用对比度不变方法改进传统的三态规划算法，通过构建纵向的顺序一致性约束，提高了输出视差图的精度。

复杂三维场景的光照与材质属性属于高维且各向异性的数据，其重建和生成一直是计算机图形学中的难点,为了重建复杂物体表面的反射属性,特别是消除镜面高光对于几何重建的影响,我们引入新颖的镜面反射的表示方式,即利用一组具有不同粗糙度值的镜面反射基函数来表达镜面反射。这种表示方法适用于任何强高光或者弱高光物体,并且常被应用到光度立体算法中,用来恢复物体表面形状及其反射性质,大幅度提升了高光环境下重建形状和重绘制图像的质量。

我们的研究与国内外现有研究的比较如下:

(1)在复杂几何数据智能预处理方面,我们通过构建多种 3D 网格噪声模型,在不同方法、不同迭代次数等条件下进行对比实验,结果表明我们提出的去噪方法比典型的 Laplacian、Taubin's 等方法先进并且效率更优;在同一网格模型测试集上,我们比较了不同平滑算法的质量与效率,结果表明在加入特征保持之后我们提出的平滑方法精度为 0.994 2,比传统方法有大幅提升,执行时间却没有明显增长;通过计算锐度分布差,对比了国内外主流的锐化增强方法,结果显示我们提出的锐化方法的锐度分布差从 1.45 下降为 0.39,且稳定性最好。

(2)在高精度扫描数据重建方面,搭建了整套的实验环境,在相互辉映以及高光等不利因素的影响下,测试了三维测量方法的有效性和鲁棒性,结果表明我们的三维测量方法的相对错误率仅为 0.003 138 5%;在同一扫描数据集上,比较了 RBF 径向基函数插值拟合与 NURBS 曲面插值拟合等方法,结果表明我们提出的插值拟合方法面片拼接更平滑、更高效;对于海量扫描数据,比较了使用多分辨率模型前后的重建质量和效率,结果显示我们提出的多分辨率重建方法更适合处理海量扫描数据,能够大幅度提升建模和绘制的效率。

(3)在高度真实感建模与绘制方面,选取了典型的带有周期性纹理的图片,经过结构、边缘、颜色等多方面对比验证,表明我们提出的纹理合成方法能有效地提高纹理合成的真实感,并且在六倍纹理合成下仅需 3～5 秒;在特征点匹配中,比较了多种特征描述方法,在国内外主流的十个数据集上进行了测试验证,准确率超过 95%,结果表明我们的方法在精度上有大幅度的提升,同时将其应用在相机重标定上,其平均错误率为 0.7%～0.9%,标准差为 0.5～0.6;在立体匹配中,通过立体匹配测试网站进行了对比分析,结果表明我们提出的立体匹配方法整体排名为所有方法的第三位;对于高光环境下的重建与绘制,比较了多种镜面反射的表示方式,结果显示我们提出的利用不同粗糙度值的镜面反射基函数来表达镜面反射的方式具有很好的适应性和很强的鲁棒性。

2. 动画数据的智能生成

动画是呈现丰富多彩的物体运动的核心方法。在可视媒体智能生成中,动画设计与制作依赖技术与艺术的完美结合,它是互动媒体与游戏娱乐的技术基础,是近年来可视媒体研究领域内的亮点之一。我们研究人体建模、运动控制、人体运动合成等关键技术,同时面向动画制作行业,从动画创作的全流程出发,以动画智能生成为目标,研发了一套交互式高效动画创作系统。相关的研究成果已在国际著名的 SCI 期刊上发表并申请专利和软件著作权。

1) 数据驱动的真实感人体建模

针对人体肌肉重采样问题,我们将任意的无规则网格肌肉重采样成为适合于肌肉动画的拓扑结构,无须考虑内层骨骼和肌肉形状及连接关系的细节,只需指定少量的对应点即可,运动变形自动进行。因为是对无规则网格表示的肌肉进行重采样,其应用推广更为便利。

为了实现真实感人体建模,借助标准骨骼-肌肉模型,降低了基于解剖学建模方法的复杂性,使用户不必考虑骨骼和肌肉的形状等细节,而只需要指定目标皮肤的少量样本点的局部坐标,使骨骼-肌肉的变形自动进行,简化了复杂的层次式人体建模,减轻了肌肉建模与调节的工作量。

针对动画制作中常用的变形操作,利用最小移动二乘法,将图像内部的欧几里得距离拓展为哈密顿距离,从而在变形的过程中考虑变形物体内部点之间的距离关系,并更好地保持图像上的特征。我们创新性地引入了最小移动二乘进行新的权值计算,利用哈密顿距离作为二点间的度量距离,并考虑图上骨架结构的各向异性来确定合理的权值。

2) 基于运动捕获数据的人体运动控制与合成

对于人体运动数据建模中的失真问题,我们将物理模型引入传统的时空优化方法中,使得结果运动保持捕获运动的原有物理性能,保证运动的物理真实性;同时利用反向运动学(inverse kinematics,IK)求解技术,实现了 12 个自由度的人体反向运动学解析求解,扩展了现有的 7 个自由度的反向运动学求解。

运动图是人体运动合成的关键技术,只有当运动图具有很好的连接性及平稳性时才能生成良好的运动,但是时间和代价随着运动图的大小而急剧增加。新方法构建了一种基于分层的表结构,通过表的不同层级来捕捉不同的运动风格,引导建立更快、更逼真的图对象,同时这种结构也有利于运动图的检索,原来的配准只需要直接查表或局部搜索即可实现。

3) 交互式高效动画创作技术与系统

计算机动画同时在数据上涉及三维模型、动作与运动捕获数据及图像与视频的可视媒体表现形式。在计算机角色动画制作中,利用单一的可视媒体数据进行模型制作和动画生成的方法,正在被基于多源可视媒体数据融合的方法所取代,我们构建多源动画素材库,并在此基础上开发了一个贯穿动画制作全过程的交互式高效动画制作典型示范应用系统。如图 8-2 所示,主要包括以下几个方面内容:动画分镜头剧本的描述与生成、场景和角色建模、角色动画、渲染与合成、素材库的构建与管理等。该系统也是多媒体数据智能处理与应用的基础性平台组成之一。

1. 动画分镜头剧本的描述与生成
基于自然语言理解的动画情节自动生成技术和基于电影理论的导演分镜头剧本自动构造技术。

2. 场景和角色建模
含空间推理的场景自动创建技术和个性化角色造型自动创建技术。

3. 角色动画
复杂人物动作规划技术、群体动画技术和表情合成控制技术。

4. 渲染与合成
色彩和光线运用的自动设计和风格化绘制与多源视频融合技术。

5. 素材库的构建与管理
素材库构建技术和素材库管理技术。

图 8-2 动画系统功能模块结构

我们的成果与国内外现有研究的比较如下:

(1) 在真实感人体建模方面,我们对网格肌肉重采样方法进行了测试,对比原先的方法,我们提出的肌肉重采样方法所需控制点最少,运动变形简单,适应范围广;在人体建模中,将基于标准骨骼-肌肉模型的建模方法与基于解剖学的方法进行了对比试验,结果表明我们提出的变形方法更灵活且建模工作量更少;对于卡通变形技术,我们在卡通图片和视频上进行了效果验证,结果表明我们的变形方法比 Schaefer 方法生成的变形结果更加鲁棒和自然,避免了传统方法在变形时的控制点位置错误。

(2) 在人体运动控制与合成方面,我们比较分析了加入物理约束对人体运动控制的影响,自由度从 7 个扩展为 12 个,结果表明我们提出的结合物理约束和多自由度的人体运动控制方法精度更高,实用性更好;对于运动图模型,我们在标准的运动合成数据集上进行了验证,特别是对合成结果的连续性进行了对比分析,结果表明我们提出的方法对比标准的图模型,构建时间会有所增加,但合成连续性提升约 8 倍。

(3) 在动画创作技术与系统中,我们通过研究从分镜头剧本到动画影片的交互式生成技术,构建了一个基于素材库的实用快速半自动动画生成的典型示范应用系统,并以上海美术电影制片厂剧本《开心菜园》作为技术应用范例,与现有系统相比可节约 30% 以上的人力成本,得到了用户的好评。

3. 可视媒体智能编辑与处理

可视媒体智能编辑与处理技术是多媒体大数据后期智能处理与应用的技术核心,我们从可视媒体颜色编辑、分割与合成、显著度与缩放、压缩和人脸分析等关键问题出发,提出了基于内容和结构特征的颜色编辑处理、高效视频分割与无缝合成、时空连续的视频显著度提取与形状感知的图像缩放、定制式可视媒体大数据智能压缩、大数据人脸图像智能分析等创新性技术,并在此基础上研发了一套网络可视媒体素材编辑处理系统。相关研究成果已经在国际著名 SCI 期刊(如 *IEEE Transactions on Circuits and Systems for Video Technology* 等)上发表。

1) 基于内容和结构特征的颜色编辑处理

针对颜色转移通常会遇到的失真问题,我们从细节和颜色出发,对可视媒体大数据进行内容结构分析,通过保持场景的颜色梯度结构特征来提高颜色转移的保真度。新方法将颜色转移看成一个优化问题,并通过直方图匹配和梯度保持的优化这两个步骤来联合求解。为了评价不同颜色转移算法的优劣,我们还提出了基于样例的颜色转移效果度量标准来客观地评价不同算法在颜色和梯度上的保真度。

针对视频染色经常出现的时域不一致和处理效率低下等问题,我们基于内容和结构的视频智能分析技术,通过研究旋转不变的 Gabor 滤波器,利用 Gabor 特征空间的分割与优化,实现图像在 Gabor 特征空间中的渐进式染色方法,并进一步推广到视频处理中。

2) 高效视频分割与无缝合成

为了降低视频分割算法的时间和内存代价,实现高效的视频分割,我们将基于多层窄带图割的图像分割方法扩展到了视频分割领域。视频对象分割在每一帧的最低分辨率图像中通过局部光流传播。然后,分割结果在每一帧的图像金字塔中通过自适应窄带图割方法逐层精化。该方法在获得良好的分割结果的前提下,大大降低了时间和内存的代价,并且可以较好处理前景对象快速移动的情况。

在优化均值坐标克隆的基础上,我们提出针对视频无缝合成的新框架。首先,基于视频序列的时空连贯性,构建基于轮廓流的三分图传播模型。其次,获得高质量的三分图后,借助优化的均值坐标克隆方法,进一步消除边界模糊与失色问题。此外,新方法将 3D 均值坐标应用到 3D Poisson 视频克隆中,从而大大降低了计算复杂度。该方法可以较好地处理视频克隆的时空一致性问题。算法通过对前景的软抠取,以获取前景遮片。然后,算法通过遮片优化边缘,在边缘差异大的情况下也能得到较好的效果。

3) 时空连续的视频显著度提取与形状感知的图像缩放

在人类视觉注意理论的基础上,视觉显著性检测通过亮度、颜色、边界等底层特征来进行显著度估计,能够有效优化资源配置或自动处理视觉应用。我们利用颜色、纹理、运动等多种特征构建时空上的动态对比度,并将局部区域作为显著度计算的主要元素。然后,根据视频帧间不同区域上动态对比度的相似性,结合视频的时空连续性进行跨视频帧的区域匹配,这种匹配能够有效地消除视频帧间不连续的显著性,特别是在区域过分割的情况下尤其重要。

针对图像缩放时可能出现的重要信息丢失问题,我们打破了传统细缝裁剪方法的八邻域的局限性,使细缝裁剪在具备形状保持性质的同时,产生一系列不连续缝。该方法采取了反错切能量函数来避免由于不连续缝而产生的错切走样现象,同时利用 Gabor 滤波和显著性映射来度量图像区域的重要性,提高缩放质量。

4) 定制式可视媒体大数据智能压缩

在保证用户视觉感受不变的前提下,我们提出了可视媒体大数据的视觉无损压缩方法,大幅减少了可视媒体数据运营所需的带宽及存储成本。该框架基于视觉质量评估系统,利用可视媒体大数据学习得到的图片质量因子和质量评分的先验分布关系,自适应地控制 JPEG 图像的压缩级别,快速实现 JPEG 图像的重压缩。该系统目前已在腾讯公司相关图片业务(易讯网、腾讯网、互动娱乐等)中广泛应用,处理图片总数突破千亿 GB,日处理图片能力达到 2 亿 GB,为公司节省带宽 50 GB 以上,每年节约成本约 2 500 万元。

5) 大数据人脸图像智能分析技术

我们在大数据人脸智能分析方面取得了一系列的理论创新、技术突破和重大应用成果。

第一是人脸检测方面。人脸检测是很多技术与应用的基础,互联网上的海量人脸图片包含了自然环境下各种姿态的人脸,自动检测十分困难。我们累计筛选数百万张训练集,并对传统人脸检测技术进行多种改进,包括使用多种不同特征,增加表达能力;采用光照分离技术,减少光线的影响;利用 AUC 技术,提高分类器的分类能力;利用 vector boosting 将多姿态人脸归到一个框架等。经过数十轮迭代,最终在国际检测机构 FDDB(face detection data set and benchmark)的检测中名列世界前列。

第二是人脸配准,人脸配准是对人脸特征点进行定位。我们构建高精度的中国人五官标注数据,通过显式回归技术训练人脸五官定位,定位平均误差小于 2.47 像素,优于 $Face^{++}$、2D-ASM、Texture-AS 等方法,达到世界领先水平。基于人脸特征点的精确定位技术,我们利用海量的人脸图像与人工绘制素材,融合人脸表情差异化技术,训练人脸风格化模型,实现夸张和特点保持的人脸风格化。

第三是人脸的识别与验证。非受控环境下的人脸验证技术是人脸大数据信息检索的关键组成部分,有广阔的应用前景。欧氏距离将特征空间的所有维度同等对待,可能不是计算特征距离的最佳方式。利用有标注信息的训练特征,挖掘特征维度与类别间的相关性,可以更好地度量特征间的距离,对类别做出更好的判断。在研究 KISS、SVM、MAHAL、ITML、联合贝叶斯距离度量的基础上,我们提出了一种新的应用于人脸验证的相似性计算模型。我们基于人脸的自动检测和配准技术,提取人脸的高维特征,通过结合双线性相似性和马氏距离,并应用到 Sigmoid 函数,构建了新的人脸验证相似性计算模型,其对类间的差异更具判别力,同时对类内的变化如姿态、光照和表情等具有较强的不变性。该方法在不使用外部数据进行模型训练的条件下,在 LFW(Labeled Faces in the Wild)数据集上的准确率达到 94%(2014 年 11 月时的最高水平)。我们同时利用网络上的海量人脸和身份信息,基于卷积神经网络框架进行深度学习,在 LFW 数据集上的准确率超过 99.6%,刷新世界纪录。

将上述技术集成到腾讯云计算平台,发展出了国内首创的基于人脸图像分析、推荐、挖掘的大数据整体闭环体系,为大数据云计算平台奠定技术基础。通过本地 SDK 和云端服务两种架构模式,利用大数据处理技术成功地将上述人脸智能分析技术集成到空间相册和移动端等各业务中,服务于腾讯 Qzone 的面孔墙、圈人、水印相机、创意相机等十多项业务。其中,Qzone 的面孔墙、圈人等产品依赖高精度人脸检测和验证技术;水印相机中的人像水印、创意相机的变脸等主打功能,都依赖于高精度的人脸检测和五官定位技术。依赖人脸智能分析技术的产品用户数超 8 亿,累计处理超过 800 亿张脸,直接和间接效益超 7 亿元。

6)网络可视媒体素材编辑处理系统

我们面向影视动画节目及互动娱乐制作需求,针对网络可视媒体海量、多源的特点,研发编辑处理技术的工具集,最终形成一套网络可视媒体素材编辑处理系统。该系统包括基本的通用操作(载入、播放、输出、删除等)、编辑操作(分割、修补、融合等)、环境要素分析(风格化、颜色处理、画质增强等)、素材库管理(浏览、检索、添加、删除等)等主要功能。

我们的成果与国内外研究的比较如下:

(1)在颜色编辑处理方面,在同一测试集上与两种经典的颜色转移算法进行颜色和梯度上的保真度比较,结果是我们提出的颜色转移方法误差更小,我们的平均误差为 0.010 5,而两个经典算法的平均误差分别为 0.246 0 和 0.076 0;同时表现也更加稳定,我们的标准差为 0.005 5,而两个经典算法的标准差分别为 0.196 1 和 0.103 7,相关颜色转移结果如图 8 - 3 所示;在视频染色中,我们利用 Gabor 特征空间的分割与优化,实现图像在 Gabor 特征空间的渐进式染色方法,并进一步推广到视频处理中。我们与光流算法在不同类型的视频上(水母、登山和航海等)进行对比,结果显示我们提出的基于 Gabor 特征空间的颜色传播方法能更精确地发现纹理区域,产生的错误更少(图 8 - 3 中黑框区域的白色像素更少);我们进一步利用 GPU 加速,处理时间由每帧 75 秒降到了每帧 50 毫秒,表明我们提出的染色方法能高效地产生高质量的视频彩色化结果。

基于光流的颜色传播　　　　基于Gabor特征空间的颜色　　　　颜色转移结果

原始图像

目标图像

图 8 - 3　颜色编辑处理

　　(2) 在视频分割与合成方面,将基于多层窄带的图像分割(graph cut)方法扩展到视频分割领域,将传统的图像分割方法的处理时间从 1.05 秒每帧降低到了 0.04 秒每帧,同时节点数量也从 76 800 个减少到了 6 158 个,大大降低了时间和内存的代价,并且可以较好地处理前景对象快速移动的情况;我们提出的视频无缝合成新框架利用传播模型生成连续的三分图,并将其引入均值坐标克隆中进行优化处理,得到与泊松编辑方法相一致的高质量结果,同时极大地提高了运算速度(100 帧 1 280×720 的视频只需 2.2 秒)。

(3) 在显著度提取与缩放方面,我们在专门的显著度评测网站上进行了比较分析,与经典方法(GBVS、RSF、SelfR、PDA 和 GMM 等)进行对比,结果显示我们提出的新方法在提取精度与召回率上均明显优于其他方法,在国内外显著性检测领域处于领先水平;我们打破了传统细缝裁剪方法的八邻域的局限性,使细缝裁剪在具备形状保持性质的同时,产生一系列不连续缝,提高缩放质量。

(4) 在海量图片重压缩方面,我们与腾讯公司合作,将算法部署到腾讯公司相关图片业务(易讯网、腾讯网、腾讯微博、腾讯地图、互动娱乐等)中,能在 JPEG 图片基础上视觉无损压缩约 30%,累计处理图片超 1 200 亿 GB,每年为公司节省流量 50 GB 以上。

(5) 在大数据人脸智能分析方面,上海交通大学与腾讯公司合作开发完成了先进的人脸检测、配准、识别与风格化算法,并取得创新性应用成果,研发完成了海量人脸计算平台与人脸智能服务平台,超过 5 项腾讯公司的重要业务接入优图人脸 API,累计处理图片总数已达 100 亿 GB,每天使用该技术相关服务的用户超过 2 000 万人,图 8 - 4 所示为相关典型应用,准确率等识别指标在国内领先。

(a)　　　　　　　　　　　　　　(b)

图 8 - 4　大数据智能人脸分析

(a) QQ 空间;(b) 人脸属性识别

4. 可视媒体智能服务与应用

可视媒体智能服务与应用是对可视媒体智能生成与处理技术的应用与推广,将可视媒体智能生成与智能处理技术的创新点切实地实现转化,是实现经济效益的直接手段。我们充分利用可视媒体智能生成与处理技术各项技术成果，与欧姆龙、上海美术电影制片厂等公司共同研发，面向全球用户规模最大的平台（QQ 和微信月活跃账户数分别达 8.08 亿和 3.55 亿），完成国内领先的图片大数据视觉无损压缩技术服务平台、处理规模高达百亿的海量人脸计算平台、面向移动设备的人脸智能服务平台、高效的交互式动画创作与系统平台，实现了可视媒体智能生成与处理技术的应用推广，产生的直接和间接经济效益超 7 亿元，并产生显著和积极的社会效益。下面介绍可视媒体智能服务与应用及性能指标的比较。

1）图片大数据的视觉无损压缩技术服务平台

我们将视觉无损压缩技术转化应用于腾讯公司，利用 1 300 台服务器集群资源，创新设计了高效的分级存储模式和大规模计算集群部署技术方案，并基于在线和离线服务模式，研发完成国内领先的图片大数据视觉无损压缩技术服务平台，该服务以 API 形式提供给公司 40 多项业务，包括公司多个重要业务：QQ空间、腾讯网、电商全业务、地图街景等，实现减少带宽需求、降低存储成本、获得更快的页面加载和更好的用户体验的成果，成为公司级平台 TFS 的基础组件，具体指标如下：① 压缩率，支持 JPEG 和 PNG 格式，JPEG 格式图像平均可以压缩 20%～80%，PNG 图片也可以取得平均 15% 左右的压缩率；② 处理性能，API 经过极致工程优化，利用 SSE 加速，1 M 大小 JPEG 文件压缩时间为 0.1 s；③ 稳定性，以分布式形式部署到公司后台集群服务器中，API 发布以来持续稳定运行，压缩成功率达 99.99%，日处理图片量达 2 亿 GB，累计处理图片总数突破千亿 GB，是目前全球用户规模最大的服务平台。

2）海量人脸计算平台

我们研发完成处理规模高达百亿级的海量人脸计算平台，发展国内首创的基于人脸图像分析、推荐、挖掘的大数据整体闭环体系，建立国内第一的海量分布式人脸硬件计算平台以及大数据挖掘的软件平台，包括存储架构、计算集群设计等。借助 1 300 多台服务器支撑的分布式计算平台，以及先进的人脸图像分析技术、海量人脸数据存储、检索和挖掘技术，我们构建了完整的企业级大数据处理流程，系统可将数据分析和人脸挖掘的结果快速反馈，实现了系统的快速迭代优化，面向数以亿计的 QQ 用户，持续提供 QQ 相册圈人和人脸推荐服务，平台的具体指标如下：

（1）计算平台：系统综合考虑功能和性能因素进行存储与独立计算，根据优先级，存储服务器设计为分级存储，达到成本和服务的平衡点，其中，1 000 台 C1级服务器组成相册集群，200 台 C1 服务器组成计算集群，128 台 A5 服务器组成存储集群，10 台 B6 服务器组成缓存集群。

（2）计算能力：系统每秒处理请求量达 7 000 次，每天处理能力多达 1 亿张人脸，累计处理 800 亿张人脸，系统持续稳定运行，成功率高达 99.9%。

（3）人脸技术：后台计算包括人脸检测、五官定位、人脸特征提取、相似度对比、人脸年龄、性别、表情分析，已实现用户上传照片实时响应。

（4）数据存储：总量超过 300 亿张人脸特征以及用户空间内的人脸之间的相似度被存储在 128 台集群计算机中，并提供高效访问接口，实现实时传输和计算。

（5）人脸检索：系统可以在用户空间相册内实时进行人脸上传，后台通过实时聚类算法，实现人脸的有序展示，并向用户实时进行人脸推荐，达到了极佳的用户体验，灵活的系统设计还可以实现根据需求进行定制和更新。

（6）数据挖掘：整个平台积累了海量的人脸信息，通过数据挖掘，可对用户的兴趣、年龄、性别、心情等进行推断，目前已经成功完成 1 亿张人脸画像分析。

3）人脸智能服务平台

我们通过高效模型压缩与轻量化技术优化上述大数据智能服务技术，充分适应移动平台的内存与计算资源约束和服务形式，研发完成面向移动设备的人脸智能服务平台，以 API 的形式提供给业务调用（人脸检测、五官定位、相似度计算、人脸属性识别、人像风格化），产品包括 QQ 水印相机、QQ 创意相机、累计用户数已经达到 2 000 万，具体功能有人脸魅力值计算、开心指数、夫妻脸、诗意五官、动态心情、一键美容、3D 人脸贴图、人像风格化等。图 8-5 为相关典型应用。API 运行稳定。移动平台的人脸技术相关指标如下：① 人脸检测，500 ms/张，准确率为 99%，召回率为 95%；② 五官定位，30 ms/张，成功率为 98%，平均定位精度为 3 像素；③ 人脸性别识别，50 ms/张，准确率为 92%；④ 人脸年龄估计，50 ms/张，偏差在 7 岁以内；⑤ 人像风格化，30 ms/张，成功率为 95%。

图 8-5　人脸智能服务应用

4）高效动画创作技术服务平台

我们与上海美术电影制片厂、张江动漫技术有限公司等合作,从分镜头剧本到动画影片的交互式生成技术,构建了一个基于素材库的半自动动画生成的典型示范应用系统,并以上海美术电影制片厂剧本《开心菜园》作为技术应用范例,如图8-6所示。相应技术在上海多媒体服务平台企业、张江高科园区动漫相关企业进行合作和推广,完善和提升了平台功能。

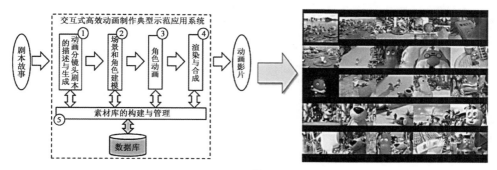

图8-6 《开心菜园》应用范例

8.2.3 技术创新点

我们重点研究可视媒体的智能生成与处理技术,着力实现复杂数据重建、动画智能生成、可视媒体素材智能编辑与处理、智能服务与应用四个方面的理论创新与技术突破。具体的技术创新点有以下几个方面:

(1)三维复杂数据智能重建一直是可视媒体智能生成中的研究热点之一,其核心内容包括数据预处理、图形建模及高度真实感绘制等。为此,针对可视媒体中的三维图形数据(几何、材质和光照数据等),提出了特征保持的复杂数据智能清洗与增强方法;研发了基于径向基函数(RBF)高精度几何重建方法;并针对物体表面材质复杂光照特性,提出了基于图像建模的高度真实感绘制方法。

(2)在可视媒体智能生成中,动画设计与制作依赖技术与艺术的完美结合,它是互动媒体与游戏娱乐的技术基础,是近年来可视媒体研究领域内的亮点之一。为此,提出了数据驱动的真实感人体建模和基于运动捕获数据的人体运动控制与合成方法,同时面向动画创作全过程,在构建大型动画素材库的基础上,研发了交互式高效动画创作技术与系统。

(3)可视媒体智能编辑与处理技术是多媒体大数据后期智能处理与应用的

技术核心。为此,基于网络海量图像/视频的语义分析和结构特征提取,我们提出了颜色编辑、高效分割与合成、显著度提取等创新性技术,并在此基础上研发了可视媒体素材编辑系统;同时针对大数据的应用需求,提出了定制式可视媒体大数据智能压缩方法和大数据人脸图像智能分析方法。

(4) 我们将上述创新技术应用于腾讯、欧姆龙、上海美术电影制片厂等企业中,取得一系列成果:研发了全球用户规模最大的图像大数据智能压缩服务平台(图片规模超 1 200 亿 GB);国内首创的基于人脸图像分析、推荐、挖掘的大数据整体闭环技术体系;处理规模高达 800 亿的海量人脸计算平台等,并构建了高效的交互式动画创作系统平台,实现了可视媒体大数据智能生成与处理技术的应用推广,产生的直接和间接经济效益达 7 亿元,并产生了显著和积极的社会效益。

与当前国内外同类研究的学术水平、同类技术主要参数、效益、市场竞争力的比较,技术优势明显:

(1) 构建大规模复杂场景的多分辨率表示、真实感建模与渲染技术体系,其中的去噪、增强等数据预处理技术相比于传统方法,质量和效率均显著提高,建模与绘制技术通过对比验证,平均错误率大幅降低,成果已经应用于欧姆龙公司三维物体重建系统等创新性产品,增效达 1 000 万元以上。

(2) 针对动画智能生成技术,新方法相比于现有方法精度更高、工作量更少、适用范围更广;研发的全流程高效交互式动画创作技术已经应用于上海美术电影制片厂、张江动漫技术有限公司等影视公司生产业务中,大幅度提升动画制作效率,节约 30% 以上人力成本,得到用户普遍好评,社会效益巨大。

(3) 我们研发的基于内容与结构的可视媒体智能编辑与处理技术,在颜色编辑、视频分割与合成、显著度提取与缩放等研究方面,通过统一的对比验证,达到国内外领先水平;研发的大数据定制式智能压缩技术和人脸智能分析技术,明显优于业界最新方法,成果已应用于腾讯公司 QQ 空间、QQ 游戏、易迅网等多项业务。

(4) 研发的定制式可视媒体大数据智能压缩技术,支持 JPEG、PNG 等格式,20%~80% 压缩、1 M 图片 0.1 s,日处理图片 2 亿 GB,累计处理图片超 1 200 亿 GB、节省带宽 50 GB 及成本 2 500 万元;构建了全球规模最大的图片大数据的视觉无损压缩技术服务平台,已经在易迅网、腾讯网、QQ 空间、地图等 50 余项腾讯业务中广泛应用。

(5) 研发的处理规模高达百亿的海量人脸计算平台,含 1 300 台服务器集群、每天 1 亿张人脸,累计处理规模 800 亿,服务于超 8 亿的 QQ 用户、11 项腾讯业务接入,直接效益超亿元;国内首创基于人脸图像分析、推荐、挖掘的大数据整体闭环体系,建立国内第一的海量分布式人脸计算平台,用于腾讯人脸 API、QQ 空间等产品中。

(6) 研发的智能化人脸分析技术,关键指标达到国际一流,直接应用于多项腾讯业务中,孵化出人脸推荐、相册圈人、一键美化、人脸验证云计算服务等人脸应用,推出水印相机、创意相机等移动平台应用,用户超 2 000 万人,其媒体传播效应带来了巨大商业价值。

8.2.4　用户单位评价

1. 腾讯科技有限公司及合作团队对优图-人脸课题组的高度评价

高级执行副总裁汤道生对课题成果做出了高度评价,非常支持团队持续为基础技术做长期投入与深度研究,让图片技术成为公司业务的核心竞争优势,并为公司多个产品提供可靠有力的支持。

副总裁郑志昊对研究成果称赞有加,指出优图拥有图片处理的基础能力,持续地为公司各项业务提供图片优化的引擎,提升各个产品在图片体验侧的口碑,希望团队能够再接再厉,做出更好的成果。

社交平台部副总经理梁柱也给予高度评价,并期待团队能够打造出国内 SNS 领域技术和体验全面领先的人脸应用。

地图平台部副总经理马斌、无线媒体产品部副总经理金国权、地图平台部副总经理王建宇、电商业务总监 Ivanlam、社交网络运营部总监 T4 专家赵建春认为优图技术对相关产品起到了极大的推动作用,成效十分显著,例如团购的图片下载两大方面(压缩比和延时)大大提升,图片压缩技术在 JPG 转 PNG 和 PNG 压缩上同样收获了数十 GB 的带宽节省。

2. 上海美术电影制片厂生产技术部的高度评价

系统自动化程度高、功能丰富,可覆盖动画制作的全过程,大大提高了动画制作的效率。

3. 上海戴丹尼斯信息技术有限公司的高度评价

系统整合的后期编辑功能使得动画制作可在该系统上一站式完成,大大提高了动画制作的效率。

4. 上海循诣数码科技有限公司的高度评价

系统运行稳定,用户界面友好,尤其在素材色调调整、素材分割与无缝合成等功能上,与国外的同类软件系统相比更加智能与便捷。

8.3　大数据智能压缩系统

近十年,随着社会数字化进程的快速推进,人们对商业电视、高清晰度电视、分组视频、多媒体等视觉通讯产品的需求日益提高,数字图像、数字视频、数字电视、数码相机等数码产品的开发和应用日益普遍,数字化时代已经到来。

近年来,可视媒体压缩技术受到了越来越多的关注,该技术可以有效减轻图像、视频存储和传输的负担,使图像、视频在网络上实现快速传输和实时处理。与此同时,对失真度的正确评价在数字图像、视频处理的许多领域同样具有重要的实际意义,特别是在图像、视频压缩编码领域,直接关系到编码算法的设计、优化和性能评价。图像、视频压缩技术可以看作在码率、质量视觉感知失真和压缩算法复杂度之间的折中,高压缩比虽然能节省大量码率,但必然带来质量的损失。因此,如何在压缩率和图像/视频质量之间寻求平衡、如何评定压缩后重建图像和视频的质量,长期以来一直是很多研究者所关心的问题。

为了有效减少硬件存储以及网络传输带宽等方面的负担,同时不影响用户的客观体验,研究一种对用户视觉体验近似无损条件下的高效压缩算法变得至关重要。视觉无损压缩,就是对输入的图像或视频进行重压缩,在不影响图像或视频的感知质量条件下,使得压缩率尽可能提高;最终输出结果与原图像或视频相比,视觉上无质量损失或者损失非常少,同时图像或视频文件更小。在有损压缩的同时保证视觉感知上与原始图像或视频保持一致,利用人眼的差错遮蔽效应,可以达到视觉无损的压缩效果。这种视觉上无损的"智能优化"压缩方法,既保证了图像和视频质量不影响用户的感知体验,又使得信息传输中的图像和视频压缩率能够有很大的提升,使图像和视频的存储与传输成本极大地下降。

目前大量的网络图片以 JPEG 等格式存储,我们针对图片的不同尺寸、不同类型(如风景、人物、海报/片花、图书封面、物体、建筑等),结合主观评价和客观评价,实现海量图片的优化压缩技术,同时保证压缩后的图片在手机屏、PC 屏以及 TV 屏上观看时,用户肉眼无法感知其压缩前后的差别(见图 8-7)。这种近似无损的压缩方式具有重大应用价值,其对图像、视频的高压缩率在生物医疗设备、网络通信、人脸识别等各个行业都有着重大意义。因此,我们在网络可视媒体大数据的主观和客观质量评价基础上,引入视觉无损的感知特征,将大数据压缩处理进一步升级,集中研究云平台下视觉无损的网络可视媒体大数据智能压缩方法,为互联网企业节省更多的存储和网络成本。相关研究的开展能够推动大数据环境下相关产业的发展,具有重要的理论意义与实际应用价值。

(a)　　　　　　　　　　　　　　　(b)

图 8-7　图像压缩示例

(a) 原图(3 126.3 KB);(b) 压缩后(705.7 KB)

8.3.1　研究背景

由于网络图像和视频数量的快速增长及用户对网页加载速度需求的提高,分析和评估各种主观和客观质量评价方法的特点、构建符合人类视觉感知特征的客观质量评价模型以及研究云平台下视觉无损的网络媒体大数据高效重压缩方法成为目前关注的焦点。

为了使压缩后的图像或视频在视觉感知质量上尽可能地接近原图像和视频,已经有许多学者进行了相关的研究。早在 1997 年,Hahn 等[1]提出了一种利用 HVS 特点的视觉无损图像压缩算法,该算法基于 EZW 嵌入式零树小波编码算法,提出 PTF 感知阈值模型来判断图像失真的数量与位置,通过在压缩时限制失真处的量化达到视觉无损的效果。2012 年,Zhang 等[2]的研究同样关注HVS 系统对图像质量感知方面的重要性,并基于 HVS 优化后的小波子带加权编码算法提出了 HDR 的图像压缩算法,利用 HDR 的可见失真预测方法加以评估,实现了更好效果的视觉无损压缩。此外,Shoham 等[3]提出了一种面向移动设备端图像通信的图像压缩方法,考虑到移动设备有限的存储容量以及通信带宽的限制,该算法采用了兼容性最好的 JPEG 基线算法,并利用图像质量评价方法对不同压缩率下的图像进行评判,保证了接近最大限度的压缩率以及感知上最接近原图的压缩后图像质量。

通过分析和总结这些现有的以视觉无损为目的的图像和视频压缩算法,可以得到如图 8-8 所示的一个整体的压缩系统框架。

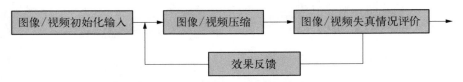

图 8 - 8　视觉无损的图像和视频压缩算法框架

从框架中可以看到，无论算法采用的是何种图像和视频压缩算法，都需要一种方法对压缩后的图像和视频进行失真情况评价，然后将图像和视频压缩后的情况反馈回压缩前的步骤，由图像和视频压缩算法来控制改变压缩参数等，从而达到图像和视频压缩的视觉无损效果。下面将从图像压缩技术、视频压缩技术和质量评价方法等方面分别描述。

1. 图像压缩技术

图像压缩技术的最早提出要追溯到 1948 年对电视信号数字化的研究，由 Kunt 等[4] 提出的基于去除冗余度的编码方法成为第一代图像压缩编码。第一代编码方法有脉冲编码调制（PCM）、亚取样编码法以及变换编码中的离散傅里叶变换（DFT）、离散余弦变换（DCT）等。

Kunt 等在 20 世纪 90 年代又提出了一种更接近信息论中"熵"极限的编码方式，即第二代编码方法——算术编码。在算术编码的基础之上又不断演变创新出了各种新的变换编码，比如分型图像压缩编码以及基于模型图像的编码等。

20 世纪 90 年代至今，分形编码、小波编码等算法的提出使得图像压缩编码技术不断进步。此外，人工神经网络理论以及视觉仿真理论的建立也使得图像压缩越来越倾向于无损压缩或视觉上无损的近无损压缩。应用视频编码的根本目的就是在降低编码率的同时，可以将高质量的视频传输给终端客户。但是，在这一过程中将一些用户不感兴趣的信息传输给用户，无疑是一种浪费。为消除传输过程中的视觉冗余，正在研究在保持图像主观效果不变的前提下，降低编码率。

出于对统一的压缩算法以及码流格式的需求，在编码技术发展的同时，国际上也由国际标准化组织（ISO）等制定了一系列的国际图像编码标准。目前比较成熟的图像压缩标准有以下几种：① JPEG 标准；② PNG 标准；③ JPEG2000 标准；④ MPEG - 4 VTC 标准。

2. 视频压缩技术

视频压缩技术就是指通过特定的压缩技术，将某个视频格式的文件转换成另一种视频格式文件的方式。目前，视频流传输中最重要的编解码标准有国际电联的 H. 261、H. 263,运动静止图像专家组的 M－JPEG 和国际标准化组织运动图像专家组的 MPEG 系列标准。此外,在互联网上被广泛应用的还有 Real－Networks 的 RealVideo、微软公司的 WMV 以及 Apple 公司的 QuickTime 等。

视频压缩技术用于录像、资料收集、整理、存储,高性能的视频压缩技术甚至用于远程视频网络传输。因此,在安防监控市场 DVR(数字化硬盘录像监控)技术中,先进的数字化网络监控,在监视、录像存储、画面检索、网络传输、信息安全保密以及控制技术方面,相比于传统的模拟监控技术,大大提高了视频监控领域的效率。目前,市面上 DVR 产品使用的视频压缩算法主要有 MOTION－JPEG、小波 Engine－k、MPEG(MPEG－1、MPEG－2、MPEG－4)、H. 26X (H. 261、H. 263、H. 264)等。

3. 质量评价方法

当前的质量评价方法主要分为两类:一种是通过观察者的人眼观察来对图像质量依据制定的评分标准进行评分的主观评价方法;另一种是根据可计算的模型设计算法自动地对图像、视频质量进行评价的客观评价方法。

1) 主观质量评价方法

主观质量评价由人眼直接观察图像和视频而给出其质量的评价结果,因此影响评价的因素很多,观察者的个人情况、测试环境等都应纳入整个质量评价体系的范畴。目前,国际上也已经有了一些成熟的主观评价的国际标准,比如 ITU－T 组织就规定了多媒体应用的主观评价方法,对测试环境、评分标准等都做出了明确的规定。

人们对图像和视频进行主观评价,一般是基于观察者自己的个人水平或事先拟好的度量指标对待测图像和视频进行视觉质量评价,并给出事先设计好的质量评价等级或成绩,然后对所有参与评价质量的测试人员所获得的评价结果进行求和并加权平均,得到的最终平均值即为图像和视频的主观评价结果。一般来说,其评价的结果有"很好、较好、一般、较差、很差"五个等级。

人们采用主观评价方法对图像和视频进行质量评价,充分利用了观察者自身的主观感受和视觉理解效果,所以该类方法是人们常用的质量评价方法之一。从工程实用角度来说,该类方法存在以下不足之处:第一,该方法需要大量的测试人员进行主观评测,这样人力、物力成本较高,并且还要对所有测试人员获得的结果进行求和加权平均计算,导致计算开销很大;第二,该类方法没有采用一定的数学模型来对图像和视频质量进行模型的构建,也就无法应用于网络在线评价系统或视频实时处理系统中,从而限制了该类方法的推广和应用;第三,基于主观的质量评价方法容易受测试人员自身的知识水平、个人经验等多种因素的影响,具有较强的主观性,这样的方法在可移植性、可扩展性等方面性能较差。

2) 客观质量评价方法

通常将客观评价方法依据对图像和视频的先验信息程度分为全参考、半参考以及无参考评价方法三种。其中全参考评价方法已经有了许多比较成熟的研究,传统的客观评价方法如均方误差(mean squared error,MSE)以及峰值信噪比(peak signal to noise rate,PSNR)都是基于对原始图像和失真图像逐像素比较的全参考质量评价方法。这些评价指标的数学计算简单、物理意义清晰,实现也较为简单快速,因此,在众多图像和视频处理算法当中获得了普遍性的运用。但是此类质量评价指标只是考虑了算法实现方面的简单快速和实用性,没有综合考虑人眼视觉感知模型的自身特点,所评价的质量结果往往得不到较好的主观一致性,也反映不出观察者的主观感受。

之后研究者将更多的精力投入到了对于人眼视觉系统 HVS 的研究,并提出了一系列基于 HVS 的改良客观评价方法。该类方法的目标是建立自动评价图像和视频质量的客观评价数学模型,并基于该模型设计相应的质量评价算法,进而将该算法嵌入图像或视频处理系统中,实现视觉质量在线评测,从而获得较好主观一致性的质量评价结果。

2004 年,Wang 等[5]设计并提出了经典的基于图像局部特征的结构相似度视觉质量评价方法。他们指出:人眼视觉感知模型的主要用途是挖掘图像或视频信号中的特征和结构信息;可将图像信号看作三维自然场景的二维投影,光照的影响造成了图像的非结构性失真,并与结构性失真整合在一起成为整个图像失真的主要因素。2005 年,Sheikh 等[6]以信息论为理论参考,对图像信号进行特征提取,先后设计了基于信息保真原则(information fidelity criterion,IFC)的图像质量评价算法和基于视觉信息保真原则(visual information fidelity,VIF)的图像质量评价算法。他们指出:可以将图像信号当作具有一定统计特征的信息源,并且认为图像的失真是信道参数对图像的制约导致的。Sheikh 等研究人员还基于信息论进一步拓展了图像质量评价数学模型的构造思路,第一次明确地指出了图像信息与视觉质量存在一定的数学关系。2011 年,Shoham 等[7]提出针对分块压缩算法的质量评价算法(block based coding quality,BBCQ)。整个算法主要由三个部分构成,分别是 PWD(pixel wise difference)、AAE(added artifactual edges)以及 TD(texture distortion),这些评估的成分都与编码过程中产生的不同人工痕迹相关,能反映出图像在压缩过程中产生的质量上的损失。

8.3.2 研究目标

我们以构建云平台下视觉无损的可视媒体大数据智能压缩系统为目标,分析和评估各种主观和客观质量评价方法的特点,设计并规范主观质量评价流程,构建符合人类视觉感知特征的客观质量评价模型,并以此为基础研究图像和视频的客观质量评价、视觉无损压缩等可视媒体大数据处理的基础理论与方法。我们具体实现以下核心研究目标:

(1) 构建符合人类视觉感知特征的图像或视频客观质量评价模型,有效提高图像质量评价方法的通用性、稳定性、高效性。

(2) 面向互联网企业对于可视媒体大数据压缩的需求,构建统一的视觉无损压缩处理平台,大幅度提升图像智能压缩处理的效率。

8.3.3 研究内容

针对互联网可视媒体大数据智能压缩的基础理论与方法在不同层次上的难点问题开展研究,重点聚焦在客观质量评价、视觉无损压缩等智能处理方面,进行全面探索与深入研究。

1. 可视媒体大数据的主客观质量评价

目前图像和视频质量的评价指标只是考虑了在算法实现方面是否简单快速,没有综合考虑人眼视觉感知模型的自身特点,所评价图像和视频的质量结果往往得不到较好的主观一致性,也反映不出观察者的主观感受。因此,主观感知和客观模型给出的质量得分之间还存在着鸿沟。如何缩小甚至消除这个鸿沟,需要进一步深入挖掘人类视觉系统(HVS)所关注和敏感的特征,对客观模型给出的质量得分进行修正,从而使其更加符合人的主观感知和理解。为此,具体研究内容如下:

(1) 研究符合人眼视觉感知模型的图像、视频客观质量评价方法,缩减客观评价分数和主观感知之间的鸿沟。

(2) 研究符合可视媒体大数据应用需求的主观评价流程,缓解目前主观评价方法中观测者的测试压力,为客观评价模型提供参照和效果评价标准。

2. 可视媒体大数据的视觉无损压缩

研究适合网络可视媒体大数据的智能化压缩方法,分析互联网上流行的压缩格式对大数据处理的影响,构建互联网可视媒体的大数据压缩处理平台,为企业提供定制式智能压缩服务。为此,具体研究内容如下:

(1) 研究在大数据环境下各种压缩标准的技术指标,深入分析网络上流行的有损压缩格式。

（2）研究与分析用户的视觉感受机制，寻找适合网络可视媒体大数据的高效压缩方法。

8.3.4 研究方法

面向互联网大数据的智能压缩处理需求，分析互联网上可视媒体的主客观评价方法，构建符合人类视觉感知特征的客观质量评价模型。总体研究方案如图 8-9 所示。

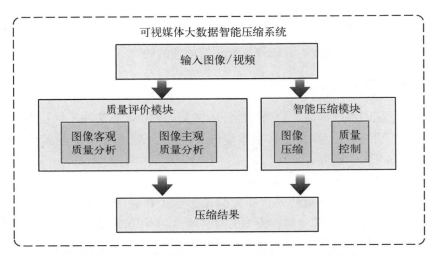

图 8-9 可视媒体大数据智能压缩系统总体研究方案

为了完成上述研究内容，实现研究目标，我们通过构建符合人类视觉感知特征的客观质量评价模型，开展互联网可视媒体大数据智能压缩的基础研究和规模化应用，具体的技术路线如下：

1. 可视媒体大数据的质量评价

在互联网大数据应用环境中，分析和评估各种主观和客观质量评价方法的优缺点，设计并规范主观质量评价流程，构建符合人类视觉感知特征的客观质量评价模型。

针对以上问题，首先，根据互联网大数据的特点，利用大数据样本验证各种可视媒体主观和客观质量评价方法，评估其在大数据应用环境中的可操作性，尤其需要关注质量评价方法的通用性、稳定性、高效性等方面；同时，鉴于主观和客观方法各自的优缺点，在大数据应用中优先探讨将两者进行有机结合的方法。其次，对于众多海量网络可视媒体大数据业务，设计并规范符合大数据应用需求的主观评价流程亟待完成,通过组织用户进行主观质量评价,了解整个用户群对相关业务的反映,进一步提升用户的满意度。最后,为了提高大数据质量评价的效率,客观质量评价是必不可少的手段,特别是构建符合人类视觉感知特征的客观质量评价模型,让主观评价和客观评价的结果能够得到比较准确的统一。

2. 可视媒体大数据的视觉无损压缩

可视媒体大数据的视觉无损压缩服务是指研究适合网络可视媒体大数据的智能化压缩方法,分析互联网上流行的压缩格式对大数据处理的影响,构建统一高效的大数据压缩处理平台,为企业提供智能压缩服务。

针对以上问题,首先,充分了解互联网大数据应用中涉及的压缩方法,研究与分析用户的视觉感受机制,寻找适合网络可视媒体大数据的压缩方法,分析各种互联网业务与大数据压缩之间的关联性和依赖性;其次,针对互联网大数据应用的多样性,需要进一步根据企业业务需求,为各种不同应用场合提供丰富多样的定制式压缩服务,进一步为企业运营节省存储与带宽成本。智能压缩系统流程如图 8-10 所示。

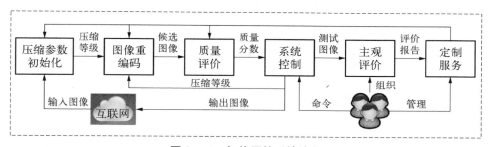

图 8-10 智能压缩系统流程

8.4 可视媒体大数据的应用示范

8.4.1 具体应用情况

可视媒体大数据的智能服务系统合作课题应用可视媒体智能处理技术,研发出的智能化人脸分析技术,在人脸检测、人脸配准和验证等关键指标上已达国际一流水平,直接应用到移动应用 QQ 水印相机、QQ 创意相机,用户数超千万,其媒体传播效应带来了巨大商业价值和社会效益。上海美术电影制片厂、上海戴丹尼斯信息技术有限公司、上海循诣数码科技有限公司等企事业单位应用交互式高效动画创作技术、数字媒体智能生成与智能处理技术,取得了良好社会效益。如表 8-1 和表 8-2 所示,研究成果应用于腾讯科技(上海)有限公司、欧姆龙等企业,为企业技术创新、提高产品核心竞争力和降低成本做出了突出贡献。

表 8-1　主要应用单位情况

应用单位名称	应用技术	起止时间	社会、经济效益
腾讯科技(上海)有限公司	视觉无损图片压缩和智能剪裁	2009—2012 年	增加利润超 1 亿元
腾讯科技(上海)有限公司	海量人脸计算平台研发	2011—2015 年	直接与间接效益超 1 亿元
腾讯科技(上海)有限公司	人脸验证服务	2011—2015 年	直接与间接效益超 5 亿元和巨大的社会效益
欧姆龙(上海)公司	3D 物体重建系统、人脸角点检测等	2007—2015 年	增加效益一千万元以上
上海市适图数字科技有限公司	可视媒体虚拟现实融合渲染和建模技术	2012—2014 年	经济效益二百万元
上海美术电影制片厂	可视媒体动画智能生成与编辑	2011—2013 年	社会效益
上海戴丹尼斯信息技术有限公司	可视媒体动画智能生成与编辑	2011—2013 年	社会效益
上海循诣数码科技有限公司	可视媒体素材编辑处理	2012—2013 年	社会效益

表 8-2　经济效益情况

年　份	新增利润/万元	新增税收/万元	节支总额/万元
2014	10 000	2 000	2 500
2013	7 000	1 400	2 500
2012	5 000	1 000	2 500

各栏目的计算依据如下:

课题研发出国内领先的视觉无损图片压缩和智能剪裁等技术,能在 JPEG 图片基础上视觉无损压缩约 30%。该技术公开专利多件,以它为核心的优图压缩 SDK 已成为公司级基础组件,其压缩和智能裁剪 API 服务于全公司超过 50 项业务,包括 QQ、QQ 空间、腾讯微博、腾讯网等业务,累计处理图片总数突破 1 200 亿。每年为公司节省流量 50 GB 以上,按照 1 GB 带宽每年 50 万元价格计算,每年为公司节省成本 2 500 万元以上。将可视媒体大数据的特征提取与自动标注技术,直接转化到优图人脸 API、QQ 空间面孔墙等产品中。超过 5 项公司重要业务接入优图人脸 API,累计处理图片总数已达 100 亿。每天使用该技术相关服务的用户超过 2 000 万。据此换算,该成果可为公司带来直接和间接商业价值及扩散效应利益超过 1 亿元。人脸验证技术直接应用在深圳前海微众银行、腾讯征信、微证券等互联网金融机构中,上线后使用人脸验证服务的用户一年可达到 5 000 万人,按照每人费用 10 元计算,可带来 5 亿元的直接或者扩散经济利益。综上,技术成果应用于公司 QQ、QQ 空间、腾讯微博、QQ 水印相机、互联网金融等多项业务累计可增加效益 7 亿元。

8.4.2 微众银行

微众银行由腾讯公司及百业源、立业集团等多家知名企业发起和设立,总部位于深圳,2014 年 12 月经监管机构批准开业,是国内首家民营银行和互联网银行。微众银行注册资本达 30 亿元人民币,其中,腾讯认购该行总股本 30% 的股份,为最大股东。

微众银行严格遵守国家金融法律法规和监管政策,以合规经营和稳健发展为基础,致力于为普罗大众、微小企业提供差异化、有特色、优质便捷的金融服务。

1. 消费金融

"微粒贷"是国内首款从申请、审批到放款全流程实现互联网线上运营的贷款产品,具有普惠、便捷的独特亮点。"微粒贷"依托腾讯两大社交平台——QQ和微信,无担保、无抵押、无须申请;客户只需姓名、身份证和电话号码就可以获得信用额度;500 元～20 万元的额度设置,可以满足普罗大众的小额消费和经营需求。"微粒贷"循环授信、随借随还;1 分钟到达客户指定账户;提供 7×24 小时服务。用互联网技术触达海量用户,将极其便捷的银行服务延伸至传统银行难以覆盖的中低收入人群。

2. 大众理财

2015 年 8 月 15 日,微众银行正式推出首款独立 APP 形态产品。依靠微众银行专业团队的风险把控和质量甄选,通过联合优质可靠的行业伙伴,微众银行 APP 为用户优选符合多种理财需求的金融产品,且支持实时提现,实现资金调度高效便捷,切实帮助用户轻松管理财富。

微众银行 APP 产品经过多次反复测试调研,考虑到大众理财时可能遇到的时间受限、知识欠缺等问题,不断降低操作门槛,以清晰明了的产品说明和用户指导，持续优化用户使用体验。

　　3. 平台金融

　　微众银行已与物流平台"汇通天下"、线上装修平台"土巴兔"、二手车电商平台"优信二手车"等国内知名的互联网平台联合开发产品。通过连接有数据、有用户的互联网企业，将微众银行的金融产品应用至它们的服务场景中，将互联网金融带来的普惠利好垂直渗透至普罗大众的衣食住行，实现资源有效整合和优势互补，达成合作共赢的崭新模式。

8.5　本章小结

　　本章重点介绍了在课题研究开展过程中构建的大数据智能服务平台以及大数据智能压缩系统。本书作者领衔的上海交通大学数字媒体与计算机视觉实验室团队，基于国家 973、国家自然科学基金课题以及上海市科技创新成果项目的理论与应用成果，联合腾讯、中兴通讯等重要 IT 企业，很好地实践了产学研协同创新途径，积极推进研发成果在互联网、社交网络中的重大应用，获得 2013 年腾讯重大技术突破奖，取得了切实的经济效益和社会效益。我们从数字媒体内容的建模与绘制、动画素材的智能化融合与编辑等关键技术研发，汇聚到可视媒体大数据的智能服务与应用，包括智能化压缩与人脸的智能化识别技术等，取得了重要的创新技术应用成果。

参考文献

［1］ Hahn P J，Mathews V J. Perceptually lossless image compression［C］//Data Compression Conference，Snowbird，1997.

［2］ Zhang Y，Reinhard E，Bull D R. Perceptually lossless high dynamic range image compression with JPEG2000［C］//Image Processing (ICIP)，Orlando，2012.

［3］ Shoham T，Gill D，Carmel S. Optimizing bandwidth and storage requirements for mobile images using perceptual-based JPEG recompression［C］//The International Society for Optical Engineering，San Diego，2011.

［4］ Kunt M，Ikonomopoulos A，Kocher M. Second-generation image-coding techniques［J］. Proceedings of the IEEE，1985，73(4)：549－574.

［5］ Wang Z，Bovik A C，Sheikh H R，et al. Image quality assessment：from error visibility to structural similarity［J］. Image Processing，2004 (13)：600－612.

［6］ Sheikh H R，Bovik A C，De V G. An information fidelity criterion for image quality assessment using natural scene statistics[J]. IEEE Transactions on Image Processing, 2006, 14(12): 2117 - 2128.

[7] Shoham T, Gill D. A novel perceptual image quality measure for block based image compression[C]//Proceedings of SPIE — The International Society for Optical Engineering, San Diego, 2011.

索　引